普通高等教育"十一五"国家级规划教材

土 壤 学

第 2 版

林大仪 谢英荷 主编

黄昌勇 主审

中国林业出版社

图书在版编目(CIP)数据

土壤学/林大仪,谢英荷主编. -2版. -北京:中国林业出版社,2011.4(2020.8重印)
普通高等教育"十一五"国家级规划教材
ISBN 978-7-5038-6140-6

Ⅰ. ①土… Ⅱ. ①林… ②谢… Ⅲ. ①土壤学-高等学校-教材 Ⅳ. ①S15

中国版本图书馆 CIP 数据核字(2011)第 060342 号

出版	中国林业出版社(100009 北京西城区刘海胡同7号)
网址	http://www.forestry.gov.cn/lycb.html
	E-mail:jiaocaipublic@163.com 电话 010-83143500
发行	中国林业出版社
印刷	三河市祥达印刷包装有限公司
版次	2005 年 9 月第 1 版(共印 4 次)
	2011 年 4 月第 2 版
印次	2020 年 8 月第 9 次
开本	787mm×1092mm 1/16
印张	18.5
字数	450 千字
定价	45.00 元

第 2 版编写人员

主　编　林大仪　谢英荷

副主编　王秋兵　白中科　樊文华

参　编（以姓氏笔画为序）

马红梅（山西农业大学）
王旭东（西北农林科技大学）
王改玲（山西农业大学）
王秋兵（沈阳农业大学）
东野光亮（山东农业大学）
白中科（中国地质大学）
刘秀珍（山西农业大学）
李惠卓（河北农业大学）
林大仪（山西农业大学）
赵竟英（河南农业大学）
贾树海（沈阳农业大学）
黄运湘（湖南农业大学）
程红艳（山西农业大学）
谢英荷（山西农业大学）
樊文华（山西农业大学）

主　审　黄昌勇（浙江大学）

第1版编写人员

主　编　林大仪

副主编　王秋兵　白中科　谢英荷

参　编（以姓氏笔画为序）
　　　　　王旭东（西北农林科技大学）
　　　　　王秋兵（沈阳农业大学）
　　　　　白中科（山西农业大学）
　　　　　东野光亮（山东农业大学）
　　　　　刘秀珍（山西农业大学）
　　　　　张桂银（河北农业大学）
　　　　　林大仪（山西农业大学）
　　　　　赵竟英（河南农业大学）
　　　　　贾树海（沈阳农业大学）
　　　　　谢英荷（山西农业大学）
　　　　　樊文华（山西农业大学）

主　审　黄昌勇（浙江大学）

第 2 版前言

本教材是在林大仪教授 2002 年主编的面向 21 世纪课程教材《土壤学》的基础上，根据全国"十一五"规划教材的建设精神，由山西农业大学、沈阳农业大学、中国地质大学、西北农林科技大学、山东农业大学、湖南农业大学、河南农业大学联合修订的。2002 年版《土壤学》经过近 10 年的使用，得到全国广大使用单位的大力支持与肯定。本次修订继承了原教材理论紧密结合生产实践的特色，吸纳了近年来国内外本学科研究发展的新动态、新成果、新知识、新方法，在充分注重教学适应性、启发性和结构完整性的基础上，在内容结构安排上做了适当调整、缩减和精练。全书各章内容力求符合新时期培养创新和复合型人才的需求。

本教材不仅适用于各高等农林院校农学、林学、水土保持及荒漠化防治、植保、农业气象、土地资源管理、生态学、环境科学、草业科学、园林等专业的本科生使用，也可供农、林、水利、生态以及有关科技人员参考使用。

本教材除绪论外共计十七章，编写分工如下：绪论由山西农业大学谢英荷与林大仪编写，第一章由河北农业大学李惠卓编写，第二章由湖南农业大学黄运湘编写，第三章、第六章三、四节由山西农业大学刘秀珍编写，第四章由谢英荷编写，第五章由山西农业大学马红梅编写，第六章一、二节、第十三章由山西农业大学王改玲编写，第七章由山西农业大学程红艳编写，第八章、第十一章第二节和第一节中的栗钙土、第十四章第三节由山西农业大学樊文华编写，第九章第一节、第十一章第一节中黑钙土、第十四章第一、二节由沈阳农业大学贾树海编写，第九章第二节、第十章、第十五章第一节由山东农业大学东野光亮编写，第九章第三节由河南农业大学赵竟英编写，第十二章、第十五章第二节由西北农林科技大学王旭东编写，第十六章由中国地质大学白中科编写，第十七章由沈阳农业大学王秋兵编写。在大家编写的基础上，第一、二、三、八、十七章由白中科统稿，四、五、六、七、九、十六章由樊文华统稿，十、十一、十二、十三、十四、十五章由王秋兵统稿，最后由谢英荷、林大仪对全稿进行润色、修订与定稿。

本书承蒙浙江大学黄昌勇教授主审，山西农业大学以及全体编写老师所在院校都给予了极大的支持帮助，同时本书在编写过程中参阅了国内外同行大量的有关论著与文献，在此一并致以诚挚的谢意。

由于土壤科学发展日新月异，加之编者水平有限，时间短促，书中定有许多错误与不足之处，恳请广大读者批评指正。

编　者
2010 年 10 月

第1版前言

本教材是在林成谷教授1983年主编的《土壤学（北方本）》和1992年修订的《土壤学（北方本）》基础上，根据"面向21世纪课程教材"建设的精神再次修订的。前两版从1983年发行到1998年共印刷12次，得到广大使用单位的大力支持与肯定。

新版《土壤学》共十九章，继承了原教材理论紧密结合生产实际的特色，对原有土壤地学基础知识、土壤物理性状、土壤化学性状、土壤生物性状、土壤保肥与供肥性、土壤发生分类及利用改良等内容进行了重组，拓宽部分章节内容，并增加了土壤退化、土壤质量、土壤资源利用及城市绿地和工矿区等土壤调查内容。

新编《土壤学》结合近10年农业资源利用中存在的实际问题，吸纳了本学科国内外科学研究和教学研究的先进成果，在内容结构安排上做了较大调整，每章增加了内容提要、思考题和参考资料，使其尽量符合21世纪创造性、复合型人材培养的要求。

本教材在原主编单位、参编单位基础上重组了参编人员。编写分工如下：山西农业大学林大仪教授（绪论，第一章）；沈阳农业大学王秋兵教授（第十四章第二、三、四节，第十八章第三节，第十九章）；山西农业大学白中科教授（第十七章、第十八章第一节、第三节）；山西农业大学谢英荷教授（第五章、第七章）；山东农业大学东野光亮教授（第九章第二节、第十五章、第十章）；河北农业大学张桂银教授（第六章第一、二节，第十八章第一节，第十九章第二节）；山西农业大学樊文华教授（第八章，第十一章第二节，第十三章，第十四章第一节、第十八章第二节）；山西农业大学刘秀珍副教授（第二章，第三章，第四章，第六章第三、四节）；沈阳农业大学贾树海副教授（第九章第一、四节，第十一章第一节）；西北农林科技大学王旭东副教授（第十二章、第十六章）；河南农业大学赵竟英副教授（第九章第三节）。全书由林大仪教授修订与统稿，王秋兵教授、白中科教授、谢英荷教授协助修改统稿。

本书承蒙浙江大学黄昌勇教授主审。中国农业大学毛达如教授、北京林业大学王礼先教授对本教材的出版给予了极大的关注与支持。中国科学院南京土壤研究所史学正研究员、中国农业大学张凤荣教授、河南农业大学吴克宁教授也提出了宝贵意见与建议。中国林业出版社徐小英编审等为本书出版付出了大量的心血。山西农业大学校领导以及教务处、教材科和资源环境学院等单位都给予了极大的支持帮助，在此一并表示诚挚谢意。

由于土壤科学发展较快，我国土壤类型又复杂多样，加之编者水平有限，时间短促，书中定有许多疏漏与错误之处，恳请广大读者批评指正，以便在重印、修订时及时更正。

编　者

2002年7月

目 录

第2版前言
第1版前言

绪　论 ……………………………………………………………………………………（1）
　第一节　土壤在农林业及生态环境中的地位及作用 ……………………………………（1）
　　一、土壤在农林业生产中的重要意义 …………………………………………………（1）
　　二、土壤是地球上最宝贵的自然资源 …………………………………………………（2）
　　三、土壤是地球陆地生态系统的重要组成部分 ………………………………………（3）
　第二节　土壤与土壤圈 ……………………………………………………………………（3）
　　一、土壤及其组成 ………………………………………………………………………（3）
　　二、土壤肥力与生产力 …………………………………………………………………（4）
　　三、土壤圈及其与地球各圈层的关系 …………………………………………………（5）
　第三节　土壤科学的发展及今后的任务 …………………………………………………（6）
　　一、土壤科学的发展历史 ………………………………………………………………（6）
　　二、我国土壤科学的发展 ………………………………………………………………（8）
　　三、土壤学今后发展的主要任务 ………………………………………………………（9）

第一章　土壤矿物质 ……………………………………………………………………（12）
　第一节　主要成土矿物及成土岩石 ……………………………………………………（12）
　　一、矿物的概念及主要性质 ……………………………………………………………（12）
　　二、主要成土矿物 ………………………………………………………………………（14）
　　三、主要成土岩石 ………………………………………………………………………（15）
　第二节　岩石的风化作用与土壤母质 …………………………………………………（19）
　　一、岩石的风化作用 ……………………………………………………………………（19）
　　二、风化作用的类型 ……………………………………………………………………（19）
　　三、土壤母质的物质组成和常见类型 …………………………………………………（20）
　第三节　土壤矿质土粒的粒级和质地 …………………………………………………（22）
　　一、土壤矿质土粒的粒级 ………………………………………………………………（22）
　　二、土壤质地 ……………………………………………………………………………（25）

第二章　土壤有机质 ……………………………………………………………………（32）
　第一节　土壤生物 ………………………………………………………………………（32）
　　一、土壤生物类型的多样性 ……………………………………………………………（32）
　　二、土壤酶 ………………………………………………………………………………（35）
　第二节　土壤有机质 ……………………………………………………………………（37）
　　一、土壤有机质的来源、形态及组成 …………………………………………………（37）

二、土壤有机质的转化 ……………………………………………………………… (37)
　　　三、影响土壤有机质分解转化的因素 …………………………………………… (40)
　第三节　土壤腐殖质 ……………………………………………………………………… (41)
　　　一、土壤腐殖质分离提取和组分 ………………………………………………… (41)
　　　二、土壤腐殖质的存在形态 ……………………………………………………… (42)
　　　三、土壤腐殖质的性质 …………………………………………………………… (42)
　　　四、我国主要土壤中腐殖质的组成和性质变化 ………………………………… (43)
　第四节　土壤有机质的作用与调节 ……………………………………………………… (44)
　　　一、土壤有机质的作用 …………………………………………………………… (44)
　　　二、土壤有机质的调节 …………………………………………………………… (46)

第三章　土壤孔性、结构性与耕性 ………………………………………………………… (49)
　第一节　土壤孔性 ………………………………………………………………………… (49)
　　　一、土粒密度和土壤容重 ………………………………………………………… (49)
　　　二、土壤孔隙的数量与类型 ……………………………………………………… (50)
　　　三、影响土壤孔隙状况的因素 …………………………………………………… (52)
　　　四、土壤孔隙状况与土壤肥力及植物生长 ……………………………………… (53)
　第二节　土壤结构性 ……………………………………………………………………… (54)
　　　一、土壤结构体与结构性 ………………………………………………………… (54)
　　　二、土壤结构体的类型 …………………………………………………………… (54)
　　　三、团粒结构与土壤肥力 ………………………………………………………… (55)
　　　四、团粒结构的形成 ……………………………………………………………… (56)
　　　五、土壤结构的改善 ……………………………………………………………… (57)
　第三节　土壤耕性 ………………………………………………………………………… (58)
　　　一、土壤耕性的含义 ……………………………………………………………… (58)
　　　二、土壤的物理机械性 …………………………………………………………… (59)
　　　三、土壤宜耕状态 ………………………………………………………………… (61)
　　　四、土壤耕性的改良 ……………………………………………………………… (62)

第四章　土壤水 ……………………………………………………………………………… (64)
　第一节　土壤水分的类型、含量及有效性 ……………………………………………… (64)
　　　一、土壤水分类型及性质 ………………………………………………………… (64)
　　　二、土壤水分的有效性 …………………………………………………………… (67)
　　　三、土壤水分含量的表示方法 …………………………………………………… (68)
　　　四、土壤水分含量的测定 ………………………………………………………… (69)
　第二节　土壤水分能量状态 ……………………………………………………………… (70)
　　　一、土水势及其分势 ……………………………………………………………… (70)
　　　二、土壤水吸力 …………………………………………………………………… (72)
　　　三、土水势的测定 ………………………………………………………………… (72)
　　　四、土壤水分特征曲线 …………………………………………………………… (73)
　第三节　土壤水分运动 …………………………………………………………………… (74)
　　　一、液态水运动 …………………………………………………………………… (74)
　　　二、气态水运动 …………………………………………………………………… (75)
　　　三、土壤水的入渗和再分布 ……………………………………………………… (75)

四、土面蒸发 …………………………………………………………………（77）
　　五、土壤—植物—大气连续系统（SPAC）………………………………（78）
　　六、田间土壤水分平衡 ………………………………………………………（78）
　　七、土壤水分状况的调节 ……………………………………………………（79）

第五章　土壤空气和热量状况 …………………………………………………（82）
第一节　土壤空气 ……………………………………………………………（82）
　　一、土壤空气的组成和特点 …………………………………………………（82）
　　二、土壤通气性 ………………………………………………………………（83）
　　三、土壤空气与植物生长及土壤肥力的关系 ………………………………（84）
第二节　土壤热量 ……………………………………………………………（85）
　　一、土壤热量的来源和平衡 …………………………………………………（85）
　　二、土壤的热性质 ……………………………………………………………（86）
　　三、土壤温度状况 ……………………………………………………………（87）
　　四、土壤温度与植物生长及土壤肥力的关系 ………………………………（88）

第六章　土壤胶体与土壤保肥供肥性 …………………………………………（90）
第一节　土壤胶体及性质 ……………………………………………………（90）
　　一、土壤胶体的种类 …………………………………………………………（90）
　　二、土壤胶体的性质 …………………………………………………………（93）
第二节　土壤胶体的吸附保肥性 ……………………………………………（96）
　　一、土壤吸附性能的一般概念 ………………………………………………（96）
　　二、土壤胶体对阳离子的吸附作用 …………………………………………（96）
　　三、土壤胶体对阴离子的吸附与交换 ………………………………………（99）
第三节　土壤养分状况 ………………………………………………………（100）
　　一、土壤中的大量元素 ………………………………………………………（100）
　　二、土壤中的中量元素 ………………………………………………………（104）
　　三、土壤中的微量元素 ………………………………………………………（106）
第四节　土壤的供肥性 ………………………………………………………（107）
　　一、土壤的供肥能力的表现 …………………………………………………（107）
　　二、土壤养分的有效化过程 …………………………………………………（109）
　　三、影响土壤供肥性的因素 …………………………………………………（110）

第七章　土壤酸碱性和氧化还原反应 …………………………………………（113）
第一节　土壤酸碱性 …………………………………………………………（113）
　　一、土壤酸性反应 ……………………………………………………………（113）
　　二、土壤碱性反应 ……………………………………………………………（115）
　　三、影响土壤酸碱性的因素 …………………………………………………（116）
　　四、土壤酸碱性对土壤肥力和植物生长的影响 ……………………………（118）
　　五、土壤酸碱性的调节与改良 ………………………………………………（119）
第二节　土壤氧化还原反应 …………………………………………………（121）
　　一、土壤中的氧化还原体系 …………………………………………………（121）
　　二、土壤氧化还原电位 ………………………………………………………（122）
　　三、氧化还原状况对土壤肥力和植物生长的影响 …………………………（123）
　　四、影响土壤氧化还原的因素及其调节 ……………………………………（124）

第三节　土壤的缓冲性 ………………………………………………… (125)
　　　一、土壤缓冲性的概念 ………………………………………………… (125)
　　　二、土壤酸碱缓冲性 …………………………………………………… (125)
　　　三、土壤氧化还原缓冲性 ……………………………………………… (127)
第八章　土壤的形成、分布与分类 …………………………………………… (129)
　　第一节　土壤形成因素 …………………………………………………… (129)
　　　一、土壤形成因素学说 ………………………………………………… (129)
　　　二、成土因素 …………………………………………………………… (130)
　　第二节　土壤形成过程 …………………………………………………… (134)
　　　一、物质的地质大循环与生物小循环 ………………………………… (135)
　　　二、主要成土过程 ……………………………………………………… (136)
　　第三节　土壤剖面形态 …………………………………………………… (138)
　　　一、土壤剖面、发生层和土体构型 …………………………………… (138)
　　　二、基本的土壤发生层 ………………………………………………… (139)
　　　三、土壤剖面形态要素及其描述 ……………………………………… (142)
　　第四节　土壤分类 ………………………………………………………… (143)
　　　一、土壤分类的基本概念 ……………………………………………… (143)
　　　二、中国土壤分类系统 ………………………………………………… (143)
　　　三、中国土壤系统分类简介 …………………………………………… (151)
　　第五节　土壤分布 ………………………………………………………… (157)
　　　一、土壤分布的水平地带性 …………………………………………… (157)
　　　二、土壤分布的垂直地带性 …………………………………………… (158)
　　　三、土壤的区域性分布 ………………………………………………… (159)
第九章　淋溶土、半淋溶土 …………………………………………………… (161)
　　第一节　棕色针叶林土、暗棕壤、白浆土与黑土 …………………… (161)
　　　一、棕色针叶林土 ……………………………………………………… (161)
　　　二、暗棕壤 ……………………………………………………………… (163)
　　　三、白浆土 ……………………………………………………………… (166)
　　　四、黑　土 ……………………………………………………………… (169)
　　第二节　棕壤与褐土 ……………………………………………………… (172)
　　　一、棕　壤 ……………………………………………………………… (172)
　　　二、褐　土 ……………………………………………………………… (174)
　　第三节　黄棕壤与黄褐土 ………………………………………………… (177)
　　　一、黄棕壤 ……………………………………………………………… (177)
　　　二、黄褐土 ……………………………………………………………… (178)
第十章　铁铝土 ………………………………………………………………… (181)
　　第一节　铁铝土的成土条件和成土过程 ………………………………… (181)
　　　一、铁铝土的形成条件 ………………………………………………… (181)
　　　二、铁铝土的形成过程 ………………………………………………… (182)
　　第二节　红壤与黄壤 ……………………………………………………… (183)
　　　一、红壤与黄壤的地理分布 …………………………………………… (183)
　　　二、红壤与黄壤的土壤特性 …………………………………………… (183)

三、红壤与黄壤的分类 …………………………………………………………………… (184)
　第三节　砖红壤与赤红壤 ……………………………………………………………………… (185)
　　　一、砖红壤和赤红壤的地理分布 ………………………………………………………… (185)
　　　二、砖红壤与赤红壤的土壤特性 ………………………………………………………… (185)
　　　三、砖红壤与赤红壤的分类 ……………………………………………………………… (185)
第十一章　钙层土 ………………………………………………………………………………… (188)
　第一节　黑钙土与栗钙土 ……………………………………………………………………… (188)
　　　一、黑钙土 ………………………………………………………………………………… (188)
　　　二、栗钙土 ………………………………………………………………………………… (191)
　第二节　栗褐土与黑垆土 ……………………………………………………………………… (193)
　　　一、栗褐土 ………………………………………………………………………………… (193)
　　　二、黑垆土 ………………………………………………………………………………… (194)
第十二章　干旱土与漠土 ………………………………………………………………………… (197)
　第一节　棕钙土与灰钙土 ……………………………………………………………………… (197)
　　　一、棕钙土 ………………………………………………………………………………… (197)
　　　二、灰钙土 ………………………………………………………………………………… (198)
　第二节　灰漠土、灰棕漠土与棕漠土 ………………………………………………………… (200)
　　　一、灰漠土 ………………………………………………………………………………… (200)
　　　二、灰棕漠土 ……………………………………………………………………………… (201)
　　　三、棕漠土 ………………………………………………………………………………… (203)
第十三章　初育土 ………………………………………………………………………………… (206)
　第一节　黄绵土、风沙土与新积土 …………………………………………………………… (206)
　　　一、黄绵土 ………………………………………………………………………………… (206)
　　　二、风沙土 ………………………………………………………………………………… (207)
　　　三、新积土 ………………………………………………………………………………… (209)
　第二节　紫色土、火山灰土与石灰（岩）土 ………………………………………………… (210)
　　　一、紫色土 ………………………………………………………………………………… (210)
　　　二、火山灰土 ……………………………………………………………………………… (211)
　　　三、石灰（岩）土 ………………………………………………………………………… (212)
　第三节　石质土与粗骨土 ……………………………………………………………………… (213)
　　　一、石质土 ………………………………………………………………………………… (213)
　　　二、粗骨土 ………………………………………………………………………………… (214)
第十四章　半水成土、水成土与盐碱土 ………………………………………………………… (216)
　第一节　潮土与草甸土 ………………………………………………………………………… (216)
　　　一、潮　土 ………………………………………………………………………………… (216)
　　　二、草甸土 ………………………………………………………………………………… (219)
　第二节　沼泽土与泥炭土 ……………………………………………………………………… (221)
　　　一、沼泽土与泥炭土的分布与成土条件 ………………………………………………… (221)
　　　二、沼泽土与泥炭土的形成过程和基本性状 …………………………………………… (222)
　　　三、沼泽土、泥炭土亚类的划分 ………………………………………………………… (223)
　第三节　盐碱土 ………………………………………………………………………………… (224)
　　　一、盐碱土的分布与形成条件 …………………………………………………………… (224)

二、盐碱化土壤的危害及作物的耐盐度 …………………………………………（225）
　　三、盐碱土的特征 ……………………………………………………………（227）
　　四、盐碱土的类型划分 ………………………………………………………（228）

第十五章　人为土与高山土壤 …………………………………………………（229）
第一节　水稻土、灌淤土与菜园土 …………………………………………（229）
　　一、水稻土 ……………………………………………………………………（229）
　　二、灌淤土 ……………………………………………………………………（231）
　　三、菜园土 ……………………………………………………………………（233）
第二节　高山寒漠土、亚高山草甸土与山地草甸土 ………………………（235）
　　一、高山寒漠土 ………………………………………………………………（235）
　　二、亚高山草甸土 ……………………………………………………………（236）
　　三、山地草甸土 ………………………………………………………………（237）

第十六章　土壤调查 ……………………………………………………………（240）
第一节　土壤调查概述 …………………………………………………………（240）
　　一、准备阶段 …………………………………………………………………（240）
　　二、野外调查 …………………………………………………………………（241）
　　三、内业工作 …………………………………………………………………（244）
　　四、航片在土壤调查中的应用 ………………………………………………（247）
　　五、卫片在土壤调查中的应用 ………………………………………………（248）
第二节　特殊任务的土壤调查 …………………………………………………（249）
　　一、林地土壤调查 ……………………………………………………………（249）
　　二、草地土壤调查 ……………………………………………………………（251）
　　三、盐渍土壤调查 ……………………………………………………………（252）
　　四、侵蚀土壤调查 ……………………………………………………………（253）
　　五、风蚀土壤调查 ……………………………………………………………（256）
　　六、城市绿地土壤调查 ………………………………………………………（258）
　　七、工矿区土壤调查 …………………………………………………………（260）

第十七章　土壤质量、土壤退化与土壤资源利用改良 ………………………（264）
第一节　土壤质量及评价 ………………………………………………………（264）
　　一、土壤质量的概念 …………………………………………………………（264）
　　二、土壤质量指标 ……………………………………………………………（264）
　　三、土壤质量评价方法 ………………………………………………………（266）
第二节　土壤退化与防治 ………………………………………………………（267）
　　一、土壤退化的概念 …………………………………………………………（267）
　　二、土壤退化的分类 …………………………………………………………（267）
　　三、土壤退化的驱动因素 ……………………………………………………（269）
　　四、土壤退化的危害 …………………………………………………………（269）
　　五、土壤退化的防治 …………………………………………………………（269）
第三节　土壤资源利用与改良 …………………………………………………（271）
　　一、我国土壤资源的特点 ……………………………………………………（271）
　　二、土壤资源利用中存在的主要问题 ………………………………………（273）
　　三、我国土壤存在的主要障碍因素及其利用改良 …………………………（273）

绪　论

第一节　土壤在农林业及生态环境中的地位及作用

一、土壤在农林业生产中的重要意义

(一)土壤是农林业生产的基地

土壤是农业、林业及牧业生产的基地，也是农林牧业生产的基本生产资料。广义的农业生产包括种植业、林业和畜牧业，一般称为大农业生产。它们是由植物生产、动物生产和土壤管理三个不可分割的环节组成的。

植物生产就是指绿色植物的生产。绿色植物生长需要阳光、热量、空气、水分和养料等五大基本要素。其中除光能来自于太阳辐射外，其余均主要由土壤提供。水分、养分主要通过根部自土壤中吸收，而热量和空气则主要依靠人类通过土壤管理来直接控制和调节。此外，土壤还为植物提供了根系伸展的空间和机械支撑作用，即植物生长的立足之地，这些都充分表明了：土壤为植物生长繁育提供了吃(养分供应的营养库的作用)、喝(水分供应)、住(空气流通、温度适宜)、站(根系伸展、机械支撑)等必需生活条件。归纳起来，土壤在植物生长繁育中具有营养库、养分转化和循环、涵养水分、生物的机械支撑、稳定和缓冲环境变化等任何资源都不可取代的特殊作用，因此，植物生产必须以土壤为其基地。

动物生产是把一部分植物产品和残体作为饲料来喂养家禽家畜，生产肉、蛋、奶等动物性食物以及毛皮、畜力和有机肥等产品。动物生产是以植物生产为基础的，因此，土壤不仅是植物生产的基地，而且也是动物生产的基础。两者都必须以土壤作为基本生产资料，离开了土壤这一环节，农业生产就无法循环往复进行。可以说没有土壤就没有农业。

(二)土壤是农业生产链环中，能量和营养物质循环转化的场所

从自然界物质和能量的循环、周转和平衡的关系来看，在植物生产、动物生产和土壤管理这三个环节中，首先绿色植物从土壤中吸收各种营养物质，经过光合作用，将日光能转变为植物有机体中的化学能，经过人类和动物利用转化为热能和动能，其余人类和动物不能利用的以及排泄物最终以肥料的形式归还于土壤，经微生物的分解转化，成为土壤中的化学能，从而培肥土壤，提高土壤肥力，进一步促进下一周期的植物生产和动物生产的发展，使营养物质和能量通过土壤这个转化场所得以周而复始的循环利用，充分体现了土壤在农业生产链环及自然界中物质和能量循环的枢纽地位(图1)。

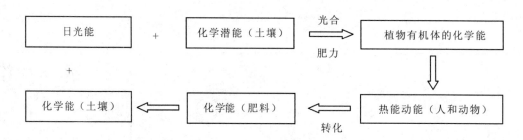

图1 自然界物质和能量的循环转化

（三）土壤是制定持续高效发展农林业生产技术措施的基础和依据

农林业生产是一项极其复杂的系统工程，高产、高效、优质、可持续发展是农林业生产的基本要求，这一目标的实现决定于多种因素的最优协调与综合作用。

农业生产受控因素主要是自然因素和人为因素，如何充分利用外界自然环境条件，采取相应的人为调控措施达到植物生长发育最适的状况，这是农业生产中必须解决的关键问题。生产过程中作物品种的选择、栽培、施肥、灌溉、植物保护、农业机械配套等一系列技术管理措施的实施，必须在充分研究土壤性质基础上进行选择，即根据土壤的物理化学性质采取适合植物生长发育需要的相应措施，或者根据植物生长发育的需要对土壤的性质进行调控。总之，只有根据土壤条件采取相应的农业技术措施才能达到高产优质高效、持续发展的要求，因此土壤是实施各项农业生产技术措施的基础。

二、土壤是地球上最宝贵的自然资源

土壤资源和水资源、大气资源一样，是维持人类生存与发展的必要条件，是社会经济发展最基本的物质基础。"民以食为天，食以土为本。"在人类赖以生存的物质资料中，人类消耗的约80%以上的热量、75%以上的蛋白质和大部分的纤维都直接来自于土壤。尽管设施农业发展迅速，但要大规模地进行粮食工厂化生产是不太可能的，人类对粮食的需求仍必须通过土壤这个载体来实现。土壤资源不像煤炭、石油及其他矿产资源那样，在开发和利用后就会逐渐减少以至枯竭，它是具有再生能力的，只要对其科学地投入与补偿，善于用养结合，使土壤肥力得以保持与提高，土壤资源就可永续使用。

土壤资源虽可永续使用，但数量上却是有限的。因为土壤是陆地的表层物质，而陆地的面积是有限的。我国的土壤资源十分短缺，耕地总量仅占世界耕地面积的7.8%，却要养活占世界22%的人口，而且适宜开垦的土壤后备资源十分有限，在我国尚未利用的2.71×10^8 hm^2的土地中，适宜开垦的荒地只有$1.3 \times 10^7 hm^2$，即使全部开垦也只能增加$7 \times 10^6 hm^2$的耕地，且主要分布在三北边远地区，开垦难度大。我国土壤资源的缺乏使土壤资源数量的有限性更为突出，未来有限的土壤资源供应能力与人类对土壤(地)总需求之间的矛盾将日趋尖锐。土壤资源的有限性已成为制约经济和社会可持续发展的重要因素。因此，"十分珍惜每一寸土地，合理利用每一寸土地，应该是我们的国策"。

三、土壤是地球陆地生态系统的重要组成部分

自然界中，由任何生物群体与其所处的环境组成的统一体形成了多种多样、大小不一的生态系统，小到一块农田、一片森林，大到陆地乃至地球，而土壤是这些生态系统中最活跃的生命层，即重要组成部分，同时也是一个相对独立的生态系统。

在土壤生态系统中，绿色植物吸收光能进行光合作用而生长，是主要有机物的生产者。而草食或肉食动物，如土壤中的原生动物、蚯蚓、昆虫类、脊椎动物和啮齿类动物等是土壤生态系统的主要消费者，它们以现有的有机物为原料，经机械破碎与生物转化，除少部分耗损外，大部分物质与能量仍以有机态存在于土壤动物及其残体与排泄物中。作为土壤生态系统有机物的分解者，主要是土壤中的微生物与低等动物，有细菌、真菌、放线菌、鞭毛虫、纤毛虫等，它们以绿色植物与动物残留的有机体及排泄物为原料，从中吸取养分与能量，并将它们分解为无机化合物供植物再度利用，或合成土壤腐殖质。

土壤生态系统既是自然生态系统，也是人类智慧与劳动可以支配的人工生态系统，或复合生态系统，在陆地生态系统中起着极其重要的作用，主要有以下几个方面：①是生物的栖息地，保持了生物活性、多样性和生产性。②对水体和溶质流动起调节作用。③是陆地与大气界面上气体与能量的调节器，如温室气体的排放与温室效应和土壤生物化学过程密不可分。④对有机、无机化合物具有过滤、缓冲、降解、固定和解毒作用，是环境中巨大的自然缓冲介质。⑤具有贮存并循环生物圈及地表养分的功能。

从这个意义上看，土壤不仅仅是农业生产的基本资料，而且是农田生态系统以及人类社会为主体的整个陆地生态系统的主要组成部分。

第二节　土壤与土壤圈

一、土壤及其组成

（一）土壤的概念

土壤(soil)是一个复杂的自然体，世界各国不同学科的学者对土壤的概念有不同的认识，生物学家认为："土壤是地球表层系统中，生物多样性最丰富，生物地球化学的能量交换、物质循环(转化)最活跃的生命层。"环境学家认为："土壤是重要的环境要素，环境污染物的缓冲带和过滤器。"而土壤学家与农学家则认为："土壤是发育于地球陆地表面能生长绿色植物的疏松多孔结构表层。"土壤的本质特征是具有土壤肥力。

近几十年来，随着环境科学和水产事业的发展，对水体和水下资源的研究与开发进行了大量的工作，国内外许多学者趋向于把浅水域底的疏松层纳入土壤的范畴。20世纪70年代以来，航天事业的发展，提出了探索研究其他星球的疏松浮土。由此可见，从农业生产来看，土壤的概念应是指地球陆地上能够生长绿色植物收获物包括浅水域底的疏松表层。

（二）土壤的物质组成

土壤是由固相、液相和气相三相物质组成的。固相包括矿物质、有机质和土壤生物，按重量计，矿物质可占固相部分的95%以上，有机质占1%~5%；液相包括水分和溶解于水中的矿物质和有机物质；气相包括各种气体，主要由氮气(N_2)和氧气(O_2)组成，并含有比

大气中高得多的二氧化碳（CO_2）和某些微量气体。其中固相部分占总体积的45%～50%，孔隙占总体积的50%～55%。气体和液体共同存在于粒间空隙之中呈互为消长的关系，进而影响到土壤温度状况，因此，固、液、气三相之间是相互联系、相互转化、相互制约、不可分割的有机整体，是构成土壤肥力的物质基础。不同土壤物质组成的比率不同，则体现不同的肥力水平，使土壤表现出许多不同的性质，从而为植物生长提供不同的生活条件。其具体组成概况如图2所示。

图2　土壤三相组成（容积比）

二、土壤肥力与生产力

（一）土壤肥力的概念

关于土壤肥力的概念，目前各国尚未有完全统一的认识。一般西方土壤学家，传统地将土壤供应养料的能力看做是肥力。而前苏联土壤学家威廉斯则认为：肥力是"土壤在植物生活的全过程中，同时不断地供给植物以最大量的有效养料和水分的能力。"我国土壤科学工作者对土壤肥力也有不尽相同的认识，目前较统一于《中国土壤》（1987版）对肥力的阐述："肥力是土壤的基本属性和质的特征，是土壤从营养条件和环境条件方面，供应和协调植物生长的能力。"土壤肥力是土壤物理、化学和生物学性质的综合反映。其中，"养分是营养因素，温度和空气是环境因素，水既是环境因素又是营养因素"。所谓"协调"是指各种肥力因素同时存在、相互联系、相互制约。因此，归纳起来可定义为："土壤肥力是土壤具有的能同时和持续不断地供给和调节植物生长发育所需的水、肥、气、热等生活因素的能力。"

肥沃的土壤能够充足、全面、持续地供给植物所需的各种生活因素，而且能调节和抗拒各种不良自然条件的影响，还能调节各肥力因素之间存在的矛盾，以达到适应和满足植物生长的要求。

（二）自然肥力和人工肥力

土壤肥力是自然的属性，但又受到社会经济的影响，因此有自然肥力和人工肥力的区别。自然肥力是指土壤在自然因子即五大成土因素（气候、生物、母质、地形和时间）的综合作用下发育而来的肥力，它是自然成土过程的产物。由于人类尚未干预，所以这种肥力还不能得到充分开发利用，它的发展是很缓慢的。可见，只有从来不受人类影响的自然土壤才仅具有自然肥力。

人工肥力是在人类耕作、施肥、灌溉及其他技术措施等人为因素影响作用下发育起来的肥力，它使不能利用的潜在肥力转变为有效状态，土壤肥力得以迅速提高，从而提高了农业生产的水平。人工肥力是在认识自然规律的基础上充分利用科学技术的成就而获得的。随着人类对农业生产活动的影响越来越大，人工肥力则越来越上升至主导地位。

（三）潜在肥力与有效肥力

就植物的有效性而言，从理论上讲，肥力在生产上都可以发挥出来而产生经济效果，但事实上在农业实践中，由于土壤性质、环境条件和技术水平的限制，只有其中的一部分在当季生产中能表现出来，产生经济效益，这一部分肥力叫"有效肥力"或"经济肥力"；而没有直接反映出来的叫做"潜在肥力"。有效肥力和潜在肥力是可以相互转化的，两者之间没有截然的界限。人类在利用土壤资源过程中的干预正确与否（即土壤管理的技术水平），是导致这两种肥力相互转化的关键。

(四) 土壤生产力

土壤生产力和土壤肥力之间是两个既有联系又有区别的概念。土壤的生产力是由土壤本身的肥力属性和发挥肥力作用的外界条件及人为因素共同决定的,从这个意义上看,肥力只是生产力的基础,而不是生产力的全部。所谓发挥肥力作用的外界条件指的就是土壤所处的环境,包括气候、日照、地形、灌排条件以及有无污染因素的影响,也包括人为耕作、栽培等土壤管理措施。

高产的土壤必定是肥沃的。但是,并不能断定肥沃的土壤一定高产。如干旱地区的肥沃土壤在没有灌溉设施的经营管理制度下,作物产量在很大程度上取决当地的年降水量,因此,它不可能保证高产稳产。区分土壤肥力和土壤生产力这两个不同的概念,对土壤管理和农业生产具有重要意义。它使我们认识到,要提高土壤生产力(即提高植物产量),既要重视土壤肥力的研究,又要研究土壤与其环境间的相互关系。

三、土壤圈及其与地球各圈层的关系

(一) 土壤圈的概念及在地球系统中的地位

土壤以不完全连续的状态分布于陆地的表面,被称为土壤圈(pedosphere)。土壤圈的概念是1938年由S. Matson提出的,近年来得到了极大的重视和发展,特别是1990年Arnold对土壤圈的定义、结构、功能及其在地球系统中的地位做了全面的概述和发展,对土壤科学参与解决全球问题奠定了基础(图3)。

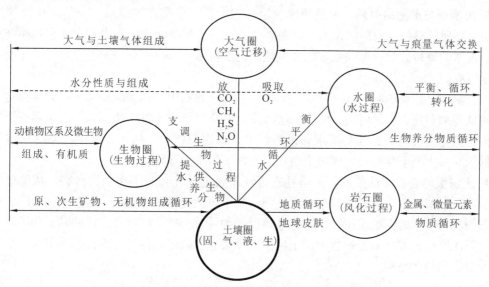

图3 土壤圈的地位、内涵及功能

在地球表层系统中,土壤圈具有特殊的地位和功能:①土壤圈是地球上永恒的物质与能量的交换场所。②土壤圈是最活跃的具有生命物质的圈层。土壤圈与生物圈密不可分,本身就是一个丰富多彩的生物王国和基因资源库。③土壤圈具有记忆功能。土壤形成过程中的气候、生物、岩石矿物组成、土壤发生过程与性质都会在土体中留下"烙印",如各种生物化石、沉积层、次生矿物以及新生体等。④土壤圈具有时空特征。土壤圈具有明显的区域分布特征和长时间的演变特征。⑤土壤圈具有再生特性。

土壤圈是地圈系统的重要组成部分，其位置处于地圈系统中大气圈、水圈、生物圈与岩石圈的交接界面，即四个圈层的中心。它既是这些圈层的支撑者，即各圈层间物质与能量交换的枢纽，又是它们长期共同作用的产物。它的任何变化都会影响其他圈层的演化、发展乃至对全球变化产生冲击作用。

（二）土壤圈与地球各圈层的关系

1. 土壤圈与大气圈的关系　土壤圈与大气圈之间进行着频繁的水、热、气的交换和平衡。土壤疏松多孔，能接纳贮存大量大气降水以供生物生命活动之需要。土壤水一部分又以蒸散的方式回到大气圈中，同时土壤向大气释放大量 CO_2、CH_4 与 NO_x 等导致全球气候变暖的主要温室效应气体。它们的产生与释放和人类的施肥、灌溉、耕作等土壤管理活动有密切关系。因此最大限度地减少人为农事活动中温室效应气体的释放，已成为当今全球共同关心的环保问题。

2. 土壤圈与生物圈的关系　生物圈是指地球上生物所生存与活动的范围。地球表层的土壤不但为人类、高等动植物以及微生物提供了生存的基地和栖息的场所，同时也为它们的生长发育提供了养分、水分以及一系列物理化学生存条件。而它们吸收的部分养分又以枯枝落叶以及遗体的形式归还于土壤。土壤性质对生物吸收物质的数量、组成及生物品质有着不同的影响。生物物质对土壤的归还量及其组成，特别是根际分泌物对土壤性质也会产生深刻的影响。人类可以通过调节土壤圈与生物圈的物质交换以提高植物产量与品质，并保持土壤的生产力持续发展，供人类持续使用，生生不息。

3. 土壤圈与水圈的关系　水是地球表层一切生物生命存在的源泉，也是地球系统中联结各圈层物质迁移的介质。除湖泊、江河外，土壤是能保持淡水的最大贮库。它影响降水在陆地和水体的重新分配；影响元素的表生地球化学行为；影响水分平衡、分异、转化及水圈的化学组成。

人类活动已显著加剧了这一过程，如肥料、农药的施用、污水灌溉及其他废弃物进入土壤后对地下水和地表水的污染，污染的淡水反过来又要危及土壤、生物以及人类的安全。因此如何保护好水资源，尤其是淡水资源的保护、利用与调控，防止土壤中污染物向水体迁移，保护好人类的生存环境，也是土壤学需要面对的重大课题。

4. 土壤圈与岩石圈的关系　土壤是岩石经过风化过程和成土作用的产物。从地球的圈层位置看，土壤圈位于岩石圈与生物圈之间，属于风化壳的一个部分，作为地球的"皮肤"，对岩石圈具有一定的保护作用，以减少其遭受各种外营力破坏。因此土壤的基础物质来源于岩石，但在风化过程与成土过程中，土壤中的元素也在向岩石圈进行着迁移与转化，二者进行互为交换与地质循环。

第三节　土壤科学的发展及今后的任务

一、土壤科学的发展历史

土壤科学（soil science）是研究土壤的物质运动规律及其与环境间相互关系的科学，是农业科学和资源环境科学的基础学科之一。土壤学的兴起与发展与近代自然科学，特别是近代化学、物理和生物学的发展和不断渗入息息相关。16世纪以前，对土壤学的认识只限于以土壤的某些直观性质和农业生产经验为依据。如中国战国时期《尚书·禹贡》中根据土壤颜色、土粒粗细对土壤进行分类。古罗马的加图也是根据直观描述对罗马境内的土壤进行分类。16~18世纪自然科学的蓬勃发展对土壤学的萌芽奠定了基础，许多学者在论证土壤与植物的关系中，提出了各种假说，如17世纪中叶，海耳蒙特根据自己的实验，认为土壤除供给植物水分、养分以外，仅起着支撑植物地上部分植株的作用。18世纪末，A·D·泰伊尔(Thaer，1752~1828)提出"植物腐殖质营养学说"，认为除了水分外，腐殖质是土壤中唯一能作为植物营养元素的物质。18世纪以后的土壤学发展过程中先后出现了三大学派：

(一) 农业化学学派

德国化学家李比希(J. V. Liebig，1803~1873)，从化学的观点和方法研究土壤植物营养问题，在1840年发表了"植物矿物营养学说"，提出矿质元素(无机盐类)是植物的主要营养物质，而土壤则是这些营养物质的主要供源。同时还提出了著名的"归还学说"，即土壤能供植物利用的矿质营养元素是有限的，必须借助增施矿质肥料予以补充，否则土壤肥力会日趋衰竭，植物产量会不断下降。这一矿质营养学说是对植物营养及农业科学的一个重大贡献，同时也迅速推动了化工、化肥工业的发展，在化工化肥发展史上具有划时代的重要意义。

但这一观点仅是从化学的角度研究土壤问题，把土壤当做单纯的矿质养分的贮存库，而忽视了土壤肥力的增减绝不完全是依靠矿物质营养，更重要的是生物因素和有机质在全面影响土壤物理、化学、生物学性质，起着提高土壤肥力的综合作用。尽管由于时代的局限性，农业化学观点存在许多不足之处。但这决不影响该观点在土壤科学发展史上的历史地位以及对整个农业科学的贡献。直至今日，该学说仍被作为化肥工业和化肥应用的最重要的理论依据。

(二) 农业地质学派

19世纪下半叶，以德国法鲁(F. A. Fallou)为代表的一些土壤学家，运用地质学的观点研究土壤的变化，认为土壤形成过程是风化过程和淋溶过程的结果，也就是土壤肥力发展的过程。风化过程释放了岩石矿物中的养分，它为植物生长创造了营养条件，与此同时由于水的淋溶，养分将不断流失而肥力趋于枯竭，实际上他认为土壤肥力是不断下降的过程，最后又将形成岩石。世界上存在的多种类型的土壤也只不过是风化强度和淋溶程度的不同而已。这种观点同样也忽视了生物因素在土壤形成中，即肥力发展变化中所起的作用。此种观点还强调土壤工作者应把主要精力集中于土壤各种性质及其变化方面的研究。不要过多地联系农业生产与土壤的关系，那是农学家关心的问题，从而发展了农业地质学派"土壤归土壤，农业归农业"的观点，导致了土壤科学脱离农业生产实践的错误方向。但农业地质土壤学观点在土壤学发展史上，同样起到了积极作用，开辟了从矿物学研究土壤的新领域，加深了对土壤的基本"骨架"矿物质的研究。

(三) 土壤发生学派

在19~20世纪俄国陆续出现了几位著名的土壤学家，如道古恰耶夫(В. В. Докучаёв)、柯斯狄契夫(П. А. Костычёв)、西比尔采夫(Н. М. Сибирцев)、格林卡(К. Д. Глинка)、威廉斯(К. Р. Вильямс)等，以道古恰耶夫为首，运用土壤发生学的观点研究土壤的发生发展，认为土壤是气候、生物、母质、地形和时间五个自然成土因素的共同作用下发生发展的，还提出地球上土壤的分布具有地带性规律，创立土壤地带性学说。同时对土壤分类提出了创造性的见解，拟订了土壤调查和编制土壤图的方法。

威廉斯继承和发展了土壤发生学的观点，更加重视生物在土壤发生和肥力发展上的作用。认为土壤的形成是在以生物为主导因素的五种成土因素相互作用下的结果。他创立的"土壤统一形成学说"、"土壤发生学说"、"土壤结构学说"不仅为土壤发生学派奠定了科学基础，同时使土壤科学为农业生产服务开辟了广阔的天地。他的学说得到各国土壤学家的公认，也为现代土壤学发展奠定了基础。

20世纪以来，随着全球人口的不断增长、资源的不断减少和环境的明显变化，土壤学面临大量新问题、新任务、新挑战、新机遇。同时，由于近代数理化和生物学的新概念及研究手段向土壤学大量渗透，促使土壤学飞速发展，并出现了不少新的领域，如土壤圈层、土壤质量、土壤信息、土壤生态环境等，充分反映了当代土壤学科的研究领域在不断扩大，研究方向在逐步向多元化发展。

二、我国土壤科学的发展

我国具有非常悠久的农业发展历史，在农业生产方面有独特的创造和经验，特别是土壤科学方面，累积了十分丰富的认土、用土、改土的经验，为建立和发展土壤科学做出了宝贵的贡献，无论是控制水土流失的梯田修筑、耕作制中的轮作倒茬、用地养地的粮豆间混套作、农家肥料的沤制与使用、保墒保肥的耕作措施等，无不居于世界农业发展的前列，形成了我国农业上精耕细作的优良传统。

早在两千多年前，从春秋战国到秦、汉、后魏期间，劳动人民在长期的生产实践中，对土壤的知识就有丰富的经验积累和记载，其中著名的农书如《禹贡》、《管子·地圆篇》、《氾胜之书》、《齐民要术》等。另外，在其他古籍书中也有不少关于农业发展，特别是关于土壤知识的记载。在《禹贡》中描述了九州土壤的特征、地理分布和肥力状况，是世界最早的土壤分类及肥力评定的科学著作。在《管子·地圆篇》中提出了因土种植的土宜概念。《氾胜之书》中还提出因土耕作，在不同的土壤上采用不同的耕作方法。《齐民要术》叙述了以深耕为中心结合耙、耱、镇压的耕作制，以及种植豆科绿肥的经验。在这些书中还提出了"多粪肥田"、"弱土而强"、"粪田宜稀"等土壤培肥的基本理论。在宋、元、明、清时代又出现了不少农书，如《王祯农书》、《农政全书》、《陈农夷书》等。《王祯农书》中的"粪壤篇"提出土壤虽异，治以得宜，皆可种植，以及"地力常新壮"等用土改土的科学观点。这些均为我国的土壤科学发展奠定了基础，同时至今仍为我国进行土壤科学研究和生产的重要参考依据。

我国近代土壤科学研究起步较晚，20世纪20年代开始，一些留学欧美的归国人员，回国后从事土壤学的教学与研究，1930年才开始在中央地质调查所设立土壤研究室。以后又相继在一些高等农业院校设置土壤农化专业并建立土壤研究院（所），培养土壤专业技术人才。这一阶段我国的土壤科学主要受欧美土壤学观点的影响较大，重点对中国的土壤分类和土壤性质进行了初步的研究。

新中国成立后，1949～1978年，我国土壤科学研究紧紧围绕国家的经济建设，广泛开展了土壤资源综合考察、农业区划、流域治理、中低产田改良以及防治土壤盐渍化、沙漠化、水土流失等大量工作。于1958年和1978年先后进行了两次全国土壤普查，基本查清了我国960万km^2面积上土壤的类型、分布、属性、土宜、障碍因素等土壤资源的基本情况，编写了各县、地市、省级以至全国的土壤志,绘制了土壤图。

1978年以后至今,中国土壤学研究进入了快速发展阶段。土壤学科体系和领域不断在完善和扩充,并与国际土壤科学的发展同步,形成了土壤物理学、土壤化学、土壤生物和生物化学、土壤地理、土壤植物营养化学、土壤矿物学等分支学科,而且还从土壤化学中衍生出土壤电化学和土壤环境学,从土壤地理学中派生出土壤地球化学和土壤生态学等新型的学科领域。并且在土壤元素循环、土壤电化学、水稻土肥力以及人为土分类研究等方面已经处于国际领先地位。先后出版了一些有影响的土壤专著,如《中国土壤》(1998)、《中国土壤系统分类》(1999)以及《土壤化学原理》、《农业百科全书》(土壤卷,1996;农化卷,1994)等。

但由于受很多因素的制约,我国土壤学的研究水平与发达国家相比仍然有相当大的差距,主要表现在基础理论研究薄弱,不仅起步较晚,而且研究面较窄,在广度与深度上与国外相比均有较大差距;土壤学各分支学科之间的发展也不平衡,有些分支学科甚至萎缩,使学科间的相互促进作用减弱;围绕国家重点任务开展的生产实践性研究工作多,而系统、长期的研究和长期观测积累的资料较少,这将严重影响了土壤过程及规律的探索和寻找土壤学发展的突破口;同时研究手段尚落后,特别是监测土壤资源动态变化的遥感设备不够完善,土壤数据库和土壤信息系统尚有待于建立;土壤科学现阶段发展的速度落后于生产发展的要求。这些问题和不足不同程度的制约和影响了我国土壤科学的发展,随着这些问题的逐步解决,土壤科学必将在未来解决人类面临的粮食、资源和环境重大问题方面会发挥更大的作用。

三、土壤学今后发展的主要任务

当前国内外面临的总形势是"农业安全,生态破坏,环境污染、资源匮乏,能源紧缺,全球变化,灾害突发,经济危机及人类生命健康"等八个方面。这也是我国今后土壤学发展所必须适应与面临的问题与挑战。由此土壤的地位与重要性也必须从农业生产基础向环境安全、资源利用、生态建设及全球变化等方向转变与提升。因此从土壤学研究与发展的角度看,我国今后土壤学发展的主要任务是:

(一)食物安全与生态环境建设是土壤学首要关注的问题

近年来随着社会经济的快速发展,我国土壤污染、侵蚀、酸化、盐碱化、沙化、石漠化及温室气体大量排放等土壤生态环境问题日益严重。据统计,我国重金属污染的土壤面积达2000万hm^2,占总耕地面积的1/6;因工业"三废"污染的农田近700万hm^2,引发粮食减产每年100亿kg。此外我国每年农田使用化肥氮,转化成污染物质进入环境的氮素达1000万t左右,不少地区饮用水及农产品中硝态氮和亚硝态氮的含量均明显超标,目前我国年污废水排放量已超过400亿t,近年污灌面积达426万hm^2。这些均对我国的食物保障等带来不良影响。由此可见,生态环境建设、食物安全与人类健康是现代土壤学研究中首要关注的问题。

谈到食物安全已不是单纯指粮食数量的安全,它包括食物的数量安全、质量安全、经济安全和生态安全。数量安全是食物安全的最基本要求,就是要为日益增长的人口生产出足够的食品;质量安全是指生产的食物要有较高的营养质量和安全质量,必须是无公害食品;经济安全是指农民要在从事食物生产过程中受益,有较好的经济保障;生态安全就是要在食物生产过程中合理利用水土肥等资源,不对生态环境带来负面影响。因此今后必须开展以改善土壤生态环境、保障农产品安全和人体安全为目标的综合研究，包括：深入研究在保证持续高产的前提下养分资源高效利用的机制和途径，寻求土壤—植物系统养分的农学效应和环境效应的最佳平衡，建立和完善相应的理论和配套技术体系；主要污染物在农田生态系统中和水、土、气、生界面迁移、转化与积累规律的研究；大气、土壤与水体复合污染形成过程与模型研究；大气、土壤污染的物理、化学和生物学方法修复机理与技术研究；农产品污染削减与预警系统的研究及区域宏观污染调控与战略研究等。同时更应重视土壤肥力的培育与提高、土壤养分、水分的保持、平衡与调控及农产品品质的提高等方面的深入研究，让现代土壤学为实现人类享有充足的食物与清洁生产的环境的宏伟目标作出贡献。

（二）保护土壤资源与发展生态高值农业是土壤学新时期的重要任务

我国目前已经是世界上土壤资源利用强度最高的国家之一，土壤的高强度利用和管理不善，导致了土壤质量的严重退化。主要表现在土壤肥力减退和失调，耕地中产量小于 $2250 kg/hm^2$ 的低产田占 1/3；土壤退化，侵蚀严重，黄土高原与红壤丘陵地区土壤侵蚀面积各有 5000 万 hm^2；耕地被侵占，可垦、待垦的宜农耕地已不足 2000 万 hm^2。土壤资源的危机日益严重。由此可见，我国在土壤资源保护方面的任务十分艰巨和紧迫。

今后要加强土壤资源的保护及合理开发利用，必须坚定不移地走可持续发展道路，主要包括：在注重土壤资源数量管理的同时加强质量管理，不断探索土壤高强度利用与环境协调的有效措施和途径、土壤资源持续利用的机制与模式；加强各种低耗土壤资源的节约型开发利用研究；综合治理集约经营耕地的研究；土壤资源承载能力的研究；耕作施肥的集约化管理模式，土壤资源节约型农业技术体系研究；土壤质量动态监测及土地数字化数据库的研究；不同土壤（土地）退化过程与防治技术的研究等。

而发展生态高值农业又是当前保护土壤资源、实现农业持续发展的一项重要举措，其宗旨是在保护生态环境的前提下通过农业的高值化，大幅度提高农业生产能力、产业化水平、竞争力和比较效益。即农业生产必须走兼顾持续高产优质和与环境相协调的优质、高效、持续高产和环保的发展道路，以不断满足我国日益增长的农产品总量需求和质量需求，全面实现农产品优质化、营养化、功能化，以及农业生态系统和土壤资源的持续良性循环。这个方向也是现代土壤学要实现的长远目标。

（三）土壤圈物质循环与全球变化是土壤学长期研究的战略任务

土壤圈物质循环与全球变化的关系非常密切。土壤排放的大量温室气体使全球气候有变暖的可能，全球变化又通过降雨、温度和养分沉降等变化，影响土壤过程和土壤性质等，同时也对生态系统的生产力及其稳定性产生影响。因此，土壤圈物质循环与全球变化是土壤学长期研究的战略任务。

首先，从土壤圈与地球其他圈层关系的宏观角度出发，研究土壤圈与生物圈之间的养分元素的迁移、交换与平衡：包括生态系统以及根际微生态系统中物质迁移与养分平衡及其调控等的研究；土壤圈与水圈的水循环：包括土壤水平衡与全球水循环研究，农田系统硝酸盐淋失与水质量研究，土壤水平衡与节水灌溉最佳模型研究，水分运动、养分迁移与水盐迁移研究；土壤圈与岩石圈之间金属与微量元素迁移与转移：包括土壤发育与土壤年龄的研究，古土壤与环境信息研究，土壤地球化学性质与变化规律的研究等；土壤圈与大气圈大量与痕量气体交换与平衡：包括土壤碳、氮循环研究，土壤痕量气体的通量及其对大气温室气体效应的影响，土壤飘尘与空气污染的研究等。

其次，从土壤圈物质和能量循环与人类生存环境之间的关系出发，研究土壤圈物质和能量循环与地球生命、自然环境、全球变化之间的关系。全球土被演变及土壤退化（土壤侵蚀、沙漠化、肥力退化、盐渍化、酸化、沼泽化）的时空变化、形成机理及预测调控的研究。人类活动对土壤全球变化及人类环境变化的影响。包括不同地区人为破坏活动对生态环境影响研究（如红壤地区）；人类活动对土壤资源影响研究。这些均为土壤学今后长期研究的重点内容。

（四）加强新技术和新方法在土壤学中的应用

土壤科学发展是建立在对自然界进行大量观测和长期资料积累的基础上，尤其从国际与国内发展趋势看，当今土壤科学研究重点是土壤圈物质循环与全球变化，这除了应用生物学、地学、化学和各种技术科学发展的理论外，更重要的是要不断更新与引进现代化的分析技术与仪器设备，需要对大量综合性的和多时相的数据操作分析，也更需要在观测、分析、测试、数据处理等方面规范化、标准化、定量化、模型化的新方法和新手段。

近期土壤技术的重点研究是国家级土壤信息系统的建立及应用，1:100 万土壤—土地数字化数据库的建立与应用，一些非接触性研究手段如核磁共振、激光扫描、超声波、X射线、原子技术（同位素示踪技术等）、三维成像等技术，DNA 克隆、量子生物等在土壤学中的应用，非线性数理理论和方法（地统计学、分形数学、混沌动力学）在土壤学中的应用等，因此今后现代土壤学的发展离不开现代科学技术的支撑与驱动，必须重视对上述成果加以深入应用与研究，以不断推进现代土壤学的发展。

[思考题]

1. 土壤在农林业生产及生态环境中有何意义？
2. 什么是土壤、土壤肥力、土壤圈？
3. 土壤与地球各圈层间有何关系？
4. 土壤科学今后的主要任务是什么？

参考文献

[1] 赵其国. 土壤科学发展的战略思考. 土壤，2009，41(5)：681~687.
[2] 张玉龙，王秋兵. 21 世纪中国土壤科学面临的挑战与任务. 沈阳农业大学学报，2005，36(3)：259~264.
[3] 邵宏波，梁宗锁，邵明安，韦鹏霄. 21 世纪土壤科学的主要任务及挑战. 草业学报，2004，13(2)：28~32.
[4] 赵其国. 发展与创新现代土壤科学. 土壤学报，2003，40(3)：321~327.
[5] 黄昌勇. 土壤学. 北京：中国农业出版社，2000.
[6] 林大仪. 土壤学. 北京：中国林业出版社，2002.
[7] 吕贻忠，李保国. 土壤学. 北京：中国农业出版社，2006，3.
[8] 国家自然科学基金委员会编写. 土壤学（自然科学学科发展战略调研报告）. 北京：科学出版社，1996.
[9] 中国土壤学会. 土壤学与农业持续发展（论文集）. 北京：中国科学技术出版社，1994.
[10] 中国土壤学会. 迈向21世纪的土壤科学（论文集）. 北京：中国农业科技出版社，1999.
[11] 中国土壤学会. 中国土壤科学的现状与展望（论文集）. 南京：江苏科学技术出版社，1991.
[12] 山西农业大学. 土壤学（北方本）第二版. 北京：农业出版社，1992.
[13] 严健汉，詹重慈. 环境土壤学. 上海：华东师范大学出版社，1985.

第一章
土壤矿物质

【重点提示】本章重点介绍主要成土矿物和岩石的性质、风化作用及土壤母质的常见类型;土壤粒级、质地的概念和分类标准;不同质地土壤的肥力特征及不良质地土壤的改良措施。

土壤位于岩石圈的最上层,即风化壳的表层。它是由固、液、气三相物质组成的自然体,其中,固相部分由矿物质颗粒和有机质颗粒组成。对于一般土壤来说,矿物质颗粒约占土壤固相部分的90%以上,是构成土壤最基本的物质,与土壤性质关系密切。

第一节 主要成土矿物及成土岩石

土壤矿物质颗粒主要来源于岩石、矿物的风化。矿物和岩石是既有联系,又有区别的两种自然物质。矿物是组成岩石的基本单位,岩石是矿物的集合体。

一、矿物的概念及主要性质

(一)矿物的概念

矿物是地壳中的化学元素在地质作用下形成的具有一定化学成分和物理性质的自然产物。地壳中化学元素很多,主要元素有90多种,但含量很不均衡,其中氧(O)、硅(Si)、铝(Al)、铁(Fe)、钙(Ca)、钠(Na)、镁(Mg)、钾(K)约占98%,而一些植物生长所必需的重要元素,如磷(P)、硫(S)、氮(N)等数量很少,见表1-1。

表 1-1 地壳中的主要化学元素(《土壤学》,林成谷,1993)

序列	元素	质量(%)	序列	元素	质量(%)	序列	元素	质量(%)
1	氧(O)	49.13	8	钾(K)	2.35	15	锰(Mn)	0.10
2	硅(Si)	26.00	9	氢(H)	1.60	16	氟(F)	0.08
3	铝(Al)	7.45	10	钛(Ti)	0.61	17	钡(Ba)	0.05
4	铁(Fe)	4.20	11	碳(C)	0.35	18	氮(N)	0.04
5	钙(Ca)	3.25	12	氯(Cl)	0.20	19	其他	0.22
6	钠(Na)	2.40	13	磷(P)	0.12			
7	镁(Mg)	2.35	14	硫(S)	0.10			

地壳中诸多的化学元素受到内力地质作用(如岩浆活动而导致的地壳运动、火山爆发等)或外力地质作用(如流水而导致的侵蚀、风化、搬运、堆积等)之后形成各种各样的矿物。目前已经发现的矿物有3000多种,绝大多数是结晶质固态无机物。

矿物按其成因分为岩浆矿物、表生矿物、变质矿物三种类型。其中岩浆矿物也称原生矿物,变质矿物和表生矿物又称为次生矿物。

(二)矿物的主要性质

矿物的主要性质包括结晶形态、颜色、条痕、光泽、硬度、解理或断口等方面的特征。其特征表现是化学成分和内部构造的外在反映,是肉眼鉴定矿物的主要依据。

1. 形态　自然界的矿物可以呈单独的晶体(单体)形态出现,也可以呈有规则的连生体(双晶)形态出现,但大多数矿物均呈不规则的各种集合体的形态出现。发育良好的晶体常具有重大的鉴定意义。

显晶集合体(用肉眼可分别出个体的界限的)常见的形态有:纤维状、放射状集合体,片状、鳞片状集合体,粒状集合体。

隐晶或胶态集合体常见形态有:结核体、鲕状、肾状、豆状集合体、钟乳状体还有土状、皮壳状及树枝状集合体。

2. 颜色　是矿物对可见光中不同波长的光波选择吸收的结果,根据其成因可分为自色、他色、假色。

3. 条痕　指矿物粉末的颜色。通过被测矿物在未上釉的瓷板上刻划时留下的粉痕观察。其意义在于清除假色、减弱他色、保存自色,条痕是鉴别矿物比较可靠的特征。

4. 光泽　指矿物新鲜表面对光线反射所呈现的光亮程度。分为金属光泽、半金属光泽与非金属光泽(包括玻璃光泽、金刚光泽、脂肪光泽、珍珠光泽、丝绢光泽、土状光泽等)。

5. 硬度　指矿物抵抗外力刻划和摩擦的能力。一般采用摩氏(F. Mohs)硬度计来确定矿物的相对硬度,见表1-2。一般以硬度计中10种矿物为标准,去刻划未知矿物以确定其硬度。

表1-2　摩氏(F. Mohs)硬度表(《地质学与地貌学教程》,王数,东野光亮,2005)

硬度级别	1	2	3	4	5	6	7	8	9	10
矿　　物	滑石	石膏	方解石	萤石	磷灰石	正长石	石英	黄玉	刚玉	金刚石

6. 解理　指矿物受力后能够沿着一定结晶方向裂开成光滑面的性质,裂开后形成的光滑平面称为解理面,图1-1。按照解理形成需力的大小及解理面的完整平滑程度将解理分为极完全解理、完全解理、中等解理、不完全解理、极不完全解理(无解理)。

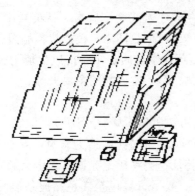

图1-1　解理与解理面

图1-2　贝壳状断口

(《地质地貌学》,梁成华,2002)

7. 断口 矿物受力后不规则破裂成凹凸不平的断面叫断口。断口依其形状可分为：贝壳状（图 1-2）、参差状、锯齿状、平坦状、土状。

二、主要成土矿物

矿物种类很多，分布极广。根据其成因和化学成分，将主要成土矿物分述如下：

(一) 硅酸盐矿物

硅酸盐矿物是极其重要的成土矿物，分布极广，约占地壳总质量的 75%。

1. 长石类 包括正长石（$KAlSi_3O_8$）和斜长石（$nNaAl\ Si_3O_8 \cdot 100-nCaAl_2\ Si_2O_8$）。

正长石又称钾长石，多为肉红色，玻璃光泽，完全解理，硬度 6.0。岩石中可见粗短柱状晶体，有时可见卡氏双晶。正长石广泛分布在浅色岩浆岩中。抵抗物理风化能力较弱，易崩解成碎块。湿热条件下易发生化学风化，形成次生黏土矿物，是土壤钾素的重要来源。

斜长石是由钠长石 $Na[AlSi_3O_8]$ 和钙长石 $Ca[Al_2Si_2O_8]$ 以不同比例混合而成，多为白色、灰白色，硬度 6~6.5，晶体呈板状及板柱状，可见聚片双晶，玻璃光泽，硬度、解理和风化特点与正长石相近。但斜长石多分布在中性及基性岩浆岩中，风化物富含钙质。

2. 云母类 包括白云母 $[KAl_3Si_3O_{10}(OH)_2]$ 和黑云母 $[KH_2(Mg \cdot Fe)_3 Al Si_3O_{12}]$。

白云母也称钾云母，片状，透明，集合体为鳞片状；极完全解理，珍珠光泽。性质稳定，抗风化能力较强，常以细小薄片残留在土壤中。但在强化学风化条件下，也能形成水云母和高岭石等，并释放出钾素。黑云母除颜色显黑色、深褐色外，其他特征与白云母相似。但比白云母极易风化，风化后形成次生黏土矿物，并释放出铁、镁等营养物质。

3. 角闪石和辉石类 角闪石 $[Ca_2Na(Mg, Fe^{2+})_4(Al, Fe^{3+})[(Si, Al)_4O_{11}](OH, F)_2]$ 和辉石 $(Ca, Na)(Mg, Fe^{2+}, Al, Fe^{3+})[(Si, Al)_2O_6]$ 统称为铁镁矿物。

角闪石呈长柱状、针状、纤维状存在，晶体横断面呈六边形，褐色、绿黑色，硬度 5.5~6，玻璃光泽，条痕淡绿色。主要分布在中性、基性岩浆岩中。辉石为短柱状晶体，粒状，晶体横断面呈八边形，条痕绿色，其余特征同角闪石。辉石多分布在基性、超基性岩浆岩中。抗风化能力稍低于角闪石，但二者均属于易风化矿物。风化后可变成绿泥石、绿帘石或方解石等次生矿物，最终形成富铁黏土、碳酸盐类及氧化铁等。

(二) 氧化物类矿物

氧化物类矿物在地壳中分布较广泛，约占地壳总重量的 17%。

1. 石英（SiO_2） 是极为常见的成土矿物，在酸性岩浆岩、砂岩、石英岩中大量存在。其特征表现为透明、半透明晶体或乳白色致密块体，典型晶体为六棱柱状，晶面有横纹，玻璃光泽；断口呈贝壳状，脂肪光泽，硬度 7.0。石英化学性质稳定，抗风化能力强，但在物理风化作用强烈的地区易崩解，成为碎屑状残留物，是土壤砂粒的主要来源。其含量多少对土壤物理性质较大影响。

2. 铁矿类矿物 主要包括赤铁矿（Fe_2O_3）、褐铁矿（$Fe_2O_3 \cdot nH_2O$）、磁铁矿（Fe_3O_4 或 $Fe^{2+}Fe_2^{3+}O_4$）、针铁矿（$Fe_2O_3 \cdot H_2O$）等。其中赤铁矿和褐铁矿最为常见。赤铁矿呈红色、铁黑色，条痕为樱红色，晶体外观呈鲕状、肾状特征；褐铁矿是赤铁矿水化而形成的一种含水氧化铁矿物，外观呈土状、钟乳状或粉末状，一般呈黄褐色至黑色，但条痕固定为黄褐色。铁矿类矿物容易风化，风化物富含铁元素，是土壤黄色、红色、棕色的主要来源。

(三) 简单盐类矿物

1. 碳酸盐类 占地壳总重量的 1.7%，是沉积岩和变质岩的造岩矿物。主要包括方解石($CaCO_3$)和白云石[$CaMg(CO_3)_2$]。

方解石为菱面体，白色或乳白色晶体，有的呈钟乳状，无色透明者称为冰洲石。方解石具玻璃光泽，硬度 3.0，完全解理，易与稀盐酸发生强烈反应。方解石容易发生化学风化，是土壤中碳酸盐和钙的主要来源。白云石的晶体常呈弯曲的马鞍状、粒状或致密块状。颜色灰白，有的微带褐色，玻璃光泽，硬度 3.5~4.0，菱面体，完全解理，与稀冷盐酸反应较弱，其粉末反应明显。白云石较方解石抗风化能力强，风化物富含钙、镁质和碳酸盐。

2. 硫酸盐类 占地壳总重量的 0.1%，主要有硬石膏($CaSO_4$)与石膏($CaSO_4 \cdot H_2O$)。石膏为含水硫酸钙，也称结晶石膏。白色，玻璃光泽，有时呈珍珠光泽或绢丝光泽，硬度 2，完全解理。硬石膏除不含结晶水外，其他性质与石膏相似。二者都属于次生矿物，结晶构造简单，在干旱地区土壤中以霜状、结晶状、结核状或假菌丝状存在。

(四) 黏土矿物

黏土矿物主要是长石类、云母类、铁镁类矿物风化形成的次生硅酸盐矿物，是构成土壤黏粒的主要成分，故又称为次生黏土矿物。这类矿物在土壤中普遍存在，种类很多。

(1) 高岭石($Al_4[Si_4O_{10}](OH)_8$ 或 $Al_2O_3 \cdot 2SiO_2 \cdot 2H_2O$)：常呈致密细粒状和土状集合体，白色为主，混有杂质时呈黄、红或浅绿色，块体表面有滑感，土状光泽，硬度 1.0~2.5，是风化程度较高的矿物。其 SiO_2 与 R_2O_3 分子比为 2，其颗粒较大，主要存在热带和亚热带地区土壤中。阳离子交换量仅为 3~15 c mol(+)/kg。

(2) 伊利石($K_{2-x}Al_4[Al_{2-x}Si_{6+x}O_{20}](OH)_4$)：又称水化云母。呈白黄色，颗粒较小。$SiO_2$ 与 R_2O_3 分子比为 3~4，一种风化程度较低的矿物，阳离子交换量为 10~40 c mol(+)/kg。在北方土壤中普遍存在，尤其温带干旱、半干旱地区土壤较多，是土壤钾素的主要来源之一。

(3) 蒙脱石($Al_2Si_4O_{10}(OH)_2 \cdot nH_2O$ 或 $Al_2O_3 \cdot 4SiO_2 \cdot H_2O + nH_2O$)：又称微晶高岭石，呈黄白色，颗粒细小，分散度高，吸水性强，吸水后体积胀大数倍并分散为糊状，故又叫"膨润土"。阳离子交换量为 60~100 c mol(+)/kg。SiO_2 与 R_2O_3 分子比为 4，是伊利石进一步风化的产物，基性岩在碱性条件下也可形成，是温带地区尤其草原土壤中主要的黏土矿物。

(4) 蛭石($(Mg, Fe^{2+}Fe^{3+})_5[(Si, Al)_4O_{10}](OH)_2 \cdot 4H_2O$)：化学成分变化较大，由黑云母及水化云母脱钾而成，晶形与云母相似，呈片状，黄棕色或棕色，蛭石颗粒比蒙脱石稍大，在暖温带湿润地区和北方黄土地区的土壤中较多。

三、主要成土岩石

在地质作用下，由一种或多种矿物有规律组合而成的集合体叫岩石。它具有一定的结构和构造特征。自然界的岩石可达数千种，它们是构成地壳的基本物质。

岩石依据其成因可分为岩浆岩、沉积岩和变质岩三大类。沉积岩在地表分布面积最广，达 70% 以上，岩浆岩和变质岩在地表以下 16km 厚度的地壳中数量最多，占地壳质量的 95%。

(一) 岩浆岩

岩浆岩是指地球内部呈熔融状态的岩浆上侵地壳或喷出地表时冷凝所形成的岩石。岩浆岩的种类很多，它们存在着矿物成分、化学成分、成因和产状之间的种种差别。

1. 岩浆岩的分类 岩浆岩分类见表1-3。根据岩浆岩中化学成分（主要是SiO_2）含量分为超基性岩（<45%）、基性岩（45%~52%）、中性岩（52%~65%）、酸性岩（>65%）。根据岩浆岩成岩方式分为侵入岩（岩浆侵入地壳冷凝而成，据其侵入深浅不同又分为深成岩和浅成岩）和喷出岩（岩浆喷出地表快速冷凝而成）。

2. 岩浆岩的结构 指岩石中矿物的结晶程度、颗粒大小、形状以及矿物间相互结合所表现出来的特征。岩浆岩的结构分为全晶质结构（包括粗粒、中粒、细粒、微粒；伟晶、等粒、似斑状等）、半晶质结构（斑状）、非晶质结构（包括玻璃质、碎屑质等）、隐晶质结构等。

表1-3 常见岩浆岩分类鉴定表（《土壤肥料理化分析》，李惠卓，1999）

化学成分分类			超基性岩	基性岩	中性岩		酸性岩	
SiO_2含量(%)			<45	45~52	52~65		>65	
颜色			黑-绿黑	黑灰-灰	灰-灰绿		淡灰-灰白	肉红-灰白
矿物成分	指示矿物		含橄榄石	不含或少含橄榄石或石英			较少石英	多含石英
	长石类		不含或微量	斜长石为主			正长石为主	
	暗色矿物含量(%)		橄榄辉石90	辉石40~50	角闪石25~40		角闪石10~25	黑云母0~10
产状	构造	结构	岩 石 类 型					
喷出岩	气孔杏仁流纹块状	玻璃、碎屑、隐晶质、斑状	金伯利岩	火山玻璃岩（黑曜岩、浮岩、松脂岩、珍珠岩）				
				玄武岩	安山岩	粗面岩	英安岩、流纹岩、石英斑岩	
侵入岩	浅成 气孔块状	细粒斑状	苦橄玢岩	辉绿岩、辉绿玢岩	闪长玢岩	正长斑岩	花岗闪长玢岩	花岗斑岩
	深成 块状	中粗等粒似斑状	橄榄岩辉岩	辉长岩	闪长岩	正长岩	花岗闪长岩	花岗岩

3. 岩浆岩的构造 是指矿物集合体的形状和其中矿物的排列、填充方式及空间分布所赋予岩石的外貌特征。岩浆岩的构造包括块状、气孔状、杏仁状、流纹状等。

4. 岩浆岩的矿物成分 是岩浆岩分类、命名与鉴定的主要依据。组成岩浆岩的矿物很多，常见有二十多种，包括辉石、角闪石、黑云母、正长石、白云母、斜长石、石英等。

5. 主要的岩浆岩

（1）花岗岩：酸性深成岩。颜色浅，一般为粉红色、灰白色，具全晶质粗粒或中粒结构，块状构造。矿物以正长石和石英为主，少量酸性斜长石、黑云母、角闪石。与其成分一致的浅成岩叫花岗斑岩。在植被覆盖低，较干旱地区易发生机械崩解，此风化物上成土砂性强，肥力状况不良；湿热条件下，长石类也可风化形成黏粒使土壤砂性减弱，肥力状况得到改善。

（2）流纹岩：酸性喷出岩。其矿物成分与花岗岩基本相同，但其结构和构造与花岗岩不同，流纹岩具有半晶质斑状结构，流纹状构造，其风化特点与花岗岩相似。

（3）正长岩：SiO_2含量55%~65%，深成岩。正长石较多，角闪石次之，极少黑云母，一般无石英，具全晶质等粒或似斑状结构，块状构造。在干旱地区易发生物理风化，风化物中多长石砂粒,成土质地偏轻,通透性良好;在湿润地区可化学风化,风化物多黏粒,富含钾、钙、镁、磷等营养元素。

(4)正长斑岩:浅成岩。成分与正长岩相同,具有半晶质斑状结构,正长石斑晶,块状、气孔状构造。比正长岩较易风化,其产物与正长岩相似。

(5)闪长岩:中性深成岩。矿物以中性斜长石和角闪石为主,其次少有辉石、黑云母、磷灰石、正长石和石英等。颜色多灰色、灰绿色。全晶质中粒或粗粒结构,块状构造。易风化,成土富含磷素、盐基和一定数量的黏粒,但钾素较少。同样成分的浅成岩叫闪长玢岩。

(6)安山岩:中性喷出岩。多具隐晶质、半晶质斑状结构,块状、气孔或杏仁状构造,成分与闪长岩相同,但经过次生变化,斜长石常变为绿泥石、绿帘石,失去光泽,颜色变绿。易风化,成土质地多为壤质或黏质,但有的富含钙、磷、钾,有的磷、钾缺乏。

(7)辉长岩:基性深成岩。主要含辉石和基性斜长石,其次有橄榄石、角闪石和黑云母等,全晶质粗、中、等粒或似斑状结构,块状构造。与其成分相同的浅成岩叫辉绿岩,具有细粒、隐晶结构。铁镁质岩类容易风化,风化物富含黏粒和盐基,成土后养分丰富,质地偏黏。

(8)玄武岩:分布最广的基性喷出岩。成分与辉长岩相似,多呈细粒至隐晶结构,或非晶质、或半晶质斑状结构;多气孔状、杏仁状构造。在北方较易发生球状风化,其产物与辉长岩相似。

(9)橄榄岩:超基性深成岩。主要含橄榄石和辉石,两者含量近似。一般为暗绿色或黑绿色,全晶质粗粒或中粒结构,块状构造,在地表很不稳定,受热液作用及风化后,常形成蛇纹石、滑石、绿泥石等次生矿物。

(10)辉岩:超基性深成岩。主要由辉石组成,也含一些橄榄石和铁矿等。具似斑状结构,块状构造,在地表极易风化,风化产物同橄榄岩。

(二)沉积岩

沉积岩是早期岩石,在地表或近地表常温常压下,经过风化、搬运、沉积、固结后形成的岩石。根据其成因和胶结物质特点可分为碎屑岩类、黏土岩类、化学和生物化学岩类。

1. 沉积岩的矿物成分　按其成因可分为碎屑矿物(如石英、正长石、白云母等)、黏土矿物(如高岭石、蒙脱石、伊利石等)、化学和生物成因的矿物(如方解石、白云石、石膏等)。

2. 沉积岩的结构　主要有碎屑结构(包括砾质、砂质、粉砂质结构等)、泥质结构、化学结构和生物结构等。

3. 沉积岩的构造　建立在岩石的宏观方面。包括层理构造(包括平行、斜交、交错等)、层面构造以及结核、化石等。

4. 常见的沉积岩

(1)砾岩:具有碎屑砾质结构、层理构造。其胶结物可有钙质、铁质、硅质与泥质等。按碎屑的磨圆度分为砾岩与角砾岩。矿物成分不定,一般与岩石中被胶结的碎屑来源有关。其风化难易程度也随胶结物质种类和矿物成分而不同,硅质胶结者最难风化,泥质胶结者最易风化,铁质、钙质胶结者居中。砾岩风化物中常伴有大小不等的石砾或石块。

(2)砂岩类:包括粗砂岩(0.5~2mm)、中砂岩(0.25~0.5mm)、细砂岩(0.05~0.25mm)和粉砂岩(0.005~0.05mm)。矿物为石英、长石类,碎屑砂质、粉砂质结构,层理构造。其风化难易同砾岩。成土后有的质地偏轻，养分少；有的黏粒较多，成土较肥沃。

(3) 页岩：以黏土矿物为主，泥质结构，层理构造，因其层薄而特称为页理。在干旱地区，风化物多岩石碎片，成土肥力低下；在湿热地区，岩石碎片可彻底分解。成土肥沃，土层深厚。如"天府之国"的四川，物产丰富，与广泛分布的紫色页岩及湿热气候关系密切。

(4) 石灰岩：以方解石为主，伴有白云石及泥质成分，多为化学或生物化学结构，岩体层理明显，遇稀盐酸发生泡沸反应。湿润条件下，风化以溶解为主，残积物质颗粒黏细，含钙丰富，成土偏碱性，质地偏重。干旱条件下，较难风化，形成陡峭地形，植物难以生长。

(5) 白云岩：主要矿物是含碳酸钙和碳酸镁的白云石，与稀盐酸反应微弱，其粉末反应明显，颜色为灰白色，其他特征与石灰岩相似。但白云石的化学溶蚀作用略次于石灰岩。

(三) 变质岩

变质岩是地壳中原有的岩石，受到高温高压以及化学活动性流体的影响，使其结构、构造、成分发生一系列变化后又形成的新岩石。其特征是具有定向排列性构造，致密坚硬。

1. 变质岩的矿物 主要有变质矿物（如红柱石、石榴子石、滑石、阳起石、蛇纹石、石墨等）和继承矿物（如长石、石英、辉石、角闪石等）。

2. 变质岩的结构 主要有变晶结构（如全晶质粒状变晶、斑状变晶、鳞片状变晶结构等）和变余结构（如泥质变余结构等）。

3. 变质岩的构造 主要有片理构造（片状和柱状矿物在压力作用下定向排列而成，如板状、千枚状、片状、片麻状等）和块状构造等。

4. 常见变质岩

(1) 板岩：是泥质页岩、粉砂岩及其他细粒碎屑沉积物变质而成。变质程度浅，具有变余泥质结构，板状构造，矿物为云母、绿泥石、石英，颜色有灰、灰绿、黑、红或黄色。

(2) 千枚岩：由富含泥质的岩石变质而成。但泥质特征少见，鳞片状变晶结构，千枚状构造，矿物成分主要是绢云母，有的伴有绿泥石，颜色多变。

(3) 片岩：具片状构造，鳞片状变晶结构，矿物以云母、绿泥石、角闪石、滑石等为主，可见变质矿物。较易风化，风化层较深厚，但成土不一，如绿泥石片岩、云母片岩、角闪石片岩成土较肥沃，而石英片岩成土较瘠薄。

(4) 片麻岩：变质程度较深，具中、粗粒状变晶或斑状变晶结构，片麻状构造。矿物有石英、长石、云母及角闪石、辉石等。矿物成分与花岗岩相似者为花岗片麻岩。片麻岩容易发生物理风化，其成土性状，主要决定于原岩的矿物成分及气候条件。

(5) 大理岩：由碳酸岩类岩石在高温高压下经过重结晶作用而形成。具有等粒变晶结构，块状构造。纯者为汉白玉，含杂质呈各种花纹。较易风化，风化物富含钙、镁等成分。

(6) 石英岩：由石英砂岩变质而成。具有等粒变晶结构，块状构造。主要矿物成分为石英，可含少量云母、长石。岩石极为致密坚硬，抗风化力很强，常形成陡峭的山峰。

第二节 岩石的风化作用与土壤母质

一、岩石的风化作用

地表的岩石在大气、水、温度和生物等因素综合作用下，发生一系列的崩解和分解作用，称为岩石的风化作用。岩石风化的结果，不仅可以使岩石的形态、结构、构造发生变化，而且可以导致岩石中的矿物及其化学成分彻底分解，并产生一些新的物质，从而使风化物获得新的性质。风化作用是岩石、矿物内部物质与外界环境条件矛盾统一的结果。

二、风化作用的类型

岩石风化按其作用因素和风化特点可表现为不同的风化类型。

1. 物理风化 又称机械崩解作用。是指岩石在外力影响下机械地破裂成碎块，仅改变大小与外形而不改变其化学成分的过程。产生物理风化的因素以地球表面的温度变化为主，其次有水分冻融、流水、风，另有冰川、雷电等。

图1-3 温度变化引起岩石胀缩不均而崩解示意图
(《地质学与地貌学教程》，王数，东野光亮，2005)

(1)岩石的差异性胀缩：地球表面岩石经受昼夜与四季明显的温度变化（干旱区明显），岩石内外体积膨胀程度不同，导致岩石表面形成裂隙，最终层层剥落，崩解成碎块，如图1-3。其次，岩石中矿物组成不同，其胀缩系数、比热等不同，温度反复变化造成颗粒间差异性胀缩，最终使岩石崩解。岩石中矿物种类越多，越容易发生热力风化作用。

(2)冰劈作用：岩石裂隙中的水结冰时体积增大1/11，对周围产生高达$960kg/cm^2$的压力，因而促使岩石裂隙加大，围岩崩溃，尤其岩石裂隙含水多时，反复冻融交替，可使岩体产生冰劈作用。在寒冷的高山和高纬度地区，频繁的冻融交替，对岩石的破坏力更加明显。

(3)矿物吸水及盐晶撑裂作用：岩石中矿物吸水后体积膨胀（如蒙脱石、无水石膏等）。溶解于岩石裂隙水中的盐分因水分蒸发而结晶，晶体胀大对围岩产生压力。反复晶胀挤压，使岩体撑裂，在崩裂的碎块上可见盐类小晶体，此作用主要发生于气候干旱区。

2. 化学风化 又称化学分解作用。指岩石受外界水(H_2O)、二氧化碳(CO_2)和氧气(O_2)等作用下进行的各种变化过程，包括溶解、水化、水解和氧化等作用。

(1)溶解作用：指矿物被水所溶解的作用。随温度增高，矿物盐类溶解度增大，水中溶有CO_2及酸性物时，溶解能力大大增强。据统计，每年被河流带入海洋的盐类达40亿kg。

(2)水化作用：指无水矿物与水结合成为含水矿物的作用。如石膏和赤铁矿易发生水化。

$$\underset{(硬石膏)}{CaSO_4} + 2H_2O \longrightarrow \underset{(石膏)}{CaSO_4 \cdot 2H_2O}$$

$$\underset{(赤铁矿)}{2Fe_2O_3} + 3H_2O \longrightarrow \underset{(褐铁矿)}{2Fe_2O_3 \cdot 3H_2O}$$

通常矿物水化后体积增大,硬度降低,并失去光泽,有利于进一步风化。

(3)水解作用:是化学风化中最重要的方式。水解离后产生 H^+ 从硅酸盐矿物中部分取代碱金属和碱土金属离子,生成可溶性盐类,使岩石、矿物分解。水中 CO_2 或酸性物多时,水解作用增强。土中各种生物学过程均增加 CO_2 含量,所以水解强度与生物活性密切相关。

①含钾矿物的水解:如正长石经水解作用生成高岭石和被植物吸收的可溶性钾盐。即

$$\underset{(正长石)}{4KAlSi_3O_8} + 4H_2O + 2CO_2 \longrightarrow 2K_2CO_3 + 8SiO_2 + \underset{(高岭石)}{Al_4[Si_4O_{10}][OH]_8}$$

②含磷矿物的水解:如磷灰石经水解作用可转化为易溶性酸式磷酸盐。即

$$Ca_3(PO_4)_2 + H_2O + CO_2 \longrightarrow \underset{(弱酸溶性)}{2CaHPO_4} + CaCO_3$$

$$2CaHPO_4 + H_2O + CO_2 \longrightarrow \underset{(水溶性)}{Ca(H_2PO_4)_2} + CaCO_3$$

③含钙、镁矿物的水解:如橄榄石、角闪石、辉石等经过一系列水解作用分解成较简单盐类;而方解石、白云石等,经水解作用变成重碳酸钙、镁等,将钙、镁释放出来。即

$$Mg_2SiO_4 + 6H_2CO_3 \longrightarrow 2Mg(HCO_3)_2 + 2CO_2 + 2H_2O + H_2SiO_4$$

$$CaCO_3 + H_2CO_3 \rightleftharpoons Ca(HCO_3)_2$$

当其溶液蒸发干燥时,可脱水放出 CO_2,形成碳酸钙、镁沉淀;这种反应在石灰岩地区非常普遍,当 CO_2 充足时,反应会一直向右进行。

(4)氧化作用:在潮湿条件下含铁、硫的矿物普遍进行着氧化作用。如黄铁矿(FeS_2)氧化生成褐铁矿。即 $4FeS_2 + 15O_2 + 14H_2O \longrightarrow 2(Fe_2O_3 \cdot 3H_2O) + 8H_2SO_4$

3. 生物风化 指植物、动物、微生物等生物及其生命活动对岩石、矿物产生的破坏作用。也表现为物理与化学两种风化形式。生物对矿岩的物理风化,如树根在岩隙中长大、穴居动物的挖掘等,为岩石及其矿物提供机械力,引起岩石的崩解和破坏。生物的化学风化进行得更为广泛,首先是生物生命活动与死亡的有机体转化可产生各种酸性物质。有机酸(包括细菌作用所产生的腐殖酸)与矿物中的盐基离子形成螯合物,加速矿物的分解;无机酸(如固氮菌产生的硝酸、硫化细菌产生的硫酸等)对岩石的腐蚀;还有生物体对某些岩石的直接分解(如硅藻对铝硅酸盐的分解);以及生物的存在使局部温度、湿度及化学环境条件的变化,使岩石、矿物更容易发生风化。生物风化更重要的是使风化物中产生有机质,这是物理风化和化学风化所不能及的。

总之,物理风化、化学风化和生物风化是各种因素作用强度不同而导致的,实际上三种风化类型相互联系,相互促进。

三、土壤母质的物质组成和常见类型

岩石及矿物经过一系列风化作用形成的风化物质是形成土壤的基础,称为土壤母质。

(一)土壤母质的物质组成

各种岩石风化特点不同,其风化产物各异。土壤母质的物质组成可概括为3类:

1. 碎屑物质 是岩石风化初级阶段的产物。呈现大小不等的岩石碎块,主要含原生矿物,如石英、长石、白云母等残留在母质中。在山地,尤其常年积雪的高山和荒漠地区

常见。

2. 次生黏土矿物　是化学和生物风化的结果。长石、云母、角闪石等原生矿物，彻底风化形成高岭石、蒙脱石、伊利石等各种黏土矿物。它们对土壤形成和植物营养有密切关系。

3. 可溶性盐类　是岩石风化高级阶段的产物。岩石及矿物被彻底分解释放出盐基成分，形成简单的无机盐类，如碱金属和碱土金属的硫酸盐、碳酸盐、磷酸盐和氯化物等。可溶性盐类是母质成土后植物生长所必需的营养物质，如钙、镁、钾、磷及微量元素等。

母质物质与原岩石比较，具有了新特性：产生了水气通透性、蓄水性、吸附性和植物养分等。但是，母质缺乏完整的肥力，母质的形成只是为土壤肥力的发展打下一定基础。

（二）成土母质的常见类型

岩石经过风化以后形成地表残积物。大多数残积物在重力、水流、风力、冰川等作用下，被搬运到不同的地形部位上形成多种土壤母质类型。

1. 残积母质　指就地风化未经搬运的岩石风化物。多分布在山地丘陵顶部或上部较高平部位。地面残积物，具有粗骨性，多具棱角。下层逐渐过渡到基岩。其厚度及成土肥力状况决定于环境条件和基岩性质。在寒冷的坡顶和陡坡上部，层次浅薄；在湿热地区，化学风化强烈，形成深厚红色风化层。残积母质与山地土壤性质关系密切。

2. 运积母质　是岩石风化物经过外力搬运之后，在一定地区堆积下来形成的成土母质。

（1）坡积母质：山坡上部风化物在重力及雨水作用下，迁移并沉积在山坡中下部堆积形成。上部层薄，物质较粗；下部层厚，物质较细。坡面局部则由搬运距离远近而显示不同磨圆度及分选性。陡坡坡积物中岩石碎块和粗粒较多；缓坡处细粒多略具层理。在坡积物上部与残积物衔接地带称为坡积—残积母质。在山麓常形成裙状地形，称为坡积裙，并常与洪积扇交互汇合。坡积母质是山地和丘陵区的主要成土母质。

（2）洪积母质：指山洪将各种岩石风化物携带、搬运至山前坡麓、山口及平原边缘沉积而成，一般容易出现在干旱、半干旱地区的山地。洪积作用常形成洪积扇地形。洪积扇由中心向外围逐渐倾斜，有时相临相连，形成宽广而平坦的山前倾斜平原。洪积扇中上部，地势高，地下水位深，颗粒以砾石、粗沙为主，层理不明显。向外逐渐过渡到细沙和黏土，略具层理。洪积扇缘处地下水位高，易形成沼泽化土壤，或母质盐渍，发育成盐渍土。

（3）冲积母质：是河流搬运的淤积物。有明显的分层性，磨圆度好。冲积物颗粒上游粗、下游细；近河床较粗，远河床较细。冲积母质广泛分布于我国东北、华北、长江中下游平原。成土后土层深厚，养分丰富，地势平坦，是我国重要的农业用地。

（4）湖积母质：属于湖水沉积物。颗粒细腻，质地黏重，有机质较多，呈暗褐或黑色。富含铁质，在嫌气条件下，湖泥呈青灰色层理。成土肥力较高，如我国洞庭湖、鄱阳湖和太湖周围的农田。在干旱区，湖积物易成盐渍土；在寒冷区，湖水中水生植物遗体不能彻底分解，常年堆积湖底形成泥炭物质，成为很好的肥源和设施农业栽培的基质。

（5）海积母质：属于海水沉积物。各地粗细不一，或全为砂粒，硅质多；或多为黏粒，养分丰富。沿海地区分布广泛，多形成滨海盐渍土，经改良可成为农田。我国沿海各省的浅海沉积物是可开发和改良利用的重要土地资源。

（6）风积母质：由风力携带、搬运、沉积而成。如沙丘、沙漠都是风积产物；风积物分选性强，粗细均匀，磨圆度高，成分单一，石英为主。此母质成土缺水而肥力较低。

(7) 黄土母质：是第四纪陆相沉积物，成因有风成和水成之说。淡黄或暗黄色，土层厚度数十米至百米，粉砂质地，颗粒均匀，垂直节理发育，边坡常成陡崖。含 10%～15% 碳酸钙，可见石灰结核或蜗牛等化石。黄土广布于太行山以西，大别山、秦岭以北，遍及陕西、甘肃、宁夏、山西、河南等省区。另在新疆、青海、河北、山东、内蒙古等也有分布。

黄土经流水侵蚀、搬运后再沉积形成黄土性物质，如江苏省西部，南京至镇江一线，广泛分布着由黄土性物质构成的丘陵，通常称下蜀黄土。土层深厚，无明显层次，颗粒细小，为棕黄色粉砂质黏土，棱柱状结构，含大量铁锰结核及胶膜。底部有石灰结核但上部微酸性。

在野外工作中，确定土壤母质类型，是研究土壤生态性状的重要依据。

第三节 土壤矿质土粒的粒级和质地

坚硬的岩石及其矿物经过一系列风化、成土过程之后形成的颗粒物质，统称为土壤矿物质。土壤矿物质颗粒构成土壤的骨架，其大小、组成及比例决定着土壤理化特性和肥力状况。

一、土壤矿质土粒的粒级

（一）土壤矿物质粒级的概念及划分

土壤中矿物质颗粒以单粒和复粒一起存在。通常将复粒进行物理和化学处理，分散成单粒后分析其颗粒含量和性质。单粒直径大小不同，其组成和性质随之变化，据此将土壤单粒划分为若干等级。根据土壤单粒直径大小和性质变化而划分的土粒级别称为粒级（粒组）。同一粒级的土粒，成分和性质基本一致，粒级间则有明显差别。

土壤粒级划分标准世界不一，常见的有卡庆斯基制、国际制、美国制和中国制（表1-4）。

表1-4 常见的土壤粒级划分制（《土壤学》，黄昌勇，2000）

当量粒径 （mm）	中国制 （1987）	卡庆斯基制 （1957）		国际制 （1930）	美国制 （1951）
>10	石块	石块		石砾	石砾
10～3	石砾				
3～2		石砾			极粗砂粒
2～1					粗砂粒
1～0.5	粗砂粒	物理性砂粒	粗砂粒	粗砂粒	中砂粒
0.5～0.25			中砂粒		
0.25～0.2	细砂粒				细砂粒
0.2～0.1			细砂粒	细砂粒	极细砂粒
0.1～0.05					
0.05～0.02	粗粉粒		粗粉粒	粉粒	粉粒
0.02～0.01					
0.01～0.005	中粉粒		中粉粒		
0.005～0.002	细粉粒	物理性黏粒	细粉粒		
0.002～0.001	粗黏粒		黏粒	黏粒	黏粒
0.001～0.0005	黏粒		粗黏粒		
0.0005～0.0001			细黏粒		
<0.0001			胶质黏粒		

国际制粒级划分标准为十进制，简明易记，多为西欧国家采用。我国也曾用过，直到现

在仍有不少土壤学者赞成用此制度。美国制划分标准比国际制更细致,尤其体现于砂粒的划分。前苏联土壤学家卡庆斯基(Н. А. Качинский)提出的土壤粒级划分标准,既细致又简明,细致方案对粉粒划分较细,符合我国土壤中粉粒多样化的特点;简明方案则先以粒径 1mm 为界分出粗骨和细土两部分,而细土中又以粒径 0.01mm 为界划分出"物理性砂粒"和"物理性黏粒",运用起来易于掌握,我国多用此制。中国科学院南京土壤研究所拟定了中国粒级分类制,但应用时间较短,尚需不断总结,日趋完善。

目前,制定出国际统一的土壤粒级划分标准有一定难度,不过,为了加速土壤研究成果的转化和土壤信息的国际交流,国内土壤学者对两种粒级划分制的某些粒级土粒的含量关系进行了探讨。中国农业大学程进等研究得出利用卡庆斯基制中黏粒($x_1\%$)和粉粒($x_2\%$)换算美国制中黏粒含量(y)的经验公式 $y = -2.48 + 1.066x_1 + 0.0764x_2$,回归效果极显著。

(二)土粒的矿物组成和化学组成

世界各国粒级划分标准虽有差异,但基本粒级均有石砾、砂粒、粉粒和黏粒。各级土粒之间在矿物成分、化学组成、物理性质等方面明显不同,这对农林生产具有重要意义。

1. 土粒的矿物组成　各级土粒来源于土壤母质,其矿物组成包括原生矿物和次生矿物。原生矿物主要包括石英和由正长石、斜长石、白云母、黑云母、辉石、角闪石等组成的原生硅酸盐矿物。次生矿物主要包括高岭石、蒙脱石、伊利石等层状铝硅酸盐矿物,还有晶态和非晶态的 Si、Fe、Al 氧化物、水化物等。

不同粒级土粒的矿物组成有明显差别:石砾因属于岩石碎块,其矿物组成与原岩相同。砂粒和粉粒中石英含量占绝对优势,此外还有其他原生硅酸盐矿物和次生矿物。黏粒中原生矿物很少,主要由次生铝硅酸盐矿物组成(图 1-4)。由于各种矿物的抗风化能力不同,致使它们风化后在各级土粒中分布的数量也不尽相同,从表 1-5 可看出各种矿物随着土壤颗粒从大到小呈现明显的量变规律:土粒越粗,石英越多;土粒越细,云母、角闪石等明显增多。

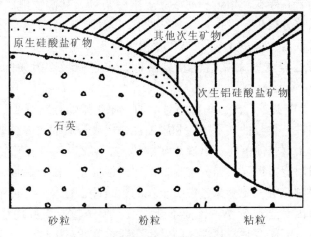

图 1-4　不同粒级土粒的矿物组成

(《基础土壤学》,熊顺贵,1996)

2. 土粒的化学组成　不同粒级土粒的矿物组成不同,其化学成分发生规律性变化:砂粒和粉粒 SiO_2 含量高,黏粒 Fe_2O_3 与 Al_2O_3 含量明显增高,同时 CaO、MgO、P_2O_5、$K_2O + Na_2O$ 含量也略高于砂粒和粉粒。随着土壤单粒由大到小,SiO_2 含量逐渐减少,铁、铝、钙、镁、磷、钾、钠等的氧化物含量逐渐增加(表1-6)。表明不同的土粒，对植物养分的供应潜力不同。

表1-5　不同粒级土粒的矿物组成(%)(《土壤学》，林大仪，2002)

粒径(mm)	粒级名称	石英	长石	云母	角闪石	其他矿物
2~0.25	粗砂粒	86	14	—	—	—
0.25~0.05	细砂粒	81	12	—	4	3
0.05~0.01	粗粉粒	72	15	7	2	4
0.01~0.005	细粉粒	63	8	21	5	3
<0.005	黏粒	10	10	66	7	7

表1-6　不同粒级土粒的化学成分(平均%)(《土壤学》，褚达华，1991)

粒级名称	粒径(mm)	SiO_2	R_2O_3	CaO	MgO	P_2O_5	K_2O+Na_2O
粗砂粒	1~0.2	94.6	2.8	0.4	0.5	0.05	0.8
细砂粒	0.2~0.04	94.0	3.2	0.5	0.1	0.1	1.5
粗粉粒	0.04~0.01	89.4	6.6	0.8	0.3	0.1	2.3
细粉粒	0.01~0.002	74.2	18.3	1.6	0.3	0.1	4.2
黏粒	<0.002	53.2	34.7	1.6	1.0	0.4	4.9

(三)各级土粒的基本特性

粒级不同，性质各异，主要表现于吸附保持性、黏结性、黏着性、可塑性、涨缩性等。

(1)石块：主要是残留的母岩碎块，山区土壤中常见。所含矿物均为原生矿物，其组成与母岩基本一致。因块体较大，无吸持性、黏结性、可塑性、涨缩性等，物理性质不良。

(2)石砾：多为岩石碎粒，山区和河漫滩土壤中常见。其矿物组成或与母岩基本一致，或主要为石英，速效养分很少，吸持性、黏结性、可塑性、涨缩性能很差，但通透性极强。

(3)砂粒：在酸性岩山体的山前平原和冲积平原土中常见。矿物以石英为主，养分较少；颗粒较粗，吸持性较弱，无黏结性和黏着性，表现松散。因粒间孔隙较大，通透性良好。

(4)粉粒：在黄土中较多。次生矿物相对增加，原生矿物相对减少。比面较大，吸持性能增强，具有了黏结性、黏着性、可塑性和胀缩性，但表现微弱。养分较多，通透性较差。

(5)黏粒：属于土壤胶体范畴。以次生矿物为主，粒径小，比面大，黏结性、黏着性、可塑性、胀缩性和吸附能力很强，养分丰富。但通透性极差，湿时黏韧，干时坚硬。

总之，随着土壤颗粒由大变小，各粒级土粒的黏结性、黏着性、可塑性、胀缩性以及吸附能力由弱到强。原因是土粒变小，比面不断加大。但土粒比面的增加，并不是简单的量变，而是当土粒小到一定程度时，其性质则发生飞跃式变化(表1-7)。对养分的吸附保持与供应状况也是如此。王景宽等试验结果表明：<0.01mm土粒对磷的吸附保持性强，而>0.01mm土粒对磷的解吸供应能力强。

表 1-7　各级土粒的一些理化性质(《土壤肥料学》，王荫槐，1992)

粒级名称	颗粒直径(mm)	吸湿系数(%)	最大分子持水量(%)	毛管水上升高度(cm)	渗透系数(cm/s)	膨胀性(占最初体积的%)	可塑性(%)下限~上限	C.E.C(cmol/kg)
石砾	3.0~2.0	—	0.2	0	0.5	—	不可塑	
	2.0~1.5	—	0.7	1.5~3.0	0.2	—	不可塑	
	1.5~1.0	—	0.8	4.5	0.12	—	不可塑	
粗砂粒	1.0~0.5	—	0.9	8.7	0.072	—	不可塑	
中砂粒	0.5~0.25	—	1.0	20~27	0.056	0	不可塑	
细砂粒	0.25~0.10	—	1.1	50	0.030	5	不可塑	
	0.10~0.05	—	2.2	91	0.005	6	不可塑	
粗粉粒	0.05~0.01	<0.5	3.1	200	0.0004	16	不可塑	约为 1
中粉粒	0.01~0.005	1.0~3.0	15.9	—	—	105	28~40	3~8
细粉粒	0.005~0.001	—	31.0	—	—	160	30~48	10~20
黏粒	<0.001	15~20	—	—	—	405	34~87	35~65

二、土壤质地

(一)土壤机械组成和土壤质地的概念

自然界的土壤不是只由单一粒级的颗粒所组成，而是由大小不同的各级土粒以各种比例自然地混为一体。土壤中各级土粒所占的质量百分数称为土壤机械组成(土壤颗粒组成)。机械组成相近的土壤常常具有类似的肥力特性。为了区分由于土壤机械组成不同所表现出来的性质差别，按照土壤中不同粒级土粒的相对比例归并土壤组合，称为土壤质地。

土壤质地是在土壤机械组成基础上的进一步归类，它概括反映土壤内在的肥力特征，因此，在说明和鉴定土壤肥力状况时，土壤质地往往需要考虑，特别是对于有机质含量不多的土壤，质地性状对土壤肥力的影响更为明显。

(二)土壤质地分类

目前土壤质地分类标准各国不同。常用的质地分类标准与土壤粒级的划分标准相统一。

1. 国际制　土壤质地分类称为三级分类法，按砂粒、粉粒、黏粒的质量百分数组合将土壤质地划分为四类十二级，见表 1-8 和图 1-5。

表 1-8　国际制土壤质地分类表(《土壤学》，李惠卓，1999)

质地类别	质地名称	各级土粒质量(%)		
		黏粒(<0.002mm)	粉粒(0.02~0.002mm)	砂粒(2~0.02mm)
砂土类	砂土及壤质砂土	0~15	0~15	85~100
壤土类	砂质壤土	0~15	0~45	55~85
	壤土	0~15	30~45	40~55
	粉砂质壤土	0~15	45~100	0~55
黏壤土类	砂质黏壤土	15~25	30~0	55~85
	黏壤土	15~25	20~45	30~55
	粉砂质黏壤土	15~25	45~85	0~40

(续)

质地类别	质地名称	各级土粒质量(%)		
		黏粒(<0.002mm)	粉粒(0.02~0.002mm)	砂粒(2~0.02mm)
黏土类	砂质黏土	25~45	0~20	55~75
	壤质黏土	25~45	0~45	10~55
	粉砂质黏土	25~45	45~75	0~30
	黏土	45~65	0~35	0~55
	重黏土	65~100	0~35	0~35

土壤质地分类的主要标准是以黏粒含量15%、25%作为砂土和壤土与黏壤土、黏土类的划分界限；以粉粒达到45%作为"粉质"或"粉砂质"土壤定名；以砂粒含量在55%~85%时，作为"砂质"土壤定名，85%以上的则作为划分"砂土类"的界限。在应用时根据土壤各粒级的质量百分数可查出任意土壤质地名称。例如：某土壤含砂粒50%，粉粒30%，黏粒20%，查表和图(A点)得知该土壤质地为"黏壤土"。

2. 美国制 土壤质地分类标准为三级分类法，按照砂粒、粉粒和黏粒的质量百分数划分土壤质地，具体分类标准如图1-6。其应用方法同国际制三角坐标图。例如某土壤砂粒、粉粒和黏粒含量分别为65%、20%和15%，查图位于B点，得知该土壤质地为"砂质壤土"。

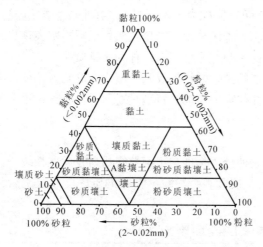

图1-5 国际制土壤质地分类三角坐标图
(《土壤学》，仲跻秀等)

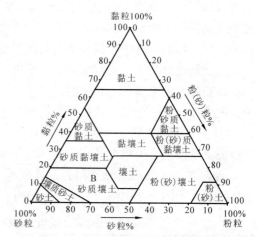

图1-6 美国制土壤质地分类三角坐标图
(《土壤学》，聂俊华等)

3. 卡庆斯基制 前苏联H·A·卡庆斯基提出的质地分类简明方案应用广泛。其特点是考虑到土壤类型的差别对土壤物理性质的影响。划分质地类型时，不同类型土壤同一质地的物理性黏粒和物理性砂粒含量水平不等。仅以土壤中物理性砂粒或物理性黏粒的质量百分数为标准，就将土壤划分为砂土、壤土和黏土三类九级(表1-9)。

表 1-9　卡庆斯基土壤质地分类(简明方案)(《土壤学》,林成谷,1993)

质地名称		物理性黏粒(<0.01mm)(%)			物理性砂粒(>0.01mm)(%)		
		灰化土类	草原土及红黄壤类	碱土及碱化土类	灰化土类	草原土及红黄壤类	碱土及碱化土类
砂土	松砂土	0~5	0~5	0~5	100~95	100~95	100~95
	紧砂土	5~10	5~10	5~10	95~90	95~90	95~90
壤土	砂壤土	10~20	10~20	10~15	90~80	90~80	90~85
	轻壤土	20~30	20~30	15~20	80~70	80~70	85~80
	中壤土	30~40	30~45	20~30	70~60	70~55	80~70
	重壤土	40~50	45~60	30~40	60~50	55~40	70~60
黏土	轻黏土	50~65	60~75	40~50	50~35	40~25	60~50
	中黏土	65~80	75~85	50~65	35~20	25~15	50~35
	重黏土	>80	>85	>65	<20	<15	<35

注：表中数据仅包括粒径<1mm的土粒，粒径>1mm的石砾另行计算，按粒径>1mm的石砾百分含量确定石质程度(0.5%~5%为轻石质,5%~10%为中石质,>10%为重石质),冠以质地名称之前。

4. 中国制　中国科学院南京土壤研究所等单位综合国内土壤情况及其研究成果,拟订出中国土壤质地分类的暂行方案,将土壤质地分为三类十二级(表1-10)。

中国土壤质地分类标准兼顾了我国南北土壤的特点。如北方土中含砂粒较多,因此砂土组将砂粒含量作为划分依据；黏土组主要考虑南方土壤情况,以细黏粒含量划分；壤土组的主要划分依据为粗粉粒含量。比较符合我国国情,但分类标准还有待于进一步补充与完善。

我国地域辽阔,山地和丘陵较多,砾石性土壤分布也很广泛。中国科学院南京土壤研究所提出按土壤中石砾(粒径1~10mm)含量的多少,将土壤分为无砾质(<1%)、少砾质(1%~10%)和多砾质(>10%)三级,在农业土壤(包括苗圃土壤)确定质地时冠于相应质地名称之前。因此看出,对于农业土壤和苗圃土壤而言,如果石砾含量达到>1%,就会影响植物生长,以至磨损耕作机具。但对于山地丘陵区土壤来说,要求有所不同。为此,原中国林业部综合调查队拟定了关于砾石性土壤分类标准(表1-11),可供在山地丘陵区进行土壤调查时参考。

表 1-10　我国土壤质地分类方案(《土壤学》,林大仪,2002)

质地类别	质地名称	不同粒级的颗粒组成(%)		
		砂粒(1~0.05mm)	粗粉粒(0.05~0.01mm)	细黏粒(<0.001mm)
砂　土	粗砂土	>70	—	<30
	细砂土	≥60~≤70	—	
	面砂土	≥50~60	—	
壤　土	砂粉土	≥20	≥40	<30
	粉土	<20	≥40	
	砂壤土	≥20	<40	
	壤土	<20	<40	
黏　土	砂黏土	≥50	—	≥30
	粉黏土	—	—	≥30~35
	壤黏土	—	—	≥35~40
	黏土	—	—	≥40~≤60
	重黏土	—	—	>60

表1-11 土壤的石质性程度分级（《土壤学》，孙向阳，2005）

砾、石含量 (%)	砾、石质性程度	
	砾径 3~30mm	石径 >30mm
10~30	少砾质××土	少石质××土
30~50	中砾质××土	中石质××土
>50	多砾质××土	多石质××土

(三)不同质地土壤的肥力特点

土壤质地与土壤肥力的关系非常密切，质地类型决定着土壤蓄水、导水性，保肥、供肥性，保温、导温性，土壤呼吸、通气性和土壤耕性等。不同质地的土壤具有不同的肥力特点。

1. 砂质土 泛指与砂土性状相近的一类土壤，主要分布于北方地区，如新疆、青海、甘肃、宁夏、内蒙古、北京、天津、河北等的山前平原以及各地沿江（河、海）地带。砂质土粒间孔隙大，总孔隙度低，毛管作用弱，保水性差，通气透水性强。矿物成分以石英为主，养分贫乏；由于颗粒大，比面小，吸附、保持养分能力低；好气性微生物活动旺盛，土中有机养分分解迅速，供肥性强但持续时间短，易发生植物生长后期脱肥现象，即"发小苗不发老苗"。砂质土热容量小，土温不稳定，昼夜温差大。但早春时节，土壤易于转暖，有利于植物苗木早生快发。砂质土氧气充足，无毒害物质存在。耕性好，植物种子容易出苗和扎根。

总之，砂质土通透性强，保蓄性弱，养分含量低，气多水少、温度高而不稳。对此，应加强抗旱保墒措施，注意灌水技术；少量多次的及时施肥，注意基肥与追肥并重，防止发生植物早衰现象。晚秋时节，植物容易遭受冻害，应注意加强防寒措施。

2. 黏质土 包括黏土以及类似黏土性质土壤，主要分布于全国地势较低的冲积平原、山间盆地、湖洼地区。黏质土颗粒细小，总孔隙度高，由于粒间孔隙很小，通气透水性差，土壤内部排水困难，容易积水而涝。土壤中胶体数量多，比面大，吸附性能强，保水保肥性好；矿质养分丰富，特别是钾、钙、镁等含量较高；供肥比较平稳，但表现前期弱而后期较强，即"发老苗不发小苗"。黏质土热容量大，温度稳定。紧实易板结，容易产生还原性气体，加之耕性不良，对植物生长不利。

总之，黏质土保水肥性强，养分含量丰富，土温较稳定，但通透性差，易滞水受涝，有毒物质常危害植物。因土质黏重，耕性不好，植物根系伸展范围小，农作物和林木易风倒。在生产上应注意植物苗期的施肥和整个生长期的中耕、松土。随着人们土壤环境意识的加强，黏质土还易吸附较多的重金属离子，因此需要重视防止土壤污染。

3. 壤质土 广泛分布于黄土高原、华北、松辽、长江中下游、珠江三角洲等冲积平原。壤质土是介于砂质土和黏质土之间的质地类型，也被称为二合土。其中砂粒、粉粒和黏粒含量比较适宜，因而兼有砂质土和黏质土的优点：砂黏适中，大小孔隙比例适当，通气透水性好，土温稳定。养分丰富，有机质分解速度适中，保水肥性强，供水肥性稳，耕性表现良好。壤质土壤中水、肥、气、热以及植物扎根条件协调，适种范围较广，表现"发小苗又发老苗"，是农林生产较为理想的质地类型。

4. 砾质土 在山地林区比较常见。土层较薄，保水肥能力较低。但土壤中的石砾可以提高土温，增加大孔隙，有利于通气透水。同时，表层石砾还可减少水分蒸发，防止土壤侵蚀。这对黏质土壤或山区土壤非常重要。但当土壤中石砾或石块达到一定数量时将阻碍种子萌发和植物生长，不便于土壤管理。一般情况下，石砾含量超过20%时，就会使土壤温度剧烈变化，持水力降低，产生诸多不良影响。因此，应根据砾质程度不同进行性质分析和处理：如少砾石土，对机具虽有一定磨损，但不影响对土壤管理，农作物和林木可以正常生长；中砾石土，应将土壤中粗石块除去；多砾石土壤就需要进行调剂和改良。

中国土壤中颗粒大小和质地类型在地球陆地表面具有一定的地理分布特点，水平方向上：自西向东、由北向南显示由粗变细的趋势；垂直方向上：从高到低也有相同的变化规律，但山地土壤中颗粒大小及其质地类型与母岩母质类型密切相关。

（四）土壤质地层次性及其肥力特点

从不同质地土壤的肥力特点可看出，土壤质地对土壤保水保肥能力、养分含量、温度高低以及耕性和植物生长特点等的影响，主要是通过土壤的矿物组成、化学成分、比面和孔隙状况而体现。此外，不同土壤质地层次在土体中的排列位置和厚度也表现出不同肥力特点。

1. 土壤质地层次性的概念和成因 就整个土体来说，上下层土壤之间的质地粗细和厚度常常存在差异。不同质地层次在同一土体构型中的排列状况称为土壤质地层次性，也称土壤质地剖面。土壤质地层次性的成因主要有三个方面：一是母质本身的层次性；二是成土过程中物质的淋溶和淀积；三是人为耕作管理活动。

2. 土壤质地层次性的模式和肥力特点 由于形成因素的复杂性，导致土壤质地剖面的表现多样化，一般的模式有通体均一型（通体黏、通体壤、通体砂）、上轻下重型（砂盖黏）、上重下轻型（黏盖砂）、中间夹层型（黏夹砂、砂夹黏、壤夹砂、壤夹黏）等，如图1-7。

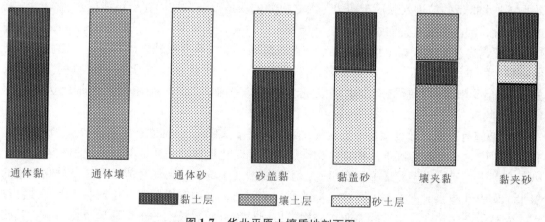

图1-7 华北平原土壤质地剖面图

（《基础土壤学》，熊顺贵，1996）

不同质地土层的排列、各层厚度和深度对水分运行、养分保存或供给、水气通透、土温变化、耕性好劣、植物扎根等都有影响。如耕层为砂壤—轻壤，下层为中壤—重壤的质地剖面，上层疏松，通气透水；下层保水保肥，温度稳定。上下质地综合表现出较好的植物生长条件，是一种良好的质地剖面类型，群众称之为"蒙金土"；在黏土—壤土剖面中，如果黏土层厚度大，因其紧实而通气透水性差，干时坚硬，湿时膨胀闭结，不利于植物生长发育，是一种不良的质地剖面类型，群众称之为"倒蒙金"；如果砂土剖面有中位或深位黏土夹层，也可增强土壤的保水抗旱和保肥能力；但若黏土夹层超过2cm即减缓水分运行，而超过10cm时即可阻止来自地下水的毛管水上升，在盐渍土中可有效地防止可溶性盐分上行。

（五）不良质地土壤的改良

在平原和山区的农林用地方面，通常把土壤质地作为适地适种的重要因素之一。适宜植物种植的土壤条件称为土宜。不同植物要求的土壤条件不同，当土壤质地与栽种植物的生物学特性不一致时，则需根据土性和当地条件，因地制宜地采取措施进行改良。

1. 掺砂掺黏，客土调剂 搬运别处土壤掺和当地的土壤，以改良质地。实施客土工作量大，要就地取材，因地制宜。在砂土附近有黏土或河泥，可搬黏掺砂；在黏土附近有砂土或河沙，可搬砂掺黏。单植植物时，常将客土掺和植物栽植穴内土壤，以改善植物根系伸展范围内的土壤质地状况。李惠卓等试验结果报道：在黄河故道沙质土壤上栽植毛白杨，将0.4 m^3壤质土成层掺入栽植穴内距地表60cm处，树木生长5年后取样测定，土壤中沙粒减少49%，粉粒增加4倍，黏粒从无到有；物理性黏粒含量增加到CK土壤的7.4倍，明显改善了原沙质土壤的不良性质。

2. 翻淤压砂或翻砂压淤 有的土壤剖面中上下层质地有明显差别，砂土层下不深处有淤泥层，黏土层下不深处有砂土层，则可翻淤压沙或翻沙压淤。在操作时可利用深耕犁进行翻耕，或用人工办法先将表土翻到一边，再将底土翻起来作客土用，然后耕地平土，使上下层砂黏土壤掺和，改变其土质，以达到合适的砂黏比例，改善土壤物理性质。

3. 引洪放淤或引洪漫砂 对于有条件的地区，可利用洪水携带泥沙改良砂质土或黏质土。洪水所携带的淤泥是冲积地表的肥土，养分丰富。通过把洪流有控制地引入农田，使淤泥沉积于砂质土表面，可改良质地，增厚土层。所谓"一年洪水三年肥"，反映放淤肥田的效果。洪水携带砂粒进入黏质土壤也是行之有效的质地改良办法。在引洪淤漫过程中，注意边引边排，同时需要有针对性地设计和修筑水渠。漫砂或放淤每次不能超过10cm，逐年进行，可使大面积砂土或黏土得到改良。在西北地区，此法改良质地效果明显，如山西河曲县曲峪村，引洪淤田，压住了沙石，淤出260hm^2好地；陕西榆林群众"引水拉砂""引水放淤"，造出千顷良田；新疆南部引洪放淤改造了戈壁滩。另外，河南新乡一带此法也应用广泛。

4. 增施有机肥，改良土性 有机肥的种类很多，如粪肥、堆肥、沤肥、厩肥和秸秆等。有机肥料中含有大量有机质，在微生物作用下，经转化形成腐殖质，其黏结性和黏着性介于砂土和黏土之间。每年大量施用有机肥，不仅能增加土壤养分，而且能改善过砂过黏土壤的保水、保肥性能，促进土壤中团粒结构的形成。因此，施用有机肥对砂土或黏土都有改良作用。农林生产实践和大量试验表明，施用有机肥是一种后效较长的土壤质地改良措施。其改良效果黏土大于砂土。

5. 植树种草，培肥改土 在过砂或过黏的土壤上，种植适生的乔灌草植物，能达到改良质地、培肥土壤的目的。特别是豆科绿肥植物，根系庞大，在土壤中穿伸力强，连同腐殖质的作用，能够改善黏质土或砂质土的结构状况和保水肥能力，效果明显。根据中国科学院兰州沙漠研究所魏兴琥等研究，在黄河故道区新垦沙地上连续两年种植箭筈豌豆（*Vicia sativa*）和草木樨（*Melilotus*）等绿肥植物，在压青、留茬和割覆三种利用方式下都对新垦沙地的颗粒组成和结构状况有不同程度的改良作用，其中箭筈豌豆压青作用最明显：细沙均降24.2%，粉沙均增72.1%，黏粒平均增加111.6%。各种绿肥处理的土壤物理性黏粒含量增加 11.6%~97.0%。由于土壤黏粒增多，使土壤比面增大，黏结性、黏着性、可塑性和胀缩性增强，有利于形成较多的团粒结构。因此，在绿肥改良土壤质地的同时，也改良了沙地土壤的结构状况。另外，通过种植田菁、绿豆、苜蓿、紫云英以及更多的植物，都会使砂质土或黏质土的水、肥、气、热更趋于协调。

[思考题]

1. 什么是矿物和岩石？各自的鉴定依据都有哪些？
2. 常见的成土矿物与成土岩石有哪些？如何识别？
3. 岩石风化表现为哪些类型？各自结果如何？
4. 常见的成土母质类型有哪些？各自成土特点如何？
5. 什么是土壤粒级、土壤机械组成和土壤质地？三者有何联系和区别？
6. 不同质地的土壤肥力状况如何？
7. 土壤质地层次性的模式和肥力特点如何？
8. 不良质地的土壤如何改良？改良措施的依据何在？

参考文献

[1] 关连珠. 土壤学. 北京：中国农业出版社，2007.
[2] 孙向阳. 土壤学. 北京：中国林业出版社，2005.
[3] 刘春生. 土壤肥料学. 北京：中国农业大学出版社，2006.
[4] 林成谷. 土壤学. 北方本（第二版）. 北京：中国农业出版社，1993.
[5] 黄昌勇. 土壤学. 北京：中国农业出版社，2000.
[6] 林大仪. 土壤学. 北京：中国林业出版社，2002.
[7] 王数，东野光亮. 地质学与地貌学教程. 北京：中国农业大学出版社，2005.
[8] 黄巧云. 土壤学. 北京：中国农业出版社，2006.
[9] 梁成华. 地质地貌学. 北京：中国农业出版社，2002.
[10] 沈其荣. 土壤肥料学通论. 北京：高等教育出版社，2002.
[11] 仲跻秀，施岗陵等. 土壤学. 北京：中国农业出版社，1992.
[12] 聂俊华. 土壤学. 北京：北京农业大学出版社，1994.
[13] 褚达华. 土壤学. 北京：中国农业出版社，1991.
[14] 李兴源，郑均宝. 实用工程造林. 北京：中国林业出版社，1990.
[15] 程进，徐建堂，张风荣. 两种土壤颗粒分级制黏粒含量的换算关系. 土壤通报，1993，24(5)：234~235.
[16] 王景宽，张继宏，王雷等. 棕壤不同粒级微团聚体中磷的保持与供应. 土壤通报，2001，32(3)：113~115.
[17] 中国知网：石荣，贾永锋，王承智等. 土壤矿物质吸附砷的研究进展. 土壤通报，2007，38(3).
[18] 中国知网：杨学春，牟树森，唐书源等. 紫色土区重金属污染与迁移. 农业环境科学学报，1992(2).
[19] 李惠卓，王文全，荀智慧等. 不同改土和栽培措施对沙质土颗粒组成及毛白杨根系状况的影响. 河北林果研究，1999，13(1)：23~27.
[20] 魏兴琥，杨喜林，施来成. 新垦沙地绿肥改土试验. 土壤肥料，1995(2)：42~44.
[21] 王荫槐. 土壤肥料学. 北京：中国农业出版社，1992.
[22] 熊顺贵. 基础土壤学. 北京：中国农业科技出版社，1996.

第二章
土壤有机质

【重点提示】本章主要介绍土壤微生物的类型及其对土壤肥力的作用;土壤酶的种类、功能及酶活性的作用;土壤有机质的形态、组成、转化及影响因素;土壤腐殖质的形态及性质;土壤有机质的作用与调节等。

第一节 土壤生物

土壤生物是栖居在土壤中的各种生物体的总称,是土壤具有生命活动的主要成分。在土壤形成、发育、土壤结构、肥力保持、有机质的转化、温室气体的释放以及高等植物生长方面起着重要的作用,同时土壤微生物对污染环境起着天然的"过滤"和"净化"作用。土壤微生物在自然生态系统中扮演着消费者和分解者的角色,对全球物质循环和能量流动起着不可替代的作用。

一、土壤生物类型的多样性

土壤中生物种类繁多,数量巨大,主要包括土壤动物、土壤植物、土壤微生物三大部分。土壤生物量通常可占土壤有机质总量的1%~8%。表2-1为土壤中常见生物的数量。

表2-1 土壤中常见生物的数量(《土壤肥料学》,谢德体,2004)

生物种类	土壤表层中的数量		生物量(kg/hm^2)
	个/m^2	个/g	
细菌	$10^{13} \sim 10^{14}$	$10^8 \sim 10^9$	450~4500
放线菌	$10^{12} \sim 10^{13}$	$10^7 \sim 10^8$	450~4500
真菌	$10^{10} \sim 10^{11}$	$10^5 \sim 10^6$	562.5~5625
藻类	$10^9 \sim 10^{10}$	$10^4 \sim 10^5$	56.25~562.5
原生动物	$10^9 \sim 10^{10}$	$10^4 \sim 10^5$	16.875~168.75
线虫	$10^6 \sim 10^7$	$10 \sim 10^2$	11.25~112.5
其他动物	$10^3 \sim 10^5$	—	16.875~168.75
蚯蚓	30~300		112.5~1125

(一)土壤微生物

土壤微生物是指土壤中借助光学显微镜才能看到的微小生物,是土壤具有生物活性的主要物质。土壤微生物种类多、数量大、繁殖快。据统计,1 g土壤中微生物的数量可达1亿个以上,最多可达几十亿个。土壤愈肥沃,微生物数量也愈多。

根据土壤微生物的形态构造分为细菌、放线菌、真菌和藻类等(图2-1)。

(a) (b) (c) (d)

图 2-1　土壤中微生物的主要形态

(a)细菌：1 弧菌；2 梭菌；3 杆菌；4 根瘤菌；5 固氮菌；6 球菌

(b)真菌：1 青霉；2 镰刀菌；3 毛霉；4 曲霉；5 根霉；6 酵母菌

(c)放线菌的气生菌丝：1、5 卷曲放线菌；2 轮生放线菌；3、4 直生放线菌

(d)藻类和原生动物：1 小球藻；2 念珠藻；3 大颠藻；4 硅藻；5 链球藻；
6 衣藻；7 变形虫；8 鞭毛虫；9 纤毛虫

(《土壤学基础与土壤地理学》，1980)

1. 细菌　细菌是一类单细胞生物，是土壤微生物中种类最多、数量最大、分布最广的生物。据统计，生活在土壤中的细菌有近 50 个属 250 种，占微生物总数量的 70%~90%。细菌是单细胞生物，个体很小，较大的个体长度很少超过 5 μm，但它的比表面大，代谢强，繁殖快。据估计每克干土中细菌的总面积达 20 cm^2。因此，它是土壤中最活跃的因素。

细菌按个体外形可分为球菌、杆菌和螺旋菌等。按对能源的要求可分为光能营养型和化能营养型，分别以光和化学物质作为能量来源。按对碳源的利用情况又可分为无机营养型和有机营养型。前者从氧化矿物成分如铵、硫磺等获得所需能源，以 CO_2 作为细胞碳源，也称自养型；后者靠分解有机物质（包括动植物残体及其排泄物和分泌物）来获得能量和营养，又称异养型。大多数已知的细菌是化能有机营养型的，即异养型生物，而光能无机营养型生物由高等植物、大多数的藻类、蓝细菌以及绿硫细菌等组成。

根据土壤微生物对 O_2 的需求状况，可分为好气性、嫌气性和兼气性微生物三类。只能生活在有 O_2 条件下的微生物称为好气性微生物，如真菌、放线菌和大多数的细菌；生活中不需要 O_2 的微生物称为嫌气性微生物，如甲烷细菌等；在有无 O_2 的条件下均能正常生活的微生物称为兼气性微生物，如氢化细菌等。大多数细菌适宜于 pH 值 6.5~7.5 的中性土壤条件。细菌参与许多土壤生物化学过程，如有机质的矿质化与腐殖化、土壤养分的转化、生物固氮等。

2. 放线菌　放线菌是单细胞生物，单细胞延伸成为菌丝体，个体大小介于细菌与真菌之间，数量上仅少于细菌，约占土壤微生物总数的 5%~30%。大部分为链霉菌属（70%~90%），其次是诺卡氏菌属（10%~30%）、小单胞菌属（1%~15%）。放线菌分解纤维素和含氮有机物的能力较强，对营养要求不甚严格，能耐干旱和较高的温度，对酸碱反应敏感，在 pH 值 5.0 以下时生长即受到抑制，最适 pH 值为 6.0~7.5，也能在碱性条件下活动。放线菌的代谢产物中有许多抗菌素和激素物质，有利于植物抵抗病害并促进生长。放线菌多分布在耕层土壤中，仅少数几种寄生在植物上，而且通常都是寄生在植物根上、并随土壤深度而减少。

3. 真菌　真菌大多数为多细胞生物，在外形上多呈分支状的菌丝体，种类很多，约有

170个属690多种。数量是土壤菌类中最少的，但由于其个体较大，生物总量多于细菌和放线菌。有酵母、霉菌和蕈类，主要是霉菌。广泛分布于耕作层中，在潮湿、通气良好的土壤中生长旺盛，在干旱条件下生长受到抑制，但仍表现出一定程度的活力。它们分解有机残体的能力很强，纤维素、酯类、木质素、单宁等较难分解的有机质也能被其分解。真菌适宜于通气良好的酸性土壤，最适宜pH值3~6，因此在酸性土壤中，在森林的残落物层，尤其是针叶林的残落物中占优势。

真菌的菌丝侵入一些高等植物的根部并与之共生，称为菌根，如栎、冷杉、松、杨等。菌根能增强植物的吸收能力，还可以保护根系免受一些病原菌的感染。

4. 藻类 土壤藻类是微小的含有叶绿素的有机体，主要分布在光照和水分充足的土壤表面，可进行光合作用，并从土壤中吸收硝酸盐或氨。光照和水分是影响藻类发育的主要因素，在温暖、水分充足的土面大量繁殖。在肥沃土壤中，藻类发育最为广泛，但在轻质不肥沃的酸性土壤中数量则少。土壤藻类主要有蓝藻、绿藻和硅藻，蓝藻中有些能固定空气中的氮素，所以对增加土壤有机质、促进微生物活动及土壤养分转化都有一定意义。

(二)土壤动物

是指在土壤中度过全部或部分生活史的动物。土壤动物种类多、数量大，常见的有鼠类、蛙类、蛇、昆虫、蚁类、蜘蛛类、蜈蚣类、蚯蚓类、线虫、原生动物(根足虫类、鞭毛虫类、纤毛虫类)等。通过土壤动物的生命活动能疏松土壤，有助于土壤的通气和透水，有利于使土壤有机质和矿物质充分混合，可以机械地粉碎有机残体，便于微生物的分解。另外，动物的排泄物又是土壤有机质的来源之一。

(三)土壤植物

高等植物的根系生长有利于富集土壤养分、疏松土壤及土壤团粒结构的形成。由于根系在生长过程中，不断分泌有机和无机物质，为微生物提供了充足的养分，加之根系的生长对水气状况的改善，使根系周围形成了一种特殊的生活环境，一般将距根表2 mm的土壤范围称为"根际"。土壤微生物大量集中在根际，直接影响着植物的营养和生长。

(四)土壤微生物的作用

(1)参与土壤的发生、发育及土壤肥力的形成。土壤微生物在土壤形成和发展过程中起着重要作用。在土壤形成的最初阶段，利用光能的地衣等微生物参与了岩石的风化，使其成为具有生命的初体；而后也是在微生物的参与下，通过植物长期对养分的富集以及在微生物作用下形成的腐殖质使土壤性质发生改变，土壤肥力得以提高。

(2)土壤养分转化和循环的动力。植物所需的无机养分，一方面来自土壤中可溶性盐类，另一方面来自有机质矿化分解释放的无机养料，而土壤微生物直接参与土壤中养分的转化。土壤微生物的分泌物和有机残体分解的中间产物可以促进土壤腐殖质的合成和土壤团聚体的形成，改善土壤结构，提高土壤肥力。此外，微生物转化有机质过程中所释放出的热量，有利于土壤温度的提高。

(3)生物固氮作用。土壤母质中几乎不含有氮素，生物固氮作用是土壤氮素的最初来源。据估计，全球生物固定的氮素每年约有1.22×10^8 t，大大超过化肥氮量，故生物固氮作用在自然界氮循环和农业生产上具有重要的意义。

(4)促进植物生长。土壤微生物生命活动过程中的某些代谢产物，如生长素、抗生素、氨基酸等，能被植物吸收利用，促进或刺激植物生长，有些微生物分泌的抗菌素可以抑制某些病原菌的活动。

(5)净化土壤环境。土壤微生物对某些有害物质,如某些重金属、残留在土壤中的有机农药、放射性垃圾等通过代谢、降解和转化,从而消除或降低污染物的毒害,对土壤起着净化作用。

在某些条件下,有些微生物的活动又能引起养分的损失,如反硝化细菌引起的脱氮过程,导致氮的气态损失。部分细菌是土传病害的病源菌,许多真菌能侵染植物的种子、根和幼苗,引起植物枯萎病、黄萎病和根腐病等,对植物生长带来不良的后果。

二、土壤酶

土壤酶是土壤中生物的体内、体外酶的总称。主要来自微生物、土壤动物和植物根系。来自微生物的酶是土壤酶的主要来源,几乎包括了所有与土壤中物质生物转化有关的酶类。植物根与许多微生物一样能分泌胞外酶,并能刺激微生物分泌酶,但微小动物对土壤酶的贡献十分有限。进入土壤中的酶,目前认为有三种存在状态:①土壤微生物细胞内部的酶;②与土壤胶体稳定结合的细胞外酶;③土壤溶液中呈游离状态的细胞外酶。

土壤酶既是土壤的组分之一,又是存在于土壤中的生物催化剂,还是土壤新陈代谢的重要因素。土壤酶的活性反映了土壤中进行的各种生物化学过程的强度和方向,它是土壤的本质属性之一。土壤酶的重要作用,在于参与了土壤中的物质循环和能量代谢,并使作为陆地生态系统的重要组成部分的土壤与该生态系统的其他组分有了功能上的联系,使该生态系统得以生存和发展。

(一)土壤酶的种类和功能

在土壤中已发现50~60种酶,按照酶促反应的类型,澳大利亚科学家赖特(N. Ladd)把与土壤肥力密切相关的土壤酶分为4大类。

(1)氧化还原酶类:参与了氮素、硫素、铁、锰氧化物以及各种有机物的氧化还原过程。它们总是以质子的接受体或给予体而催化物质的反应,在一些重要的过程中有着决定性的作用。如硝酸还原酶催化NO_3^-为NO_2^-,以致最后还原成N_2而自土壤中损失;硫酸还原酶促进SO_4^{2-}为SO_3^{2-},再为硫化物;尿酸氧化酶催化尿酸为尿囊素;脱氢酶促进有机物脱氢,起传氢的作用。

(2)水解酶类:包括许多复杂的和难分解物质的水解酶,如纤维素、植酸、果胶、葡聚糖、蛋白质等的水解酶。水解产物多为植物和微生物的直接营养。土壤中的氮、磷循环与有关的酶解作用直接相关。土壤腐殖质的重建,也需利用许多物质的水解产物。

(3)转移酶类:主要是对多糖的转化产生单糖的催化反应。如葡聚糖蔗糖酶、果聚糖蔗糖酶、氨基转移酶、硫氰酸酶等。其催化产物基本上能直接被微生物利用,没有它的作用,许多微生物将无法生存。

(4)裂解酶类:指催化一种化合物分解为两种化合物或两种化合物合成为一种化合物的酶类。如天门冬氨酸脱羧酶裂解冬氨酸为β-丙氨酸和CO_2;谷氨酸脱羧酶裂解谷氨酸为γ-氨基丙酸和CO_2、芳香族氨基酸脱羧酶裂解芳香族氨基酸等。

(二)环境条件对土壤酶活性的影响

(1)土壤物理性质的影响。主要通过以下几方面影响土壤酶活性:①土壤质地,质地黏重的土壤比轻质土壤的酶活性强;②土壤结构,小团聚体的土壤结构酶活性较大团聚体的强；③土壤水分，渍水条件降低转化酶的活性，但能提高脱氢酶的活性；④温度，适宜温度下酶活性随温度升高而加强。

(2)土壤化学性质的影响。主要通过以下几方面影响土壤酶活性：①土壤有机质的含量和组成及有机矿质复合体组成、特性决定着土壤酶的稳定性；②土壤 pH 值，在碱、中、酸性土壤中都可检测到磷酸酶的活性，最适 pH 值是 4.0~6.7 和 8.0~10.0。脲酶在中性土壤中活性最高，而脱氢酶在碱性土壤中活性最大；③某些化学物质的抑制作用，许多重金属、非金属离子、有机化合物包括杀虫剂、杀菌剂均对土壤酶活性有抑制作用。

(3)耕作管理的影响。合理的耕作制度能提高土壤酶活性，促进养分转化。水田免耕可增强土壤酶活性，特别是以脲酶的活性增加最多。实行轮作和连作对土壤酶活性的影响是不同的。通常轮作有利于土壤酶活性的增强，连作常引起土壤酶活性的减弱。但轮作和连作土壤酶活性还受到种植作物的生物学特征、土壤的物理化学性质、施肥制度等因素的影响。

土壤灌溉增加脱氢酶、磷酸酶的活性，但降低转化酶的活性。施用矿质肥料对酶活性的影响有增有降，有些则无影响，因土壤性质和酶的种类不同而异。例如，硝酸铵的施用能降低土壤过氧化氢酶、天冬酰胺酶和脲酶的活性，而硝酸钾则能在某种程度上提高天冬酰胺酶和脲酶的活性。有机物料对土壤酶活性也有明显的影响，如麦秸、马粪、牛粪等的施用能提高土壤蔗糖酶、脲酶、碱性磷酸酶、中性磷酸酶和过氧化氢酶的活性，并且随着有机物料的种类和施用方式不同而有所差异。

(4)土壤环境质量的影响。当土壤受到农药、重金属等污染时，土壤酶的活性会受被抑制或减弱。刘树庆(1996)等研究表明，土壤脲酶和过氧化氢酶活性随土壤 Pb、Cd 含量的降低而明显降低。Deng 等人指出，L-谷氨酰胺酶(L-glutaminase)、纤维素酶(cellulase)和 β-葡糖苷酶(β-glucosidase)被重金属元素 Hg、Ag、Cr 和 Cd 等强烈抑制。因此土壤酶活性可用来判断土壤受到重金属污染的程度。

(三)土壤酶活性的作用

(1)在腐殖质形成中的作用。土壤有机质和有机残体转化为土壤腐殖质是在土壤酶的作用下进行的生物化学过程。土壤氧化酶类参与木质素的降解，酚的氧化是酚氧化酶类(过氧化物酶、漆酶)作用的结果。腐殖物质可看作是芳香化合物、氨基酸和肽的多缩和多聚产物，这种缩合和聚合过程需要土壤氧化酶的参与。

(2)在碳、氮、磷等元素的生物地球化学循环中的作用。进入土壤和累积在土壤中的碳水化合物在土壤糖酶作用下参与碳素循环的。土壤中葡萄糖的水解是在纤维素酶复合体的多酶系统的不同酶作用下，经若干个阶段进行的。淀粉、蔗糖的水解是在淀粉酶和蔗糖酶的作用下进行的。土壤中许多酶如酰胺基水解酶、脱氢基氧化还原酶、羧氨氧化酶、亚硝酸还原酶、硝酸还原酶等都参与了氮循环。进入土壤或累积在土壤中的含磷化合物在土壤磷酸酶的作用下参与磷素循环。

(3)在保持土壤生物化学稳衡中的作用。当土壤因施入有机物质和肥料而使稳衡受到破坏时，由于土壤酶活性的迅速增强，使进入土壤的有机物质特别是易分解有机物质很快遭到分解，土壤得以回到稳衡状态。当土壤受到农药、重金属、工业废弃物、石油等污染时，大部分的废弃物质和农药等土壤污染物质能被酶催化分解。因此，土壤酶在保持土壤生物化学稳衡性和消除污染等方面起着积极的作用。

第二节 土壤有机质

土壤有机质就是土壤中具有有机组成的物质，是土壤的重要组成物质之一。自然土壤中有机质含量差异较大，高的可达200g/kg或300g/kg以上，如泥炭土和一些森林土壤等，低的不到5g/kg，如漠境土和砂质土等。在土壤学中，通常把耕层有机质含量大于200g/kg的土壤称为有机质土壤，而将有机质含量低于200g/kg的土壤称为矿质土。但耕作土壤中，表层有机质的含量通常在50g/kg以下，虽然东北地区的黑土有不少超过此值，但华北、西北地区大部分土壤低于10g/kg，华中、华南一带的水田土壤一般约为15~35g/kg。土壤有机质在土壤中的含量虽少，但对土壤肥力的作用却很大。它是营养元素的贮藏库，可以多种方式保持养分，而且对土壤微生物的生命活动、土壤水、气、热等肥力因素、土壤结构和耕性等都有着重要的影响。土壤有机质还是陆地生态系统中最大的碳库，在整个地球碳素平衡中具有重要作用。

一、土壤有机质的来源、形态及组成

(一)土壤有机质的来源和形态

土壤有机质是指土壤中来源于生命的物质。在风化和成土过程中，最早出现于母质中的生命物质是微生物，所以对原始土壤来说，微生物是土壤有机质的最初来源。随着生物的进化和成土过程的发展，高等绿色植物就成了土壤有机质的基本来源，其次是生活在土壤中的动物和微生物。在农业土壤中，有机质的来源范围更广了，主要包括每年施入土壤中的有机肥料，作物根茬和残落物以及根系分泌物，生活垃圾及污泥等。通过各种途径进入土壤中的有机质，在微生物的作用下发生了一系列的分解和合成作用，一般以3种形态存在。

(1)新鲜的有机物质。指刚进入土壤不久、未受到微生物分解的动植物残体。

(2)半分解的有机物质。指已经受到微生物的分解作用，新鲜的有机残体破坏了最初的结构，变成了分散的暗黑色的碎屑和小块物质。

(3)土壤腐殖质。是经微生物彻底改造过的一种特殊类型的高分子含氮有机化合物。占土壤有机质的85%~90%，是土壤有机质的主体。它与矿物土粒紧密结合，不能用机械方法分离，只能用化学方法提取。

(二)土壤有机质的组成

土壤有机质的主要元素组成是C、H、O、N，分别占52%~58%、34%~39%、3.3%~4.8%和3.7%~4.1%，其次是P和S，此外还有Ca、Mg、K、Na、Si、Fe、Zn、Cu、B、Mo、Mn等元素。

土壤有机质的主要化合物组成是类木质素和蛋白质，其次是半纤维素、纤维素以及脂肪、树脂和蜡质等乙醚和乙醇可溶性化合物。与植物组织相比，土壤有机质中木质素和蛋白质含量显著增加，而纤维素和半纤维素含量则明显减少。

二、土壤有机质的转化

土壤有机质的转化是在微生物的作用下进行的生物化学过程，主要向两个方向转化，即有机质的矿质化和腐殖化(图2-2)。

(一)土壤有机质的矿质化过程

土壤有机质的矿质化过程是指有机质在微生物的作用下，分解成简单的无机化合物（CO_2 和 H_2O），并释放出矿质养分和热量的过程。就矿化过程的总体而言，大约分三部分。最初是易分解的有机物，如单糖、氨基酸和多数蛋白质等迅速分解，它们可在几小时或几天内消耗殆尽，微生物从分解产物中获得能量和营养；其次是较难分解的有机物质，如多糖、纤维素等，它们首先转化成低聚糖，然后再转化成单糖；木质素是最难分解的，它主要靠真菌作用，先转化成苯基丙烷（C_6-C_3）单元结构，然后再分解成酚类化合物，它是形成腐殖质的一种重要成分，也可以被继续分解。在矿质化过程中，有机质被微生物分解时，不是从一而终，而是由多种微生物相继作用共同完成。它们往往

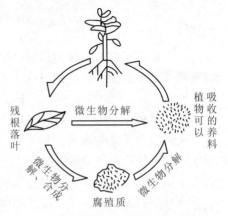

图 2-2 土壤有机质的分解与合成示意图
（《土壤学》，林成谷，1995）

是食物链上的伙伴，但各自有其必需的活动条件。因此，不是所有的有机物都能在土壤中分解到彻底的程度，那些分解不彻底的物质，有些被其他微生物所利用，有些是形成腐殖质的原材料。

1. 含碳化合物的分解 淀粉、纤维素、半纤维素等多糖化合物首先在微生物分泌的水解酶的作用下被水解成葡萄糖。

$$(C_6H_{10}O_5)n + nH_2O \rightarrow nC_6H_{12}O_5$$

葡萄糖在通气良好的条件下分解迅速而彻底，最终形成 CO_2 和 H_2O，并放出大量热能。

$$C_6H_{12}O_5 + O_2 \rightarrow CO_2 + H_2O + 能量$$

在嫌气条件下，葡萄糖分解缓慢，分解不彻底，形成 CH_4、H_2 等还原性物质和有机酸等，并放出少量热能。

$$C_6H_{12}O_5 + O_2 \rightarrow CH_3CH_2CH_2COOH + CO_2 + H_2 + 能量$$
$$CH_3CH_2COOH \rightarrow CH_4 + CO_2$$
$$CO_2 + H_2 \rightarrow CH_4 + H_2O$$

2. 含氮有机化合物的分解 土壤中的含氮化合物主要是蛋白质、氨基酸、生物碱、腐殖质等。除腐殖质外，大部分容易分解。如蛋白质在微生物分泌的蛋白质水解酶的作用下，首先形成氨基酸，再进一步分解为氨或铵。

（1）水解作用：蛋白质在蛋白质水解酶的作用下，分解成简单的氨基酸，即：

$$蛋白质 \rightarrow 蛋白胨 \rightarrow 多肽 \rightarrow 氨基酸$$

（2）氨化作用：氨基酸在多种微生物及其所分泌的酶的作用下，进一步分解成氨或铵的过程。氨化作用在好气或嫌气条件下均可进行：

水解脱氨作用：$RCHNH_2COOH + H_2O \begin{cases} RCHOHCOH + NH_3 \\ (有机酸) \\ RCH_2OH + CO_2 + NH_3 \\ (醇) \end{cases}$

氧化脱氨作用：$RCHNH_2COOH + O_2 \rightarrow RCOOH + CO_2 + NH_3$

还原脱氨作用：$RCHNH_2COOH + H_2 \rightarrow RCH_2COOH + NH_3$

（3）硝化作用：氨化作用形成的氨或铵，在通气良好的条件下，可发生硝化作用，氧化成硝酸盐，称为硝化作用。

$$NH_3 + O_2 \xrightarrow{亚硝酸细菌} HNO_2 + H_2O \qquad HNO_2 + O_2 \xrightarrow{硝酸细菌} HNO_3$$

氨化作用所生成的氨或铵及硝化作用生成的硝酸盐均可被植物直接吸收利用。

（4）反硝化作用：硝酸盐还原为 N_2O 和 N_2 的作用称为反硝化作用。其反应式如下：

$$2HNO_3 \xrightarrow{-2[O]} 2HNO_2 \xrightarrow{-[O]} N_2O \text{ 或 } N_2$$

反硝化作用导致氮素以气态形式从土壤中损失掉，也称反硝化脱氮作用。

3. 含磷有机化合物的分解 土壤中的含磷有机化合物常见的有核蛋白、核酸、磷脂、腐殖质等。含磷有机物质在磷细菌的作用下，经过水解而产生磷酸。

$$核蛋白质 \rightarrow 核素 \rightarrow 核酸 \rightarrow H_3PO_4$$
$$卵磷脂 \rightarrow 甘油磷酸酯 \rightarrow H_3PO_4$$

在嫌气条件下，会引起磷酸的还原，产生亚磷酸、次磷酸、磷化氢等。这些产物都可被植物直接吸收利用。

4. 含硫有机物质的转化 土壤中含硫有机物主要是蛋白质，在微生物作用下水解为含硫氨基酸（如胱氨酸等），再产生硫化氢。硫化氢在嫌气环境中易积累，对植物产生毒害。在通气良好的条件下，硫化氢氧化成硫酸，并和土壤中的盐基作用形成硫酸盐，成为植物能吸收的硫素养分。

5. 脂肪、单宁、木质素、树脂、蜡质等的分解 这些物质的分解一般较缓慢，分解不彻底。除生成 CO_2 和 H_2O 外，常产生有机酸、甘油、多酚类化合物、醌类化合物等中间产物，是形成腐殖质的材料。

（二）土壤有机质的腐殖化过程

土壤腐殖化过程是指土壤中腐殖质的形成过程。它是一系列极端复杂过程的总称，其中最主要的是由微生物为主导的生物化学过程，但也不排除一些纯化学过程。一般认为腐殖质的形成可分为两个阶段：第一阶段是微生物将有机残体转化为合成腐殖质的原材料，如多元酚、含氮有机化合物（氨基酸、肽）等；第二阶段是在微生物分泌的多酚氧化酶作用下，将多元酚氧化为醌，醌与氨基酸或肽缩合形成腐殖质（图2-3）。

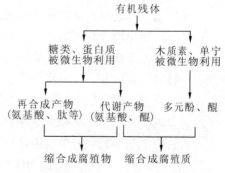

图 2-3 土壤腐殖质形成过程示意图
（《土壤学》，林成谷，1981）

腐殖质的形成过程实际上是在土壤有机质矿质化作用的基础上进行的。矿质化作用提供的腐殖质的单元结构，经过聚合和缩合作用，形成腐殖质。缩合度越高的腐殖质分子量越大，功能团和盐基越多，直观特征是颜色深暗，又称为褐腐酸；缩合度小者，分子量小，但酸度高，其直观特征是颜色浅，为棕色或黄褐色，又称为黄腐酸。前者多在中性、盐基丰富、干湿适度或偏干燥的环境下形成。但两者总是相伴存在，可以从两者的比值看出环境条件的某些特征。

腐殖质化过程形成的腐殖质，和矿质土粒密切结合，生成有机—无机复合体，改善土壤结构,对调节土壤水、肥、气、热四大肥力因素都有重要作用。而矿质化过程为植物生长提供了矿质养分,并为微生物的活动提供了能量和营养物质。在生产实践中,如何控制和协调好这两个过程,对调节土壤的供肥和保肥能力具有重要的意义。

三、影响土壤有机质分解转化的因素

土壤有机质的分解转化是在微生物的作用下进行的,因此,凡是影响土壤微生物活动的因素都影响着有机质的转化。

(一)有机残体的碳氮比

碳氮比(C/N)是指有机物中碳素总量和氮素总量之比。微生物在分解有机质时,需要同化一定数量的碳和氮构成身体的组成分,同时还要分解一定数量的有机碳化物作为能量来源。一般来说,微生物需要吸收 1 份氮和 5 份碳组成自身的细胞,同时还需 20 份碳作为生命活动的能源,即微生物在生命活动过程中,需要有机质的碳氮比约为 25:1。当有机残体的碳氮比在 25:1 左右时,微生物活动最旺盛,分解速度也最快。当有机残体的碳氮比小于 25:1,对微生物的活动有利,有机质分解快,分解释放出的无机氮除被微生物吸收构成自己的身体外,还有多余的氮素存留在土壤中,可供植物吸收。如果碳氮比大于 25:1,微生物因缺乏氮素营养而发育受阻,活性降低,有机质分解速度慢,微生物不仅把分解释放出的无机氮全部用完,还要从土壤中吸取无机氮用来组成自己的身体,造成微生物与植物争夺氮素养分,使植物处于暂时缺氮的状态。故有机残体的碳氮比大小,会影响它的分解速度和土壤有效氮的供应,因此在生产中施用碳氮比较大的有机肥时,应配合施用粪肥或速效氮肥,以缩小碳氮比,防止这种争夺氮素现象的发生。植物性物质的碳氮比依植物残体的种类和老嫩程度而不同,如:青草为 25~45:1;豆科的草本植物为 15~20:1;禾本科的根茬和茎秆为 40~80:1。

(二)土壤水、气状况

土壤水、气状况直接影响到有机质转化的速度和方向。当土壤处于干燥状态时,虽然通气很好,但微生物因缺水而活动几乎停止,有机质分解很缓慢。当土壤湿度适当、通气良好时,好气性微生物活动旺盛,有机质分解速度快,分解较完全,矿化率高,中间产物积累少,所释放的矿质养分多呈氧化状态,有利于植物的吸收利用,但不利于腐殖质的积累和保存。若水分过多则通气不良,嫌气性微生物活动旺盛,有机质在嫌气条件下分解的特点是速度慢,分解不完全,矿化率低,中间产物易积累,有时还会产生 CH_4、H_2、H_2S 等有毒物质,对植物生长不利。但嫌气条件有利于腐殖质的合成和积累,有利于土壤养分的保存。因此在生产实践中,要调节好土壤的水、气状况,使土壤有机质既有分解又有积累,既能使作物吸收利用有效养分,又能提高土壤肥力。一般土壤水分在田间持水量的 60%~80% 比较适宜。

(三)土壤温度

有机质的分解与温度也有关系,在一定范围内有机质的分解速度随温度的升高而加快。土壤微生物活动最适宜温度约在 25~35℃ 范围,土温过低或过高,大多数微生物的活动受到抑制,不利于有机质的转化。

(四)土壤酸碱性

土壤酸碱性对微生物的生命活动有很大影响，不同的微生物都有自己适宜的 pH 值范围，一般而言，细菌、藻类和原生动物的最适宜生长 pH 值为 6.5~7.5，许多种类在 pH 值 4.0~10.0 之间也能生长。放线菌最适宜生长在微碱性即 pH 值 7.5~8.0 的环境。真菌比细菌耐酸，许多种类适于 pH 值 4.0~6.0 的酸性环境。必须注意的是，尽管微生物生活需要适宜的 pH 值，但只代表微生物生活的外部条件，细菌的内部环境必须保持接近中性，以保持酶的活力。真菌在分解有机质过程中产生酸性很强的腐殖酸，会使土壤酸度增加，肥力降低。细菌则能产生提高土壤肥力的腐殖质酸，同时细菌中的固氮细菌，能固定空气中的游离氮素，这是提高土壤肥力重要的一环，在通气良好的微碱性条件下，硝化细菌容易活动，因而土壤中硝化作用旺盛，有利于硝态氮的积累。一般来说，土壤反应以中性为宜。

第三节　土壤腐殖质

一、土壤腐殖质分离提取和组分

腐殖质是土壤有机质的主体，是通过微生物对有机残体的分解和合成作用重新形成的特殊有机质。要研究土壤腐殖质的性质，必须将它从土壤中分离出来，但这项工作是较困难的。第一，腐殖质与矿物质紧密结合在一起，不易分离；第二，腐殖质与各种简单的有机化合物结合，很难用化学或物理方法进行彻底分离；第三，用任何溶剂处理时，都可能引起有机分子某种程度的变性。目前一般所用的方法，是先把土壤中未分解或部分分解的动植物残体分离掉，然后用不同的溶剂来浸提土壤，把腐殖质划分为三个组分：黄腐酸(富里酸)、褐腐酸(胡敏酸)、黑腐素(胡敏素)。具有步骤如图 2-4。

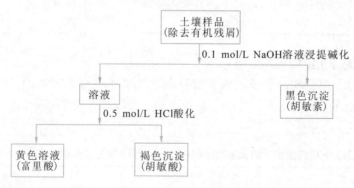

图 2-4　土壤腐殖质的分离
(《土壤学》，朱祖祥，1983)

上述浸提和分离不可能彻底，各组分中都有许多混杂物。如在黄腐酸组分中混有某些多糖类及多种低分子有机化合物；在褐腐酸组分中混有高度木质化的非腐殖质物质等。黑腐素是褐腐酸的同素异构体，它的分子量很小，并因其与矿物质部分紧密结合，以至失去水溶性与碱溶性，从化学本质看，它与褐腐酸无多大区别。黑腐素在腐殖酸中所占的比例不大，所以不是腐殖酸的主要部分。腐殖质的主要组成是褐腐酸和黄腐酸，一般占腐殖质的 60% 左右,是腐殖质的主要部分。

二、土壤腐殖质的存在形态

土壤腐殖质大致以4种形态存在于土壤中:①游离状态的腐殖质,在一般土壤中极少存在,常见于红壤中;②与矿物成分中的强盐基化合成稳定的盐类,主要为腐殖酸钙和镁,常见于黑土中;③与含水三氧化二物如 $Al_2O_3 \cdot xH_2O$、$Fe_2O_3 \cdot yH_2O$ 化合成复杂的凝胶体;④与黏粒结合成有机无机复合体。

腐殖质与矿物质胶体紧密结合着,形成土壤的有机无机复合体,它们对土壤结构的形成及肥力的提高上具有重要的意义。

三、土壤腐殖质的性质

(一)腐殖质的元素组成

腐殖质主要由C、H、O、N、S、P等元素组成,还有少量Ca、Mg、Fe、Si等灰分元素。各种土壤中腐殖质的元素组成是不完全相同的。就腐殖质整体而言,含C量55%~60%,平均58%,因此测定土壤中有机C含量,乘以1.724(100/58),即可换算出土壤有机质含量。腐殖质含N量3%~6%,平均5.6%,故其C/N比值平均为10:1~12:1。褐腐酸的C、N含量一般高于黄腐酸,而O和S的含量则低于黄腐酸。见表2-2。

表2-2 我国主要土壤中腐殖酸的元素组成(无灰干基%)(《土壤有机质研究方法》,文启孝,1984)

腐殖酸	C	H	O+S	N
褐腐酸	50.4~59.6	3.1~7.0	31.3~40.7	2.8~5.9
平均($n=39$)	55.1	4.9	35.9	4.2
黄腐酸	43.4~52.6	4.0~5.8	40.1~49.8	2.6~4.3
平均($n=12$)	46.5	4.8	45.9	2.8

(二)腐殖质的分子结构与功能团

腐殖质是高分子聚合物,分子结构非常复杂,其单体中有芳核结构,以芳香族核为主体,附以各种功能团。其中主要的功能团有:羧基、酚羟基、甲氧基等(表2-3),并连接着多肽或脂肪族侧链。

表2-3 我国主要土壤中腐殖物质的含氧功能团(mol/kg)(《土壤有机质研究方法》,文启孝,1984)

含氧功能团	褐腐酸	黄腐酸
羧 基	275~481	639~845
酚羟基	221~347	143~257
醇羟基	224~426	515~581
醌 基	90~181	54~58
酮 基	32~206	143~254
甲氧基	32~95	39

由于分子结构复杂,腐殖质的分子量也很大。根据南京土壤研究所研究人员测定,腐殖

质的数均分子量褐腐酸在 5000 以下，黄腐酸在 1000 以下；重均分子量褐腐酸 17000 ~ 77000，一般不超过 20 万，黄腐酸 5500。

腐殖酸分子的形状和大小，研究报道很不一致。腐殖酸制备液的分子粒径，最大的可超过 10 nm，其形状过去认为成网状多孔结构，近来通过电子显微镜拍照或通过黏性特征推断，认为其外形呈球状，而分子内部则为交联构造，结构不紧密，尤以表面一层更为疏松，整个分子表现为非晶质特征。

（三）腐殖质的电性

由于腐殖酸的组分中有多种含氧功能团的存在，使腐殖质表现出多种活性，如离子交换、对金属离子的络合能力以及氧化 – 还原性等，这些性质都与腐殖质的电性有密切关系，就电性而言，腐殖质是两性胶体，在它表面上既带负电又带正电，而通常以带负电为主。电性的来源主要是分子表面的羧基和酚羟基的解离以及胺基的质子化，例如：

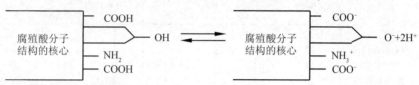

（四）腐殖质的溶解性质和凝聚

褐腐酸不溶于水，能溶于碱，它与一价金属离子形成的盐类溶于水，而与钙、镁、铁、铝等多价离子形成的盐溶解度就大大降低。黄腐酸有相当大的水溶性，其溶液的酸性强，与一价及二价金属离子形成的盐也能溶于水。

腐殖酸具有一定的络合能力，可与铁、铝、铜、锌等高价离子形成络合物，一般认为羧基、酚羟基是参与络合的主要基团。络合物的稳定性随介质 pH 值升高而增大（例如，腐殖酸在 pH 值 4.8 时能和 Fe^{3+}、Al^{3+}、Ca^{2+} 等离子形成水溶性络合物，在中性或碱性条件下会产生沉淀），但随介质离子强度的增大而降低。当然络合物稳定性还和金属离子本身的性质及腐殖酸的性质有关，随腐殖化程度增大，络合物稳定性也增大。

新形成的腐殖质胶粒在水中呈分散的溶胶状况，当增加电解质浓度或高价离子时，则电性中和而相互凝聚，形成凝胶。腐殖质在凝聚过程中可使土粒胶结起来，形成结构体。另外，腐殖质是一种亲水胶体，可以通过干燥或冰冻脱水变性，形成凝胶。腐殖质的这种变性是不可逆的，所以能形成水稳性团粒结构。

（五）腐殖质的稳定性

腐殖酸有很高的稳定性，包括化学稳定性和抗微生物分解的生物稳定性。在温带，一般植物残体的半分解期少于 3 个月，植物残体新形成的土壤有机质半分解期为 4.7 ~ 9 年，褐腐酸的平均停留时间为 780 ~ 3000 年，黄腐酸为 200 ~ 630 年。腐殖酸的稳定性，除与本身分子结构复杂不易分解有关外，还与它和矿物质紧密结合，或处于微生物也难于进入的孔隙中有关，因而土壤开垦耕作以后，腐殖质的矿化率就大为增加，可从开垦前的矿化率不到 1% 提高到 1% ~ 4%。

四、我国主要土壤中腐殖质的组成和性质变化

褐腐酸与黄腐酸的比值（HA/FA）是土壤腐殖质的组成和性质的指标之一，可作为土壤肥力和熟化程度的标志。不同类型的土壤，由于气候、生物、地形、耕作等因素的影响，腐

殖质的组成和性质差异很大。在我国,土壤腐殖质的组成表现明显的地带性变异,黑土不仅腐殖质含量高,而且腐殖质中以褐腐酸为主体,HA/FA比值大,通常在1.5~2.5,芳化度和分子量也较大。由黑土带往西,依栗钙土、灰钙土、漠土带的次序,土壤腐殖质含量逐渐下降,腐殖酸中褐腐酸的相对含量、分子量和芳化度也渐次降低。栗钙土的HA/FA比值一般在1以上,而灰钙土、灰漠土仅0.6~0.8。由黑土带的暗棕壤往南,经棕壤、黄棕壤到红壤、砖红壤带,同样也可看到腐殖质中的褐腐酸的相对含量、分子量和芳化度的下降,活性褐腐酸的相对含量不断升高的现象。暗棕壤的HA/FA和活性褐腐酸分别为1~2和40%~65%,黄棕壤分别为0.45~0.75和50%~85%,而砖红壤不但以黄腐酸为主,而且褐腐酸的活性很大,几乎全部以游离态存在(表2-4)。

表2-4 几种土壤类型的土壤腐殖质组成

土壤	地点	C(%)	褐腐酸(HA)占全C%	黄腐酸(FA)占全C%	HA/FA	活性HA(占HA总量%)	光密度
黑土	黑龙江嫩江	4.20	40.6	18.7	2.17	35.8	2.36
栗钙土	内蒙古海拉尔	2.07	27.1	19.8	1.37	23.6	1.90
灰钙土	新疆伊犁	1.11	15.1	20.8	0.73	0	—
灰漠土	新疆纳玛斯	0.65	13.8	23.1	0.60	0	0.89
暗棕壤	黑龙江伊春	5.05	21.8	12.7	1.84	44.5	1.85
黄棕壤	江苏南京	1.49	19.1	26.4	0.72	58.6	1.20
红壤	广东广州	1.25	12.2	25.1	0.49	93.4	1.05
砖红壤	海南	3.50	5.8	30.3	0.19	93.1	1.11

山地土壤垂直分布带谱中,土壤腐殖质的HA/FA比值、褐腐酸的芳化度也因海拔高度的升高而下降。在同一地带内,由于母质或植被不同,腐殖质的组成和性质也有差异。森林植被下的土壤与同一土带内草本植被下的土壤相比,前者的HA/FA比值常较小;石灰性母质发育的土壤与非石灰性母质发育的土壤相比,前者的HA/FA比值常较大。黏粒矿物组成不同的土壤,新形成的腐殖质的组成也不同,以水化云母和蒙脱石为主的黄土性母质较以高岭石和三水铝石为主的酸性土壤或第四纪红色黏土更有利于褐腐酸的形成,且HA/FA比值也较大(无论是旱作或渍水条件,也无论来源于腐殖质的有机残体为何)。

耕作制度的不同也会引起腐殖质组成的明显差异。长期种植水稻,改变了土壤的水热状况,有利于褐腐酸的形成,但不利于褐腐酸分子的复杂化,故水稻土的HA/FA比较同一地带的自然土壤及旱土大,这一特征随淹水时间的加长表现得更为明显。因此,在做土壤评价时,不仅要了解土壤有机质含量的多少,更需要了解褐腐酸和黄腐酸的比值。

第四节 土壤有机质的作用与调节

一、土壤有机质的作用

(一)土壤有机质对土壤肥力的作用
1. 提供作物所需要的养分和提高养分的有效性

土壤有机质含有氮、磷、硫等作物和微生物所需的各种营养元素。随着有机质的矿化分解,这些养分成为矿质盐类(如铵盐、磷酸盐、硫酸盐等),以一定的速度不断地释放出来,供作物和微生物利用。据研究，土壤中的氮有95%为有机态，磷有20%~50%为有机态磷，硫有38%~94%为有机态硫，因此植物吸收的主要养分来自土壤有机质，而且有机质具有养分全面、肥效稳而持久的作用。因此，培肥地力，提高土壤有机质含量对提高作物产量具有很重要的意义。

此外，土壤有机质在分解过程中形成的有机酸、腐殖酸，对土壤矿物质有一定溶解作用，促进矿物质风化，有利于某些养分的有效化；另一方面腐殖酸对金属的络合作用，可避免金属离子对磷的固定，促进磷的有效性。

2. 改善土壤的肥力特性

（1）物理性质。腐殖质在土壤中主要以胶膜形式包被在矿质土粒的外表，通过胶结、氢键、静电引力等作用，使分散土粒团聚起来形成优良团粒结构。有了团粒结构，土壤物理性质、耕作性能可以得到改善。同时有机质的黏结力比砂粒强，比黏粒小，所以施于砂土后能增加砂土的黏性，施于黏土后，能使黏土变得疏松易耕。腐殖质具有巨大的比表面和亲水基团，吸水量是黏土矿物的5倍。故提高土壤有机质含量对改善土壤的渗水性及减少地表径流有很重要的意义。

腐殖质是一种暗褐色物质，它的存在能明显地增加土壤颜色，有利于吸收太阳辐射，改善土壤热状况，因而有利于春播作物的早生快发。

（2）化学性质。腐殖质带有负电荷，可吸附 NH_4^+、K^+、Ca^{2+}、Mg^{2+} 等阳离子，这些阳离子一旦被吸附，就可避免随水流失，使土壤具有保肥能力；但这些阳离子能随时被根系附近 H^+ 或其他阳离子交换出来供植物吸收，即具供肥能力。腐殖质对阳离子的吸附能力为150~450cmol(+)/kg，平均350cmol(+)/kg，是土壤中矿质胶体吸附阳离子量的几倍到几十倍，如高岭石的阳离子交换量仅3~5cmol(+)/kg，蒙脱石类为80~100cmol(+)/kg。土壤中有机质含量一般只占5%以下，但其对保肥能力贡献为5%~42%，平均21%。

土壤有机质有很高的阳离子交换量，能显著地提高土壤对酸碱的缓冲性，使土壤不致因施肥所引起的氢离子或碱基离子的增加而强烈地改变土壤的pH值，土壤缓冲性能的提高对保证植物和微生物的正常生命活动有重要意义。

（3）生物性质。土壤有机质是土壤微生物生命活动所需养分和能量的主要来源。没有它土壤中一切生物化学过程就不会发生。低浓度的腐殖酸对植物生长有刺激作用，例如，可增加植物细胞膜的透性，促进养分进入植物体，刺激植物根系的生长发育，提高植物的抗旱能力。此外，有机质中含有一些生理活性物质，如核黄素（B_2）、吲哚乙酸、抗菌素等，对植物生长有利。

（二）土壤有机质对生态环境的作用

1. 对全球碳平衡的影响 土壤碳库是陆地生态系统中最大的碳库，并受气候和人类活动的影响而发生动态变化。据估计，全球陆地土壤碳库量约为1300~2000 Pg，是陆地植被碳库500~600 Pg的2~3倍，是全球大气碳库750 Pg的2倍多。在自然生态系统中，每年植物和光合微生物固定的碳量与土壤中植物残体分解的碳量大致相等。如果环境条件改变或者由于土地利用不合理，就会打破这种平衡造成有机碳的亏缺。例如，由于化石能消耗量的增加，大气中 CO_2 含量不断提高，产生的地球温室效应可能会加速土壤有机质的分解和大气中 CO_2 浓度的升高，从而形成一种恶性循环。因此，维持土壤有机碳库在全球碳平衡中具有重要作用，也是保护人类生存环境的一个重要环节。

2. 减轻土壤中重金属的污染 金属离子与腐殖质上的活性基团（-COOH，酚-OH，醇-OH）形成螯合物，对金属离子产生固定作用，降低其生物有效性，减轻其毒害作用；腐殖质对阳离子的配位吸附作用，形成的复合体具有较高的稳定常数，同样可降低金属离子的有效性。此外，有机质作为一种还原剂，可改变离子的价态，如 Cr^{6+} 还原成 Cr^{3+}，As^{5+} 还原成 As^{3+}，毒性大大下降。

3. 减轻或消除土壤中农药的残毒 土壤有机质对农药等有机污染物有强烈的亲和力，通过吸附作用降低有机污染物在土壤中的生物活性和毒性；腐殖酸的溶解性有效地迁移农药及其他有机物质，如褐腐酸能吸附和溶解三氮杂苯除莠剂以及其他一些农药，DDT 在 0.5% 褐腐酸钠溶液中的溶解度比在水中至少大 20 倍，这就使 DDT 容易从水中排出去。此外，腐殖质作为还原剂还能改变农药的结构，从而减轻或消除农药在土壤中的残毒。

二、土壤有机质的调节

土壤有机质的含量决定于年生成量和年矿化量的相对大小。当二者相等时，有机质含量保持不变；当生成量大于矿化量时，有机质含量将逐渐增加，反之将逐渐降低。年生成量与施用有机物质的腐殖化系数有关。通常把每克有机物（干重）施入土壤后，所能分解转化成腐殖质的克数（干重）称为腐殖化系数。腐殖化系数通常在 0.2~0.5 之间变动。一般来讲，同一物质的腐殖化系数因不同的生物、气候条件、土壤组成性质及耕作等条件而有差别。水田较旱土土壤腐殖化系数高。从有机质的化学组成看，木质化程度高的有机物料其腐殖化系数也较高，即形成较多的腐殖质。黏重土壤的腐殖化系数较轻质土壤要高（表2-5、表2-6）。

表 2-5 不同有机物料的腐殖化系数（《土壤肥料学》，谢德体，2004）

有机物料	绿萍	蚕豆秆	紫云英	水葫芦	田菁	柽麻	稻根	麦根	稻草
腐殖化系数	0.43	0.21	0.18	0.24	0.37	0.36	0.50	0.32	0.23
C/N	11.2	12.6	14.8	16.3	24.5	28.5	39.3	49.3	61.8
木质素(%)	20.2	8.65	8.58	10.2	11.8	15.3	17.4	20.7	12.5

表 2-6 不同质地土壤有机物料的腐殖化系数（《土壤肥料学》，谢德体，2004）

小于 1μm 的土粒含量(%)	腐殖化系数	
	稻草	稻根
12~15	0.17	0.38
19~23	0.21	0.42
25~35	0.23	0.46

每年因矿质化而消耗的有机质量占土壤有机质总量的百分数，称为土壤有机质的矿化率。土壤有机质的年矿化量受生物、气候条件、水热状况、耕作措施等多种因素的影响。一般来说，温度较低的地区，土壤有机质的年矿化量较低，耕作频繁的土壤其年矿化量较高。我国耕地土壤有机质有年矿化量大约在 1%~4% 之间。只有每年加入各种有机物质所生成的有机质量等于年矿化量时，才能保持土壤有机质的平衡。如果土壤原有机质为 20g/kg，也即该土壤每公顷耕层有机质量为 2250000kg × 20g/kg = 45000kg，若矿化率为 2%，则每年消耗的有机质量为 45000kg × 20g/kg = 900kg。若这种有机物质的腐殖化系数为 0.25，则只要

加入 900kg ÷ 0.25 = 3600kg 干有机质即可达到土壤有机质平衡。

要增加土壤有机质含量,一方面增加有机质来源,合理安排耕作制度,实施绿肥轮作,增施各种有机肥料。另一方面则需要了解影响有机质积累和分解的因素,以便调节有机质的分解和积累过程。

(一)增加土壤有机质的途径

土壤有机质不仅是评价土壤肥力的重要指标,而且是陆地生态系统中碳素的重要贮存库。

增加土壤有机质含量的途径主要有:

(1)秸秆还田。据测定,秸秆中有机质含量平均15%左右,如按每公顷还田秸秆15 t计算,则可增加有机质2250 kg/hm²。目前我国每年生产秸秆6亿t,其中含氮300多万t,含磷70多万t,含钾700多万t,相当于我国目前化肥施用总量的1/4以上。故秸秆还田具有营养植物和培肥土壤双重功效。但一般农作物秸秆的C/N比很高,为了防止秸秆分解过程中微生物与作物争夺土壤有效氮源,必须配施一定量的无机氮肥,以解决因秸秆还田引起土壤有效养分短期供应不足的现象。

(2)发展畜牧业。发展畜牧业是我国传统农业生产的重要肥源,对提高土壤有机质含量及培肥地力具有重要作用。如平均每公顷养猪30头,每公顷年积厩肥22500 kg,则土壤中增加的有机质干重可达7500 kg以上。但随着农业与农村经济的发展,农村畜禽粪便利用并未得到同步发展,与速效化肥相比,使用畜禽粪便入田作肥料的比重不断下降。据调查,仅有49%的畜禽粪便得到利用,其余皆与生活污水一起排入沟渠,成为农村面源污染的主要污染物。故应加强有机肥源的管理和利用。

(3)种植绿肥作物。绿肥是最清洁的有机肥源,没有重金属、抗生素、激素等残留威胁,完全满足现代社会对于农产品品质的需求。据估算,每公顷产绿肥鲜草27000kg(包括地下部分),可使土壤腐殖质含量提高0.04%~0.08%。在肥力高的土壤上,绿肥一般只能维持有机质的水平,而在有机质含量低的土壤上,绿肥能显著提高土壤有机质含量。由于豆科绿肥的C/N比较低,分解速度快,为达到积累腐殖质的目的,每次绿肥用量不宜太少,要使加入绿肥而增加的新腐殖质量超过土壤有机质的矿化量。

(4)其他农业技术措施。合理施肥,化肥能提高作物的生长量和生物产量,从而增加有机残体的数量和有机肥源,但应避免过量施用。有机无机肥料配合施用是提高土壤有机质含量的重要手段。有机无机配合施用,不仅能增产,提高肥料利用率,还能使有机质保持在适当水平。

推广少(免)耕技术。常规耕作频繁搅动土壤,破坏土壤结构,使原本被土壤结构体保护的土壤有机物游离土壤结构体之外,加强了土壤有机质的矿化分解;土壤搅动还增加土壤通气性能,刺激土壤中微生物的活动,加剧土壤中有机物质的矿化分解。过度耕作的结果是土壤有机物数量和质量的下降。由常规耕作改为保护性耕作,可增加农田土壤耕层有机碳的含量。

旱土改成水田后,土壤有机质含量明显增高。

(二)调节土壤有机质的分解速率

土壤有机质的转化是通过微生物来完成的。为加强有机质的积累,可通过调节土壤环境因素来达到调节土壤微生物的活动,如土壤湿度和通气状况、土壤温度、土壤反应以及所施用有机肥料的 C/N 比等。在这些因素中，土壤水分的调节显得尤为重要，因为水分不仅影响土壤的通气状况，还影响土壤的温度。如旱土改水田，由于增加了土壤的淹水时间，有利土壤嫌气性微生物的活动，有机质积累速度加快。对一些潜育型稻田，实行水旱轮作，有利于有机质的矿化和养分的释放。

[思考题]

1. 土壤微生物对土壤肥力有哪些作用？
2. 什么叫土壤有机质？它包括哪些形态？其中哪种最重要？
3. 什么叫土壤有机质的矿质化作用和腐殖化作用？影响有机质转化的因素有哪些？
4. 什么叫 C/N 比？C/N 比的大小与土壤微生物活性、有机质分解速度及土壤氮素供应水平的关系？
5. 有机质在土壤肥力及生态环境中有哪些重要作用？
6. 增加土壤有机质应采取哪些措施？
7. 为什么水田土壤腐殖质含量一般比旱地高？
8. 试比较褐腐酸和黄腐酸的性质。

参考文献

[1] 黄昌勇．土壤学．北京：中国农业出版社，2000．
[2] 吴礼树．土壤肥料学．北京：中国农业出版社，2004．
[3] 弁树森，青长乐．环境土壤学．北京：农业出版社，1993．
[4] 谢德体．土壤肥料学．北京：中国林业出版社，2004．
[5] 李阜棣．土壤微生物学．北京：中国农业出版社，1996．
[6] 和文祥．土壤酶与重金属关系的研究现状．土壤与环境，2000，9(2)：139~142．
[7] 文启孝等．土壤有机质研究方法．北京：中国农业出版社，1984．
[8] 西南农学院．土壤学．北京：农业出版社，1980．
[9] 林成谷．土壤学．北京：农业出版社，1981．
[10] 南京大学，中山大学，北京大学，西北大学，兰州大学．土壤学基础与土壤地理学．北京：人民教育出版社，1980．
[11] 朱祖祥．土壤学(下册)．北京：农业出版社，1983．

第三章
土壤孔性、结构性与耕性

【重点提示】本章重点介绍土粒密度和土壤容重的概念及应用；土壤孔隙的类型、作用及土壤孔隙度的计算；土壤结构的类型、团粒结构与土壤肥力的关系，土壤团粒结构的形成与创造途径；土壤物理机械性与耕性的关系。

土壤孔性、结构性和耕性是土壤重要的物理性质，常因自然因素和人为因素的影响而改变，是研究土壤肥力、培肥土壤首先探索的土壤基本性质。

第一节 土壤孔性

土壤孔性是土壤的重要物理性质，土壤孔隙是容纳水分和空气的空间，关系着土壤水、气、热的流通和贮存以及对植物的供应是否充分和协调，同时对土壤养分也有多方面的影响。土壤孔性的变化决定于土粒密度和土壤容重。

一、土粒密度和土壤容重

(一) 土粒密度

土粒密度是单位容积(不包括土粒间孔隙容积)的土粒的质量，土粒密度的大小决定于各种矿物的密度和腐殖质含量的多少，土壤中主要矿物及腐殖质的密度(表3-1)。除了腐殖质含量较高的土壤或泥炭土之外，绝大多数土粒密度在 $2.6 \sim 2.7 g/cm^3$ 之间，常以平均值 $2.65 g/cm^3$ 作为土粒密度。

表3-1 土壤中主要矿物和腐殖质的密度(《土壤学》，林成谷，1998)

矿物种类	密度(g/cm^3)	矿物种类	密度(g/cm^3)
石 英	2.65	普通角闪石	3.30~3.40
正长石	2.55	褐铁矿	3.20
斜长石	2.60~2.76	方解石	2.71
白云母	2.76~3.00	高岭石	2.60
黑云母	2.79~3.16	腐殖质	1.40~1.80

(二) 土壤容重

土壤容重是指单位容积(包括孔隙在内)原状土壤的干重，单位为 g/cm^3 或 t/m^3。其含义是干土粒的质量与总容积之比，总容积包括固体土粒和孔隙的容积，大于固体土粒的容积，因此土壤容重必然小于土粒密度。土壤容重是一个十分重要的参数，在实际工作中用处较多。

1. 判断土壤的松紧程度 容重可用来表示土壤的松紧程度，疏松或有团粒结构的土壤容重小，紧实板结的土壤容重大。降雨、灌水及重力的影响使土壤踏实，土粒密集，容重增大，而耕作、施有机肥等管理措施使容重减小。一般土壤随深度增加，容重逐渐增大。

2. 计算土壤质量和各组分的含量　如 1hm² 土壤的面积（10000m²），测得土壤容重为 1.15t/m³，耕层厚度为 0.2m，其土壤重量为：10000×0.2×1.15≈2250(t)（即每公顷耕层土壤的质量 225 万 kg）。

根据土壤容重，可以计算单位面积土壤的水分、有机质含量、养分和盐分含量等，作为灌溉排水、养分和盐分平衡计算和施肥的依据。

如上例中土壤耕层现有土壤含水量 5%，要求灌溉后含水量达到 25%，则每公顷的灌水定额为：

$$2250t \times (25\% - 5\%) = 450(t)$$

又如上例耕层土壤的全氮量为 0.05%，则土壤耕层含氮量为：

$$2250000 \times 0.05\% = 1125(kg)$$

二、土壤孔隙的数量与类型

土壤是一个极其复杂的多孔体系，由固体土粒和粒间孔隙所组成。在土壤中土粒与土粒，土团与土团，土团与土粒（单粒）之间相互支撑，构成弯弯曲曲、粗细不同和形状各异的各种孔洞，通常把这些孔洞称为土壤孔隙。

土壤孔隙是土壤中物质和能量贮存和交换的场所，是众多动物和微生物活动的地方，也是植物根系伸展并从土壤中获取水分和养料的场所。土壤中孔隙的数量越多，水分和空气的容量就越大。土壤孔隙状况通常包括总孔隙度（孔隙总量）和孔隙类型（孔隙大小及比例，又叫孔径分布）两个方面。前者决定土壤气、液两相总量，后者决定气、液两相所占比例。

（一）土壤孔隙的数量

土壤孔隙的数量一般用孔隙度（简称孔度）表示。即单位土壤容积内孔隙所占的百分数，它表示土壤中各种大小孔隙度的总和。由于土壤孔隙复杂多样，要直接测定并度量它，目前还很困难，一般用土粒密度和容重两个参数计算得出。

$$土壤孔隙度(\%) = 1 - \frac{容重}{土粒密度} \times 100\%$$

土粒密度通常采用平均值 2.65 来计算土壤孔度。

如：测得土壤的容重为 1.32g/cm³ 则：

$$土壤孔隙度(\%) = 1 - \frac{1.32}{2.65} \times 100\% = 50.2\%$$

一般土壤孔度在 30%~60% 之间，对农业生产来说，土壤孔度以 50%，或稍大于 50% 为好。土壤孔隙的数量，也可以用土壤孔隙比来表示。它是土壤中孔隙容积与土粒容积的比值。其值为 1 或稍大于 1 为好。

$$土壤孔隙比 = \frac{孔度}{1 - 孔度}$$

如土壤的孔度为 55%，即土粒占 45% 则：

$$土壤孔隙比 = \frac{55}{45} = 1.12$$

(二)土壤孔隙的类型

土壤孔度或孔隙比只说明土壤孔隙"量"的问题,并不能说明孔隙"质"的差别。即使是两种土壤的孔度和孔隙比相同,如果大小孔隙的数量不同,它们的保水、透水、通气以及其他性质也会有显著差异。为此,把孔隙按其作用分为若干级。

由于土壤孔隙的形状和连通情况极其复杂,孔径的大小变化多样,难以直接测定。土壤学中所谓的孔隙直径,是指与一定土壤水吸力相当的孔径,叫做当量孔径或有效孔径。它与孔隙的形状及其均匀性无关。

土壤水吸力与当量孔径的关系按下式计算:

$$d = \frac{3}{T}$$

式中:d——当量孔径,单位为 mm;

T——土壤水吸力,单位为毫巴(mbar)或水柱(cmH_2O)。

当量孔径与土壤水吸力成反比,孔隙愈小土壤水吸力愈大。每一当量孔径与一定的土壤水吸力相对应。一般根据土壤孔隙的粗细分为非活性孔隙、毛管孔隙和非毛管孔隙。

1. 非活性孔隙(无效孔隙) 是土壤中最微细的孔隙,当量孔径 < 0.002 mm,土壤水吸力在 1.5bar(15×10^5 Pa)以上。在这种孔隙中,几乎总是被土粒表面的吸附水所充满。土粒对这些水有极强的分子引力,使它们不易运动,也不易损失,不能为植物所利用,因此称为无效水。这种孔隙没有毛管作用,也不能通气,在农业利用上是不良的,故称为无效孔隙。

在最微细的无效孔隙(< 0.0002 mm)中,不但植物的细根和根毛不能伸入,而且微生物也难以侵入,使得孔隙内部的腐殖质分解非常缓慢因而可以长期保存。

2. 毛管孔隙 是指土壤中毛管水所占据的孔隙,其当量孔径约为 $0.002 \sim 0.02$ mm。毛管孔隙中的土壤水吸力约为 150mbar $\sim$ 1.5bar。植物细根、原生动物和真菌等也难进入毛管孔隙中,但植物根毛和一些细菌可在其中活动,其中保存的水分可被植物吸收利用。

3. 非毛管孔隙 这种孔隙比较粗大,其当量孔径 > 0.02 mm,土壤水吸力 < 150 mbar。这种孔隙中的水分,主要受重力支配而排出,不具有毛管作用,成为空气流动的通道,所以叫做非毛管孔隙或通气孔隙。

通气孔按其直径大小,又可分为粗孔(直径大于 0.2mm)和中孔($0.2 \sim 0.02$ mm)两种。前者排水速度快,多种作物的细根能伸入其中;后者排水速度不如前者,植物的细根不能进入,常见的只是一些植物的根毛和某些真菌的菌丝体。

4. 各种孔隙度的计算 按照土壤中各级孔隙占的容积计算如下:

$$非活性孔隙度(\%) = \frac{非活性孔容积}{土壤总容积} \times 100$$

$$毛管孔隙度(\%) = \frac{毛管孔容积}{土壤总容积} \times 100$$

$$非毛管孔隙度(\%) = \frac{非毛管孔容积}{土壤总容积} \times 100$$

总孔隙度% = 非活性孔度% + 毛管孔度% + 非毛管孔度%

如果已知土壤的田间持水量和凋萎含水量,则土壤的毛管孔度按下式计算:

非活性孔隙度(%) = 凋萎含水量% × 容重

毛管孔隙度(%) = (田间持水量% − 凋萎含水量%) × 容重

过去习惯上把土壤孔隙只分为两级：毛管孔隙和非毛管孔隙。这里的"毛管孔隙"实际上包括现在所理解的非活性孔隙和毛管孔隙两者，总称为小孔隙。非毛管孔隙则称为大孔隙。毛管孔隙度可用下式计算：

$$毛管孔隙度(\%) = 田间持水量\% \times 容重$$
$$非毛管孔隙度(\%) = 总孔隙度\% - 毛管孔隙度\%$$

许多试验证明，作物对孔隙总量及大、小孔隙比例的要求是：一般旱作土壤总孔隙度为应 50%~56%，非毛管孔隙度即通气孔隙>10%，大小孔隙比在 1:2~1:4 较为合适，无效孔隙尽量减少，毛管孔隙尽量增加。这样的孔径分布才有利于保证作物正常生长发育。因此，在评价其生产意义时，孔径分布比孔隙度更为重要。

三、影响土壤孔隙状况的因素

土壤孔隙状况在田间状态下，由于自然和人为因素的作用经常在变化。就土壤本身性质而言，其基本影响因素有土壤质地、土粒排列方式、结构、有机质含量以及土壤的松紧状况等均可引起孔隙状况的改变。

（一）土壤质地

质地轻的土壤，因粗土粒多，单位容积的土壤土粒所占的容积较大，而孔隙所占容积较小，砂质土壤的总孔隙度为 30%~40%，且以通气孔隙度为主。无结构黏质土或紧实的黏重土壤正好相反，细土粒多，土粒所占容积不大，孔隙容积却很大，黏土的总孔隙度高达 50%~60%，无效孔度和毛管孔度之和也高。壤质土居中，总孔度在 40%~50% 之间，大小孔隙搭配适宜。

（二）土粒排列方式

一定容积的土壤，质地相近，因土粒排列方式不同，则孔隙度和大小孔隙所占的比列有很大的差别。当土粒呈松排列时孔度高，呈紧排列时则孔隙度低。假定全部土粒都是大小相等的球体，当球体呈松排列时其孔隙度为 47.64%，紧排列时则孔隙度 25.95%（图 3-1）。

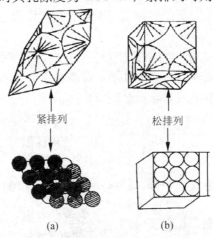

图 3-1　（a）三斜方体型、（b）正立方体型图

然而，土壤中土粒排列和孔隙状况远较理想土壤复杂得多。粗细不同的土粒，一是排列方式不同，并且常是相互镶嵌的，在粗土粒的孔隙中又镶嵌着细土粒。二是土团、根孔、虫孔以及裂隙的存在，使土壤孔隙系统更加复杂化。因此，要真实地、全面地反映各种大小、

形状的孔隙的分布及连通情况，是很难做到的。

（三）土壤结构

相同质地有结构的土壤，其孔隙和松紧状况都会发生改变。有团粒结构的土壤疏松多孔，容重也小（有的甚至可到1.0g/cm³以下），而孔隙度也相应增大（有的可达60%~70%），大小不同的孔隙分布也得到了改善。其他结构如耕层以下有犁底层，土粒排列紧实，呈片状结构；质地黏重的底土、心土层一般多为块状和柱状结构。这些结构的孔隙度大大降低，尤其是通气孔大大减少而增加了无效孔隙度。

据有关研究计算，土粒由紧排列经逐级团聚后，孔隙度增加的顺序为26.6%→45%→59%→70%（图3-2）。

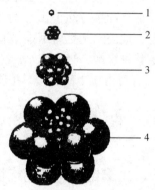

图 3-2　土壤空隙状况与土粒的团聚
1. 单粒　2. 一级团聚　3. 二级团聚　4. 三级团聚

（四）土壤有机质含量

新鲜的或半腐解的有机物质本身疏松多孔，通过耕翻与土粒掺混均匀，可使紧实的土质松散，大大改善了通气条件。而腐殖质又能促进土壤良好结构的形成，增加土壤的孔度。因此，土壤有机质含量愈高，特别是对黏质土壤，孔隙状况得到愈明显的改善。

（五）外部因素

耕作措施使土壤疏松并形成大小适宜的土团，从而改善了土壤结构状况，降低了土壤容重，增加了孔隙度，尤其是非毛管孔隙度。灌溉、降雨、镇压等往往使土壤踏实，使土壤孔隙度降低。

四、土壤孔隙状况与土壤肥力及植物生长

（一）土壤孔隙状况与土壤肥力

土壤孔隙的大小和数量影响着土壤的松紧状况，而土壤松紧状况的变化又反过来影响土壤孔隙的大小和数量，二者密切相关。

土壤孔隙状况，密切影响着土壤的保水通气能力。土壤疏松时保水与透水能力强，而紧实的土壤蓄水少，渗水慢，在多雨季节易产生地面积水与地表径流；而在干旱季节，由于土壤疏松则易通风跑墒，不利于水分保蓄，松紧与孔隙状况由于影响水、气含量，进而影响到养分的有效化和保肥供肥性能，还影响土壤的增温与稳温，因此，土壤松紧和孔隙状况对土壤肥力有着重要的影响。

(二) 土壤孔隙状况与作物生长

一般说来，适于作物生长发育的土壤孔性，在土壤耕层上部(0~15cm)的孔度为55%左右，通气孔度达15%~20%；下部(15~30cm)的孔度为50%，通气孔隙为10%左右。上部有利于通气透水和种子的发芽、出土；下部则有利于保水和根系扎稳。在心土层，也应保持一定数量的大孔隙，便于促进根系深扎，增强微生物活性和养分转化，以扩大植物营养范围。其次，在雨多潮湿季节，土体下部有适量大孔隙可增强排水性能。

不同植物对土壤松紧能力的适应性也不一样，植物生长有极限容重与适宜容重，极限容重是指土体坚实以妨碍根系生长的土壤容重最大值，适宜容重是指土壤的结构性与孔隙状况适宜植物扎根生长时所表现出来的容重数值，它们与土壤质地及根系本身(如直径及穿插力等)有关。过于紧实的黏重土壤，种子发芽与幼苗出土均较困难，出苗迟于疏松土壤1~2天，特别是播种后遇雨，土表结壳，幼苗出土更为困难，造成缺苗断垄。土块过多孔隙过大的土壤，植物根系往往不能与土壤紧密接触，吸收肥水均感困难，作物幼苗往往因下层土壤深陷将根拉断，出现"吊死"现象。有时由于土质过松，植物扎根不稳，容易倒伏。

第二节 土壤结构性

一、土壤结构体与结构性

自然界中土壤固体颗粒完全呈单粒状况存在的很少。在内外因素的综合作用下，土粒相互团聚成大小、形状和性质不同的团聚体，这种团聚体称为土壤结构体。而土壤结构性是指土壤中结构体的形状、大小及其排列情况及相应的孔隙状况等综合特性。

土壤的结构性影响着土壤中水、肥、气、热状况，从而在很大程度上反映了土壤肥力水平。结构性与耕作性质也有密切关系，所以它是土壤的一种重要的物理性质。

二、土壤结构体的类型

土壤结构体类型的划分，主要根据结构体的形状和大小，不同结构体具有不同的特性。土壤中常见的结构体有以下几种类型(图3-3)：

(一) 块状结构、核状结构

块状结构边面与棱角不明显。按其大小，又可分为大块状结构轴长大于5cm，北方农民称为"坷垃"，块状结构轴长3~5cm和碎块状结构轴长0.5~3cm。这类结构在土质黏重、缺乏有机质的表土中常见。

核状结构其边面棱角分明，较块状小，大的直径10~20mm，小的直径5~10mm，农民多称为"蒜瓣土"。核状结构一般多以石灰和铁质作为胶结剂，在结构上往往有胶膜出现，具有水稳性，在黏重而缺乏有机质的心土和底土中较多。

图3-3 土壤中各种结构示意图
(《土壤学》，黄昌勇，2000)

"坷垃"一般土壤上多起不良的作用，但2~4cm的"坷垃"在盐碱土上有减缓返盐作用。

（二）片状结构

片状结构体常出现在耕作历史较长的水稻土和长期耕深不变的旱地土壤中，由于长期耕作受压，使土粒黏结成坚实紧密的薄土片，成层排列，这就是通常所说的犁底层。旱地犁底层过厚，对作物生长不利，影响植物根系的下扎和上下层水、气、热的交换以及对下层养分的利用。而水稻土有一个具有一定透水率的犁底层很有必要，它可起减少水分渗漏和托水托肥的作用。

（三）柱状和棱柱状结构

棱角不明显的叫做圆柱状结构，棱角明显的叫做棱柱状结构。它们大多出现在黏重的底土层，心土层和柱状碱土的碱化层。这种结构体大小不一，坚硬紧实，内部无效孔隙占优势，外表常有铁铝胶膜包被，根系难以伸入，通气不良，微生物活动微弱。结构体之间常出现大裂缝，造成漏水漏肥。

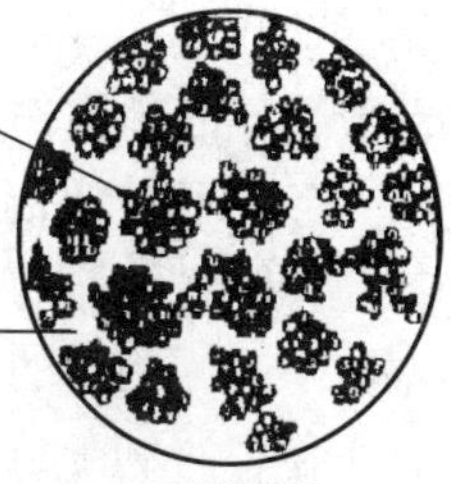

图3-4　团粒结构与土壤孔隙状况示意图
（《基础土壤学》，熊顺贵，1996）

（四）团粒结构

团粒结构是指在腐殖质的作用下形成近似球形较疏松多孔的小土团，直径为 0.25～10mm 之间称为团粒；直径 < 0.25mm 的称为微团粒。近年来，有人将 <0.005mm 的复合黏粒称为黏团。

团粒结构一般在耕层较多，群众称为"蚂蚁蛋"、"米掺子"。团粒结构数量多少和质量好坏在一定程度上反映了土壤肥力的水平。

微团粒结构体在调节土壤肥力的作用中有着重要意义。首先，它是形成团粒结构的基础，在自然状态下，起初是土粒与土粒相互联结成黏团，黏团再次团聚成微团粒，微团粒进一步团聚成团粒。其次，微团粒在改善旱地土性方面的作用虽然不如团粒，但对长期淹水条件下的水稻土，难以形成较大的团粒，而微团粒的数量在水稻土的耕层大量存在。我国南方农民俗称的蚕砂土，泡水不散、松软、土肥相融，对水稻发棵很有利。因此，微团粒结构是衡量水稻土肥力和熟化程度的重要标志之一。

由此可见，在上述几种结构体中，块状、片状、柱状结构体按其性质、作用均属于不良结构体。团粒结构体才是农业生产上要求的结构体，属于良好的土壤结构体。

三、团粒结构与土壤肥力

（一）调节土壤水分与空气的矛盾

团粒结构多的土壤，由于孔隙度高，而且通气孔隙也多，大大改善了土壤透水通气能力，可以大量接纳降水和灌溉水量。当降雨或灌溉时，水分通过通气孔隙很快进入土壤，当水分经过团粒附近时，能较快地渗入团粒内部的毛管孔隙并得以保蓄，使团粒内部充满水分，多余的水继续下渗湿润下面的土层，从而减缓了土壤的地表径流造成的冲刷、侵蚀。

当土壤中的大孔隙里的水分渗过后，外面的空气补充进去，团粒间的大孔隙多充满空气。而团粒内部小孔、毛管孔隙多，吸水力强，水分进入快并得以保持，并由水势差而源源不断地供给作物根系吸收利用。这样使土壤中既有充足的空气，又有足够的水分，解决了土壤中水、气之间的矛盾。

同时，具有团粒结构的土壤，可使进入土壤中的水分蒸发大大减弱。这是因为团粒间的毛管通路较少，而且干后表面团粒收缩，体积缩小，与下面的团粒切断了联系，成为一层隔离层或保护层，使下层水分不能借毛管作用上升至表层而消耗。由此可见，有团粒结构的土壤不但进入水分数量多，而且蒸发也少，能起一个"小水库"的作用，耐旱抗涝的能力强。

(二) 协调土壤养分的消耗和积累的矛盾

有团粒结构的土壤，团粒之间的大孔隙，充满空气，有充足的氧供给，好气微生物活动旺盛，有机质分解快，养分转化迅速，可供作物吸收利用。而团粒内部水多气少，嫌气微生物活动旺盛，有机质分解缓慢，养分得以保存。有团粒结构的土壤，养分由外层向内层逐渐释放，不断地供作物吸收，从而避免了养分流失，起到了一个"小肥料库"的作用。

(三) 稳定土温，调节土壤热状况

有团粒结构的土壤，团粒内部为小孔隙、毛管孔隙数量多，保持的水分较多，使土温变幅减小，因为水的比热大，不易升温或降温，相对来说起到了调节土壤温度的作用，土温变化平稳，有利于植物根系的生长和微生物的活动。

(四) 改善土壤耕性和有利于作物根系伸展

有团粒结构的土壤疏松多孔，作物根系伸展阻力较小，团粒内部又有利于根系固着和支撑。同时有团粒结构的土壤，其黏结性、黏着性也小，可大大减少耕作阻力，提高耕作效率和质量。

总之，有团粒结构的土壤，松紧适度、通气透水、保水、保肥、保温，扎根条件良好，土壤的水、肥、气、热比较协调，能满足农作物生长发育的要求，从而有利于获得高产稳产。

四、团粒结构的形成

土壤团粒结构的形成，大体上分为两个阶段：第一阶段是由单粒凝聚成复粒；第二阶段则由复粒相互黏结，团聚成微团粒、团粒。

(一) 土粒的黏聚

1. 胶体的凝聚作用 土壤胶体的凝聚作用是指分散在土壤溶液中的胶粒互相凝聚而从介质中析出的过程。带负电的黏粒与阳离子相遇，因电性中和而凝聚。

2. 水膜的黏结作用 在湿润的土壤中，黏粒表面带的负电荷，可以吸附极性水分子，使之定向排列，形成一层水膜，离黏粒表面愈近的水分子定向排列程度愈高，排列愈紧密。当黏粒相互靠近时，水膜为相邻土粒共有，黏粒之间通过水膜而联结在一起。

3. 胶结作用 土壤中的胶结物质种类很多，归纳起来可分三类：

(1) 简单的无机胶体：主要有 $Fe_2O_3 \cdot H_2O$、$Al_2O_3 \cdot H_2O$、$SiO_2 \cdot H_2O$ 和 $MnO_2 \cdot H_2O$ 的水合物等。它们往往成胶膜形态包被于土粒表面。当它们由溶胶转变为凝胶时，使土粒靠近胶结在一起，再经干燥脱水之后，凝胶变成不可逆性，由此形成的结构体具有相当程度的水稳性。

(2) 有机胶体：在有机物质参与下形成的团粒，一般形成的团粒质量较好，具有水稳性和多孔性。能使土粒、黏团、微团粒相互团聚的有机物质种类很多，但胶结机理各不相同，如腐殖质、多糖类、蛋白质和木质素等，许多微生物的分泌物和真菌的菌丝也有团聚作用。这些物质中，最重要的是腐殖质和多糖类两种。

(3) 黏粒：黏粒本身粒径小，具有很大的内、外表面，它在团粒形成过程中也起着一定

的作用。黏粒一般带有负电荷，它们通过吸收阳离子，在具有偶极水分子的胁迫下，把土粒联结在一起。当水分减少后，原来被水分子联结的土块，土垡崩裂成小土团。这种胶结所成的团粒很不稳定，遇水或在外力作用下容易遭到破坏。另外，不同种类的黏粒矿物，胶结力也不一样，如蒙脱石的胶结能力比高岭石和水化云母强。

（二）成型动力

（1）干湿交替作用：土壤周期性湿润和干燥，使土壤产生体积膨胀和收缩，干旱土体各部分和各种胶体脱水程度及速率不同，引起干缩程度不一致，致使土壤沿着黏结力薄弱之处裂开，破碎成小土团。土壤吸水时，水分进入小孔隙，使封闭于孔隙内的空气被压缩，空气承受一定压力后便发生爆破，使土块崩解成小土团。

（2）冻融交替作用：水结冰后体积增大9%，就会向四周产生一定的挤压力。孔径愈小，其中的水结冰的温度愈低。在大气降温时，大孔隙中的水先结冰，形成冰晶，附近小孔隙中的水向冰晶移动，使冰晶体积增大，对四周产生挤压力，破碎土块形成大小不等的土团。另外，冻结可使胶体脱水凝聚，有助于团粒的形成。

（3）生物的作用：包括土壤动物、微生物的活动及植物根系伸展产生的挤压作用。植物有巨大的根群，在生长过程中，从四面八方穿入土体，对土壤产生分割和挤压作用。另外根系的分泌物及其死亡分解后所形成新鲜的多糖和腐殖质又能团聚土粒，形成稳定的团粒。还有土壤中的掘土动物，如蚯蚓、鼠类活动也会增加土壤裂隙，蚯蚓的粪便就是一种很好的团粒。

（4）土壤耕作：适当的土壤耕作有利于土壤团粒结构的形成。①耕作结合耙、耱等措施可以疏松土壤和碎土，破除土表结皮和板结，有利于形成暂时的非水稳性团粒结构。②耕作结合施肥，特别是施有机肥与土粒充分混匀，使土肥相融，有利于发挥有机胶结剂的作用，形成良好的水稳性团粒结构。

五、土壤结构的改善

掌握团粒结构形成的规律，采取有效措施，创造条件，促使土壤结构向团聚的方向发展，以形成良好的团粒结构体。

（一）精耕细作，增施有机肥

我国北方的夏耕晒垡、冬耕冻垡，南方的犁冬晒白等农民经验，都是通过耕犁加上干湿、冻融交替从而促进团粒结构的形成。雨后中耕破除地表板结，春旱季节采取耙、耱、镇压，消除大坷垃等，同样也是创造团粒结构的有效方法。耕作结合施肥、中耕等措施，使表层土壤松散，虽然形成的小团粒是非水稳性的，但也会起到调节孔性的作用。耕作结合分层增施有机肥料，做到土肥相融，不断增加土壤中的有机胶结物质，对促使水稳性团粒的形成具有重要意义。

（二）合理的轮作倒茬

合理的轮作倒茬对恢复和培育团粒结构有良好的影响。一般来讲，一年生或多年生的禾本科或豆科作物，生长健壮，根系发达，都能促进土壤团粒的形成。多年生牧草每年提供土壤的蛋白质、碳水化合物及其他胶结物质比一年生作物多、作用大（表3-2）。

表 3-2　多年生牧草对阿尔泰黑钙土耕作层结构恢复的影响(《基础土壤学》，熊顺贵，1996)

农　地	大小不同的水稳性团聚体的含量(%)		
	>1mm	0.25~1mm	<0.25mm
古老耕地	23.6	44.5	31.9
二年三叶草 + 猫尾草	51.9	33.2	14.9
二年苜蓿 + 猫尾草	53.0	32.6	14.4
古老耕地	22.2	43.2	34.7
二年苜蓿	40.6	32.8	26.6

(三)合理灌溉、晒垡、冻垡

灌水方式对结构影响很大。大水漫灌冲击力大，容易破坏结构并使土壤板结；沟灌、喷灌或地下灌溉效果较好。灌后要适时中耕松土，防止板结，有助于恢复结构。

晒垡、冻垡充分利用干湿交替与冻融交替，既可促使土块散碎，又有利于胶体的凝聚和脱水。在此基础上进行精细整地，更能使土壤结构性得到改善。

(四)改良土壤酸碱性

酸性土中有过多的 Fe^{+3}、Al^{+3}、H^+ 离子，能使土壤胶结成大块。土壤过碱，Na^+ 离子过多，会使土壤胶体分散，不易凝聚，都不利于团粒结构的形成。酸性土施用石灰，碱性土壤施用石膏，不仅能降低土壤的酸碱度，而且还有改良土壤结构的效果。

(五)土壤结构改良剂的应用

土壤结构改良剂有两种，一种是天然的土壤结构改良剂，是从植物残体与泥炭等物质中提炼出来的。近年来我国广泛推广的腐殖酸肥料就是一种很好的结构改良剂，各地可以就地取材，利用当地的褐煤、风化煤，泥炭资源生产腐殖酸铵肥料。它是一种固体凝胶，也能起到结构改良剂的作用。另一类是人工合成的土壤结构改良剂，这种物质称为土壤结构改良剂。它是用人工合成的一类高分子化合物。目前已试用的有：水解聚丙烯腈钠盐、乙酸乙烯酯、顺丁烯二酸共聚物的钙盐等。它们能团聚土粒是由于能溶于水，施入土壤后与土粒相互作用，转变为不溶态并吸附在土粒表面，黏结土粒成为水稳性的团粒结构。但这些人工合成改良剂价格昂贵，操作麻烦，还难于推广应用。

第三节　土壤耕性

土壤耕作是土壤管理的主要技术措施之一，耕作的目的就是通过调节和改良土壤的机械物理性，以利植物根系的生长，促进土壤肥力的恢复和提高。

一、土壤耕性的含义

土壤耕性是指土壤在耕作过程中反映出来的特性，它是土壤物理机械性的综合表现，及在耕作后土壤外在形态的表现。土壤耕性的好坏，一般表现在以下三方面：①耕作的难易：指土壤在耕作时对农机具产生阻力的大小，不同土壤的耕作阻力大小不同，砂土耕作阻力小、省力、省油、费工少，而黏土则相反。②耕作质量的好坏：是指耕作后土壤表现的状态及其对作物生长发育产生的影响。耕性不良的土壤，不但耕作费力，而且耕后形成大坷垃、大土垡，对种子发芽、出土及幼苗生长很不利，称为耕作质量差。耕性良好的土壤，耕作阻力小，耕后疏松、细碎、平整，利于出苗、扎根、保墒、通气和养分转化等，称为耕作质量好。③适耕期的长短：土壤适耕期是指最适于耕作时土壤含水量范围的宽窄，或适宜耕作时间的长短，即耕作时对土壤水分要求的严格程度。砂土和有团粒结构的壤质土，雨后或灌水后，适耕的时间长；对土壤墒情要求不太严格，表现为"干好耕，湿好耕，不干不湿更好耕"。耕性不良的土壤宜耕期短，黏重的土壤宜耕时间只有1~2天或更短；一旦错过宜耕时间耕作就很困难，耕作阻力大，且耕后质量差。群众称这种耕期短的土壤为"时辰土"，表现为"早上软，中午硬，晚上耕不动"。由此可见，掌握宜耕期进行耕作是保证耕作质量的关键。

二、土壤的物理机械性

土壤物理机械性是指外力作用于土壤后所产生的一系列动力学特性的总称。它包括黏结性、黏着性、可塑性、胀缩性以及其他受外力作用（农机具的切割、穿透和压板等作用）而发生形变的性质。

(一) 黏结性

土壤黏结性是指土粒与土粒之间由于分子引力而相互黏结在一起来的性质。土壤黏结性的强弱，可用单位面积上的黏结力表示，单位为 g/cm^2。土壤黏结力包括不同来源和土粒本身的内在力。如范德华力、库仑力、水膜的表面张力等物理引力，还有氢键作用力、化学键能以及各种化学胶结剂作用等，都属于黏结力的范围，但对于大多数矿质土壤来说，起黏结作用的力主要是范德华力。

影响黏结性的因素，主要是土壤活性表面大小和土壤含水量：

1. 土壤比表面积的大小　黏结性的强弱首先决定于土壤比表面积的大小，比表面积愈大，则土壤的黏结力愈强，反之则小。而影响土壤比表面积的因素有土壤质地、黏粒矿物的数量和种类、有机质含量、代换性阳离子组成以及土粒团聚化程度等。土壤质地愈黏重，黏粒含量愈高，尤其是2:1型黏粒矿物的含量愈多，代换性钠离子占的比例愈大，黏结性愈强。土粒团聚化程度愈高，降低了土粒彼此的接触面，所以有团粒结构的土壤，黏结性较弱。腐殖质含量多的土壤，其黏结性减弱。

2. 土壤含水量　当土壤干燥时，土粒间的水膜变薄，土粒相互靠近，黏结力增强。黏重的土壤，含水量减少时，随干燥过程，其黏结性逐渐增强。在砂性土壤中，因黏粒含量少，比表面也小，黏结力很弱。完全干燥的砂土无黏结性。

土壤由干变湿，处于充水过程。完全干燥和分散的土粒，彼此间在常压下不表现黏结力。加入少量水后开始显出黏结性，这是由于水膜的黏结作用。当水分连续在土粒接触点处出现触点水弯月面时，黏结力达最大值。此后，随水量增加，水膜不断加厚，土粒间的距离不断增大，黏结力则愈来愈弱。图3-5的曲线 c 表明，一种黏土由分散的干燥状态逐渐加水时，

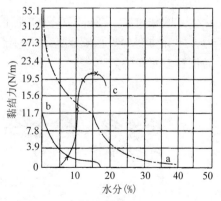

图3-5　土壤水分含量与黏结力的关系
（《土壤学》，朱祖祥，1983）

黏结力在一开始时迅速上升。而在含水量15%左右达到最大值，以后又下降。

土壤由湿变干，把土壤加水调匀，使土粒间的水膜均匀分布，加水后使土粒间的水膜增厚到一定程度，黏结力由弱以至消失。然后，让土壤逐渐干燥，随土粒间水膜不断变薄，黏结力随之增强。当干燥到一定程度，空气进入其中，土粒开始收缩，使土粒相互靠近，由范德华力作用相互黏结。黏重的土壤在一定含水量范围内随干燥过程，黏结力急剧增强，但在砂质土壤中，由于黏粒含量少，比表面积小，黏结力很弱。图3-5中a线代表黏质土，b线代表砂质土，它们随含水量减少而黏结力增强的情况。

（二）黏着性

土壤黏着性是指在一定含水量条件下，土粒黏附于外物（农机具）的性能。土粒与外物的吸引力是由于土粒表面的水膜和外物接触而产生的。黏着力的大小也以 g/cm^2 表示。黏着性的机理与黏结性一样，凡影响比表面积大小的因素也同样影响黏着性的大小，如质地、有机质含量、结构、代换性阳离子数量和类型、水分含量以及外物的性质等（表3-3）。

表3-3　土壤质地与黏着性的关系（《基础土壤学》，熊顺贵，1996）

土　壤	与铁的黏着力（g/cm^2）	与木的黏着力（g/cm^2）
黏　土	13.5	14.6
壤黏土	5.3	5.7
砂　土	1.9	2.2

当土壤质地等条件相近时，水分含量是表现黏着性强弱的主要因素。原因是当水分含量很少时，水分子全为土粒所吸附，主要表现为土粒间的水膜拉力（即黏结力），此时无多余的力去黏着外物，所以干土没有黏着性。当水分增加，水膜增厚至水膜黏附外物时黏着性才开始发生，使土壤出现黏着性的含水量称为黏着点。水分再继续增加，水膜加厚，黏着性反而又减弱，水分进一步增多，黏着力消失，失去黏着性时的土壤含水量称为脱黏点。

（三）土壤可塑性

土壤可塑性是指土壤在一定含水量范围内，可被外力塑成任何形状，当外力消失或干燥后，仍能保持其形状不变的性能，如黏土在一定水分条件下，可以搓成条、球、环状，干燥后仍能保持条状、球状和环状。为什么土壤会有这种可塑性呢？因为土壤中黏粒本身多呈薄片状，接触面大，在一定水分含量下，在黏粒外面形成一层水膜，外加作用力后，黏粒沿外力方向滑动。改变原来杂乱无章的排列，形成相互平行有序排列，并由水膜的拉力固定在新的位置上而保持其形变。干燥后，由黏粒本身的黏结力，仍能保持其新的形状不变（图3-6）。

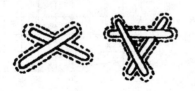
原有排列

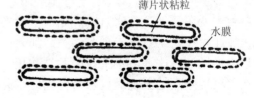
湿润后定向排列

图3-6　土壤可塑性示意图

（《土壤肥料学》，王荫槐，1992）

土壤可塑性只有在一定含水量范围内才能发生。过干的土壤水膜太薄，在外力作用下容易断裂，不能塑成一定形状，所以干燥土壤不表现可塑性。过湿的土粒悬浮于水中变成流体，也不能塑成一定形状。土壤开始表现可塑性的最低含水量称为可塑下限（或下塑限）。土壤失去可塑性，即开始表现流体时的含水量称为可塑上限（或上塑限）。上下塑限之间的含水量范围称为可塑性范围。差值称为塑性值（或可塑指数）。在这一范围内，土壤表现出塑性，塑性值大的土壤可塑性范围大，可塑性也强。

土壤可塑性除与水分含量有密切关系外，还与土壤黏粒数量和类型有关。可塑性是黏质土的特性，砂土无可塑性或可塑性很弱。因此，土壤质地愈黏重，黏粒数量愈多，则可塑性愈强。黏粒矿物中，蒙脱石类分散度高，吸水性强，塑性大。高岭石土，颗粒大，分散度低，吸水性弱、塑性也小。几种不同土壤的塑性值见表3-4。

表3-4　土壤质地和可塑性的关系（《土壤肥料学》，王荫槐，1992）

土壤质地	物理黏粒（%）	下塑限（%）	上塑限（%）	塑性值
中壤偏重	>40	16~19	34~40	18~21
中　壤	28~40	18~20	32~34	12~16
轻壤偏重	24~29	21±	31±	10
轻壤偏砂	20~25	22±	30±	85
砂　壤	<20	23±	28±	

土壤有机质可以提高土壤上下塑限，但几乎不改变其塑性值，这是由于有机质本身缺乏塑性但吸水性很强，使之提高了土壤可塑上下限的含水量所致。土壤胶体上代换性钠离子水化度高，分散作用强，因而可塑性也大。这也是某些盐碱土可塑性强的主要原因。

在可塑范围内进行耕作，会形成光滑的大土垡，干后结成硬块而不易散碎。因此在塑性范围内不宜耕作。

总之，黏粒含量是产生土壤黏结性，黏着性和可塑性的物质基础，而水分含量则是其表现强弱程度的条件。

（四）土壤胀缩性

胀缩性只在塑性土壤中表现，这种土壤干时收缩，湿时膨胀。该特性不仅与耕作质量有关，也影响土壤水气状况与根系伸展。

胀缩性与片状黏粒有关，膨胀是由于黏粒水化及其周围的扩散层厚的原因，当土壤胶体被强烈解离的阳离子（如钠）饱和时，膨胀性最强，如交换性Na^+被Ca^{+2}置换则膨胀性变弱。各种阳离子对膨胀作用的次序如下：

$$Na^+、K^+ > Ca^{+2}、Mg^{+2} > H^+$$

土壤质地愈黏重，即黏粒含量愈高，尤其是扩展型黏土矿物（蒙脱石、蛭石等）含量愈高，则胀缩性愈强。

腐殖质本身吸水性强，但它能促使土壤结构的形成而保持疏松，因而土体胀缩不明显。

胀缩性强的土壤，在吸水膨胀时使土壤密实难透水通气，在干燥收缩时会拉断植物的细根和根毛，并造成透风散热的裂隙（龟裂）。

三、土壤宜耕状态

土壤宜耕性决定于土壤的黏结性、黏着性和可塑性等物理机械性，而这些性质又与土壤质地、土壤含水量密切相关。质地相同的土壤，在不同的含水量情况下，由土壤的黏结性、黏着性和可塑性等综合反映出土壤的状态称为土壤的结持状态。土壤结持状态与土壤耕性、水分密切相关，通常土壤的结持状态分六类(表3-5)。

表3-5　土壤的结持状态与水分、耕性的关系(《土壤学》，林成谷，1998)

水分含量状况	少 ──────────────────────────────────────→ 多					
	干燥	湿润	潮湿	泞湿	多水	极多水
土壤结持状况	坚硬	酥软	可塑	黏韧	浓泥浆	薄浆
主要性状	具有固体的性质，不能捏成团，强黏结性	松散无可塑性，黏结性低，不成块	下塑限　有可塑性，但无黏着性	黏着限　有可塑性和黏着性	上塑限　成浓泥，可受重力影响而流动	成悬浮体，如液体一样易流动
耕作阻力	大	小	大	大	大	小
耕作质量	成硬土块	成小土块	成大土块	成大土块	成浮泥状	成泥浆
宜耕性	不宜	宜	不宜	不宜	不宜	宜稻田耕耙

由表3-5可看出，在第二阶段土壤耕性表现最好，因为这时水分在可塑下限以下，无可塑性，黏结性也小，黏着性也未表现出来，耕作阻力最小而省力，不易成大土块，常散碎成较好的结构，耕作效率高，质量好。这就是最适于土壤耕作的"宜耕期"。由此可见，土壤的宜耕期主要决定于土壤水分含量。

土壤宜耕期的长短在有机质少和无团粒结构的条件下主要决定于土壤质地。黏土的黏结性、黏着性强，塑性范围也大，其下塑限与黏结性降低时的含水量变化范围小，因此宜耕期短；砂性土则相反，宜耕期长。由此可见若选择适当水分含量进行耕作，则不良耕性也可变为较好的耕性。我国农民非常注意宜耕状态的选择，判断宜耕与否有下述各种方法：

(1)看土色验墒情。雨后或灌溉后，待地表呈"喜鹊斑"状态，外表发白(干)，里面暗(湿)，外黄里黑，相当于黄墒至黑墒的水分，半干半湿，此时的水分适宜耕作。

(2)用手检查。扒开二指表土，取一把土壤松握，放开后松散，不黏手心，不成土饼。呈松软状态。并将土团自由落地散开即为宜耕期。

(3)试耕。土壤不黏农具。犁后犁起的土垡能自然散开，群众说有"犁花"出现时，即为宜耕状况。

四、土壤耕性的改良

土壤耕性的改良，可采用以下措施：

(一)增施有机肥

有机肥料能提高土壤的有机质含量。有机质使土壤疏松多孔，并能和矿物质土粒结合，形成有机—无机复合胶体，从而形成良好的土壤团粒结构，减小了土粒的接触面积，降低了黏质土的黏结性、黏着性与可塑性，而对砂质土以上的三性则有所增加。因此，增施有机肥料对砂、黏、壤土的耕性均有改善。

(二)客土改良

过砂或过黏的土壤，均可通过客土掺砂或掺黏改善其耕性，客土可与施有机肥结合施用。用砂土垫圈施入黏土地，用黏土垫圈施入砂土地，既节省劳力，又能改善土壤的耕性。

另外还可根据质地层次情况采取翻砂压黏或翻黏压砂的办法。

（三）合理灌排，适时耕作

根据土壤的水分状况，合理灌排，可以调节与控制土壤水分维持在宜耕范围内以达到改善耕性提高耕作质量的目的。利用灌水进行"闷土"，可使黏质土块松散。低洼下湿地，通过排水，降低土壤含水量，控制在土壤下塑限含水量以下，避免土壤可塑性与黏着性出现，也能减少耕作阻力，改善土壤耕性。

[思考题]

1. 什么是土粒密度、容重，土壤孔隙度如何计算？土壤容重在生产上有何意义？
2. 土壤孔隙类型及其作用？
3. 什么是土壤结构性、结构体？为什么团粒结构是肥沃土壤的标志？
4. 土壤的黏结性、黏着性、可塑性是如何产生的？主要受哪些因素影响？
5. 什么是土壤的适耕期？在生产有何意义？如何衡量土壤耕性？

参考文献

[1] 朱祖祥．土壤学(上册)．北京：农业出版，1983．
[2] 沈善敏．中国土壤肥力．北京：中国农业出版社，1998．
[3] 熊顺贵．基础土壤学．北京：中国农业科技出版社，1996．
[4] 黄昌勇．土壤学．北京：中国农业出版社，2000．
[5] 林成谷．土壤学(北方本)．北京：农业出版社，1998．
[6] 沈其荣．土壤肥料学．北京：北京：高等教育出版社，2001．
[7] 吕贻忠，李保国．土壤学．北京：中国农业出版社，2006．
[8] 关连珠．普通土壤学．北京：中国农业大学出版社，2007．
[9] 熊顺贵．基础土壤学．北京：中国农业大学出版社，1996．
[10] 王荫槐．土壤肥料学．北京：中国农业出版社，1992．

第四章
土 壤 水

【重点提示】本章主要从形态学和能态学角度介绍土壤水分的形态、性质和运动变化规律；土壤水分含量的一些表示、计算方法以及对作物的有效性。

土壤水分是土壤的重要组成部分，水分直接参与了土体内各种物质的转化淋溶过程，如矿物的风化、母质的形成运移、有机质的转化分解等，从而影响到了土壤肥力的产生、变化和发展，对土壤形成有极其重要的作用。同时它也是作物吸水的最主要来源，是自然界水循环的一个重要环节，处于不断的变化和运动中，直接影响到作物的生长以及土壤中许多物理、化学和生物学过程的进行。

第一节 土壤水分的类型、含量及有效性

一、土壤水分类型及性质

关于土壤水的研究方法主要有两种，即能量法和数量法。能量法主要从土壤水受各种力作用后自由能的变化，去研究土壤水的能态和运动、变化规律，这将在本节后面介绍。数量法是按照土壤水受不同力的作用而研究水分的形态、数量、变化和有效性。它在一般农田条件下容易被应用，具有很强的实用价值，因此在早期的土壤水研究中均被广泛采用。我国土壤水的研究长期以来由于受前苏联的影响一直沿用数量法，并广泛应用于农业、气象、水利等学科和生产实践。数量法根据土壤水分所受的作用力不同把土壤水划分成三种类型：即吸附水或束缚水（其中又可分为吸湿水和膜状水）、毛管水和重力水。

（一）吸湿水（紧束缚水）

由干燥土粒（风干土）的吸附力所吸附的气态水而保持在土粒表面的水分称为吸湿水。吸附力主要是土粒分子引力和胶体表面电荷对水的极性引力。

土粒对吸湿水的吸附力很大，最内层可高达 $1000 \sim 2000 MPa$，最外层约为 $3.1 MPa$，因此吸湿水被紧紧束缚于土粒的表面，密度高达 $1.2 \sim 2.4 g/cm^3$，平均达 $1.5 g/cm^3$，表现为固态水的性质。冰点下降到 $-78℃$，对溶质无溶解能力。在固体表面不能自由移动，只能在相对湿度较低、温度较高时转变为水汽分子以扩散形式进行移动。由于植物根细胞的渗透压一般为 $1.5 MPa$ 左右，所以吸湿水不能被植物吸收，属于无效水。

吸湿水含量与土壤质地、有机质含量、空气的相对湿度和气温有关。土壤质地愈细，有机质含量愈高，空气湿度愈大，吸湿水数量愈多。当空气湿度接近饱和时土壤吸湿水达到最大值，此时的土壤含水量称为最大吸湿量或吸湿系数。

吸湿水对作物来说虽属无效水，但在土壤分析工作中，必须以烘干土作计算基数，所以常需测定风干土的吸湿水含量。

(二) 膜状水（松束缚水）

土壤所吸附的水汽分子达到最大吸湿系数后，土粒仍具有剩余的分子引力，可继续吸收液态水分子，形成一层比较薄的水膜，称为膜状水（图4-1）。

膜状水在吸湿水的外层，所受吸力较小，吸力范围在 0.625～3.1MPa。膜状水的性质基本上和液态水相似，但黏滞度较高，溶解能力较小。密度平均高达 1.25g/cm³，冰点为 -4℃，它可沿土粒由水膜厚处向水膜薄处移动，但速度非常缓慢，一般为 0.2～0.4mm/h。膜状水数量达到最大时的土壤含水量称为最大分子持水量，它包括了吸湿水和膜状水。

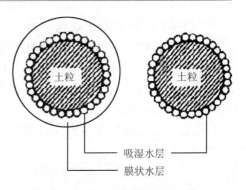

图 4-1 土壤吸湿水膜状水示意图
（《土壤肥料学》，王荫槐，1992）

膜状水外层受力为 0.625MPa，低于植物细胞的渗透压，可被作物吸收，属有效水。但移动缓慢，只有与植物根毛相接触的很小范围内的水分才能被利用，在可利用水未消耗完之前，作物就会因缺水而萎蔫。当作物因缺水而开始呈现永久凋萎时的土壤含水量称为凋萎系数（萎蔫系数）。凋萎系数一般是吸湿系数的 1.5～2 倍，可以作为土壤有效水的最低限。不同作物根细胞渗透压不同，凋萎系数不同。而同一作物在不同的土壤质地上凋萎系数差异更大。如小麦在粗砂土上凋萎系数是 0.88%，细砂土是 3.3%，壤土是 10.3%，黏壤土是 14.5%，一般土壤质地愈黏，凋萎系数愈大（表4-1）。

表 4-1 不同质地土壤的凋萎系数（《基础土壤学》，熊顺贵，2005）

土壤质地	粗砂壤土	细砂土	砂壤土	壤土	黏壤土
凋萎系数(%)	0.96～1.11	2.7～3.6	5.6～6.9	9.0～12.4	13.0～16.6

（三）毛管水

土壤含水量超过最大分子持水量以后，就不受土粒分子引力的作用，所以把这种水称为自由水。毛管水是靠毛管孔隙产生的毛管引力而保持和运动的液态水。这种引力产生于水的表面张力以及管壁对水分的引力。

毛管水所受的引力为 0.008～0.625MPa，低于植物根细胞的渗透压，可以被植物全部利用，是有效水分。毛管水受毛管引力的作用不但能够被土壤保持，而且在土壤中能向上下左右方向移动，速度快（10～30mm/h），并且有溶解各种养分的能力和输送养分的作用。所以可不断地满足作物对水分和养分的需要，是土壤中最宝贵的水分。

毛管水的运动是从毛管力小的方向朝毛管力大的方向移动。毛管力的大小可用拉普斯（Laplace）公式计算：

$$P = 2T/R$$

式中：P——毛管力（达因/cm²）；
T——表面张力（达因/cm）；
R——毛管半径（cm）。

从这个公式可以看出，土壤质地黏，毛管半径小，毛管力就大；质地粗，毛管力则小。所以毛管水在土壤中是由粗毛管向细毛管移动。

根据毛管水是否和地下水面相连，可分为毛管上升水和毛管悬着水（图4-2）。

(1) 毛管上升水是指在地下水位较浅时,地下水受毛管引力的作用上升而充满毛管孔隙中的水分。这是地下水补给土壤中水分的一种主要方式。土壤中毛管上升水的最大量称为毛管持水量。它包括吸湿水、膜状水和毛管上升水的全部。

毛管水上升的高度与毛管的半径有密切关系。根据茹林公式,

$$H = 0.15/r$$

式中:H——毛管水上升高度(cm);
r——毛管半径。

由此可见,毛管水上升高度与毛管半径成反比,即毛管半径愈细,上升高度愈高。因此砂性土的孔隙半径大,上升高度低,但速度较快。壤质土和黏质土的孔径小,上升高度高,但速度较慢。过分黏重的土壤,由于孔径太小,为膜状水充满,所以上升速度极慢,高度也低(表4-2),远达不到上式的理论计算数字。实际情况往往是轻壤和中壤土毛管水上升高度最高。另外土壤温度、结构等因素对毛管水上升也有不同程度的影响。

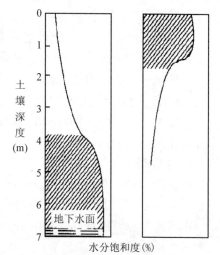

图4-2 毛管上升水(左)和毛管悬着水(右)
(《土壤肥料学》,王荫槐,1992)

表4-2 不同土壤质地毛管水上升高度(《土壤学》,林成谷,1981)

土壤质地	砂 土	砂壤-轻壤土	粉砂轻壤土	中-重壤土	轻黏土
高度(m)	0.5~1.0	1.5	2.0~3.0	1.2~2.0	0.8~1.0

毛管水上升高度对农业生产有重要意义。当表土水分被蒸发或蒸腾之后,地下水可沿毛管上升,使地表水不断得到补充。但在地下水含盐量较高的地区,毛管上升水到达表土,往往会造成土壤的盐渍化,在生产上必须高度重视,加以防止。

(2) 毛管悬着水是在地下水位较深时当降雨或灌溉后,借毛管力保持在土壤上层未能下渗的水分。当毛管悬着水达到最大量时,此时的土壤含水量称为田间持水量或最大田间持水量。田间持水量是土壤排除重力水后,在一定深度的土层内所能保持的毛管悬着水的最大值。是土壤中吸湿水、膜状水和毛管悬着水的总和。田间持水量是旱地灌溉水量的上限指标,当土壤含水量达到田间持水量时,如继续灌溉和降雨,超过的水分就会受重力作用而下渗,只能增加渗水深度不再增加上层土壤含水量。如果在地下水位较浅的低洼地区,田间持水量则接近于毛管持水量,因此田间持水量的概念也可以认为:是在自然条件下,使土壤孔隙充满水分,当重力水排除后,土壤所能实际保持的最大含水量。

一般田间持水量的大小,主要决定于土壤孔隙的大小和数量的多少,质地愈黏重,毛管孔隙的比例愈大,则所蓄积的毛管水愈多;结构良好的土壤,非毛管孔隙的比重增加,毛管水的数量相对减少;有机质疏松多孔,蓄水量也高。所以质地黏重和富含有机质的土壤抗旱性就愈强。

在地下水位较低的土壤中,通过降雨或灌溉土壤含水量达到田间持水量时,如果因作物吸收或地表蒸发,土壤含水量降低到一定程度时,毛管悬着水的连续状态发生断裂,但细毛

管中还存有水，此时的土壤含水量称为毛管断裂含水量，一般相当于田间持水量的70%左右。一旦毛管水发生断裂，水分的运动速度就大大减慢，作物吸水较为困难，在生长旺盛时期会受到一定阻滞，因此此时的含水量也称为作物生长阻滞含水量。

(四) 重力水

当土壤水分超过田间持水量时，多余的水分不能被毛管所吸持，就会受重力的作用沿土壤中的大孔隙向下渗漏，这部分受重力支配的水称为重力水。重力水由于不受土粒分子引力的影响，可以直接供植物根系吸收，对作物是有效水。但由于它渗漏很快，不能持续被作物利用；又且长期滞留在土壤中会妨碍土壤通气；同时随着重力水的渗漏，土壤中可溶性养分随之流失，所以重力水在旱作地区是多余的水。如果在水田中，重力水是有效水，应设法保持，防止漏水过快。

当土壤被重力水所饱和，即土壤中大小孔隙全部被水分充满时的土壤含水量称为饱和含水量，或称全蓄水量。它是水稻田计算淹灌的依据。

二、土壤水分的有效性

土壤水分有效性是指土壤水分能否被植物利用及其被利用的难易程度。在土壤所保持的水分中，可被植物利用的水分称为有效水，而不能被植物利用的称为无效水。土壤有效水范围的经典概念是从田间持水量到凋萎系数。凋萎系数是作物可利用水的下限，田间持水量是作物可利用水的上限。

$$土壤有效水范围(\%) = 田间持水量(\%) - 凋萎系数(\%)$$

土壤中的有效水对作物而言均能被吸收利用，但是由于它的形态、所受的吸力和移动的难易有所不同，故其有效程度也有差异。自凋萎系数至毛管断裂含水量，其所受的吸力虽小于植物的吸水力，但由于移动缓慢，植物只能吸收这部分水分以维持其蒸腾消耗，而不能满足植物生长发育的需要，故称之为难有效水。自毛管断裂含水量到田间持水量之间的水分，因受土壤吸力小，可沿毛管自由运动，能不断满足植物对水分的需求，故称为易有效水。可见田间持水量、毛管断裂含水量、凋萎系数就成为土壤有效水分级的三个基本常数。

土壤有效水的含量和土壤质地、结构、有机质含量等因素有关。土壤质地的影响主要是由比表面积大小和孔隙性质引起的。砂土的有效水范围最小，壤土有效水范围最大，黏土的田间持水量虽略大于壤土，但凋萎系数也高，所以有效水范围反而小于壤土（图4-3）。

具有粒状结构的土壤，由于田间持水量增大，从而扩大了有效含水量的范围。通常土壤中增加有机质，对提高有效水范围的直接作用是小的，但土壤有机质可以通过改善土壤结构和增大渗透性的作用，使土壤可以接收较多的降水，从而间接地改善土壤有效水的供应状况。

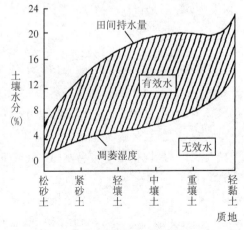

图4-3 质地对土壤有效水数量的影响

(《土壤学》, 西南农学院, 1980)

三、土壤水分含量的表示方法

土壤含水量又称土壤湿度,它是研究和了解土壤水分运动变化及其在各方面作用的基础。表示方法有多种,常用的有以下几种:

(一)质量含水量

质量含水量是指土壤中水分的质量与干土质量的比值,因在同一地区重力加速度相同,所以又称为重量含水量,无量纲,常用符号 θ_m 表示。这是一种最常用的表示方法,可直接测定。

$$土壤质量含水量(\%) = \frac{土壤水质量}{干土质量} \times 100$$

用数学公式表示为:$\theta_m = \frac{w_1 - w_2}{w_2} \times 100$

式中:θ_m——土壤质量含水量(%);
　　　w_1——湿土质量;
　　　w_2——干土质量;
　　　$w_1 \sim w_2$——土壤水质量。

定义中的干土一词一般是指在 105~110℃ 条件下烘干的土壤。例如,某一耕层湿土重 100g,干土重为 80g,则:

$$土壤质量含水量(\%) = (100 - 80)/80 \times 100 = 25$$

(二)容积含水量

容积含水量是指单位土壤总容积中水分所占的容积分数,又称容积湿度,无量纲,常用符号 θ_V 表示。θ_V 可用小数或百分数形式表达,百分数形式可由下式表示:

$$土壤容积含水量(\%) = \frac{土壤水容积}{土壤总容积} \times 100$$

容积含水量可由质量含水量换算而得,如按常温下土壤水的密度为 1g/cm³ 计算,土壤容重为 ρ,于是:

$$\theta_V = \frac{(w_1 - w_2)/1}{w_2/\rho} \times 100 = \theta_m \times \rho$$

容积含水量可表明土壤水填充土壤孔隙的程度,从而可以计算出土壤三相比(单位体积原状土中,土粒、水分和空气容积间的比)。土壤孔隙度减去 θ_V 就是土壤空气所占的容积百分数。(1-孔隙度)就是土壤固相物质所占的容积百分数,这样即可得出土壤三相物质的容积比率。

例如,某地耕层土壤含水量(重量%)为 20%,土壤容重为 1.25(g/cm³),土壤总孔度为 52.83%,则:

$$土壤含水量(容积\%) = 20 \times 1.25 = 25$$
$$土壤空气(容积\%) = 52.83 - 25 = 27.83$$
$$土粒(容积\%) = 100 - 52.83 = 47.17$$
$$土壤固相:液相:气相 = 47.17:25:27.83 = 1:0.53:0.59$$

(三)水层厚度

指在一定厚度(h)一定面积土壤中所含水量相当于相同面积水层的厚度,用 D_W 表示,一般以 mm 为单位。它适于表示任何面积土壤一定厚度的含水量,便于使土壤的实际含水量与降雨量、蒸发量、灌水量互相比较。

$$D_W(\text{mm}) = 土层厚度(\text{mm}) \times 水容积\% = h \times \theta_V$$

(四)水体积

指一定面积、一定深度土层内所含水的体积。一般以 $m^3/667m^2$、m^3/hm^2 表示。在数量上,它可简单由 D_W 与所指定面积(如 $1hm^2$)相乘即可,但要注意二者单位的一致性。它在农田灌溉中常用作计算灌水量,但是绝对水体积与计算土壤面积和厚度都有关系,在参数单位中应标明计算面积和厚度,所以不如 D_W 方便,一般在不标明土体深度时,通常指 1m 土深。

若都以 1m 土深计,每公顷含水容量[以 $V(m^3/hm^2)$ 表示]与水深之间的换算关系可推知,如下式所示:

$$V(m^3/hm^2) = D_W(\text{mm})/1000 \times 10000(m^2) = 10 D_W$$

(五)土壤相对含水量

土壤实际含水量占该土壤田间持水量的百分数。可以说明土壤水分对作物的有效程度和水、气的比例状况等。是农业生产上应用较为广泛的含水量的表示方法。

$$土壤相对含水量(\%) = \frac{土壤含水量}{田间持水量} \times 100$$

四、土壤水分含量的测定

(一)烘干法

1. 经典烘干法 这是目前国际上仍在沿用的标准方法。其测定的简要过程是,先在田间地块选择代表性取样点,按所需深度分层取土样,将土样放入铝盒并立即盖好盖(以防水分蒸发影响测定结果),称重(即湿土加空铝盒重,记为 W_1),然后打开盖,置于烘箱,在 105~110℃ 条件下,烘至恒重(约需 6~8h 以上),再称重(即干土加盒重,记为 W_2)。则该土壤质量含水量可以按下式求出,设空铝盒重为 W_3:

$$\theta_m = \frac{W_1 - W_2}{W_2 - W_3} \times 100$$

一般应取 3 次以上重复,求取平均值。

此方法较经典、简便、直观,不足之处是采样会干扰田间土壤水的连续性,取样后在田间留下的取样孔(尽管可填实),会切断作物的某些根系,并影响土壤水分的运动。且定期测定土壤含水量时,不可能在原处再取样,而不同位置上由于土壤的空间变异性,给测定结果带来误差。另外,采样、烘干也费力费时,不能及时得出结果。

2. 快速烘干法 包括红外线烘干法、微波炉烘干法、酒精燃烧法等。这些方法虽可缩短烘干和测定的时间,但需要特殊设备或消耗大量药品。同时,仍有各自的缺点,也不能避免由于每次取出土样和更换位置等所带来的误差。

(二)中子法

此法是把一个快速中子源和慢中子探测器置于套管中(探头部分),埋入土内。其中的中子源(如镭、锔、铍)以很高速度放射出中子,当这些快中子与水中的氢原子碰撞时,就会改变运动的方向,并失去一部分能量而变成慢中子。土壤水愈多,氢愈多,产生的慢中子也就愈多。慢中子被探测器和一个定标器量出,经过校正可求出土壤水的含量。此法虽较精确,但目前的设备只能测出较深土层中的水,而不能用于土表的薄层土。另外在有机质多的土壤中,因有机质中的氢也有同样作用而影响水分测定的结果。图4-4是中子仪测定示意图。

(三) TDR 法

TDR 法是20世纪80年代初发展起来的一种测定方法,它首先发现可用于土壤含水量的测定,继而又发现其可用于土壤含盐量的测定。TDR(time domain reflectometry),中文译为时域反射仪。TDR在国内外已广泛使用。

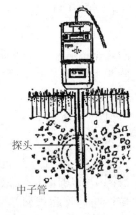

图4-4 中子仪测定示意图
(《土壤物理学》,华孟,1993)

TDR 系统类似一个短波雷达系统,可以直接、快速、方便、可靠地监测土壤水盐状况,与其他测定方法相比,TDR 具有较强的独立性,测定结果几乎与土壤类型、密度、温度等无关。将 TDR 技术应用于结冰条件下土壤水分状况的测定,可得到满意的结果。TDR 另一个特点是可同时监测土壤水盐含量,在同一地点同时测定,测定结果具有一致性。而二者测定是完全独立的,互不影响。

第二节 土壤水分能量状态

前面介绍的土壤水分传统形态学分类的基本思想是,土壤中水分,由于受到不同的作用力,而形成各种不同的水分类型。但实际情况并非如此,各种类型的水分往往是受到几种力的共同作用,只是作用的强度不同。同时从形态观点很难对水分运动进行精确的定量。对于形态观点的这些弱点,都可用能量观点来解决。

一、土水势及其分势

(一) 土水势的含义

物质在承受各种力后,其自由能将发生变化。土壤水在各种力(如吸附力、毛管力、重力和静水压力等)的作用下,与同样条件(如同一温度、高度和大气压力等)的纯自由水相比,其自由能必然不同。假定纯自由水的势值(或自由能)为零,而土壤水的自由能与它的差值就称为土水势,一般用 Ψ 表示。国际土壤学会土壤物理委员会给的定义是:"每单位数量纯水可逆地等温地无限小量从标准大气压下规定水平的水池移至土壤中某一点,所作的有用功。"

用土水势来研究土壤水分问题,在不同的土壤—植物—大气间水分状态有了统一的标尺。以能量作为水分运动的推动力,才能说明含水量少的砂土(如10%)和含水量多的黏土(15%)接触时,水分却从砂土流向黏土,就是因为砂土的土水势高于黏土。只有当土水势达到平衡以后,土壤水才停止运动。而土壤水总是从土水势高处流向低处。同样的情况还可以说明含水量高的黏土几乎没有植物可利用的水,而含水量低的砂土反而有相当数量的水可供植物利用。这是因为上述黏土的水势已经低于或等于植物的根水势或叶水势,而砂土则较高,所以水可以从砂土流进植物。与大气的关系也是这样,土壤水向大气的蒸发也是由二者间的水势差来决定的。

(二) 土水势的分势

由于引起土水势变化的原因或动力不同,所以土水势包括若干分势,如基质势、压力势、溶质势、重力势等。

(1) 基质势(Ψ_m)。由于土壤固体部分基质的特征(如质地、孔隙特征及表面物质的性质等),对水分的吸持而引起自由能的降低,即为基质势。在土壤水不饱和状态下,水分受吸附力和毛管力的吸持,自由能降低,其水势必然低于参比标准(纯自由水)下的水势。由于参比标准的水势为零,所以基质势总是负值。可见基质势与土壤的含水量紧密相关,当土壤水完全饱和时,基质势为最大值,即接近于零,随着水分的减少,基质势也减小(即绝对值增大)。由此可知,只有在水分不饱和的土壤中才存在基质势。

(2) 溶质势(Ψ_s)。由于土壤水中含有离子态或非离子态的溶质,它们对水分有吸持作用,因而降低了自由能,这种由土壤水中溶解的溶质所引起的水势变化称为溶质势(也称渗透势)。土壤水中溶解的溶质愈多,溶质势就愈低,其绝对值也就愈大。溶质势在土壤水与植物的关系上起重要作用,如盐碱土中,由于土壤水中盐分浓度高,溶质势低,植物吸水非常困难。

(3) 压力势(Ψ_p)。由于土壤水在饱和状态下,所承受的压力不同于参照水面(自由水面)而引起的水势变化称为压力势。参照水面承受的是大气压,不饱和土壤中土壤水的压力势与参照水面是一致的,等于零。只有在水分饱和的土壤中,所有孔隙都充满水,土体内部的土壤水除承受大气压外,还要承受其上部水体的静水压力,由于压力势大于参比标准,故为正值。并且下部土体愈往深层,压力势愈大,即正值也愈大。

(4) 重力势(Ψ_g)。由重力作用所引起的水势的变化称为重力势。确定重力势时,并不要求所受重力的绝对值,而是与参比平面相比较,并将参照面的重力势定为零(一般以地下水面作为参照面)。水分在参照面以上时,重力势为正,当水分在参照面以下时,重力势为负。因此重力势与土壤性质无关,而只取决于研究点与参比点之间的距离。

土壤的土水势就是以上各分势的和,又称总水势($\Psi_{总}$),用数学表达为:

$$\Psi_{总} = \Psi_m + \Psi_s + \Psi_p + \Psi_g$$

在不同的情况下,各分势所起的作用是不同的。在饱和土壤水运动中决定土水势的是 Ψ_p 和 Ψ_g,在不饱和土壤水运动中决定土水势的是 Ψ_m 和 Ψ_g,Ψ_s 只有在盐碱土中才起作用。

(三) 土水势的定量表示

土水势的定量表示是以单位数量土壤水的势能值为准。单位数量可以是单位质量、单位容积或单位重量。

(1) 单位容积土壤水的势能值用压力单位,标准单位帕(Pa),也可用千帕(kPa)和兆帕(MPa),习惯上也曾用巴(bar)和大气压(atm)表示。

(2) 单位重量土壤水的势能值,用相当于一定压力的水柱高厘米数(cmH_2O)表示。上述两种表示法中,各单位之间的换算关系是:

$$1Pa = 0.0102 cmH_2O$$

$$1bar = 10^5 Pa = 1020 cmH_2O = 0.9896 atm = 750.1 mmHg$$

$$1atm = 1033 cmH_2O = 1.0133 bar = 760 mmHg$$

近似应用时也可简化作:$1bar \approx 1atm \approx 1000 cmH_2O$

3. 用 pF 表示。由于土水势的范围很宽,由零到上千个兆帕(MPa),使用十分不便,有人曾建议使用土水势的水柱高度厘米数的负对数表示,称为 pF。土水势本身是负值,故负对数为正值。当土水势为 -10000cm 水柱时,pF 为 4。但由于水柱高表示土壤水的自由能,与近代关于土壤水自由能的概念不完全相同,值得注意。使用 pF 值的方便之处是用简单的数字可以表示极宽的土水势范围。

二、土壤水吸力

为了避免应用土水势负值在研究土壤水时出现的增减上的麻烦,腊塞尔(E. W. Russel, 1950)提出了用土壤水吸力来表示水的能态。它并不是指土壤对水的吸力,而是指土壤水承受一定吸力的情况下所处的能态。所以它的意义和土水势一样,区别在于:土壤水吸力只包括基质吸力和溶质吸力,相当于基质势和溶质势,而不包括其他分势,但它通常是指基质吸力。对水分饱和土壤一般不用,因为此时的基质吸力为零。由此可见,对于基质势和溶质势而言,土水势的数值与土壤水吸力的数值相同,但符号相反。土壤水是由土水势高处流向低处;即从土壤水吸力低处流向水吸力高处。

从物理含义看,土壤水吸力不如土水势严格,但其比较形象易懂,使用较为普遍。特别是在研究土壤水的有效性、确定土壤灌溉时间和灌溉量以及旱作土壤的持水性能等方面均有重要意义。

三、土水势的测定

近几十年来,土水势的测定有很大的进展,已发展了许多种方法,如最常用的张力计法、压力膜、压力板法都是测定基质势或基质吸力的;而冰点下降法、水汽压法则是测定土水势或土壤水吸力的。电阻法适用于较低的土水势测定(低于张力计测定的范围)。其中测定基质势最常用的张力计法,无论在田间、盆钵试验和室内研究都可使用。

张力计的构造如图 4-5 所示。它的底部是一个多孔陶瓷杯,其上连接一塑料管(也有用抗腐蚀的金属或其他材料的),管上连一水银压力计或真空压力表。使用时把陶瓷杯和管内都装满无气水,并使整个仪器封闭不漏气。当张力计陶瓷杯插入土壤后,管中纯自由水通过陶头与土壤水建立水力联系,在非饱和土壤中,仪器中自由水的势值总是高于土水势值,于是管中水就进入土壤,便在管中形成一定的负压,两者逐渐达到平衡。于是仪器内水的势值与土壤水的势值应相等,其数值可由真空压力表或水银压力表显示出来。由于陶瓷杯的孔径限制,一般只能测定土壤水吸力 $8.0 \times 10^3 \sim 8.5 \times 10^3$ MPa 以下,超过这个范围就有空气进入陶瓷杯而失效。田间植物可吸收的土壤水大部分在张力计可测范围内,所以它有一定实用价值。

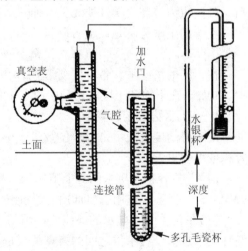

图 4-5 张力计结构示意图
(《土壤物理学》,华孟,1993)

四、土壤水分特征曲线

(一)土壤水分特征曲线的定义

土壤水的基质势或土壤水吸力是随土壤含水率而变化的,在研究土壤水的保持、运动和植物供水时,除了解土壤水吸力外,必然也要了解土壤水分的含量。土壤水分特征曲线就是以水的能量指标(土壤水吸力)与土壤水的容量指标(土壤含水量)做成的相关曲线(图4-6)。是研究土壤水分的保持和运动所用到的反映土壤水分基本特性的曲线。

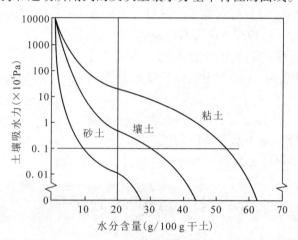

图4-6　几种不同质地土壤的水分特征曲线
(《土壤学》,朱祖祥,1983)

(二)影响土壤水分特征曲线的因素

土壤水分特征曲线受多种因素影响。首先,不同质地的土壤,其水分特征曲线差异很大。一般而言,土壤的黏粒含量愈高,同一吸力条件下土壤的含水率愈大,或同一含水率下其吸力值愈高。水分特征曲线也受土壤结构的影响,在低吸力范围内尤为明显。土壤愈密实,则大孔隙数量愈减少,而中小孔径的孔隙愈增多。因此在同一吸力值下,容重愈大的土壤,相应的含水率也要大些。温度对土壤水分特征曲线亦有影响。温度升高时,水的黏滞性和表面张力下降,基质势相应增大,或者说土壤水吸力减少。在低含水率时,这种影响表现得更加明显。

(三)土壤水分特征曲线的实用价值

土壤水分特征曲线具有重要的实用价值。首先利用它可以进行土壤水吸力和含水率之间的换算。其次可以间接地反映出土壤孔隙大小的分布。第三,应用数学物理方法对土壤中的水分运动进行定量分析时,水分特征曲线是必不可少的重要参数。第四,水分特征曲线可用来分析不同质地土壤的持水性和土壤水分的有效性。如在土壤含水量同为20%时,砂土和壤土的土壤水吸力都小于植物根的吸水力(15×10^5Pa),因而容易被植物吸收,有效性高。而黏土中的水吸力可高到50×10^5Pa以上,植物无法吸收,即对植物无效。因此,利用土壤水分特征曲线说明土壤水数量与植物生长的关系比用土壤水分类型(吸附水、毛管水、重力水等)来说明更为清楚直观。

(四) 滞后现象

土壤水分特征曲线对同一土样并不是固定的单一曲线。它与测定时土壤处于吸水过程(如湿润过程)或脱水过程(如干燥过程)有关。从饱和点开始逐渐增加土壤水吸力,使土壤含水量逐渐减少所得的曲线(脱水曲线),与由干燥点起始,逐渐增加土壤水分含量,减小土壤水吸力所得的曲线(吸水曲线)是不重合的(图 4-7)。同一吸力值可有一个以上的含水量值,说明土壤吸力值与含水量之间并非单值函数,这种现象称为滞后现象。

实验表明,砂质土壤的滞后现象较黏质土壤明显得多,这是因为砂质土壤的孔隙粗细不均的程度较黏质土壤更甚的缘故。

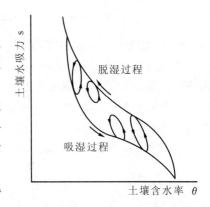

图 4-7　土壤水分特征曲线的滞后现象
(《土壤地理学》,李天杰,2004)

土壤水的保持和土壤水运动中的一些现象,往往要用滞后现象才得以解释。由于水分特征曲线的滞后现象,土壤较易吸水,相对而言不易失水,这对水在土壤中的保持无疑是有利的。

第三节　土壤水分运动

土壤中水分由于受到各种力的作用以及含水量的差异,产生不同方向和不同速度的运动。主要存在液态水和气态水两种类型的运动。

一、液态水运动

土壤中液态水的运动是在土壤孔隙中进行的,其运动过程因孔隙的大小和相应的土水势的大小而成多方向的变化。这种运动的推动力主要是水势梯度,即两点之间的水势差来决定的,它控制着水流运动的方向与速率,即由水势高向水势低的地方、土壤水吸力低的地方向高的地方运动。液态水在土壤中的运动可以分为饱和流和非饱和流运动两种。

(一) 土壤水分的饱和流动

土壤所有的大小孔隙完全充满水时的流动称为饱和流动。饱和流的推动力是重力势和压力势梯度(单位距离上的压力差)。基本上服从液体在多孔介质中流动的达西(Darcy)定律,即单位时间通过单位断面的水量与水势梯度成正比。如图 4-8 是一维垂直向饱和流的情况,其数学表示式为:

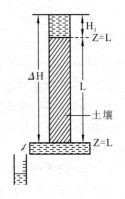

图 4-8　垂直向下的饱和度
(《土壤物理学》,华孟,1993)

$$q = -k_s \frac{\Delta H}{L}$$

式中:q(水流通量,cm^3/s)——单位时间通过单位断面的水容积;
　　　ΔH——水流两端的水势差;
　　　L——水流程的长度;

$\Delta H/L$（水势梯度）——单位距离的水势差；

K_s（土壤饱和导水率）——单位水势梯度下的水流通量。

在饱和流动中的土壤导水率称为饱和导水率（K_s），其大小主要决定于土壤的孔隙状况，特别是粗孔的孔径和数量。故饱和导水率是砂土＞壤土＞黏土；同样具有稳定团粒结构的土壤，传导水分要快得多；有机质有助于维持大孔隙高的比例。含蒙脱石多的土壤和1∶1型的黏粒多的土壤通常会降低导水率。另外土体中的裂缝、根孔和虫穴较多，则会明显增大土壤的饱和导水率。

（二）土壤水分的非饱和流动

土壤中部分孔隙充满水时的水流称为非饱和流。在自然情况下，除暴雨、淹灌、低洼地积水等情况外，一般土壤水分均以非饱和状态进行运动。土壤水分非饱和流动的推动力，主要是土壤的基质势梯度（或土壤水吸力梯度），即由土壤水吸力低处流向水吸力高处，重力势虽也有一定作用，但与基质势相比它的作用很小。

非饱和流也可用达西定律来描述，对一维垂直向非饱和流，其表达式为：

$$q = -k(\psi_m)\frac{d_\psi}{d_x}$$

式中：$k(\Psi_m)$——土壤非饱和导水率；

d_ψ/d_x——总水势梯度。

土壤非饱和流的导水率，也与土壤质地和土壤孔隙有关。在一定的土壤水吸力水平下，质地细、小孔隙多的壤土和黏土反而比砂土的导水性好。主要因为在一定吸力下，这些土壤的充水孔隙比砂土多，土壤水的连续程度较好。土壤的非饱和导水率是随土壤水吸力的增加和土壤含水量的减少而降低的。且这种情况在砂土中较为强烈，壤土次之，黏土中较为缓和。

二、气态水运动

土壤中保持的液态水可以汽化为气态水，气态水一般存在于土壤非毛管孔隙中，是土壤空气的组成部分。它在土壤中运动主要表现为水汽的扩散和水汽的凝结两种方式。

土壤中水汽运动的推动力是水汽压梯度。水汽由水汽压高处向低处扩散。而土壤中水汽压的高低与土壤的湿度梯度和温度梯度有关。土体中含水量差异愈大，则水汽压梯度也愈大，水汽的扩散速度也愈快。此外土壤温度的上升可明显引起水汽压的上升，因此土壤水汽的扩散总是由湿土向干土扩散，由温度高的地方向低的地方扩散。一般情况下土壤温度梯度的作用远大于湿度梯度。

当土壤中的水汽由暖处向冷处扩散遇冷时便可凝结成液态水，这就是水汽的凝结过程。土壤表层经常出现的"夜潮"现象以及冬季北方地表冻层积聚水的"冻后聚墒"现象，就是水汽由较暖的深层不断向上层扩散凝结的结果。水汽的凝结在干旱地区对于耐旱的漠境植物供水具有重要意义。

三、土壤水的入渗和再分布

（一）入　渗

入渗过程是指地面供水期间，液态水自土表进入土壤的运动和分布过程。在地面平整，上下层质地均一的土壤上，水进入土壤的情况是由两方面因素决定的，一是供水速率，一是土壤的入渗能力。在供水速率小于入渗能力时（如低强度的喷灌、滴灌或降雨时），土壤对水的入渗主要由供水速率决定。当供水速率超过入渗能力时，水的入渗则主要取决于土壤的入渗能力。土壤的入渗能力是由土壤的干湿程度和孔隙状况（受质地、结构、松紧等影响）决定的，但是，不管入渗能力如何，入渗速率都会随入渗时间的延长而减慢，最后达到一个比较稳定的数值，这种现象，在壤质和黏质土壤上都很明显。

土壤入渗能力的强弱，通常用入渗速率来表示，即在土面保持有大气压下的薄水层，单位时间通过单位面积土壤的水量。单位为 mm/s、cm/min、cm/h 或 cm/d 等。在土壤学上常使用的指标是最初入渗速率、最后入渗速率（稳定入渗率）、入渗开始后 1h 的入渗速率，还有累积入渗量（在某一时段内，通过单位土壤表面所渗入的总水量）等，对于某一特定的土壤，一般只有最后入渗速率是一比较稳定的参数，故常用其表达土壤渗水强弱，又称之为透水率（或渗透系数）。表 4-3 给出了几种不同质地土壤的最后稳定入渗速率参考范围。

表 4-3　几种不同质地土壤的稳定入渗率（mm/h）（《土壤学》，黄昌勇，2000）

土壤质地	砂 土	砂质和粉砂质土	壤 土	黏质土壤	碱化黏质土壤
稳定入渗率	>20	10~20	5~10	1~5	<1

入渗后，水在均一质地的土壤剖面上的分布情况如图 4-9 所示。从图中可以看出，入渗结束时表土可能有一个不太厚的饱和层（有时没有）；在这一层下有一个近于饱和的延伸层或过渡层；延伸层下是湿润层，此层含水量迅速降低，厚度不大；在湿润层的下缘，就是湿润峰。

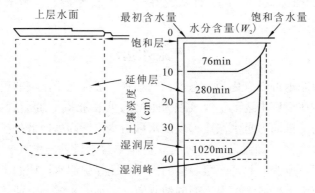

图 4-9　入渗中土壤水剖面

左为土壤水剖面示意图，右为土壤含水量随深度变化示意图

（Hillel，1971 和 Bondman，1944）

对于不同质地层次的土壤，无论表土下面是砂土层还是细土层，在不断入渗中最初都能使上层土壤先积蓄水，以后才下渗。

（二）土壤水的再分布

再分布是指地面水层消失后，已进入土内的水分进一步的运动和分布过程。由于入渗终了之后，上部土层水分接近饱和，下部土层仍为原来的状况，水分必然要由上面水势高的土层继续向下边水势较低的层次运动。在上层水分有所减少的同时，下层水分得到提高，于是接着又可能向更深土层内迁移。水在土壤剖面上这种不停地运动和重新分配的过程，称为土壤水的再分布。其过程很长，可达 1~2 年或更长的时间。

土壤水的再分布实质上是水在土壤剖面上的非饱和流过程。其推动力仍然是水力势梯度。这时土壤水的流动速率决定于再分布开始时上层土壤的湿润程度和下层土壤的干燥程度以及它们的导水性质。再分布的速度也和入渗速率的变化一样，通常是随时间而减慢。一个质地中等的土壤剖面在一次灌水后，土壤水的再分布情况如图 4-10 所示。

土壤水再分布的存在，对于研究植物从不同深度土层吸水有较大意义，因为某一土层中水分的损失量，不全是为植物所吸收利用，而是上层来水与本层向下再分布的水量以及植物吸水量三者共同作用的最后结果。

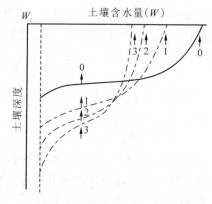

图 4-10 中等质地土壤灌水后再分布期间的水分剖面变化

（W 是灌前土壤湿度，0、1、2、3 代表灌后及 1、4 和 14d 后的土壤水分剖面）

（Hillel，1974）

四、土面蒸发

土面蒸发是土壤水分损失的重要途径。土面蒸发的形成及蒸发强度的大小主要取决于两方面：一是受辐射、气温、湿度和风速等气象因素的影响，综合起来称为大气蒸发能力。二是受土壤含水率的大小和分布的影响。这是土壤水分向上输送的条件，也即土壤的供水能力。

根据大气蒸发能力和土壤供水能力所起的作用、土面蒸发所呈现的特点及规律，将土面蒸发过程区分为三个阶段。

第一，大气蒸发力控制阶段（蒸发率不变阶段）。当灌水或降雨停止后，土壤中一定深度的水分基本达到饱和状态，此时的蒸发与自由水面的蒸发相似，蒸发率 E（单位时间内由地表散失到大气的水量，mm/h 或 mm/d）不变，称为稳定蒸发阶段。稳定蒸发阶段蒸发强度的大小主要由大气蒸发能力决定。此阶段含水率的下限，即临界含水率的大小和土壤性质及大气蒸发功能有关。一般认为该值相当于毛管断裂含水量，或田间持水量的 50%~70%。此阶段维持时间不长，一般可持续几天，但丢失的水量较大。所以雨后或灌水后及时中耕或地面覆盖，是减少此阶段土壤水损失的重要措施。

第二，土壤导水率控制阶段（蒸发率降低阶段）。经过第一阶段的蒸发，土壤水分逐渐减少，土壤中基质吸力不断增大，土壤导水率已不能满足大气蒸发力的强度，大气蒸发力只能蒸发传导至地表的少量水分，所以此时蒸发的强度主要取决于土壤的导水性质，即土壤不饱和导水率的大小。这个阶段维持的时间较长。当土面的水汽压与大气的水汽压达到平衡，土面成为风干状态的干土层为止。此阶段除地面覆盖外，中耕结合镇压具有良好的保墒效果。

第三，扩散控制阶段。当表土含水率很低，例如低于凋萎系数时，土壤输水能力极弱，不能补充表土蒸发损失的水分，土壤表面形成干土层。此时土壤水向干土层的导水率降至近于零，液态水已不能运行至地表，下层稍湿润土层的水分汽化，只能以水汽分子的形态通过干土层孔隙扩散到大气中去。此时水汽蒸发已降至最小。在这一阶段，压实表层，减少大孔隙是防止水汽向大气中扩散的有力措施。由上所述,保墒重点应放在第一阶段末和第二阶段初。

五、土壤—植物—大气连续系统(SPAC)

土壤中的水分运动并不是一种简单的独立的物理过程,它与植物根系吸水,叶片的蒸腾,大气的水汽压都有密切的关系。因此在研究土壤水分时就要把水分从土壤经过植物到大气的流动过程,作为一个物理的统一的动态连续系统来看待。在这个连续系统中,水流的各个过程和途径是:土壤中的水分向根表皮流动;水分被根表皮吸收,通过根及茎的木质部输送到叶;水分在叶细胞间孔隙中气化成水汽;水汽经过叶气孔扩散到近叶面的宁静空气层;最后扩散到外部大气(图4-11)。上述这个过程就好像是链条中的各个环节一样相互连接相互依赖,形成一个统一的系统,称为土壤—植物—大气连续系统,简称SPAC。在这个连续系统中,水分移动的各个过程均可用水势的大小来考虑。如土水势、根水势、叶水势等。

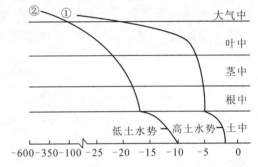

图4-11 在SPAC中水势变化示意图
(Hillel, 1971)

一般土壤与大气间的总水势差可达几十MPa,在干旱地区甚至可超过100MPa。在这个总势差中,土壤与植物间的水势差通常只不过不足1MPa至几MPa的范围。至于阻力,水分在土壤中流动的阻力,比在植物体内流动的阻力要大,而以叶到大气间的阻力最大。图4-11表明在两个水势水平下,水流经植物体到大气过程中水势的变化示意图。在土水势高的情况下,根水势也高,两者间的水势差不大,叶水势不超过细胞丧失膨压的临界值($-2.0 \sim -1.5$MPa),植物可以从土壤传导水至大气而不萎蔫。而在土水势低和蒸腾率高的情况下,根土间的水势差就大得多,叶水势远远低于临界值,水通过植物的阻力也增大,叶与大气之间的阻力更大,植物叶片便发生枯萎。说明在供水不足时,蒸腾作用主要决定于土壤的导水率。土水势低时,叶水势只有大的很多才能吸取足够的水。

六、田间土壤水分平衡

(一)田间土壤水分平衡

田间土壤水分平衡是指在一定容积的土壤范围内,土壤水分的亏损和盈余状况。主要指根系活动层土壤水的平衡,一般多指 $1 \sim 2m$ 深度以内。土壤中水分的盈亏对作物生长有密切关系,特别是季节性的盈亏对于作物不同生育期的需水有直接的影响。某一时期土壤水分含量的变化(ΔW),等于这个时期内土壤水分收入与支出的差值。

土壤水的收入项目(水分来源)有:降水 P、灌溉 I、上行水 U(地下水补给)。土壤水分的支出项目有:地表径流 R、下渗水 D、土面蒸发 E、植物叶面蒸腾 T、植物冠层截留量 I_n。所以土壤水分平衡可用下式表示:

$$\Delta W = P + I + U - R - D - E - T - I_n$$

ΔW 表示计算时段内初始储水量与最终储水量之差。式中各项水量用单位面积上水量的量纲(L^3/L^2,cm 或 mm)。

以上水分平衡计算公式中，由于田间蒸发和蒸腾很难截然分开，故常合在一起统称为蒸散 ET。降雨量和灌溉量两者也可以合并，以 P 代表。截留是降水或喷灌时被植冠所截获而未到达土表的那部分水量，这部分水未参与土面蒸发而直接从植冠上蒸发掉，因此又常常合并写成 ETi。可是截留量较难统计，且数量不大，许多场合下予以忽略。地表径流与截留有着同样的情况。不过对于平坦地块来说，不出现暴雨或降雨强度不太大时，也可以忽略，$R=0$ 和 $I_n=0$，于是土壤水分平衡式可简化为：

$$\Delta W = P + U - \mathrm{ET} - D$$

根据土壤水分平衡式，由已知项可以求得某一未知项（如蒸散量等），这就是所谓的土壤水量平衡法。在研究土体水分状况周年变化、确定农田灌溉时间以及研究土壤—植物—大气连续体（SPAC）中的水分行为时都具有重要意义。

（二）田间土壤水分状况

土壤水分状况是指周年中土壤剖面上下各层的含水量及其变化情况。从整体土壤水状况来看，它应当是土壤水平衡和土壤水性质（导水、入渗、再分布、蒸发等）共同作用的结果。一般说来，土壤水状况随季节和地区的不同而有很大差别。在季风影响下，我国北方土壤水分季节性动态通常可区分为下述几个时期：

(1) 冬季至早春土壤湿度相对稳定期（冻结稳墒期）。大约在 11 月中旬至翌年 3 月，此时由于土体上部处于冻结状态，气温低，而下层土温高，水汽不断向上扩散冷凝，使表土以下的含水量不断增加，而且比较稳定。

(2) 春夏之间强烈蒸发干旱期（春旱跑墒期）。大约在 4~6 月，由于蒸发强烈，降雨量少，土壤水分迅速减少，土壤湿度降低到全年中的最低水平，是土壤中失水最大时期。此时应加强灌水保墒工作。

(3) 夏秋之间土壤水分集聚期（雨季收墒期）。大约在 7~9 月，此期正值北方地区伏秋雨季，土壤中水分主要以下渗为主，使底墒和深墒也得到了满足，土壤湿度回升到了一年中的最高峰，是土壤水分得到保蓄恢复的时期。此时应加强蓄水保墒，为次年的冬作物返青和秋作物的播种提供良好的墒情条件。

(4) 晚秋至冬初的土壤失水期。大约在 10~11 月，降水逐渐减少，气温开始下降，土壤水分蒸发消耗较快，使土壤湿度下降，地下水位降低。这一时期虽较短，但可形成秋后旱，影响越冬作物播种，有时需要灌水造墒。为了防止春旱也可在此时灌水增加底墒，促进冻后聚墒。

南方地区分期有所不同，如热带地区，没有冬季相对稳定期。土壤各水分时期出现的时间、持续时间、各时期占优势的湿度范围等、也有一定的地理规律性，如土壤聚水期和失水期，由于各地区的雨季和暖季来临的时间都不相同，自北向南相应逐渐提早，冻结稳定期也相应缩短，以致消失。

七、土壤水分状况的调节

（一）加强农田基本建设，改善土壤水分状况

农田基本建设主要包括改造地表条件、平整土地和改良土壤、培肥地力两个方面。山丘区以改造地形、修梯田、打坝堰、小流域治理等保持水土为主，把"三跑田"改造成"三保田"。平原地区以平整土地、兴修水利工程为主，以建立田、渠、林、路、电配套的旱涝保丰收的高产园田；在低洼下湿区以排灌配套、修筑台田和条田、排涝洗盐改土为主。

(二)科学合理灌排，控制水分

合理灌排主要包括因作物、土壤和当地的具体实际确定灌排制度、方法等。首先根据作物需水量的大小确定灌溉定额，据作物的不同生育期进行灌溉。一般作物前期和后期需水较少，而旺盛生长期则需水较多，应多灌灌足。

因土灌排，一般砂性土保水性差，要注意少量多次灌水补墒，切忌大水漫灌；而黏性土保水性强，应注意排水通气，可采取少次多量灌溉。

根据当地的具体情况采用适宜的灌溉方法。一般淹灌法适宜于大田作物和果园等；沟灌适宜于宽行作物，如玉米、棉花等；喷灌在丘陵旱坡地可发展；上述三种灌溉方法水分的利用率低，适宜在水资源比较丰足的地区使用。而滴灌和渗灌是目前世界上比较先进的一种节水高效灌溉方法，对于果树和浅根密植的作物均可发展。

低洼下湿地区要注意排水散墒。南方早稻秧田实行"日排夜灌"可以提高土温促进秧苗健壮生长，盛夏酷热时实行"日灌夜排"，利于降温，避免水稻早衰。

(三)精耕细作，蓄水保墒，调温通气

(1)合理耕翻可以创造疏松深厚的耕作层。切断了土壤的毛管孔隙，减弱了毛管作用和土壤水分的蒸发。一般秋季和伏天要深耕，起到纳雨蓄墒、伏雨春用或秋雨春用的作用。秋耕要早、要深，春耕宜早宜浅。

中耕可以清除杂草，疏松土壤，切断土壤毛细管，减少蒸发，既能保墒调节土温，又能促进通气和养分的分解。

镇压可将表层土块压碎，减少缝隙，防止水分蒸发损失，同时通过镇压接通了毛管，将下层水上升到表层，起到提墒作用。另外通过镇压，土体接触紧实，提高了土壤的导热性。耙耢是压碎土块，平整地面，减少漏风跑墒，形成一层疏松散碎的干土层，起到覆盖保墒作用。

(2)蓄水聚肥改土耕作。这种耕作方法是将表土、底肥等集中回填到挖好的沟内或坑内，在沟内或坑内种植作物。这样使水、肥、土三集中，且加厚了活土层，改善了耕层的水气热状况，具有改土聚肥、蓄水抗旱，高产稳产的作用。近年来常用的大窝(穴)耕作(也叫坑种)、撩壕种植、垄沟种植和丰产沟等在我国山西、云南、四川、浙江等省的山区丘陵旱坡地，都有广泛的应用。

(3)深松耕作。深松耕作是在不翻转土层的情况下，用深松机具对犁底层和心土层进行深松，可以调整耕层以下的土壤构造，具有深层蓄水、调节土壤水气热状况的作用。另外少耕和免耕结合残茬覆盖可避免一般深耕时大量水分损失的问题。

(四)合理施肥，调节土壤水气热

首先要重视有机肥的施用。有机肥不仅可以直接为作物提供有机和无机养分，而且可很好的改善土壤的孔性、结构性、保水性和稳温性等，并提高了土壤的胶体活性，从而强化了土壤协调和控制其内部水热动态平衡的能力。

同时要注意有机与无机以及各种无机肥料之间的配合施用。不少资料表明氮磷配合，可以提高水的利用率。施肥恰当时可以降低作物的蒸腾系数，提高作物产量。

(五)其他措施

1. 地面覆盖方法 除普遍应用的塑料薄膜覆盖外，地面盖草、秸秆、撒稻糠、麦颖等一些生物覆盖方法正在被广泛采用。山西省晋中、晋南最近几年推广的麦秸、玉米、高粱等秸秆整秆覆盖、粉碎覆盖、秸秆地膜二元组合覆盖等，不仅可保墒稳温，同时具有增加土壤有机质，改善土壤理化性质，减少土壤污染退化等功效。南方地区水稻秧田播种后，用马粪、木屑谷糠等覆盖可以起到增温、保墒、通气、促进出苗保苗的作用。北方的一些果园间作绿肥牧草、覆盖秸秆等，都能够起到保墒、稳温、增肥的目的。

2. 新技术的应用 近年来，随着科学技术的不断发展，一些人工合成的保墒增温物质相继出现，如高碳乳化液正16醇和正18醇等，经稀释后喷洒到土壤表面形成薄膜，可减少土壤蒸发，春播时可提高土温。在水田使用可减少稻田蒸发和热量损失，提高水温，促进水稻生长发育。另外在有条件的地区，建立温室、温床、风障、塑料大棚等保护设备，均可对水气热得到有效的控制和调节。

[思考题]

1. 土壤水分的形态及其特性与有效性如何？
2. 土壤含水量的表示方法有哪些？各种表示方法的含义是什么？
3. 什么是土壤水分特征曲线？它的意义是什么？
4. 什么是蒸发？蒸发过程的特点是什么，农业生产中如何控制？
5. 从能量的观点说明土壤水分运动？
6. 什么是土水势？它由哪些分势组成？

参考文献

[1] 林成谷. 土壤学. 北京：农业出版社，1981.
[2] 朱祖祥. 土壤学. 北京：农业出版社，1983.
[3] 黄昌勇. 土壤学. 北京：中国农业出版社，2000.
[4] 王申贵. 土壤肥料学. 北京：经济科学出版社，2000.
[5] 西南农学院. 土壤学. 北京：农业出版社，1980.
[6] 陆欣. 土壤肥料学. 北京：中国农业大学出版社，2002.
[7] 华孟等. 土壤物理学(附实验指导). 北京：北京农业大学出版社，1993.
[8] 沈其荣. 土壤肥料学通论. 北京：高等教育出版社，2001.
[9] 陈震. 土壤资源环境研究. 北京：中国农业科技出版社，1997.
[10] 席承藩. 中国土壤. 北京：中国农业出版社，1998.
[11] 林大仪. 土壤学. 北京：中国林业出版社，2002.
[12] 李天杰. 土壤地理学(第三版). 北京：高等教育出版社，2004.
[13] 李天杰，郑应顺，王云. 土壤地理学(第二版). 北京：高等教育出版社，1983.
[14] 熊顺贵. 基础土壤学. 北京：中国农业大学出版社，2005.
[10] 王荫槐. 土壤肥料学. 北京：中国农业出版社，1992.

第五章
土壤空气和热量状况

【重点提示】本章主要介绍土壤空气、土壤热量状况的特点、性质,二者的运动变化规律以及与土壤肥力、作物生长的关系。

土壤空气和热量是土壤重要的肥力因素。二者常处于互相联系、互相影响的发展变化之中。它们之间的不断变化,直接影响到了土壤中所有的物理、化学、生物学等各个过程以及农作物的生长发育。

第一节 土壤空气

土壤空气是土壤的重要组成。它对作物的生长发育、土壤微生物的活动和各种营养物质的转化都有非常重要的甚至是决定性的作用,因此构成了土壤肥力四大因素之一。

一、土壤空气的组成和特点

土壤空气主要来源于大气,少量是土壤中生物化学过程所产生的气体。所以土壤空气与大气组成相似,但也存在差异(表5-1)。

表5-1　土壤空气与大气组成的比较(容积%)(《土壤学》,林成谷,1981)

气体成分	氧气	二氧化碳	氮气	惰性气体
近地面大气	20.99	0.03	78.05	0.9389
土壤空气	18.00~20.03	0.15~0.65	78.08~80.24	—

土壤空气与大气组成的主要差别有以下几方面:

(一)土壤空气中 CO_2 含量高于大气

土壤空气中的 CO_2 含量通常比大气高五至数十倍,甚至百倍以上。主要原因有三:一是植物根系呼吸产生大量 CO_2,如每 $667m^2$ 麦地(20万株),一昼夜放出的 CO_2 量约有4L;二是微生物分解有机质时产生大量 CO_2;三是土壤中的碳酸盐遇无机酸或有机酸的作用亦可产生 CO_2。一般情况前两种原因是主要的。如果土壤积水而通气不良,或施用大量新鲜绿肥,则土壤空气中的 CO_2 积聚起来,其浓度可增加到1%以上。

(二)土壤空气中 O_2 含量低于大气

这是由于土壤中植物、动物和微生物等生物消耗的结果。当土壤空气中 CO_2 含量增高时,O_2 的含量必然同时因生物的消耗而相应的减少。这在严重情况下对植物根系的呼吸和微生物的好气活动会产生不利的影响。

(三)土壤空气中的水汽含量高于大气

土壤中的水汽经常是饱和的,因为除表土层和干旱季节外,只要土壤含水量在吸湿系数以上,土壤水分就会不断蒸发,而使土壤空气呈水汽饱和状态,这对微生物活动有利。

(四)土壤空气中有时含有少量还原性气体

主要是在渍水土壤中,由于通气受阻,常出现一些微生物活动所产生的还原性气体,如CH_4、H_2S、NH_3、H_2等,危害作物生长。

(五)土壤空气成分随时间和空间而变化

大气成分相对比较稳定而土壤空气成分常随时间、空间而变化。CO_2含量随土层加深而增加,O_2则随土层加深而减少。在耕层土壤中,CO_2含量以冬季最少,夏季含量最高;降雨或灌水后,CO_2含量有所减少,O_2含量有所增加。

二、土壤通气性

(一)土壤通气性的重要性

土壤通气性是泛指土壤空气与大气进行交换以及土体内部允许气体扩散和流通的性能。它的重要性在于通过和大气的交流,不断更新其组成,并使土体内部各部分的气体组成趋向均一。土壤具有适当的通气性,是保证土壤空气质量、提高土壤肥力不可缺少的条件。如果通气性极差,土壤空气中的O_2在很短时间内就可能被全部耗竭,而CO_2含量随之增高,作物根系的呼吸就会受到严重抑制。

(二)土壤通气性的机制

土壤是一个开放的耗散体系,时刻和外界进行着物质与能量的交换。土壤空气在土体内部不停的运动,并不断地和大气进行着交换。交换的机制有两种:即气体的对流和扩散。其中气体的扩散是主要的。

1. 对流 对流又称质流,是指土壤空气与大气之间由总压力梯度推动的气体的整体流动。它使气流总质量由高压区向低压区运动。对流过程主要是受温度、气压、风、降雨或灌水的挤压作用等的影响而产生的。如土温高于气温,土内空气受热膨胀而被排出土壤。气压低,大气的重量减小,土壤空气被排出。灌水或降雨使土壤中较多的孔隙被水充塞,而把土内部分空气排出土体。反之当土壤水分减少时,大气中的新鲜空气又会进入土体的孔隙内。在水分缓缓渗入时,土壤排出的空气数量多,但在暴雨或大水漫灌时,会有部分土壤空气来不及排出而封闭在土壤空气中,这种被封闭的空气往往阻碍水分的运动。

地面风力也可把表土空气整体抽出,另外翻耕或疏松土壤都会使土壤空气增加,而农机具的压实作用使土壤孔隙度降低,土壤空气减少。土壤空气对流可用以下方程式描述:

$$q_V = -(k/\eta)\nabla p$$

式中:q_V——空气的容积对流量(单位时间通过单位横截面积的空气容积);

k——通气孔隙透气率;

η——土壤空气的黏滞度;

∇p——土壤空气压力的三维梯度。

2. 气体扩散 气体扩散是气体交换的主要方式。气体扩散是指气体分子由浓度大(分压大)处向浓度小(分压小)处的移动。混合气体中一个气体的分压就是这个气体所占容积产生的压力,例如空气压力是$1\times10^5 Pa$,O_2占空气容积的21%,那么O_2的分压就是0.21×10^5

Pa。由于土壤中植物根系的呼吸和微生物对有机残体的分解，使土壤中的氧气不断消耗，二氧化碳不断增加，使土壤空气中 O_2 的分压总是低于大气，而 CO_2 的分压总是高于大气，所以 O_2 从大气向土壤扩散，CO_2 从土壤向大气扩散。二者之间不断的气体扩散交换，使土壤空气得到更新，这个过程也称为土壤的呼吸过程。

土壤中气体的扩散过程同样可以用费克(Fick)定律表示：

即
$$q = -D_S \frac{dc}{dx}$$

式中，q 表示扩散通量（单位时间通过单位面积扩散的质量）；D_S 表示气体在该介质（土壤）中的扩散系数，具体代表气体在单位分压梯度下（或单位浓度梯度下），单位时间通过单位面积土体剖面的气体量。c 表示某种气体（O_2 或 CO_2）的浓度（单位容积扩散物质的质量）；x 表示扩散距离；dc/dx 表示浓度梯度。

由于土壤是一个多孔体，它的断面上能供气体分子扩散通过的孔隙只是未被水占据的那一部分，而且这些孔隙又很曲折迂回而粗细不等，这样气体分子扩散所经的路程就必然远大于土层的厚度，因此气体在土壤中的扩散系数 D_S 明显地小于其在空气中的扩散系数 D_0，其具体数值因土壤的含水量、质地、结构、松紧程度、土层排列等状况而异。如含水量高时，有效的扩散孔道少，D_S 值就小；砂土、疏松的土壤和有团粒结构的土壤 D_S 值高于黏土，通气就容易。同一土壤，在同样的条件下，不同气体的扩散系数也是不同的，如 O_2 的扩散系数比 CO_2 约大1.25倍。不同压力和温度下的气体扩散系数变化也较大。

三、土壤空气与植物生长及土壤肥力的关系

土壤空气与植物生长发育以及土壤水分和养分的转化供应都有着极其密切的关系，主要表现在以下几方面。

（一）影响种子萌发

种子的萌发需要吸收一定的水分和氧气，缺 O_2 会影响种子内物质的转化和代谢活动，同时有机质嫌气分解所产生的醛类和有机酸等物质，能抑制多种植物种子的发芽。

（二）影响根系的生长发育和吸收功能

大多数植物在通气良好的土壤中，根系长，颜色浅，根毛多；缺 O_2 土壤中的根系则短而粗，颜色暗，根毛大量减少。据报道，土壤空气中的 O_2 浓度低于9%～10%时，根系发育就要受到抑制；如降到5%以下，绝大部分植物的根系就停止发育。并且当通气不良时，根系呼吸作用减弱，吸收养分和水分的功能降低，特别对 K 的吸收功能影响最大，依次为 Ca、Mg、N、P 等。所以，通气良好的土壤可提高肥效，特别是钾肥的肥效。

（三）影响生物活性和养分状况

土壤空气的数量和 O_2 的含量对微生物活动有显著的影响。O_2 充足时，好气微生物活动旺盛，有机质分解迅速且彻底，氨化过程加快，也有利于硝化过程的进行，故土壤中有效态氮丰富；缺 O_2 时，有机质分解慢且不彻底，利于反硝化作用的进行，造成氮素的损失或导致亚硝态氮的累积而毒害根系。

土壤空气中 CO_2 的增多，使土壤溶液中碳酸和重碳酸离子浓度增加，这虽有利于土壤矿物质中的 Ca、Mg、P、K 等养分的释放溶解，但过多的 CO_2 往往会使 O_2 的供应不足，从而影响根系对这些养分的吸收。

(四)影响植物生长的土壤环境状况

在此所指的土壤环境状况主要包括土壤的氧化还原状况和土壤中有毒物质的含量状况。土壤通气性对其氧化还原状况影响较大,土壤通气良好时,土壤处于氧化状态。若通气不良,还原反应占优势,土壤中产生的还原性气体,如 CH_4、H_2S 等对作物有毒害作用。如土壤溶液中 H_2S 含量达到 $0.07mg/kg$ 时,水稻表现枯黄,稻根发黑。另外土壤缺氧时也影响到一些变价元素的存在形态,如 Fe^{2+}、Mn^{2+} 等还原性物质也增加,也会对作物产生毒害;同时,缺 O_2 还使土壤酸度增大,适于致病霉菌发育,并使植物生长不良,抗病力下降而易感染病害。

第二节 土壤热量

土壤温度是土壤热量状况的具体指标。它是由热量的收支和土壤本身的热性质决定的。了解土壤热量的收支,热性质和土壤温度的变化,对调节土壤热状况,满足作物对土壤温度状况的要求,提高土壤肥力,有着十分重要的意义。

一、土壤热量的来源和平衡

(一)土壤热量的来源

1. 太阳辐射能 太阳辐射能是土壤热量的主要来源。地球表面所获得的平均太阳辐射强度(指垂直于太阳光下 $1cm^2$ 的黑体表面在 $1min$ 内所吸收的辐射能)为 $8.148J/(cm^2 \cdot min)$,此值也称为太阳常数。由于大气层的吸收和散射,实际到达地面的辐射量仅为上述数值的 43% 左右。太阳辐射的强度依气候带、季节和昼夜而不同。我国长江以南地处热带和亚热带气候下,太阳辐射强度大于温带的华北地区,更大于寒温带的东北地区。

2. 生物热 土壤微生物在分解有机质的过程中常放出一定的热量,一部分被微生物自身利用,而大部分可用来提高土温。据估算,含有机质 4% 的土壤,每英亩耕层有机质的潜能为 $6.28×10^9 \sim 6.99×10^9 kJ$,相当于 20~50t 无烟煤的热量。可见土壤有机质每年产生的热量是巨大的。在保护地蔬菜栽培或早春育秧时,施用有机肥,并添加热性物质,如半腐熟的马粪等,就是利用有机质分解释放出的热量以提高土温,促进植物生长或幼苗早发快长。

3. 地球内热 地球内部也向地表传热。但因地壳导热能力很差,全年每平方厘米地面从地球内部获得的热量总共不超过 226J,比太阳常数小十余万倍,对土壤温度的影响很小。但在一些地热异常区,如温泉附近,这一因素则不可忽视。

(二)土壤热量平衡

土壤表面吸收太阳辐射热后,大部分消耗于土壤水分蒸发与大气之间的湍流热交换上,另一小部分被生物活动所消耗,只有很少部分通过热交换传导至土壤下层。单位面积上每单位时间内垂直通过的热量叫热通量,以 R 表示之,单位为 $J/(cm^2 \cdot min)$,它是热交换量的总指标。土壤的热量平衡是指土壤热量在一年中的收支情况,可以用下式表示:

$$S = Q \pm P \pm L_E \pm R$$

式中:S——土壤表面在单位时间内实际获得或失掉的热量;

Q——辐射平衡;

P——土壤与大气层之间的湍流交换量;

L_E——水分蒸发、蒸腾或水汽凝结而造成的热量损失或增加的量;

R——为土面与土壤下层之间的热交换量。

上式各符号之间的正、负双重号,表示它们在不同情况下有增温或冷却的不同方向。一般情况下,在白天,太阳辐射能被土壤吸收后便变成热能,土表温度上升,S 为正值,因此要将热量传给邻近的空气层及下层土壤;在夜间,S 为负值,土表由于向外辐射不断损失热量,温度低于邻近的空气层及下层土壤,从空气层及下层土壤有热量输送至地表。在农业生产上,常用中耕松土、覆盖地面、设置风障、塑料大棚等措施以调节土壤温度。

二、土壤的热性质

土壤温度的变化,一方面受热源的制约,即外界环境条件的影响。另一方面则主要决定于土壤本身的热特性。

(一)土壤热容量

土壤受热而升温或失热而冷却的难易程度常用热容量表示。热容量是指单位重量(质量)或单位容积的土壤,当温度增加或减少1℃时所需要吸收或放出的热量。土壤热容量有两种表示方法:

单位重量(质量)的土壤每增减1℃所需要吸收或放出的热量,称为重量(质量)热容量,也叫土壤比热。用 C 表示,单位是 $J/(g \cdot ℃)$。

单位容积的土壤每增减1℃所需要吸收或放出的热量,称为容积热容量,用 C_V 表示,单位是 $J/(cm^3 \cdot ℃)$。重量热容量可以实际测定。而容积热容量不好实测,只能通过重量热容量来换算得到。两者的关系是 $C_V = C \times \rho$(ρ 是土壤容重)。

热容量是影响土温的重要热特性,如果土壤的热容量小,即升高温度所需的热量少,土温就容易升降,反之热容量愈大,土温升高或降低愈慢。

土壤是由固、液、气三相物质组成的,所以土壤热容量的大小决定于其固、液、气三相物质的组成比例。从表5-2可以看出,土壤中固、液、气三相组成的热容量有很大差异,不同固相物质热容量也不相同。其中土壤水分的容积热容量最大,空气的容积热容量很小,土壤中固体颗粒的容积热容量则介于两者之间。在土壤组成中,固体部分的矿物质和腐殖质可以认为是相对较稳定的组分,短期内难以发生重大变化,因而它对土壤热容量的影响也是相对稳定的。只有孔隙内的水与空气经常互为消长而变化,特别是水分在短时间内会发生较大变化,因此土壤含水量对土壤热容量的大小起着决定性的作用。至于土壤空气,由于热容量很小,虽然也是易变因素,但影响甚微。所以土壤湿度愈大,土壤热容量就愈大,增温慢,降温也慢;反之,土壤愈干燥,则土壤热容量也愈小,增温快,降温也快。在同一地区,砂土的含水量比黏土低,热容量比黏土小,因此砂土在早春白天升温较快,称为"热性土"。而黏土则相反,称为"冷性土"。

表 5-2　土壤组成物质的热容量(《土壤学》,黄昌勇,2000)

土壤组成分	重量热容量[$J/(g \cdot ℃)$]	容积热容量[$J/(cm^3 \cdot ℃)$]
土壤空气	1.004	1.255×10^{-3}
土壤水分	4.184	4.184
腐殖质	1.996	2.515
粗石英砂	0.745	2.163

(续)

土壤组成分	重量热容量[J/(g·℃)]	容积热容量[J/(cm³·℃)]
高岭石	0.975	2.410
石 灰	0.895	2.435
Fe₂O₃	0.682	—
Al₂O₃	0.908	—

(二) 土壤导热性

土壤吸收热量后，一部分用于它本身升温，一部分传送给邻近土层。土壤这种从温度较高的土层向温度较低的土层传导热量的性能，称为导热性，用导热率来衡量。土壤导热率是指单位厚度（1cm）的土层，两端温度相差1℃时，每秒钟通过单位断面（1cm²）热量的焦耳数。一般用 λ 表示，其单位是 $J/(cm \cdot s \cdot ℃)$。

表5-3　土壤不同组成分的导热率[J/(cm·s·℃)]（《土壤学》，黄昌勇，2000）

土壤成分	土壤空气	土壤水分	腐殖质	石 英	湿砂粒	干砂粒
导热率	2.092×10⁻⁴	5.021×10⁻³	1.255×10⁻²	4.427×10⁻²	1.674×10⁻²	1.674×10⁻³

从物理学可知，物质导热率大小主要决定于物质本身性质和物态（固、液、气），土壤导热率的大小，同样也决定于土壤固、液、气三相组成分及其比例。土壤不同组成分导热率列于表5-3，由此可见，在土壤三相组成中，空气的导热率最低，水的导热率居中，土壤矿物质的导热率最大。虽然矿物质导热率最大，但它是相对稳定而不易变化的。水和空气虽然导热率小于矿物质，但土壤中的水、气总是处于变动状态。因此土壤导热率的大小主要决定于土壤孔隙和含水量的多少。从图5-1可见，土壤导热率随含水量增加而增加，因为不仅在数量上水分增加易于传热，而且水分增加后使土粒间彼此相连，增加了传热途径（空气孔隙可看做不传热途径）。水的导热率比空气大25倍，所以湿土比干土导热快。导热率在低湿度时与土壤容重成正比关系，因为容重小，孔度高，孔隙中空气可视为不传热途径，所以导热率低；容重大，土粒彼此紧密接触，热能则易于传导。从图中还可看出，干土（含水量0%）导热率随容重增加较平缓，而随含水量增加急陡。由此得出，土壤含水量对土壤导热率增大的影响比容重增加的影响要显著得多。

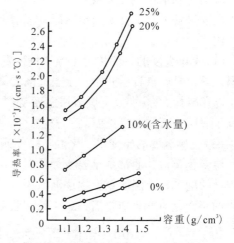

图5-1　容重、含水量和导热率的关系
（《土壤物理学》，华孟，1993）

三、土壤温度状况

(一) 影响土壤温度的因素

1. 环境因素对土壤热状况的影响　纬度：由于高纬度地区太阳照射倾斜度大，地面接收的太阳辐射能少，因此土壤温度一般低于低纬度地区。随着海拔高度的升高气温在下降，所以土温亦随海拔高度的升高而降低，山区低于平地。

坡向：与阳光照射时间有关，在北半球，南坡照射时间长，受热多，土壤温度高于北坡。

地面覆盖：当地面有覆盖时，可以阻止太阳直接照射，同时也可减少地面因蒸发而损失热能，土温变化较小。故霜冻前，地面加覆盖物可保土温不致骤降，冬季积雪也有利于保温。秸秆覆盖在冬季有利于保温，夏季有利于降温。地膜覆盖则是早春增温、保墒的重要措施。

2. 土壤特性对土壤热状况的影响　土壤颜色：深色土壤吸热多，散热也快。早春在菜田、苗床覆盖草木灰、炉渣等深色物质可提高土温。

土壤质地：砂性土，土壤含水量少，热容量小，导热率低，早春表土增温快，群众称为"热性土"，可提早播种；黏性土，土壤含水量多，热容量大，导热率高，早春表土增温慢，降温也慢，群众称为"冷性土"，播种必须推迟。

土壤松紧与孔隙状况：疏松多孔的土壤，导热率低，表层土温上升快；当表土紧实，孔隙少，导热率高，土温上升慢。

（二）土壤温度的变化规律

土壤热量主要来自太阳辐射能，辐射强度随昼夜和季节而变化，土壤温度也就相应地发生变化。

(1) 土壤温度的日变化。土温随昼夜发生的周期变化称为土温日变化。从表层几厘米的土温来看，早晨自日出开始，土温逐渐升高，下午2点左右达到最高，以后又逐渐下降，最低温度在凌晨5~6点。土壤表层温度变幅最大，而底层变化小以至趋于稳定。白天表层土温高于底层，夜间底层土温高于表层。

(2) 土壤温度的年变化。土温随一年四季发生的周期变化称为土温的年变化。土温和四季气温变化类似，通常全年表土最低温度出现在1~2月，最高温度出现在7~8月。随着土层深度的增加，土温的年变幅逐渐减小以致不变，最高、最低气温出现的时间也逐渐推迟。土温的年变化对安排作物播种、生长和收获时期极为重要。

四、土壤温度与植物生长及土壤肥力的关系

（一）土温影响植物种子发芽出苗

植物种子萌发要求有一定的土温。各种植物种子萌发的平均土温是不同的，如小麦、大麦和燕麦为1~2℃；谷子6~8℃；玉米10~12℃；棉花、水稻、花生则需12~14℃。种子萌发的速率随平均土温的提高而加快，如小麦在低温1~2℃时，萌发期需要15~20天，当土温升至9~10℃时，5天即可萌发。

（二）土温影响植物根系生长

一般植物在0℃以下根系不能发育，2~4℃时开始生长，10℃以上生长活跃，超过30℃时，根系生长则受到阻碍。不同植物根系生长最适土温是不同的（表5-4）。

表5-4　各种作物根系生长的适宜土壤温度（《土壤学》，林成谷，1981）

作物种类	小麦	玉米	棉花	甘薯	豆类	水稻
土温（℃）	12~16	24~28	25~35	18~19	22~26	30~35

(三) 土温影响植物的生理过程

在 0~40℃ 之间,细胞质的流动随升温而加速;在 20~30℃ 范围,温度升高,能促进有机物质的输导,温度过低影响作物体内养分物质的运送速率,有碍植物的生长;在 0~35℃ 范围内,温度升高可促进呼吸强度,但光合作用受温度影响较小,因此低温利于碳水化合物的积累;在一定温度范围内,根系对营养元素的吸收速度随温度升高而加快。所以适宜的土温对植物的营养生长和生殖生长都有促进作用。

(四) 土温对土壤肥力的影响

土壤温度是土壤肥力因素之一,它对土壤中其他的肥力因素也有影响。温度的变化对矿物的风化作用产生重大影响,它可以促进矿物质的分解,增加速效养分。在适宜的温度范围内(15~45℃),温度愈高,微生物活动愈强。土温过高或过低,微生物的活性均会受到抑制,影响到土壤有机质的转化过程,也影响到了各种养分的转化形态。另外温度上升加强了气体扩散作用,有助于气体的更新交流。同时土温愈高,土壤水分的运动也愈强烈。总之土壤肥力因素受土壤温度的影响是非常深刻的。

[思考题]

1. 土壤空气组成有哪些特点?
2. 土壤空气交换的方式及其影响因素有哪些?
3. 土壤的热特性有哪些?各自如何影响土壤温度状况?
4. 土壤空气和热量对植物生长有何影响?如何进行调控?

参考文献

[1] 林成谷. 土壤学. 北京:农业出版社,1981.
[2] 黄昌勇. 土壤学. 北京:中国农业出版社,2000.
[3] 王申贵. 土壤肥料学. 北京:经济科学出版社,2000.
[4] 陆欣. 土壤肥料学. 北京:中国农业大学出版社,2002.
[5] 西南农学院. 土壤学. 北京:农业出版社,1980.
[6] 林大仪. 土壤学. 北京:中国林业出版社,2002.
[7] 王荫槐. 土壤肥料学. 北京:中国农业出版社,1992.
[8] 华孟等. 土壤物理学(附实验指导). 北京:北京农业大学出版社,1993.

第六章
土壤胶体与土壤保肥供肥性

【重点提示】本章重点介绍土壤胶体的种类、性质,土壤或土壤胶体对阴离子、阳离子的吸附作用及影响因素;土壤中大量、中量、微量元素的含量、形态、转化及其与土壤供肥性能的关系和影响土壤供肥性的因素。

第一节 土壤胶体及性质

土壤胶体通常是指粒径在 1～100nm 之间(在长、宽、高三个方向,至少有一个方向在此范围内)的固体颗粒。也有文献称粒径为 1～200nm 的土粒为土壤胶体。

土壤胶体是土壤中最活跃的部分,很多重要的土壤性质都发生在土壤胶体和土壤溶液的界面上。它们的行为影响着土壤的发生与发展、土壤的理化性质及保肥供肥性。

一、土壤胶体的种类

土壤胶体按其成分和来源可分为无机胶体、有机胶体和有机无机复合胶体。

(一)无机胶体

无机胶体的组成复杂,包括层状硅酸盐黏土矿物和铁、铝、硅等的氧化物及其水合物。

1. 黏土矿物 黏土矿物是土壤无机胶体中最重要的部分,有着特殊的构造,它们在肥力上的重要作用和构造有关。

(1)黏土矿物的基本结构单位:黏土矿物都是由两个基本结构单位组成,即硅氧四面体和铝氧八面体。

硅氧四面体是由四个氧原子和一个硅原子组成(图6-1,图6-2)。在层状硅酸盐中,硅氧四面体以其底部的三个氧,分别与相邻的三个四面体共享,形成向二度空间延伸的片层,即硅氧片,成为晶层的基本单元。硅氧片上下面都具有六角形网孔,底面的六角网孔小些,且六个氧均不带电,而顶端的氧带负电荷(图6-3,图6-4)。

◉底层氧离子 ●硅离子

图 6-1 硅氧四面体

○顶层氧离子

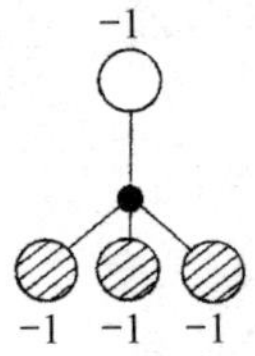

图 6-2 硅氧四面体构造

(《土壤学》,朱祖祥,1983)

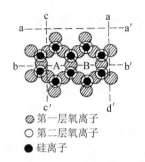
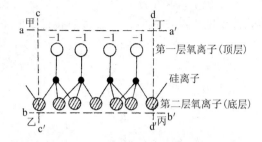

图 6-3　硅氧片（硅片）连接方式俯视图　　图 6-4　硅氧片（硅片）连接方式侧视图
（《土壤学》，朱祖祥，1983）

铝氧八面体为六个氧原子围绕一个铝原子构成。八面体中铝离子周围等距离地配上六个氧（氢氧），上下各三个，相互错开作最紧密堆积（图 6-5，图 6-6）。相邻两个八面体通过共用棱边的两个 OH 联结形成八面体片（图 6-7，图 6-8）。铝氧八面体也是晶层的基本单元。

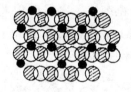
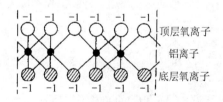

图 6-5　铝氧八面　　图 6-6　铝氧八面体构造
（《土壤学》，朱祖祥，1983）

图 6-7　水铝片（铝片）连接方式俯视图　　图 6-8　水铝片（铝片）连接方式侧视图
（《土壤学》，朱祖祥，1983）

自然界中，组成铝硅酸盐矿物晶层的硅氧四面体和铝氧八面体中的硅原子和铝原子可以被其他电性相同、大小相近的原子所取代，而晶格构造保持不变，这种现象叫做同晶代换或同晶异质代换。

（2）黏土矿物的种类和性质。根据晶体内所含硅氧片和铝氧片的数目和排列方式不同，层状铝硅酸盐矿物主要分为三组：高岭石组、蒙脱石组、水化云母组等。

高岭石组（1∶1 型矿物组）：包括高岭石、埃洛石、珍珠陶土、迪恺石等，以高岭石为最典型（图 6-9）。这类矿物的共同特点是：①晶层由一片硅氧片和一片铝氧片重叠组成；②晶层重叠时，晶层一面是铝氧片上的 OH 基团，另一面则是硅氧片上的氧原子，晶层间通过氢键连接，层间距离固定而不易膨胀，水和其他阳离子都不能进入；③晶片中没有或极少有同晶代换，阳离子交换量远远低于蒙脱石组和水云母组黏土矿物，一般为 3~15cmol（+）/kg；

④比表面积小，黏结性、黏着性和可塑性比较低。高岭石在土壤中分布很广，尤其在湿热气候条件下的土壤中最多，是红壤与砖红壤的主要黏土矿物。

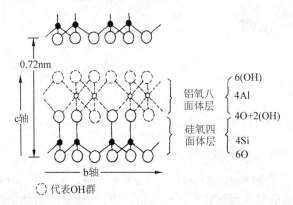

图6-9 高岭石(1:1型层状硅酸盐)晶体结构示意图
(《土壤学》，朱祖祥，1983)

蒙脱石组(膨胀型2:1型矿物组)：包括蒙脱石、拜来石、绿脱石、皂石等，以蒙脱石为代表(图6-10)。这类矿物因同晶置换不同，化学成分稍有差异，如蒙脱石主要由Mg^{2+}代换铝氧片中的Al^{3+}，拜来石主要由Al^{3+}代换硅氧片中Si^{4+}。它们的共同特点是：①晶层是由二片硅氧片夹一片铝氧片而成；②晶层上下面都是氧原子，晶层间通过氧键联接，联结力弱，水和其他阳离子易进入晶层间，晶体胀缩性很强；③晶层间普遍存在同晶置换，阳离子交换量较大，为70～130cmol(+)/kg，保肥力强；④颗粒细小，比表面积大，为700～800m^2/g，黏结性、黏着性和可塑性强，对耕作不利。蒙脱石在东北的黑土和内蒙古的栗钙土含量最多，华北地区的褐土、西北地区的灰钙土也含有蒙脱石。

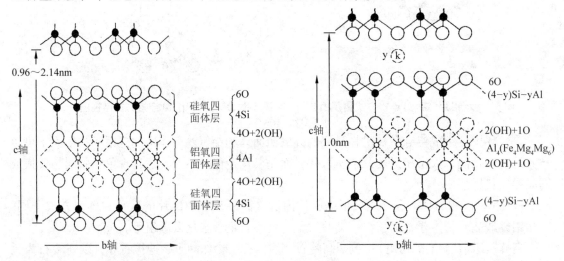

图6-10 蒙脱石(2:1型层状硅酸盐)晶体结构示意图 **图6-11 水云母(伊利石)晶体结构示意图**
(《土壤学》，朱祖祥，1983)

水云母组(非膨胀性2:1型矿物)：包括伊利石、海绿石和迪恺石，土壤中常见的是伊利石(图6-11)。其特点是：①晶层构造与蒙脱石相同，为2:1型矿物，但层间固定的是钾离子；②层间由 K$^+$ 键合，结合力强，可塑性与胀缩性较低；③同晶代换较普遍，阳离子交换量为 10~40cmol(+)/kg，保肥力介于蒙托石和高岭石之间；④颗粒较大，比表面较小，并以外表面为主，黏结性、黏着性和可塑性等均介于蒙托石和高岭石之间。水云母广泛分布在我国北方干旱和半干旱地区土壤中。由北向南随着降雨量的增大，土壤中水云母的含量逐渐减少，但在富含云母母质发育的土壤中仍然较多。

2. 氧化物组 主要包括铁、铝、锰、硅的氧化物及其水合物，以及水铝英石类矿物。其中，有晶质矿物，例如三水铝石($Al_2O_3 \cdot 3H_2O$)、水铝石($Al_2O_3 \cdot H_2O$)、针铁矿($Fe_2O_3 \cdot H_2O$)等；也有非晶质矿物，如水铝英石，它的特点是：有巨大的表面积，比表面为 300~700m^2/g，且内外表面各占一半，同时带有正、负两种电荷。在热带亚热带土壤中，这类矿物占优势，对这些地区的土壤胶体性质影响很大。

(二) 有机胶体

有机胶体主要是各种腐殖质，还有少量的木质素、蛋白质、纤维素等。腐殖质所含的官能团多，解离后所带电量也大，一般带负电荷，因而对土壤保肥供肥性影响很大。但易被微生物分解，稳定性较低，需通过施用有机肥、秸秆还田、绿肥等补充。

(三) 有机无机复合胶体

土壤有机胶体有 50%~90% 与无机胶体结合，形成有机无机复合胶体。土壤有机胶体和无机胶体可以通过多种方式结合，但大多数是通过二价、三价阳离子（如 Ca^{2+}、Fe^{3+}、Al^{3+}等）或功能图（如羧基、醇羟基等）将带负电荷的黏土矿物和腐殖质连接起来。有机胶体主要以薄膜状紧密覆盖于黏土矿物表面，还可以进入黏土矿物的晶层之间。通过这样的结合，可形成良好的团粒结构，改善土壤保肥供肥性能及水、气、热状况等多种理化性质。

二、土壤胶体的性质

(一) 土壤胶体的表面积

土壤胶体表面积通常用比表面积，即单位质量土壤或土壤胶体的表面积来表示，它是评价土壤表面化学性质的指标之一。

土壤胶体的表面可以分为内表面和外表面。内表面是指膨胀性黏土矿物层间的表面；外表面是指黏土矿物的外表面以及由腐殖质、游离氧化铁、游离氧化铝等包被的表面。不同土壤胶体的比表面差异很大（表 6-1）。

表 6-1 土壤中常见黏土矿物的比表面积(m^2/g)(《土壤学》，黄昌勇，2000)

胶体成分	内表面积	外表面积	总表面积
蒙脱石	700~750	15~150	700~850
蛭石	400~750	1~50	400~800
水云母	0~5	90~150	90~150
高岭石	0	5~40	5~40
埃洛石	0	10~45	10~45
水化埃洛石	400	25~30	430
水铝英石	130~400	130~400	260~800

土壤胶体表面积的大小随胶体颗粒的不断破裂而逐渐增加。颗粒愈细，比表面积愈大，表面能愈大，吸附能力也愈强。

（二）土壤胶体的电性

1. 土壤胶体的电荷　土壤胶体的组成特性不同，产生电荷的机制各异。根据电荷的产生机制和性质可以把土壤胶体电荷分为永久电荷和可变电荷。

（1）永久电荷：它是由于矿物晶格内部的同晶置换所产生的电荷。在晶体形成过程中，由于低价阳离子置换了晶格中的高价阳离子，例如 Al^{3+} 置换四面体中 Si^{4+} 或 Fe^{2+}、Mg^{2+} 置换八面体中的 Al^{3+}，则造成正电荷的亏缺，产生剩余负电荷。由于同晶置换一般形成于矿物的结晶过程，一旦晶体形成，它所具有的电荷就不受外界环境（如溶液 pH 值和电解质浓度等）的影响，因此称作永久负电荷。同晶置换是 2∶1 型层状黏土矿物负电荷的主要来源。

（2）可变电荷：由胶体固相表面从介质中吸附离子或向介质中释放离子而产生的电荷，它的数量和性质随着介质 pH 值的变化而变化，所以称为可变电荷。产生可变电荷的主要原因是胶核表面分子（或原子团）的解离：

①含水氧化硅（$SiO_2 \cdot H_2O$ 或 H_2SiO_3）的解离：

$H_2SiO_3 + OH^- \longrightarrow HSiO_3^- + H_2O$

$HSiO_3^- + OH^- \longrightarrow SiO_3^{2-} + H_2O$

②黏土矿物晶面上 OH 基中 H^+ 的解离：

$$\text{结晶格}\begin{array}{l}-OH\\-OH\\-OH\end{array} \rightleftharpoons \text{结晶格}\begin{array}{l}-O^-\\-O^-\\-O^-\end{array} + 3H^+$$

高岭石类黏土矿物晶体表面含 OH 较多，所以这一机制对高岭石类胶体电荷的产生特别重要。

③腐殖质上某些原子团的解离：

$R-COOH \longrightarrow R-COO^- + H^+$

土壤腐殖质是两性胶体，一般进行上述解离，使胶粒带负电荷；但在土壤酸性较强或悬液 pH 值低于等电点时，腐殖质分子上的胺基（$-NH_2$）则可吸收 H^+ 而带正电荷。

④含水氧化铁、铝表面分子中 OH 的解离：含水氧化铁、铝属于两性胶体，在酸性条件下解离出 OH^-，使胶粒带正电荷；在碱性条件下解离出 H^+，使胶粒带负电荷，这种作用与普通的酸碱解离相似。

在酸性条件下（一般 pH 值 <5），

$Fe(OH)_3 \longrightarrow Fe(OH)_2^+ + OH^-$

在碱性条件下，

$Fe(OH)_3 \longrightarrow Fe(OH)_2O^- + H^+$

2. 土壤胶体的基本构造　土壤胶体在分散溶液中构成胶体分散系，它包括胶体微粒和粒间溶液两大部分（图 6-12）。胶体微粒由以下几部分构成：

（1）微粒核：微粒核（胶核）是胶体的固体部分，主要由黏粒、腐殖质、蛋白质及有机无机复合体组成。

（2）双电层：双电层包括决定电位离子层和补偿离子层两部分。

决定电位离子层是固定在胶核表面决定其电荷和电位的离子层,又称双电层内层。所带电荷的符号视组成和所处条件(如土壤溶液 pH 值等)而定。在一般土壤条件下带负电荷。

由于决定电位离子层的存在,必然吸附土壤溶液中相反电荷的离子,形成补偿离子层,又称双电层外层。根据被决定电位离子层吸着力的强弱和活动情况,补偿离子层又分为两部分,即非活性层和扩散层。非活性层紧靠决定电位离子层,不能自由活动,难以解离,基本上不起交换作用,所吸附的养分较难被植物吸收利用。扩散层分布在非活性层以外,离胶核较远,被吸附得较松,有较大的活动性,可与周围环境中的离子进行交换,即通常所说的土壤离子交换作用。

在双电层中,决定电位离子层与补偿离子层的电荷

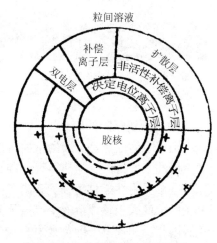

图 6-12 土壤胶体的结构示意图
(《土壤学基础与土壤地理学》,1980)

符号不同,电量相等,因而整个胶体微粒的电性是中和的。通常所说的胶体带电,是指不包括扩散层部分的胶粒带电。在决定电位离子层与土壤溶液之间产生的电位差,称为完全电位(ε 电位)。对同一种胶体系统来说,完全电位基本不变。非活性的补偿离子层作为胶粒的一部分在电场中移动。非活性补偿离子层与粒间溶液之间产生的电位差,称为电动电位,或扩散层电位(ξ 电位)。它的高低决定于扩散层的厚薄,而扩散层的厚薄又与胶体类型、离子电荷数量及离子水化度有关。

(三)土壤胶体的凝聚性和分散性

土壤胶体分散在土壤溶液中,由于胶粒有一定的电动电位,有一定厚度的扩散层相隔,而使之能均匀地分散呈溶胶态,这就是胶体的分散性。当加入电解质时,胶粒的电动电位降低趋近于零,扩散层减薄进而消失,使胶粒相聚成团,此时由溶胶转变为凝胶,这就是胶体的凝聚性。胶体的凝聚性有助于土壤结构的形成。胶体的分散和凝聚主要与加入的电解质种类和浓度有关。

(1)电解质的种类。不同的电解质使胶体呈现不同的电动电位,一般是一价离子>二价离子>三价离子。电动电位大的离子,分散性强,凝聚性弱;反之,则分散性弱,凝聚性强。土壤溶液中常见阳离子的凝聚力大小顺序为:$Fe^{3+} > Al^{3+} > Ca^{2+} > Mg^{2+} > H^+ > K^+ \geqslant NH_4^+ > Na^+$。一般讲,一价阳离子如 K^+、Na^+、NH_4^+ 等引起的凝聚是可逆的,由这类物质形成的团聚体是不稳定的。由 Ca^{2+}、Fe^{3+} 等二三价离子引起的凝聚是不可逆的,可形成稳定性强的团聚体。钙盐的凝聚力较强,又是重要的植物营养元素,且价格低廉易取得,在农业中常用它作凝聚剂。例如,在我国南方一些烂泥田,土粒分散呈溶胶态,施用石膏或石灰后会使稀泥下沉,促使秧苗扎根返青。

(2)电解质浓度。胶体的凝聚力随电解质浓度的增大而增强,即使凝聚力弱的一价离子,其浓度大时,也可使溶胶变为凝胶。反之,即使是三价阳离子,如果浓度太小,也不能使处于分散状态的溶胶凝聚下来。农业生产上常用烤田、晒垡、冻垡等措施增加土壤溶液中电解质的浓度,以促进胶体的凝聚,改善土壤的结构和一些不良的物理性质。

第二节 土壤胶体的吸附保肥性

一、土壤吸附性能的一般概念

(一)土壤吸附的概念

土壤吸附性能是土壤的重要特性,它对于土壤的形成、土壤水分状态、植物营养与土壤肥力以及土壤污染自净能力等,均起着极为重要的作用。

土壤吸附性能是指分子和离子或原子在固相表面富集过程。土壤固相和液相界面离子或分子的浓度大于整体溶液中该离子或分子浓度的现象,称正吸附。在一定条件下也会出现与正吸附相反的现象,即负吸附,这是土壤吸附性能的另一种表现。

(二)土壤吸附性能的类型

按照吸附机理可以把土壤吸附性能分为交换性吸附、专性吸附和负吸附等三种:

(1)交换性吸附。靠静电引力(库仑力)从溶液中吸附带反向电荷的离子或极性分子,在土壤固相表面被静电吸附的离子可与溶液中其他的离子进行交换。

(2)专性吸附。专性吸附是非静电因素引起的土壤对离子的吸附,它是指离子通过表面交换与晶体上的阳离子共享1个(或2个)氧原子,形成共价键而被土壤吸附的现象。

(3)负吸附。负吸附是指土粒表面的离子或分子浓度低于整体溶液中该离子或分子的浓度现象。

从严格意义上来说,化学沉淀不是界面化学行为,因此不是土壤吸附。但化学沉淀常作为一种吸附机理,以补充土壤对磷酸根等阴离子吸附的解释,所以有时与土壤吸附难以区分,故可作为土壤吸附性能的次要类型。

二、土壤胶体对阳离子的吸附作用

(一)阳离子交换作用

1. 阳离子交换作用的概念 自然条件下,土壤胶体一般带负电荷,胶体表面靠静电作用力吸附着多种带正电荷的阳离子。这些被吸附的阳离子一般都可以被溶液中另一种阳离子交换而从胶体表面解吸。把这种可以交换的阳离子叫做交换性阳离子,而把发生在土壤胶体表面的交换反应称之为阳离子交换作用。可用下式表示:

$$\begin{matrix} K^+ & NH_4^+ & NH_4^+ \\ K^+ & \boxed{土壤胶体} & Na^+ \\ & H^+ & Mg^{2+} & Na^+ \end{matrix} + 3Ca^{2+} \rightleftharpoons Ca^{2+} \boxed{土壤胶体} \begin{matrix} Ca^{2+} \\ H^+ & Mg^{2+} \end{matrix} - Ca^{2+} + 2K^+ + 2Na^+ + 2NH_4^+$$

2. 土壤阳离子交换作用的特征

(1)阳离子交换是一个可逆反应,能迅速达到平衡。但这种平衡是相对的动态平衡,如果溶液中的离子组成或浓度发生改变,胶体上的交换性离子就要和溶液中的离子产生逆向交换,已被胶体表面静电吸附的离子重新归还溶液中,直至建立新的平衡。这一原理,在农业化学中有重要的实践意义。如植物根系从土壤溶液中吸收某阳离子养分后,降低了溶液中该阳离子的浓度,土壤胶体表面的离子就解吸、迁移到溶液中,被植物根系吸收利用。另外,可通过施肥、施用土壤改良剂以及其他土壤管理措施恢复和提高土壤肥力。

(2)阳离子交换遵循等价离子交换的原则：即等量电荷对等量电荷的反应。例如，用一个二价的钙离子去交换两个一价的钾离子，则1mol的Ca^{2+}离子可交换2mol的K^+离子。同样，1mol的Fe^{3+}离子需要3mol的H^+或Na^+离子来交换。

(3)阳离子交换符合质量作用定律：在一定温度下，对于任何一个阳离子交换反应，根据质量作用定律则有：

$$K = \frac{[产物1][产物2]}{[反应物1][反应物2]} \quad (K 为平衡常数)$$

根据这一原理，离子价数较低，交换能力较弱的离子，如果提高其浓度，也可以交换出离子价数较高、吸附力较强的离子。这对施肥实践以及土壤阳离子养分的保持等有重要意义。在土壤碱化过程中，中性钠盐的钠离子能交换土壤吸附性钙离子，也是这个缘故。

3. 阳离子交换能力 阳离子交换能力是指一种阳离子将胶体上另一种阳离子交换出来的能力。影响阳离子交换能力的主要因素有：

(1)离子电荷：离子浓度相同时，溶液中离子的电荷价越高，受胶体的静电吸附力越大，交换能力越强。因此，阳离子的交换能力一般是$M^{3+} > M^{2+} > M^+$。

(2)离子半径与水化度：同价离子的交换能力主要决定于离子的半径及水合度。一般情况下，离子的半径越大，单位表面积的电荷量（即电荷密度）越小，对极性水分子的吸引力越弱，水合半径越小，交换能力较强。反之，离子半径小的，交换力弱（表6-2）。

表6-2 离子价、离子半径、水合半径与离子交换能力的顺序
(《土壤学》黄昌勇，2000 与《土壤学》河北农大，1991)

离子	Li	Na	K	NH_4	Rb	Ca	Mg
化合价	+1	+1	+1	+1	+1	+2	+2
离子半径 nm	0.078	0.098	0.133	0.143	0.149	0.018	0.106
水合离子半径 nm	1.008	0.79	0.537	0.532	0.509	1.330	1.000
交换力	小←						→大

在阳离子交换能力的序列中，氢离子是个例外。因为，H^+的半径较小，水化程度极弱，且它的运动速度快，易被胶粒吸附，故其交换力很强。

土壤中主要阳离子交换能力大小的顺序是：

$$Fe^{3+} > Al^{3+} > H^+ > Ca^{2+} > Mg^{2+} > K^+ \geq NH_4^+ > Na^+$$

(3)离子浓度：阳离子交换反应受质量作用定律的支配。因此，对交换能力较弱的阳离子如其浓度足够高，也可以交换那些交换能力较强的阳离子。根据这一原理，可以通过施用石灰增加Ca^{2+}的浓度，从而达到改良土壤酸性的目的。施用铵态氮肥时，NH_4^+同样可以交换土壤胶体表面吸附态的Ca^{2+}，而将NH_4^+保存在胶粒表面，不至随水流失。

4. 土壤阳离子交换量及影响因素 土壤阳离子交换量（CEC）是指pH值为7时每千克土壤所吸附的全部交换性阳离子的厘摩尔数，以cmol(+)/kg表示。是衡量土壤肥力的主要指标，它直接反映了土壤的保肥、供肥性能和缓冲能力。一般认为，阳离子交换量在20cmol(+)/kg以上为保肥力强的土壤；10~20cmol(+)/kg为保肥力中等的土壤；<10cmol(+)/kg土壤为保肥力弱的土壤。

影响土壤阳离子交换量大小的主要因素有：

(1) **胶体的类型**：不同类型的土壤胶体，所带的负电荷量差异很大，其阳离子交换量也明显不同。有机胶体(腐殖质)CEC 最大；在层状铝硅酸盐矿质胶体中，2∶1 型矿物的 CEC 比 1∶1 型矿物大得多；三氧化物胶体的 CEC 很小(表6-3)。

表6-3　不同类型土壤胶体的阳离子交换量(CEC)

(《土壤学》黄昌勇，2000 与《土壤学》，河北农业大学，1991)

土壤胶体	一般范围[cmol(+)/kg]	土壤胶体	一般范围[cmol(+)/kg]
有机胶体	200~500	伊利石	10~40
蛭石	100~150	高岭石	3~15
蒙脱石	60~100	三氧化物	2~4

(2) **土壤质地**：土壤质地越黏重，阳离子交换量越大。砂土的阳离子交换量为 1~5cmol(+)/kg、砂壤土 7~8cmol(+)/kg、壤土 15~18cmol(+)/kg、黏土 25~30cmol(+)/kg。

(3) **土壤 pH 值**：pH 值是影响可变电荷的重要因素。随着土壤 pH 值的升高，土壤可变负电荷增加，土壤阳离子交换量增大。可见，在测定土壤阳离子交换量时，控制 pH 值是很重要的。

我国土壤的阳离子交换量有由南向北、由东向西呈逐渐增加的趋势。南北的差异主要是由于黏土矿物的组成不同所致，东西的差异与土壤质地有关。北方土壤以蒙脱石、伊利石为主，阳离子交换量大，在 20cmol(+)/kg 以上，高的可达 50cmol(+)/kg 以上。南方红壤黏粒以高岭石及含水氧化铁铝为主，阳离子交换量一般较小，通常在 20cmol(+)/kg 以下。

5. 土壤盐基饱和度　土壤胶体上吸附的交换性阳离子可以分为两种类型：一类是致酸离子，如 H^+、Al^{3+} 离子；另一类是盐基离子，如 K^+、Na^+、Ca^{2+}、Mg^{2+}、NH_4^+ 离子等。盐基饱和度是指土壤中交换性盐基离子总量占阳离子交换量的百分数，即：

$$盐基饱和度(\%) = \frac{交换性盐基总量}{阳离子交换量} \times 100\%$$

当土壤胶体上吸附的阳离子全部是盐基离子时，土壤呈盐基饱和状态，称之为盐基饱和的土壤。当土壤胶体吸附的阳离子仅部分为盐基离子，而其余部分则为致酸离子时，该土壤呈盐基不饱和状态，称之为盐基不饱和土壤。

土壤盐基饱和度的高低与土壤酸碱性关系密切。一般而言，盐基饱和的土壤具有中性或碱性反应，而盐基不饱和的土壤则呈酸性反应。我国土壤的盐基饱和度有由北向南逐渐减小的趋势。在干旱、半干旱的北方地区，土壤的盐基饱和度大，土壤的 pH 值也较高；而在多雨湿润的南方地区，土壤盐基饱和度较小，土壤 pH 值也低。

盐基饱和度也是判断土壤肥力水平的重要指标，盐基饱和度≥80% 的土壤，一般认为是很肥沃的土壤。盐基饱和度为 50%~80% 的土壤为中等肥力水平，而饱和度低于 50% 的土壤肥力较低。

(二) 土壤胶体对阳离子的专性吸附

被专性吸附的阳离子主要是过渡金属离子。过渡金属离子具有较多的水合热，较易水解成羟基阳离子，致使离子向吸附剂表面靠近时所需克服的能量降低，从而有利于与表面的相互作用。

产生专性吸附的土壤胶体物质主要是铁、铝、锰等的氧化物。这些氧化物的结构特征是，一个或多个金属离子与氧或羟基相结合，其表面由于阳离子键不饱和而水合，因而带有可离解的水基或羟基。过渡金属离子可以与其表面上的羟基相作用，生成表面络合物。层状硅酸盐矿物在某些情况下对重金属离子也可以产生专性吸附，因为层状硅酸盐的边面上裸露的 Al—OH 和 Si—OH 基与氧化物表面的羟基相似，因此有一定程度的专性吸附能力。

被土壤胶体专性吸附的金属离子均为非交换态，不能参与一般的阳离子交换反应，只能被亲和力更强的金属离子置换或部分置换，或在酸性条件下解吸。由于专性吸附对微量金属离子具有富集作用的特性，对控制土壤溶液中金属离子浓度具有重要意义，因此对研究土壤重金属污染与转换、植物营养化学、指导合理施肥等具有重要意义。

三、土壤胶体对阴离子的吸附与交换

土壤对阴离子的吸附既有与阳离子相似的地方，又有不同之处。如土壤胶体对阴离子也有静电吸附和专性吸附作用，但由于土壤胶体多数是带负电荷的，因此在多数情况下，阴离子常出现负吸附。阴离子在胶体表面所发生的吸附反应不仅影响土壤的理化性质，而且对阴离子态养分的供给和有毒阴离子的活性分别起着调节和控制作用。

(一) 阴离子的静电吸附

土壤对阴离子的静电吸附，是当土壤胶体带正电荷时所引起的。产生静电吸附的阴离子主要是 Cl^-、NO_3^-、ClO_4^{2-} 等，被吸附的阴离子也可以与其他阴离子进行交换，但它们的交换作用比阳离子要弱得多。

与胶体对阳离子的静电吸附相同，这种吸附作用是由土壤胶体表面与离子之间的静电作用力控制，因此，凡是能够影响这种作用力的因素都可影响对阴离子的静电吸附。这些因素包括离子的本性和数量、土壤的特征以及环境条件(如：溶液的 pH 值、电解质浓度、陪伴阳离子等)。对于同一种土壤，当环境条件相同时，反号离子的价数愈高，则吸引力愈强；对于同价离子，离子的半径愈小，则水合半径愈大，二者间的吸引力就小；另外一般随离子浓度的增大吸附量有增加的趋势。随着 pH 值的降低，胶体表面的正电荷增加，负电荷减少，对阴离子的静电吸附增加。

(二) 阴离子的负吸附

由于大多数土壤胶体带负电荷，对阴离子具有排斥作用，距离土壤胶体愈近，排斥作用愈强，从而导致近胶体表面的阴离子浓度较自由溶液中者小(即自由溶液中阴离子浓度相对增大)的现象称为阴离子的负吸附。负吸附作用随阴离子价数的增加而加强，随陪伴阳离子价数的增加而减少。例如在钠质膨润土中，不同钠盐的陪伴阴离子的负吸附顺序为：$Cl^- = NO_3^- < SO_4^{2-} < Fe(CN)_6^{3-}$，在不同阳离子饱和的黏土与含相应阳离子的氯化物溶液的平衡体系中，Cl^- 离子的负吸附大小的次序为：$Na^+ > K^+ > Ca^{2+} > Ba^{2+}$。此外，负吸附也受土壤胶体数量、类型及胶体负电荷数量和密度的影响，如不同黏土矿物对阴离子的负吸附作用次序为：蒙脱石＞伊利石＞高岭石。然而，由于阴离子与土壤固相之间容易发生化学反应，常导致负吸附现象被掩盖。

(三) 阴离子的专性吸附

阴离子的专性吸附又称配位吸附，是指阴离子进入黏土矿物或氧化物表面的金属原子壳中，与配位壳中的羟基或水合基重新配位，并直接通过共价键或配位键结合在固体的表面。

产生专性吸附的阴离子主要有 F^- 离子、磷酸根、硫酸根、砷酸根、有机酸根等含氧酸根离子。这些阴离子不仅可以在带正电荷的表面吸附，也可在带负电荷或不带电的表面吸附，这种吸附发生在胶体双电层的内层或 Stern 层。专性吸附的阴离子是非交换态的，在离子强度和 pH 值固定的条件下，不能被静电吸附的离子置换，而只能被专性吸附能力更强的阴离子置换或部分置换。阴离子专性吸附的结果导致表面正电荷减少，负电荷增加，体系的 pH 值上升。

第三节 土壤养分状况

高等植物正常生长必需的 16 种营养元素，由于植物对它们的需要量不同，将它们分为大量营养元素、中量营养元素和微量营养元素。大量元素一般占植物干物质重量的百分之几十到千分之几，它们是碳(C)、氢(H)、氧(O)、氮(N)、磷(P)、钾(K)6 种；中量元素占植物干物质重量的百分之几到千分之几，它们是钙(Ca)、镁(Mg)、硫(S)3 种；微量元素的含量只占植物干物质重量的千分之几到十万分之几，它们是铁(Fe)、硼(B)、锰(Mn)、铜(Cu)、锌(Zn)、钼(Mo)、氯(Cl)7 种。在 16 种营养元素中除碳(C)、氢(H)、氧(O)三者主要来自空气和水外，其余主要依靠土壤提供，我们把依靠土壤提供的营养元素称为土壤养分。土壤养分是土壤肥力的重要物质基础，也是植物营养元素的主要来源。因此，土壤养分的丰缺是评价土壤肥力的重要内容之一。

一、土壤中的大量元素

(一)土壤氮素状况

土壤中的氮素是在土壤的形成和熟化培肥过程中逐渐积累起来的。其来源可概括为以下几方面：①施入土壤的化学氮肥；②施入土壤的植物残体，如绿肥、厩肥等有机肥；③生物固氮。

1. 土壤中氮素的含量 土壤耕层全氮量一般在 0.4~3.8g/kg 之间，多数在 1.0g/kg 以下，平均为 1.3±0.5g/kg，从各地耕层土壤的含氮量来看，以东北黑土地区最高，华南、西北和青藏地区次之，黄淮海平原地区和西北黄土高原地区最低。自然土壤的土壤全氮量高于农田，平均为 2.9±1.5g/kg，其表层土壤的全氮量自东向西随降水量的逐渐减少和蒸发量逐渐增大而逐渐减少，由北向南，随温度的增高有一个南北略高，中部略低的特点。

2. 土壤中氮素的形态 土壤中氮素的形态可分为无机态和有机态两大类。

(1)无机态氮：无机态氮，也称为"矿质态氮"，主要以 NH_4^+—N、NO_3^-—N、NO_2^-—N 的形式存在；在一般土壤中 NO_2^-—N 含量极低，一般不稳定，土壤中积累过多时会对作物产生毒害；NH_4^+—N 和 NO_3^-—N 都是水溶性的，称为速效态氮，可被植物直接吸收利用。NO_3^- 通常存在于土壤溶液中，易引起流失；而 NH_4^+ 被吸附保持在土壤胶体上，避免了流失。一般来说，土壤无机态氮的含量通常占全氮量的 1%~2%，最多不超过土壤全氮的 5%。

(2)有机态氮：土壤中的的氮主要以有机态氮为主，其含量占土壤全氮的 90% 左右。根据有机氮的水溶性和水解性的难易程度又可分为三类：

① 水溶性有机氮。水溶性有机氮主要包括一些结构简单的游离氨基酸，胺盐或酰胺类化合物。其中分子量小的可以被植物直接吸收利用，分子量较大的虽不能被植物直接吸收，但易于水解，并迅速释放出铵离子，因此成为作物重要速效氮的来源。其含量一般不超过土

壤全氮量的5%。

② 水解性有机氮。水解性有机氮通常是指用酸、碱或酶处理后能水解为较简单的易溶性含氮化合物或能生成铵离子被植物直接吸收利用的有机氮,它包括蛋白质类、核蛋白类、氨基糖类以及尚未鉴定的氮等,它们在微生物的作用下,分解后均可成为作物的氮源。其总量约占土壤全氮量的50%~70%。

③ 非水解性有机氮。非水解性有机氮包括多醌物质与铵缩合而成的杂环状含氮化合物,糖类与铵的缩合物,蛋白质或铵与木质素缩合形成的复杂环状结构物质,其含量约为土壤全氮量的30%~50%。由于其结构复杂而又稳定,很难水解,因而,就其生物有效性来讲,远不及水溶性有机氮和水解性有机氮。

3. 土壤中氮素的转化　土壤中的含氮有机物只有一小部分是水溶性的,绝大部分呈复杂的蛋白质、腐殖质以及生物碱等形态存在。其转化过程包括矿化过程、硝化过程、反硝化过程、生物固氮、氮素的固定与释放、氨的挥发和氮的淋溶等。其矿化过程、硝化过程、反硝化过程在有机质一章已作了详细介绍。这里主要介绍无效化过程,氮素的晶格固定和生物固定。

(1) NH_4^+ 晶格固定：是指 NH_4^+ 陷入2:1黏粒晶架的孔穴内,暂时失去其生物有效性,转化为固定态铵的过程。这种作用主要发包生在蒙脱石、伊利石和蛭石为主的土壤中。

(2) 生物固定：矿化过程生成的铵态氮、硝态氮和一些简单的氨基态氮(NH_2),通过微生物和植物吸收同化,成为生物有机质的组成部分,称为无机氮的生物固定。

(二) 土壤磷素状况

1. 土壤中磷的含量　我国自然土壤的全磷含量大部分变化在0.2~1.1g/kg之间,并且随风化程度的增加而有所减少,表现在从北向南,从西向东土壤含磷量呈递减趋势。但由于磷的移动性小,因而在同一地域内磷素含量也有局部差异。

2. 土壤中磷素的形态　土壤磷素的形态主要分为有机态和无机态两大类。

(1) 土壤中的无机态磷：土壤中的无机磷化合物比较复杂,种类繁多,主要以正磷酸盐存在。其数量占土壤中全磷量的2/3~3/4以上。按其溶解度可分两大类。

① 难溶性磷酸盐。磷酸钙(镁)类(以 Ca—P 表示),磷酸根在土壤中与钙、镁碱土金属离子,以不同比例结合形成一系列不同溶解度的磷酸钙、镁盐类。它们是石灰性或钙质土壤中磷酸盐的主要形态。在我国北方石灰性土壤中常见的磷酸盐有：磷灰石 $Ca_5(PO_4)_3 \cdot F$、羟基磷灰石 $Ca_5(PO_4)_3 \cdot OH$、磷酸三钙 $Ca_3(PO_4)_2$ 和磷酸八钙 $Ca_8(PO_4)_6 \cdot 5H_2O$、磷酸十钙 $Ca_{10}(PO_4)_6 \cdot (OH)_2$,分子组成中 Ca/P 比越大,稳定性增大,溶解度越小,对植物的有效性越低。

磷酸铁和磷酸铝类(以 Fe—P,Al—P 表示)：在酸性土壤中,无机磷中的大部分与土壤中的铁、铝结合生成各种形态的磷酸铁和磷酸铝类化合物。这类化合物有的呈凝胶态,有的呈结晶态。在土壤中常见的有粉红磷铁矿 $Fe(OH)_2 \cdot H_2PO_4$,磷铝石 $Al(OH)_2 \cdot H_2PO_4$,它们的溶解度极小。在积水土壤中,常有蓝铁矿 $Fe_3(PO_4)_2 \cdot 8H_2O$,绿铁矿 $Fe_3(PO_4)_2 \cdot Fe(OH)_2$ 存在。

闭蓄态磷(以 O—P 表示)：这类磷是由氧化铁或氢氧化铁胶膜包被的磷酸盐。由于氧化铁或氢氧化铁的溶解度极小,被它所包被的磷酸盐溶解的机会就变得更小,很难发挥作用。在酸性土壤中,这种磷的含量可达50%以上,在石灰性土壤中也可达到15%~30%,但包被的不是氧化铁一类的物质，而是钙质的不溶性化合物。

② 易溶性磷酸盐。此类磷酸盐包括水溶性和弱酸溶性磷酸盐两种。水溶性磷酸盐主要是一价磷酸的盐类，如磷酸一钙 $Ca(H_2PO_4)_2$ 为速效态，易被植物吸收利用。弱酸溶性磷酸盐（$CaHPO_4$）多存在于中性至弱酸性土壤环境中，也属于有效态磷酸盐。但它不如水溶性磷酸盐的有效程度高。

以上两种易溶性磷酸盐，它们在土壤中存在的数量一般很少，只有百万分之几至几十。

(2) 土壤中的有机态磷：一般耕作土壤中，有机磷含量约占全磷量的25%~56%。在侵蚀严重的红壤中不足10%，而东北地区的黑土有机磷的含量较高，可达70%以上。一般黏质土有机磷含量比砂质土高。土壤中有机磷化合物主要有以下三种类型：

① 植素类：土壤中的植素是经微生物作用后形成的。在纯水中的溶解度可达10mg/kg左右，pH值越低，溶解度越大，多数植素须通过微生物的植素酶水解，形成 H_3PO_4，才对植物有效。植素类磷在土壤有机磷总量中占20%~50%，是土壤有机磷的主要类型之一。

② 核酸类：核酸是一类含磷、氮的复杂有机化合物；多数人认为核酸是直接从生物残体特别是微生物体中的核蛋白质分解出来的。核酸态磷在土壤有机磷总量中约占5%~10%，经微生物作用，分解为磷酸盐后才可为植物吸收。

③ 磷脂类：是一类不溶于水，而溶于醇或醚的含磷的有机化合物，土壤中含磷脂化合物很少，不足有机磷总量的1%。磷脂类化合物经微生物分解转化为有效磷才能被植物利用。

以上几种有机态磷的总量约占有机磷的70%左右，土壤还有20%~30%的有机态磷不清楚，需进一步研究。土壤有机磷通过矿化作用转化为无机磷植物才能利用。

3. 土壤中磷素的转化 土壤中磷的转化包括难溶性磷释放和有效磷的固定过程。

(1) 有效磷的固定。有效磷的固定形式主要有以下几种：

① 化学固定：由化学作用所引起的土壤中磷酸盐的转化，一种是在中性、石灰性土壤中水溶性磷酸盐和弱酸溶性磷酸盐与土壤中水溶性钙、镁盐、吸附性钙、镁及碳酸钙、镁作用发生化学固定。另一种是在酸性土壤中水溶性磷酸盐和弱酸溶性磷酸盐与土壤溶液中活性铁、铝或代换性铁、铝作用生成难溶性铁、铝沉淀。

② 吸附固定：土壤固相对溶液中磷酸根离子的吸附作用，称为吸附固定。分非专性吸附和专性吸附。非专性吸附主要发生在酸性土壤中，由于酸性土壤 H^+ 浓度高，黏粒表面的 OH^- 质子化形成 —O(H)(H)，经库仑力的作用，与磷酸根离子产生非专性吸附：

铁、铝多的土壤易发生磷的专性吸附，磷酸根与氢氧化铁、铝，氧化铁、铝的 Fe—OH 或 Al—OH 与配位基交换，称为专性吸附。

(单键吸附)　　(双键吸附)

③闭蓄态固定：是指磷酸盐被溶度积常数很小的无定形铁、铝、钙等胶膜所包蔽的过程。

④生物固定：当土壤有效磷不足时就会出现微生物与作物争夺磷营养而发生生物固定。

(2)有机磷的有效化。土壤中绝大部分有机态磷化合物需经过磷细菌的作用，逐步水解释放出磷酸后，才能供给植物吸收利用，其分解过程参看土壤有机质一章。

(3)无机态磷酸盐的有效化。即由无机态难溶性的磷酸盐转化为易溶性磷酸盐的过程。土壤在长期的风化和成土过程中，北方石灰性土壤中难溶性磷酸盐如磷灰石与土壤中存在的各种有机酸、无机酸作用，逐渐脱钙转化为易溶性磷酸盐类。如：

$$Ca_5(PO_4) \cdot F + H_2CO_3 \longrightarrow Ca_3(PO_4)_2 + 2CaCO_3 + 2HF$$
氟磷灰石　　　　　　　磷酸三钙(酸溶性)

$$Ca_3(PO_4)_2 + H_2CO_3 \longrightarrow CaHPO_4 + CaCO_3$$
磷酸二钙(弱酸溶性)

$$Ca_3(PO_4)_2 + H_2CO_3 \longrightarrow Ca(H_2PO_4)_2 + CaCO_3$$
磷酸一钙(水溶性)

南方酸性土壤中难溶性的磷酸盐主要是 O—P、Fe—P 及 Al—P，这些磷酸盐的溶度积常数极小，转化为有效磷的难度较大。但在南方水田条件下，由于土壤通气性差，供氧不足，还原过程强烈，导致土壤 Eh 较低，使高价铁还原为低价铁，活性增大，最后生成碱性较强的 $FeCO_3$ 使土壤 pH 值升高，促使土壤中的粉红磷酸铁矿 $Fe(OH)_3 \cdot H_2PO_4$ 进行水解，释放出磷酸，从而提高了磷的有效性。如：

$$Fe(OH)_2 \cdot H_2PO_4 + OH^- \longrightarrow Fe(OH)_3 + H_2PO_4^-$$

另外，土壤的 Eh 值下降后，高价铁还原为低价铁，减少了使磷酸形成难溶性磷酸高铁的可能性。同时又有利于闭蓄态磷酸盐表面所包被的铁(铝)胶膜的溶解，促使封闭在胶膜中的磷酸盐的释放，增加其有效性。

(三)土壤钾素状况

1. 土壤中钾的含量　钾是地壳中含量较丰富的营养元素之一。我国各地土壤全钾含量，差异很大，大多为 0.5～25g/kg，平均含钾量 11.6g/kg，大体呈南低北高、东低西高的趋势。

2. 土壤中钾的形态

(1)水溶性钾：存在于土壤溶液中的钾离子，是土壤中活动性最高的钾，是植物钾素营养的直接来源，它占全钾量的比例最低，含量大多在 2～5mg/kg。

(2)交换性钾：土壤胶体表面所吸附的，并易被其他阳离子所置换的钾，是土壤中速效钾的主体。

水溶性钾、交换性钾为植物可直接吸收利用的钾，两者占土壤全钾量的 0.1%～2%。

(3)非交换性钾：也称缓效性钾，是占据黏粒层间内部位置以及某些矿物(如伊利石)的六角晶穴中的钾，缓效钾是速效性钾的贮备库，其含量和释放速率因土壤而异。非交换性钾占全钾量的 2%～8%。

(4)矿物钾：键合于矿物晶格中或深受晶格结构束缚的钾。矿物钾只有经过风化作用后，才能变为速效性钾，然而这个过程是相当缓慢的，只能看做是钾的库存。矿物态钾占全钾量的 90%～98%。

3. 土壤中钾的转化 当土壤溶液中的钾被作物吸收或淋溶损失后，土壤表面吸附的钾就会向溶液中转移，当土壤溶液中的钾浓度提高，钾就向固相表面转移，在自然条件下，转化作用主要是朝向可溶性钾的补充，它可通过阳离子交换或矿物的酸溶作用进行。溶液钾和交换性钾之间的平衡是瞬间发生的；交换性钾和非交换性钾之间的平衡速率较慢；而矿物钾的释放是非常缓慢的。

(1) 土壤中钾的释放。在土壤的风化和成土过程中所产生的无机酸类，以及有机质分解过程所产生的有机酸，都可以把含钾矿物中的钾释放出来。

(2) 钾的固定作用是指速效钾转化为缓效钾的过程。当土壤中速效钾较多时，在一定条件下，如干湿交替、冻融交替等，代换性钾进入 2∶1 型黏土矿物晶架间六角形网穴中，在外力作用下，土壤干旱脱水引起收缩，K^+ 被陷入其中，暂时失去被代换的自由，转换成缓效态钾暂时被固定。

二、土壤中的中量元素

(一) 土壤钙素状况

1. 土壤钙素含量 我国土壤全钙含量因成土母质、风化淋溶强度等的不同而差异明显，高温多雨湿润地区，不论母质含钙多少，在漫长的风化、成土过程中，钙受淋失后含钙量都很低，如红壤、黄壤的全钙量在 4g/kg 以下，甚至仅为痕迹。酸性—微酸性土壤往往缺钙；而在淋溶作用弱的干旱、半干旱地区，土壤钙含量通常在 10g/kg，有的达 100g/kg 以上。

2. 土壤钙素的形态 土壤中钙的存在形态，可分为矿物态钙、交换性钙和水溶性钙三种。

(1) 矿物态钙：存在于土壤矿物晶格中，不溶于水，也不易为溶液中其他阳离子所代换的钙，矿物态钙约占全钙量的 40%~90%。

(2) 交换性钙：吸附于土壤胶体表面的钙离子，是土壤中主要的代换性盐基之一。是植物可利用的钙。土壤中交换性钙含量很高，变幅也大，从 <10~300mg/kg。交换性钙占土壤全钙量的 5%~60%，一般在 20%~30%。

(3) 水溶性钙：存在于土壤溶液中的钙离子，含量因土而异，每千克大致在数十至数百毫克之间，约为镁的 2~8 倍，钾的 10 倍，是土壤溶液中含量最高的离子。交换性钙和水溶性钙之和称为有效态钙，占土壤全钙量的 5%~60%，一般在 20%~30%，水溶性钙一般只占有效态钙的 2% 左右。

3. 土壤中钙的转化 矿物态钙经化学风化以后，以钙离子进入土壤溶液。其中一部分为胶体所吸附成为交换态离子。钙的另一部分以较简单的碳酸盐（方解石及白云石）、硫酸盐（石膏）等形态存在。硫酸钙通常存在于干旱地区土壤中，碳酸钙只存在于 pH 值为 7.0 以上的土壤中。在 pH 值为 7.8 的土壤里，碳酸钙控制着土壤溶液中的钙浓度，并有游离碳酸钙或方解石出现。在 pH 值为 7.5~8.0 的土壤中，硫酸钙和碳酸钙可以同时存在。交换性钙与溶液钙呈平衡状态，后者随前者的饱和度增加而增加，也随 pH 值的升高而增加。土壤交换性钙的释放取决于交换性钙的总量、交换性钙的饱和度、土壤黏粒的类型、吸附在黏粒上的其他阳离子的性质。

(二) 土壤镁素状况

1. 土壤中镁的含量 土壤全镁含量可变化在 1~40g/kg 之间，平均为 5g/kg，其含量主要受成土母质和风化条件等的影响。我国南方热带和亚热带地区，土壤全镁(Mg)含量低，平均只有 3.3g/kg。其中以粤西地区的土壤，全镁含量为最低，一般在 1g/kg 以下。而以紫色土全镁含量最高，达 22.1g/kg。华中地区的红壤，高于华南地区的砖红壤和赤红壤，四川土壤的全镁(Mg)含量平均为 5.1g/kg，以红壤最低，平均为 2.3g/kg，北方土壤全镁含量达 5~20g/kg。

2. 土壤中镁素的形态

(1)水溶性镁：是存在于土壤溶液中的镁离子，其含量一般为每千克几至几十毫克，也有高达几百毫克者，在土壤溶液中含量仅次于钙。

(2)交换性镁：是指被土壤胶体吸附的镁，是植物可以利用的镁。交换性镁含量与土壤的阳离子交换量、盐基饱和度以及矿物性质等有关。交换量高的土壤，交换性镁亦高；交换性镁一般占交换性盐基的 10%~40%，多数在 30% 左右。

(3)非交换性镁(或称酸溶性镁、缓效性镁)：非交换性镁可作为植物能利用的潜在有效态镁，它比矿物态镁更具有实际意义，但它的成分和含义还不十分明确。非交换性镁含量占全镁的 10% 以下。

(4)矿物态镁：存在于原生矿物和次生黏土矿物中的镁称为矿物态镁。它是土壤中镁的主要来源，约占全镁含量的 70%~90%。

此外，土壤中还存在少量的有机态镁。有机态镁主要以非交换态存在。只占全镁量的 0.5%~2.8%。

3. 土壤镁素的转化 土壤中各种形态镁之间的关系，可示意如下：

$$\text{矿物态} \xrightleftharpoons{\text{风化}} \text{非交换态} \xrightleftharpoons{\text{缓慢}} \text{交换态} \xrightleftharpoons{\text{迅速}} \text{水溶态}$$

矿物态镁在化学和物理风化作用下，逐渐发生破碎和分解，分解产物则参加土壤中各种形态镁之间的转化和平衡。交换性镁和非交换性镁之间存在着平衡关系，非交换性镁可以转化释放为交换性镁，交换性镁也可以转化为非交换镁而被固定，土壤溶液中的镁和交换性镁之间也是一个平衡关系，但其平衡速度较快。溶液态镁随交换性镁和镁的饱和度增加而增多。

(三)土壤硫素状况

1. 土壤硫素含量 我国土壤全硫含量大致在 100~500mg/kg 之间。在南部和东部湿润地区，有机硫占土壤全硫量比例较高，约为 85%~94%，且常随土壤有机质含量而异。黑土和林地黄壤土壤全硫含量亦高，分别为 336mg/kg 和 337mg/kg，红壤耕地土壤全硫含量仅为 105mg/kg。在该地区，土壤无机硫仅占土壤全硫量的 6%~15%，并以易溶性硫酸盐和吸附态硫为主。在干旱的石灰性土壤区，则以无机硫占优势，一般约为土壤全硫量的 39%~62%，且以易溶性硫酸盐和与碳酸钙共沉淀的硫酸盐为主。

2. 土壤硫素的形态 硫在土壤中以无机和有机形态存在：

(1)无机硫：土壤中的无机硫按其物理和化学性质可划分为 4 种形态：

① 水溶态硫酸盐：溶于土壤溶液中的硫酸盐，如钾、钠、镁的硫酸盐。除干旱地区外，大多数土壤易溶硫酸盐的含量约占土壤全硫量的 25% 以下，而表土约占 10% 以下。

② 吸附态硫：吸附于土壤胶体上的硫酸盐。由于土壤硫酸盐受淋洗作用影响，常积累在表土以下，表土吸附态硫的含量通常仅占土壤全硫量的 10% 以下，而底土含量有时可占

全量的 1/3。

③ 与碳酸钙共沉淀的硫酸盐：在碳酸钙结晶时混入其中的硫酸盐与之共沉淀而形成的，是石灰性土壤中硫的主要存在形式。

④ 硫化物：土壤在淹水情况下，由硫酸盐还原而来（如 $Fe \cdot S$），及由有机质嫌气分解而形成（如 H_2S）。

(2) 有机硫：土壤中与碳结合的含硫物质。其来源有三：① 新鲜的动植物遗体；② 微生物细胞和微生物合成过程的副产品；③ 土壤腐殖质。湿润地区在排水良好的非石灰性土壤上，大部分表土中的硫是有机形态的，一般有机硫占全硫的 95% 左右。有机硫是土壤贮备的硫素营养。

3. 土壤硫素的转化

(1) 无机硫的转化：包括硫的还原和氧化作用。

① 无机硫的还原作用：硫酸盐（S_4O^{-2}）还原为 H_2S 的过程。主要通过两个途径进行：一是由生物将 SO_4^{-2} 吸收到体内，并在体内将其还原，再合成细胞物质（如含硫氨基酸）；二是由硫酸盐还原细菌（如脱硫弧菌脱硫肠状菌）将 SO_4^{-2} 还原为还原态硫。

② 无机硫的氧化作用：生物固定还原态硫（如 S，H_2S，FeS_2 等）氧化为硫酸盐的过程。参与这个过程的硫氧化细菌利用氧化的能量维持其生命活动。影响土壤中硫氧化作用的因子有温度、湿度、土壤反应、微生物数量等。

(2) 有机硫的转化：土壤有机硫在各种微生物作用下，经过一系列的生物化学反应，最终转化为无机（矿质）硫的过程。在好气情况下，其最终产物是硫酸盐；在嫌气条件下，则为硫化物。

三、土壤中的微量元素

(一) 土壤中微量元素的含量

土壤中微量元素的含量主要受成土母质的影响，同时成土过程又进一步改变了微量元素的含量，有时会成为决定微量元素含量的主导因素。一般基性岩浆岩母质上发育的土壤，Fe、Mn、Cu、Zn 含量较酸性岩浆岩母质上发育的土壤高；沉积岩母质上发育的土壤，硼含量高于岩浆岩母质上发育的土壤。南方强烈淋溶的砖红壤中，铁大量富集。黏质土壤的微量元素含量较高，而砂质土壤微量元素含量一般较低。土壤有机质可以与微量元素发生络合反应，使微量元素富集，因此富含有机质的表层土壤或有机土，微量元素含量较高，见表6-4。

表6-4 土壤微量元素含量范围及主要来源（《土壤学》，朱祖祥，1983）

元素	我国土壤含量（mg/kg）		土壤中的主要矿物来源	主要有效形态
	范围	平均		
Fe	变幅很大	—	氧化物、硫化物、铁镁硅酸盐类	Fe^{3+}，Fe^{2+} 和它们的水解离子
Mn	42~3000	710	氧化物、碳酸盐、硅酸盐	Mn^{2+} 其水解离子
Zn	<3~790	100	硫化物、氧化物、硅酸盐	Zn^{2+}
Cu	3~300	22	硫化物、碳酸盐	Cu^{2+}，$Cu(OH)^+$，Cu^+
B	0~500	64	含硼硅强盐、硼酸盐	$B(OH)_4^-$（即 $H_2BO_3^-$ 的水合离子）
Mo	0.1~6	1.7	硫化物、钼酸盐	MoO_4^{2-}，$HMoO_4^-$

(二)土壤中微量元素的形态

(1) 水溶态：通常指土壤溶液中或水浸提液中所含有的微量元素。这种形态的微量元素含量很低，只有几 ng/g，高的也只有几 μg/g。水溶态微量元素主要是简单的无机阳离子及其水解离子，如 Fe^{3+}、Fe^{2+}、Zn^{2+}、Cu^{2+}、和 $Fe(OH)_2^+$、$Fe(OH)^+$、$Mn(OH)^+$、$Zn(OH)^+$、$Cu(OH)^+$ 等微量元素与一些小分子有机物形成络合物，也可溶解在溶液中。

(2) 代换态：指吸附在土壤胶体表面而可被溶液中的离子交换下来的那部分微量元素。一般土壤中交换态微量元素含量不高，少的不足 1μg/g，多的可达几十微克/克。

(3) 有机结合态的微量元素：这类形态的微量元素主要是与土壤中的胡敏酸和富里酸形成的络合物。微生物将有机物分解后会释放出这类微量元素。

(4) 矿物态：指存在于矿物晶格中的微量元素。土壤中含微量元素的矿物很多，但大多数矿物的溶解度都很低。在酸性条件下大多数矿物溶解度有所增加，而有些微量元素，例如，钼则是在碱性条件下易从矿物中溶解出来。

(5) 与土壤中其他成分相结合：共沉淀而成为固相的一部分或被包被在新形成的固相中的微量元素，如 Fe、Mn、Cu、Zn 可以通过共沉淀或吸附作用与碳酸盐作用而被固定。土壤中的铁、锰氧化物以胶膜、锈斑、结核或颗粒间胶结物形式存在时，对微量元素的吸附作用很强，也可产生共沉淀现象，以这些形态存在的微量元素不能被水浸提或交换出来。

第四节 土壤的供肥性

土壤的供肥性能是指土壤供应植物所必需的各种速效养分的能力，即能将迟效养分迅速转化为速效养分的能力，它直接影响植物的生长发育、产量和品质。了解土壤的供肥性能，对调节土壤养分和作物营养是非常重要的。

根据植物对各种营养元素吸收利用的难易程度，一般将土壤养分分为速效性养分和迟效性养分两大类。速效养分又称有效养分，即直接被植物吸收利用的养分，如水溶性的各种盐类等。迟效性养分，大多呈复杂的有机化合物和难溶的无机化合物的状态存在，植物不能直接吸收利用。

一、土壤的供肥能力的表现

从满足植物整个生长发育时期对养分的需要出发，土壤供肥能力主要表现在：①土壤供应各种速效养分的数量；②各种迟效养分转化为速效养分的速率；③各种速效养分持续供应的时间。因此，从植物的角度来理解土壤的供肥能力其实质是土壤中各种养分的供应数量、供应速度及供应时间长短和植物生理特点是否协调的综合表现。

(一)土壤中各种速效养分的数量

土壤中各种速效养分的数量是反映植物能直接吸收利用的养分数量，其数量多少说明肥劲的大小。确定土壤供肥能力大小的速效养分的数量指标，常因植物类型，产量水平，生长发育时期，土壤类型及测定方法而有差异，因此必须通过大量的试验工作才能确定。

我国第二次土壤普查制定了耕地土壤养分分级标准(表6-5)，可以作为参考。

表 6-5 全国耕地土壤养分分级标准(《第二次全国土壤普查技术规程》)

项目	一级	二级	三级	四级	五级	六级
有机质(g/kg)	>40	30~40	20~30	10~20	6~10	<6
全氮(g/kg)	>2	1.5~2	1.0~1.5	0.75~1.0	0.5~0.75	<0.5
碱解氮(mg/kg)	>150	120~150	90~120	60~90	30~60	<30
全磷(g/kg)	>1.0	0.80~1.0	0.60~0.80	0.4~0.8	0.2~0.4	<0.2
速效磷(mg/kg)	>40	20~40	10~20	5~10	3~5	<3
全钾(g/kg)	>25	20~25	15~20	10~15	5~10	<5
速效钾(mg/kg)	>200	150~200	100~150	50~100	30~50	<30

作物高产土壤养分的数量首先要充足，但不是含量高就一定能达到高产，作物高产是综合因素所决定的。综合耕地土壤养分和施肥状况，一般一、二级土壤养分水平为高产田养分的参考指标，三、四级土壤养分水平为中产田养分的参考指标，五、六级土壤养分水平为低产田养分的参考指标。不同地区、不同作物有所差别。

土壤中微量元素的有效性取决于其有效态的含量，见表 6-6 和表 6-7。

表 6-6 我国土壤有效硼、锰、铁、钼分级(《土壤肥料》，金为民，2001)

级别	很低	低	中等	高	很高	临界值
水溶性硼(mg/kg)	<0.25	0.25~0.50	0.51~1.00	1.01~2.00	>2.00	0.50
活性锰(mg/kg)	<50	50~100	101~200	201~300	>300	100
交换性锰(mg/kg)	<1.0	1.1~5.0	5.1~15	15~30	>30	0.50
有效铁(mg/kg)	<2.5	2.5~4.5	4.5~10	10~20	>20	4.5
有效钼(mg/kg)	<0.10	0.10~0.15	0.16~0.20	0.21~0.30	>0.30	0.15

注：土壤水溶性硼用沸水提取—姜黄素比色；土壤活性锰用 1mol/L 中性醋酸铵—对苯二酚提取；土壤交换性锰、铁用 DTPA 溶液(pH 值 7.3)提取；有效钼分级 $[H_2C_2O_4—(NH_4)_2C_2O_4$ 提取$]$。

表 6-7 我国土壤有效锌、铜的分级(《土壤肥料》，金为民，2001)

等级	石灰性、中性土壤(DTPA pH 值 7.3 提取，mg/kg)		酸性土壤(0.1mol/L HCl 提取 mg/kg)	
	锌	铜	锌	铜
很低	<0.5	<0.1	<1.0	<1.0
低	0.5~1.0	0.1~0.2	1.1~1.5	1.0~2.0
中等	1.1~2.0	0.2~1.0	1.6~3.0	2.1~4.0
高	2.1~5.0	1.1~1.8	3.1~5.0	4.1~6.0
很高	>5.0	>1.8	>5.0	>6.0
临界值	0.5	0.2	1.5	2.0

土壤养分的供应数量一般以了解速效养分的数量为主，但了解该种养分的全量对土壤供肥能力发展的趋向也有很大帮助。土壤中某种养分的全量，虽然不能直接反映出土壤的供肥能力，但却是持续地供应该种养分的基础，反映出土壤供应该种养分潜在能力的大小，通常把它称作供应容量；速效性养分占全量的百分数，可说明养分转化供应能力的强弱，通常把

它称作供应强度。如果供应容量大，供应强度也大，表示当前和今后养分的供应都较为充足而不致脱肥。如果两者都小，则表明当前和今后都必需考虑及时追肥。如果供应容量大，而供应强度小，说明养分转化能力差，则应通过中耕、松土、排灌等措施，调节土壤水、气、热状况，或改变酸碱反应，加强微生物活动，以改变土壤的环境条件，来促进养分的转化供应。如果供应容量小而供应强度大，则考虑在以后一个阶段可能脱肥，要准备在今后补充肥料，以免脱肥。

(二)迟效养分转化为速效养分的速率

土壤供肥能力大小的另一个重要的标志，就是土壤中迟效养分转化为速效养分的速率。土壤中养分的转化速率高，则说明速效养分供应及时，肥劲猛；如果土壤中养分的转化速率低，则说明速效养分供应不及时，肥劲缓，则需改善土壤养分的转化条件，或者及时追施速效性肥料。

(三)速效养分持续供应的时间

土壤中速效养分持续供应时间的长短，是土壤肥劲大小在时间上的表现。如果养分持续供应的时间长，作物各个生育时期内都能供应较多的养分，肥劲长而不易脱肥；如果养分持续供应的时间短，在作物各生育期，特别是中期和后期，养分供应数量不足，容易脱肥。因此，在生产中，应当把不同时期内供应速效养分数量的动态变化，同作物各个生育期的要求联系起来加以考虑，并通过施肥和调节土壤水分加以调控。

二、土壤养分的有效化过程

土壤养分的有效化过程是一个对立矛盾的发展过程，如土壤中迟效养分的分解释放和化学固定的矛盾，土壤胶体上养分物质的解吸和吸收保存的矛盾，同时，还要注意从总的方向上解决养分积累和消耗的矛盾，即围绕植物的丰产的要求，加强土壤养分积累的同时，不断地促进其分解和释放，增强土壤的供肥能力。

土壤中迟效养分的有效化过程已在前面有关章节作了介绍，这里着重介绍土壤胶体吸附离子的有效化过程

土壤胶体上吸附的养分离子对植物的有效性，不完全决定于该种吸附离子的绝对数量，而在很大程度上取决于该离子解离的难易和被代换的难易。

1. 代换性离子的饱和度效应 土壤胶体上代换性离子养分的有效性，不仅决定于该离子的绝对数量，同时决定于该离子代换性阳离子中的比例大小。某种阳离子在土壤胶体表面吸附的数量占阳离子代换量的百分数，称为该代换性离子的饱和度。该离子的饱和度越大，被代换到土壤溶液中的机会越多，有效性就越高。

表6-8　土壤阳离子交换与离子饱和度(《土壤学》，朱祖祥，1983)

土壤	CEC[cmol(+)/kg]	交换性钙[cmol(+)/kg]	饱和度(%)	Ca 的有效性
A	8	6	75	高
B	30	10	33	低

由表6-8可见，虽然 A 土壤的交换性钙含量低于 B 土壤，但 A 土壤中交换性钙的饱和度远大于 B 土壤，因此，钙离子在 A 土壤中的有效度要大于在 B 土壤中的有效度。

我国农民群众常说的"施肥一大片，不如一条线"，穴施基肥、追肥，条施种肥以及各

地实行的坑种、渠田、大窝种植等集中施肥的经验，都体现了这个科学道理。土壤中代换性阳离子，都有其最低饱和度。如果代换性阳离子的含量，在最低饱和度以下，则难以利用；超过最低饱和度，就能被作物吸收；饱和度愈高，则离子有效度愈大。一般说来，各种代换性离子的最低饱和度要求，钙大于镁，镁大于钾。而在同样饱和度下，有效度受不同黏土矿物的影响，高岭石黏土代换性离子的有效度一般大于蒙脱石型黏土。伊利石型黏土要看具体离子而定，如钙离子，部分吸附于晶体表面，故其有效度介于高岭石型和蒙脱石型之间；如钾离子，其有效度比蒙脱石型的黏土小，这可能是与钾离子的层间固定有关。

2. 陪补离子效应　在土壤胶体上，一般同时吸附着多种阳离子，对其中某一种离子来说，其他离子都是它的陪补离子，这些离子养分的有效度，与陪补离子的种类有关。陪补离子与土壤胶粒之间吸附力越大，则愈能提高该种养分离子的有效度（表6-9）。

表6-9　陪补离子对交换性钙有效性的作用（《土壤肥料》，金为民，2001）

土壤	交换性阳离子组成	盆中幼苗干土（g）	幼苗吸钙量（mg）
甲	40%Ca+60%H	2.80	11.15
乙	40%Ca+60%Mg	2.79	7.83
丙	40%Ca+60%Na	2.34	4.36

陪补离子和该种阳离子吸附的先后次序也影响有效度。如胶体上钾的饱和度相同，如先施铵盐后施钾盐，因为钾离子吸附在外，结合松弛，易于被代换释放，所以钾的有效度高，如先施钾盐而后施铵盐，则铵吸附在外，易于代换释放，从而降低了钾的有效度。所以，陪补离子的种类和吸附次序，对于施肥都有一定的参考价值。

三、影响土壤供肥性的因素

土壤是植物生长的营养基地。土壤的固相、液相和气相组成之间的各种化学变化和由此产生的各种性质，都直接影响植物的根部营养和根系的生命活动。

1. 土壤溶液的组成和浓度　土壤溶液的浓度是非常稀薄的不饱和溶液，溶液的组成和浓度经常随生物的活动、水气热条件、酸碱度和施肥等因素而发生变化。

土壤溶液的总浓度在正常的土壤中，一般为200~1000mg/kg，即很少超过0.1%，相应的渗透压也小于一个大气压，可保证植物对水分和养分的正常吸收。但在盐碱土中，或在施肥量过大处，土壤溶液浓度会超过0.1%，甚至更浓，使土壤溶液渗透压随之加大，当接近或超过植物根细胞的渗透压时，植物吸收水分和养料就发生困难，甚至造成生理干旱而死亡。

土壤溶液的浓度和组成与养分的有效性密切相关。在一定低浓度范围内，土壤养分离子的有效性，随溶液浓度的增高而加大。在浓度较高时，随浓度增加而减少。土壤溶液的组成不同，也会影响有关离子的有效性。如土壤中铁、铝等物质含量过多时，使磷受到固定，降低了磷的有效性。

2. 土壤的酸碱反应　土壤酸碱反应对土壤中的多种化合物的形态转化有密切的影响，因此也就直接影响到各种养分的有效度，土壤中磷的有效性受pH值影响最大，无论是化学沉淀反应、表面反应机制或闭蓄机制都受pH值变化的影响。土壤中磷一般在pH值6~7.5时有效性较高，在此反应范围内磷化合物通过根系分泌的碳酸和有机质分解产生的有机酸成为可溶性磷，提高了磷的有效性。

土壤的酸碱度对于钾的流失和固定也起一定的影响，一方面由于酸度增加时，K^+ 多被 H^+ 所代换，使 K^+ 被利用的可能性增加，但随水流失的可能性也随之增强。在酸性较强的土壤中，存在着大量水合铝离子，吸附在黏土矿物的表面，阻塞了晶格六角形晶穴对 K^+ 的固定，提高了 K^+ 的有效性。根据实验资料，当 pH 值为 6.5~7.5 时，有效钾的含量最高。

土壤 pH 值对土壤中各种微量元素的有效性也有很大的关系。一般说来，pH 值影响土壤中微量元素的形态，如 Fe、Mn、Zn、Cu 等，在碱性条件下均呈氢氧化物的形态，溶解度降低，可免于在土壤中被淋失，但却降低了有效性。而另一些元素则在碱性条件下增加了其溶解度，如 Mo 在碱性条件下转化为钼酸盐形态，溶解度增大，提高了有效性，但淋失量也相应增加。

3. 土壤氧化还原电位 土壤中各种营养元素的化合物处于有效状态时作物才能吸收利用。一般来说，这些营养元素的有效状态大多呈氧化态，只有氮素作物无论对还原态的铵态氮，或氧化态的硝态氮均可吸收利用，但硝态氮仍优于铵态氮。磷则以 $H_2PO_4^-$ 或 HPO_4^{-2}、PO_4^{-3} 态，硫以 SO_4^{-2} 态被吸收。这些营养元素能否以氧化态形式存在，则决定于土壤中氧化还原电位的高低，只有土壤的 Eh 保持在一定高的水平上才能使大部分营养元素呈氧化态，因为不同元素的标准氧化还原电位不同。

氮素的有效化过程主要是含氮有机物的矿质化过程，在 Eh 在 410mV 以上，继续转化为 NO_3^- 的硝化过程，Eh 在 410mV 以下时，大部分 NO_3^- 还原为 NO_2^-。如果 Eh 继续下降至 200mV 时，氮素在强还原作用下就产生反硝化过程，产生脱氮作用，不仅氮的有效性降低而且导致氮素的损失。

磷的氧化态，包括 $H_2PO_4^-$、HPO_4^{-2}、PO_4^{-3} 对于作物都属于有效态，还原态磷则对植物无效。一般土壤的 Eh 不会影响到 PO_4^{-3} 的变化，只有当 Eh 下降至 -400mV 时磷才被还原为 H_3P，这不仅丧失了有效性而且对作物表现出毒害。当 Eh 下降到 -200mV 时，$Fe(OH)_3$ 可还原为 Fe^{+2}，原来被 $Fe(OH)_3$ 吸附的磷，可能被解吸而提高利用率。

硫在土壤中的有效形态为 SO_4^{-2}，一般 S 化物在正常的土壤 Eh 条件下均转化为 SO_4^{-2} 形式，但当土壤 Eh 下降至 -200mV 以下时，高价 S 转化为低价 S，以 H_2S 形式出现，此时作物得不到 S 的供应，同时出现毒害。但一般情况下，由于 Fe 的标准氧化还原电位为 -110mV，此时已出现大量的 Fe^{+2}，可与 H_2S 化合形成 FeS 沉淀，从而消除了 H_2S 和 Fe^{+2} 的毒害。

土壤中的铁、锰是氧化还原体系中的重要组成部分，铁在 pH 值为 7 时的标准氧化还原电位为 -110mV，当 Eh 高于 -110mV 时，一般呈 Fe^{+3} 的化合物，溶解度很低，因此在旱地特别是在石灰含量较高的土壤中，经常出现脱绿现象。锰在土壤中随着 Eh 及 pH 值的改变而发生三种化合价的转化。当 pH 值为 7 时，锰的标准氧化还原电位为 420mV，当 Eh 下降时，锰即还原为 Mn^{+2}，有效锰的数量随之增高。由于一般土壤的 Eh 值均在 400mV 以上，所以均存在一定数量的 Mn^{+2}，缺锰现象就不像缺铁现象那么严重。

其他微量元素特别是阳离子型的微量元素，一般均存在氧化态和还原态，还原态形式的溶解度都较高，因此只要维持土壤中有一定的新鲜有机质，就可保持它们的有效性。阴离子型的微量元素的有效性一般决定于土壤 pH 值。

[思考题]

1. 掌握土壤胶体、土壤阳离子交换、交换性阳离子、盐基饱和度、盐基不饱等有关概念。
2. 了解硅氧四面体和铝氧八面体,硅氧四面体片和铝氧八面体片的结构。
3. 什么是1:1型和2:1型黏土矿物?高岭石组、蒙脱石组、水云母组矿物的性质如何?
4. 有机、无机胶体的结合机制和方式有哪几种?
5. 什么是永久电荷?什么是可变电荷?它们的来源和性质如何?
6. 了解土壤胶体的双电层结构。影响土壤胶体凝聚和分散的因素有哪些?
7. 土壤吸收性能有几种类型?
8. 阳离子交换量主要特征是什么?影响阳离子交换量大小的因素有哪些?
9. 什么是阴离子的静电吸附、负吸附和专性吸附?其影响因素有哪些?
10. 土壤离子交换与土壤养分的保持、养分有效性有何关系?
11. 土壤中的大量元素、中量元素、微量元素有哪些形态?其有效性如何?
12. 土壤供肥能力有哪些表现形式?土壤供肥容量、供肥强度的含义?与土壤供肥性有何关系?
13. 什么是代换性离子的饱和度效应与陪补离子效应?

参考文献

[1] 山西农业大学. 土壤学. 北京:农业出版社,1990.
[2] 河北农业大学. 土壤学. 北京:农业出版社,1991.
[3] 朱祖祥. 土壤学(上册). 北京:农业出版社,1983.
[4] 李学垣. 土壤化学及实验指导. 北京:中国农业出版社,1997.
[5] 熊毅. 土壤胶体(第一册). 北京:科学出版社,1983.
[6] 熊毅. 土壤胶体(第三册). 北京:科学出版社,1990.
[7] 黄昌勇. 土壤学. 北京:中国农业出版社,2000.
[8] 于天仁,季国亮,丁昌璞,等. 可变电荷土壤的电化学. 北京:科学出版社,1996.
[9] 中国科学院南京土壤所. 中国土壤. 北京:科学出版社,1980.
[10]《中国农业百科全书》编辑部. 中国农业百科全书:土壤卷. 北京:中国农业出版社,1996.
[11]《中国农业百科全书》编辑部. 中国农业百科全书:农业化学卷. 北京:中国农业出版社,1996.
[12] 沈善敏. 中国土壤肥力. 北京:中国农业出版社,1998.
[13] 鲁如坤等. 土壤—植物营养学原理和施肥. 北京:化学工业出版社,1998.
[14] 陈震,吴俊兰. 土壤肥力学. 太原:山西高校联合出版社,1992.
[15] 熊顺贵. 基础土壤学. 北京:中国农业科技出版社,1996.
[16] 熊顺贵. 基础土壤学. 北京:中国农业大学出版社,2001.
[17] 金为民. 土壤肥料. 北京:中国农业出版社,2001.
[18] 吕贻忠,李保国. 土壤学. 北京:中国农业出版社,2006.
[19] 关连珠. 普通土壤学. 北京:中国农业大学出版社,2007.
[20] 南京大学,中山大学,北京大学,西北大学,兰州大学. 土壤学基础与土壤地理学. 北京:人民教育出版社,1980.

第七章
土壤酸碱性和氧化还原反应

【重点提示】主要介绍土壤酸碱性、缓冲性和氧化还原反应产生的机制、影响因素、调节途径及其与土壤肥力、植物生长的关系。

土壤酸碱性、缓冲性和氧化还原反应是土壤极为重要的化学性质，与土壤各种性质、微生物的活动以及植物的根部营养关系极为密切，研究和了解它们的变化及性质，对于了解土壤养分的供应状况及对作物生长发育的影响有其重要意义。

第一节　土壤酸碱性

土壤酸碱性是土壤形成过程和熟化过程的良好指标。它是土壤溶液的反应，即溶液中H^+浓度和OH^-浓度比例不同而表现出来的性质。通常说的土壤pH值，就代表土壤溶液的酸碱度。如土壤溶液中H^+浓度大于OH^-浓度，土壤呈酸性反应；如OH^-浓度大于H^+浓度，土壤呈碱性反应；两者相等时，则呈中性反应。但是，土壤溶液中游离的H^+和OH^-的浓度又和土壤胶体上吸附的各种离子保持着动态平衡关系，所以土壤酸碱性是土壤胶体的固相性质和土壤液相性质的综合表现，因此研究土壤溶液的酸碱反应，必须与土壤胶体和离子交换吸收作用相联系，才能全面地说明土壤的酸碱情况和其发生、变化的规律。

一、土壤酸性反应

（一）土壤酸性的来源

1. 土壤中H^+的来源

（1）土壤中有机物的分解和植物根系、微生物的呼吸作用，产生大量CO_2，因CO_2溶于水形成H_2CO_3，解离出H^+。

$$H_2CO_3 \rightleftharpoons H^+ + HCO_3^-$$

（2）土壤有机质及腐殖酸分解时产生的各种有机酸（如醋酸、草酸、柠檬酸等）都可解离出H^+。特别在通气不良以及在真菌活动下，有机酸可能累积很多。这在有机质丰富的森林土壤中是酸性的主要来源。

$$有机酸 \longrightarrow H^+ + R-COO^-$$

（3）施入土壤中的一些生理酸性肥料，如硫铵[$(NH_4)_2SO_4$]、氯化钾（KCl）和氯化铵（NH_4Cl）等水解产生H^+。

（4）酸性污水灌溉、酸雨等也可增加土壤的酸性。

（5）水的解离，水的解离常数虽然很小，但由于H^+被土壤吸附而使其解离平衡受到破坏，将有新的H^+释放出来。

$$H_2O \rightleftharpoons H^+ + OH^-$$

2. 土壤胶体上吸附性铝离子的作用 在酸性较强的土壤中，胶体上常含有相当数量的交换性铝离子，这些吸附性铝离子可通过阳离子交换作用进入土壤溶液，而溶液中的铝离子和阴离子所形成的盐类，很多是非中性盐类[如 $AlCl_3$、$Al_2(SO_4)_3$ 等]，它们经过水解作用产生 H^+ 离子。例如：

$$Al^{3+} + H_2O \rightleftharpoons Al(OH)^{2+} + H^+$$
$$Al(OH)^{2+} + H_2O \rightleftharpoons Al(OH)_2^+ + H^+$$
$$Al(OH)_2^+ + H_2O \rightleftharpoons Al(OH)_3 + H^+$$

$Al(OH)_3$ 是弱碱，解离度很小，因之溶液中 OH^- 离子很少，所以反应基本上是由 H^+ 离子所决定。土壤胶粒上吸附性铝有 Al^{3+} 离子和各种羟基铝离子的形态，上式中的 $Al(OH)^{2+}$ 和 $Al(OH)_2^+$，不过是羟基铝的最简单形式，实际存在的羟基铝离子还要复杂得多，例如 $[Al_6(OH)_{12}]^{6+}$、$[Al_{10}(OH)_{22}]^{8+}$ 等。

（二）土壤酸性的类型

根据 H^+ 在土壤中所处的部位，可以将土壤酸性分为活性酸和潜在酸两种类型。

1. 活性酸 活性酸度是指土壤溶液中的氢离子的浓度直接表现出的酸度。通常用 pH 值表示，pH 值是氢离子浓度的负对数值。它是土壤酸碱性的强度指标。按土壤 pH 值的大小，可把土壤酸碱性分为若干级。《中国土壤》一书将我国土壤的酸碱度分为五级(表7-1)。

表 7-1 土壤酸碱度的分级（《中国土壤》，熊毅，1987）

土壤 pH 值	<5.0	5.0~6.5	6.5~7.5	7.5~8.5	>8.5
级别	强酸性	酸性	中性	碱性	强碱性

我国土壤 pH 值大多在 4~9，在地理分布上有"东南酸而西北碱"的规律性，即由北向南 pH 值逐渐减小。大致以长江为界（北纬33°），长江以南的土壤多为酸性或强酸性，长江以北的土壤多为中性或碱性。

2. 潜在酸 潜在酸是指土壤胶体上吸附的 H^+、Al^{3+} 离子所引起的酸度。它们只有通过离子交换作用进入土壤溶液时，才显示出酸性，是土壤酸性的潜在来源，故称为潜在酸。土壤潜在酸要比活性酸多得多，一般相差 3~4 个数量级。通常用 cmol(+)/kg 为表示单位。土壤潜在酸的大小常用土壤交换性酸度或水解性酸度表示之，两者在测定时所采用的浸提剂不同，因而测得的潜在酸的量也有所不同。

（1）交换性酸度。用过量的中性盐溶液（如 1mol/L KCl、NaCl 或 0.06mol/L $BaCl_2$）与土壤作用，将胶体表面上的大部分 H^+ 或 Al^{3+} 交换出来，再以标准碱液滴定溶液中的 H^+，这样测得的酸度称为交换性酸度或代换性酸度。

$$\boxed{土壤胶体}—H^+ + KCl \rightleftharpoons \boxed{土壤胶体}—K^+ + HCl$$
$$\boxed{土壤胶体}—Al^{3+} + 3KCl \rightleftharpoons \boxed{土壤胶体}—3K^+ + AlCl_3$$
$$AlCl_3 + 3H_2O \rightleftharpoons Al(OH)_3 + 3HCl$$

应当指出，用中性盐溶液浸提而测得的酸量只是土壤潜性酸量的大部分，而不是它的全部。因为用中性盐浸提的交换反应是个可逆的阳离子交换平衡，交换反应容易逆转。交换性酸量在进行调节土壤酸度估算石灰用量时有重要参考价值。

(2)水解酸度。用弱酸强碱盐溶液(如pH值8.2的1mol/L NaOAc)浸提土壤,从土壤中交换出来的氢离子、铝离子所产生的酸度称为水解酸度。由于醋酸钠水解,所得的醋酸的解离度很小,而且生成的NaOH又与交换性H^+作用,得到解离度很小的H_2O,所以使交换作用进行得更彻底。另外,由于弱酸强碱盐溶液的pH值大,也使胶体上的H^+和Al^{3+}易于解离出来。所以土壤的水解酸度一般都高于交换酸度。

$$CH_3COONa + H_2O \rightleftharpoons CH_3COOH + NaOH$$

$$\boxed{土壤胶体} — H^+ + Na^+ + OH^- \rightleftharpoons \boxed{土壤胶体} — Na^+ + H_2O$$

$$\boxed{土壤胶体} — Al^{3+} + 3CH_3COONa \rightleftharpoons \boxed{土壤胶体} — 3Na^+ + Al(OH)_3 + 3CH_3COOH$$

改变土壤的酸度,必须中和土壤的总酸量,通常用水解酸度代表土壤的总酸量,改良酸性土施用石灰的量一般以水解酸度作为计算依据。

活性酸和潜在酸是一个平衡系统中的两种酸。活性酸是土壤酸性的强度指标,而潜在酸则是土壤酸性的容量指标,二者可以互相转化,潜在酸被交换出来即成为活性酸,活性酸被胶体吸附就转化为潜在酸。

$$\boxed{土壤胶体} — Ca^{2+} + 3H^+ \rightleftharpoons \boxed{土壤胶体} — 2H^+ + Ca^{2+} + H^+$$
$$\quad\quad\quad\text{(活性酸)} \quad\quad\quad\quad\quad\quad\quad\quad\quad \text{(潜在酸)}$$

二、土壤碱性反应

(一)土壤碱性的来源

土壤碱性反应及碱性土壤形成是自然成土条件和土壤内在因素综合作用的结果。其中干旱的气候和丰富的钙质为主要成因;过量地施用石灰和引灌碱质污水以及海水浸渍,也是某些碱性土壤形成原因之一。

1. 气候因素 在干旱、半干旱地区,由于降雨少,淋溶作用弱,使岩石矿物和母质风化释放出的碱金属和碱土金属的各种盐类(碳酸钙、碳酸钠等),不能彻底淋出土体,在土壤中大量积累,这些盐类水解可产生OH^-,使土壤呈碱性。如:

$$Na_2CO_3 + 2H_2O \rightleftharpoons 2Na^+ + 2OH^- + H_2CO_3$$
$$CaCO_3 + H_2O \rightleftharpoons Ca^{2+} + OH^- + HCO_3^-$$

2. 生物因素 由于高等植物的选择性吸收,富集了钾、钠、钙、镁等盐基离子,不同植被类型的选择性吸收不同地影响着碱土的形成。荒漠草原和荒漠植被对碱土的形成起重要作用。

3. 母质的影响 母质是碱性物质的来源,如基性岩和超基性岩富含钙、镁等碱性物质,风化体含较多的碱性成分。此外,土壤不同质地和不同质地在剖面中的排列影响土壤水分的运动和盐分的运移,从而影响土壤碱化程度。

4. 土壤中交换性钠的水解 交换性钠水解呈强碱性反应,是碱化土的重要特征。碱化土形成必须具备以下两个条件:

(1)有足够数量的钠离子与土壤胶体表面吸附的钙、镁离子交换。交换反应为:

$$\boxed{土壤胶体} — \genfrac{}{}{0pt}{}{Mg^{2+}}{Ca^{2+}} + 4Na^+ \longrightarrow \boxed{土壤胶体} — 2Na^+ + Ca^{2+} + Mg^{2+}$$

(2) 土壤胶体上交换性钠解吸并产生苏打盐类。

$$\boxed{土壤胶体}—Na^+ + H_2O \rightleftharpoons \boxed{土壤胶体}—H^+ + NaOH$$

交换结果产生了 NaOH，使土壤呈碱性反应。但由于土壤中不断产生 CO_2，所以交换产生的 NaOH，实际上是以 Na_2CO_3 或 $NaHCO_3$ 形态存在的。

$$2NaOH + H_2CO_3 \rightleftharpoons Na_2CO_3 + 2H_2O \text{ 或 } NaOH + CO_2 \rightleftharpoons NaHCO_3$$

除 Na^+ 外，K^+、NH_4^+ 等离子，也可发生类似的水解，而使土壤碱化。不过它们所产生的碱性，不如 Na^+ 强烈。

(二) 土壤碱性的表示方法

土壤碱性反应除常用 pH 值表示以外，总碱度和碱化度是另外两个反映碱性强弱的指标。

1. 总碱度 总碱度是指土壤溶液或灌溉水中碳酸根和重碳酸根的总量。即

$$总碱度 = CO_3^{2-} + HCO_3^- \; [cmol(+)/L]$$

土壤碱性反应是由于土壤中有弱酸强碱的水解性盐类存在，其中最主要的是碳酸根和重碳酸根的碱金属(Na、K)及碱土金属(Ca、Mg)的盐类，如 Na_2CO_3、$NaHCO_3$ 及 $Ca(HCO_3)_2$ 等水溶性盐类在土壤溶液中出现时，会使土壤溶液的总碱度很高。总碱度可以通过中和滴定法测定，单位以 $cmol(+)/L$ 表示。亦可分别用 CO_3^{2-} 及 HCO_3^- 占阴离子的重量百分数来表示，我国碱化土壤的总碱度占阴离子总量的 50% 以上，高的可达 90%。总碱度一定程度上反映土壤和水质的碱性程度，故可作为土壤碱化程度分级的指标之一。

2. 碱化度 (钠碱化度：ESP) 碱化度是指土壤胶体吸附的交换性钠离子占阳离子交换量的百分数，也叫做土壤钠饱和度、钠碱化度、钠化率或交换性钠百分率。

$$碱化度(\%) = (交换性钠/阳离子交换量) \times 100$$

土壤碱化度常被用来作为碱土分类及碱化土壤改良利用的指标和依据。我国则以碱化层的碱化度 >30%，表层含盐量 <0.5% 和 pH 值 >9.0 定为碱土。而将土壤碱化度为 5%~10% 定为轻度碱化土壤，10%~15% 为中度碱化土壤，15%~20% 为强碱化土壤。

三、影响土壤酸碱性的因素

(一) 土壤胶体类型和性质

当土壤胶体上吸附的阳离子全部是致酸离子(H^+ 及 Al^{3+})时，称为"盐基完全不饱和态"。此时土壤的 pH 值，称为"极限 pH 值"。

土壤极限 pH 值，因土壤胶体类型而不同，例如在同样的浓度下，蒙脱石的极限 pH 值为 3.5 左右，而高岭石则为 4.5~5.0 左右。土壤极限 pH 值愈小，酸量愈多。

表 7-2 为中国几种代表性土壤和黏粒矿物的极限 pH 值。

表 7-2 土壤胶体的极限 pH 值(《土壤学》，朱祖祥，1983)

标 本	制备方法	浓度(%)	极限 pH 值
砖红壤	电渗析	7.56	4.94
红 壤	电渗析	7.78	4.51
黄棕壤	电渗析	7.37	3.86
蒙脱石	电渗析	1.48	3.56
高岭石	电渗析	4.29	4.82

另外胶体种类不同，胶体上吸附的氢、铝离子的解离度不同，土壤的 pH 值也不同。根据胶体上吸附性 H^+ 离子和 Al^{3+} 离子的解离度大小（即对土壤溶液提供 H^+ 离子能力的大小），可排成下列顺序：

有机胶体 > 蒙脱石 > 含水云母和拜来石 > 高岭石 > 含水氧化铁、铝

(二) 土壤盐基饱和度

盐基饱和度的大小，可反映出土壤潜在酸量及活性酸强度的大小。当土壤盐基饱和度在 80% 或 80% 以上时，胶体上吸附性阳离子常以钙为主（属于钙质土），其潜在酸量极微或不存在，土壤溶液中也不含活性酸，pH 值大多数在 7 左右，呈中性反应。反之盐基饱和度小的土壤（属于氢—铝质土），不仅潜在酸量大，而且有较多的活性酸。在一定范围内，土壤 pH 值随盐基饱和度增加而增高。这种关系大致见表 7-3。

表 7-3 土壤 pH 值与土壤盐基饱和度的关系（《土壤学》，黄昌勇，2000）

土壤 pH 值	<5.0	5.0~5.5	5.5~6.0	6.0~7.0
土壤盐基饱和度(%)	<30	30~60	60~80	80~100

(三) 土壤空气中的 CO_2 分压

石灰性土壤及以吸附性钙离子占优势的中性或微碱性土壤上，其 pH 值的变化与土壤空气中的 CO_2 分压有密切的关系。它们在 $CaCO_3$—CO_2—H_2O 平衡体系中有下列关系：

$$CO_2 + H_2O \xrightleftharpoons{K_a} 2H^+ + CO_3^{2-}$$

K_a 为碳酸的解离常数：$K_a = \dfrac{[H^+]^2[CO_3^{2-}]}{[CO_2]}$ 则 $[CO_3^{2-}] = K_a \dfrac{[H^+]^2[CO_2]}{[H^+]^2}$

$$CaCO_3 \xrightleftharpoons{K_a} Ca^{2+} + CO_3^{2-}$$

K_S 为碳酸钙的溶度积，$K_S = [Ca^{2+}][CO_3^{2-}]$

则 $K_S = [Ca^{2+}] \times K_a \dfrac{[CO_2]}{[H^+]^2}$ $[H^+]^2 = \dfrac{K_a}{K_S}[Ca^{2+}][CO_2]$

所以 $2pH = K + pCa + pCO_2$ $\left(K = P\dfrac{K_a}{K_S}\right)$

上式中 pCa 和 pCO_2 分别代表该平衡体系中 Ca^{2+} 离子浓度和 CO_2 分压的负对数，K 为常数，其值一般为 10~10.5 之间。上述关系式表明石灰性土壤空气中的 CO_2 分压影响 $CaCO_3$ 的溶解度和土壤溶液的 pH 值，CO_2 分压愈大，pH 值愈大。

在石灰性土壤的植物根际附近，由于受植物根及微生物活动所产生的 CO_2 影响较为强烈，故其 pH 值多不超过 8，这对提高石灰性土壤中磷酸盐及某些微量元素的有效性是有利的。

(四) 土壤水分含量

土壤含水量影响离子在固相液相之间的分配、$CaCO_3$ 等盐类的溶解和解离以及胶粒上吸附性离子的解离度，从而影响土壤 pH 值。土壤的 pH 值一般随土壤含水量增加有升高的趋势，酸性土壤中这种趋势尤为明显，这可能与黏粒的浓度降低，吸附性氢离子与电极表面接触的机会减少有关；也可能因电解质稀释后，阳离子更多地解离进入溶液，导致 pH 值的升高。因此在测定土壤 pH 值时，应注意水土比。土水比愈大，所测得的 pH 值愈大。

(五) 土壤氧化还原条件

淹水或施有机肥促进土壤还原的发展，对土壤 pH 值有明显的影响。这种影响的大小和速度，同土壤原来的 pH 值及有机质含量有关。据南京土壤所测定，含有机质低的强酸性土壤，淹水后 pH 值迅速上升。酸性土施加绿肥，淹水后前三天其 pH 值上升很快，稍后略有下降。其原因主要是由于在嫌气条件下形成的还原性碳酸铁、锰呈碱性，溶解度较大之故。

碱性和微碱性土壤经淹水及施有机肥后，其 pH 值往往有所下降，这与有机酸和碳酸的综合作用有关。因此尽管原来旱地的 pH 值差异很大，但在改为水田种植水稻的情况下，土壤 pH 值都趋向于中性。

四、土壤酸碱性对土壤肥力和植物生长的影响

(一) 土壤酸碱反应与土壤养分的有效性

土壤酸碱反应对土壤矿物质和有机质分解起重要作用，影响土壤养分元素的释放、固定和迁移等。土壤各种养分的有效度在不同的 pH 值条件下差异很大，如图 7-1。

当 pH 值 <5，活性铁、铝多，磷酸根易与它们结合形成不溶性沉淀，造成磷素的固定。在 pH 值 >7 时，则发生明显的钙对磷酸的固定。在 pH 值 6~7 的土壤中，土壤对磷的固定最弱，磷的有效性最大。

氮、硫、钾在微酸性、中性、碱性土壤中有效性最大；钙、镁在酸性土壤中容易淋失。因此，酸性愈强的土壤，表明这些元素淋失愈多，因而对植物的供应愈加不足。在 pH 值 <6 的范围内，钙和镁的有效性随 pH 值升高而增大，在 pH 值 6.5~8.5 的土壤中有效性较高；钼的有效性在 pH 值较低的范围，也随 pH 值增大而提高，在 pH 值低时，钼与镁形成难溶性化合物而变得无效，因此在强酸性土壤上有些植物如柑橘会发生缺钼现象；在极强酸性的土壤中，大量的铝、铁、锰化合物变为可溶性的，常使植物受到毒害。随着土壤酸度的降低，它们的溶解度迅速降低，在石灰性土壤和碱性土壤中，植物又往往发生缺铁症状；铜和锌的情况也相同。在土壤 pH 值 7 左右是临界点，pH 值大于此点时铜、锌的有效度极低；硼在强酸性土壤和 pH 值 7.0~8.5 的石灰性土壤中有效性均较低。在 pH 值 6.0~7.0 和 pH 值 >8.5 的碱性土壤中有效性较高。总的来说，大多数土壤养分在 pH 值 6.5 左右时其有效度都较高。

(二) 土壤酸碱反应与土壤微生物活性

微生物的活动对土壤 pH 值很敏感，pH 值对微生物的影响主要是影响土壤有机质的转化，尤其是氮、磷、硫及其他灰分元素的分解释放与转化。土壤细菌和放线菌，均适于中性和微碱性环境，氨化作用适宜的 pH 值范围为 6.5~7.5，硝化作用为 6.5~8.0，固氮作用为 6.5~7.8。真菌最适宜在酸性条件下活动，在 pH 值 <5 的强酸土壤中，仍可对有机质进行矿化，但其活动产物多呈强酸性，有时不利于肥力的发展。土壤 pH 值与微生物活性和养分有效度的关系，如图 7-1。

此外 pH 值对土壤中的某些植物病原微生物的活性也有

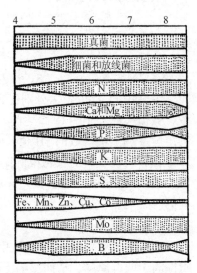

图 7-1 土壤 pH 值与养分有效度及微生物活动关系

(《土壤地理学》，李天杰，1983)

影响，如使土壤保持酸性可防止马铃薯的疮痂病等，而硝化细菌则受到抑制，从而影响氮素的转化。

（三）土壤酸碱反应与植物生长

不同的植物适应不同的土壤pH值范围，有些植物对酸碱反应很敏感，如甜菜和紫花苜蓿只能生长在中性至微碱性土壤上；茶树、柑桔则要求酸性和强酸性土壤；盐蒿、碱蓬等适宜在碱土上生长。一般植物对土壤酸碱性的适应范围比较广，表7-4是一些主要植物所适宜的pH值范围。

表7-4 主要栽培植物适宜的pH值范围（《基础土壤学》，熊顺贵，1996）

大田作物	pH值	园艺植物	pH值	林业植物	pH值
水稻	5.0~6.5	豌豆	6.0~8.0	槐	6.0~7.0
小麦	5.5~7.5	甘蓝	6.0~7.0	松	5.0~6.0
大麦	6.5~7.8	胡萝卜	5.3~6.0	洋槐	6.0~8.0
玉米	5.5~7.5	西红柿	6.0~7.0	白杨	6.0~8.0
棉花	6.0~8.0	西瓜	6.0~7.0	栎	6.0~8.0
大豆	6.0~7.0	南瓜	6.0~8.0	红松	5.0~6.0
马铃薯	4.8~6.5	桃	6.0~7.5	桑	6.0~8.0
甘薯	5.0~6.0	苹果	6.0~8.0	桦	5.0~6.0
向日葵	6.0~8.0	梨、杏	6.0~8.0	泡桐	6.0~8.0
甜菜	6.0~8.0	茶	5.0~5.5	油桐	6.0~8.0
花生	5.0~6.0	栗	5.0~6.0	榆	6.0~8.0
苕子	6.0~7.0	柑橘	5.0~6.5	侧柏	6.0~7.5
紫花苜蓿	7.0~8.0	菠萝	5.0~6.0	桎柳	6.0~8.0

（四）土壤酸碱反应与土壤理化性质

土壤酸碱反应和环境条件（如地形、水分条件等）共同影响着黏粒矿物生成的类型。例如原生矿物白云母在碱性和微碱性条件下风化，生成伊利石，而在pH值为5的酸性条件下生成高岭石。

在碱土中交换性钠多（占30%以上），土粒分散，结构易破坏。酸性土中，交换性氢离子多，盐基饱和度低，结构易破坏，物理性质不良。中性土中，Ca^{2+}、Mg^{2+}离子较多，土壤的结构性和通气性等物理性质良好。

五、土壤酸碱性的调节与改良

（一）土壤酸性的调节

土壤酸性主要由胶体吸附的交换性H^+离子和Al^{3+}离子所控制，在改良土壤酸性时，不仅要中和活性酸，更重要的是中和潜在酸，才能从根本上改变酸性的大小。通常以施用石灰或石灰粉来调节改良。沿海地区可以用蚌壳灰、草木灰，它们既是良好的钾肥，同时也起中和酸性的作用；沿海的咸酸田在采用淡水洗盐的同时，也能把一些酸性物质除掉。

1. 石灰在土壤中的转化 石灰施入土壤的化学反应有：与CO_2的作用和与土壤胶体上吸附性铝的交换作用。

在土壤空气中，因为CO_2的浓度往往比大气中的CO_2大几十倍甚至几百倍，CO_2溶于水生成碳酸与石灰或石灰石粉起反应。

$$CO_2 + H_2O \longrightarrow H_2CO_3$$
$$Ca(OH)_2 + 2H_2CO_3 \longrightarrow Ca(HCO_3)_2 + 2H_2O$$
$$CaCO_3 + H_2CO_3 \longrightarrow Ca(HCO_3)_2$$

石灰与酸性土壤胶体的作用如下：

$$\boxed{土壤胶体} - 2H^+ + Ca(OH)_2 \rightleftharpoons \boxed{土壤胶体} - Ca^{2+} + 2H_2O$$

如果胶粒上是铝离子，则与石灰生成氢氧化铝而沉淀：

$$\boxed{土壤胶体} - 2Al^{3+} + 3Ca(OH)_2 \rightleftharpoons \boxed{土壤胶体} - 3Ca^{2+} + 2Al(OH)_3$$

施用石灰除中和酸度、促进微生物活动以外，还为土壤增加了钙，有利于改善土壤结构，并减少磷被活性铁、铝离子的固定。

2. 石灰需要量 酸性土壤石灰需要量可通过交换性酸量或水解性酸量进行大致估算。还可根据土壤的阳离子交换量（CEC）及盐基饱和度（BSP）、土壤潜性酸量等进行估算求得。但是这种理论数字，应该按照当地农民的实际经验，加以校正。依据阳离子交换量和盐基饱和度计算式为：

石灰需要量 = 土壤体积×容重×阳离子交换量×(1 - 盐基饱和度) kg/hm^2。

关于计算方法，举例如下：

某土壤 pH 值为 5.0，耕层土壤为 2250000 kg/hm^2，土壤含水量为 20%，阳离子交换量为 10 $cmol/kg$ 土，盐基饱和度为 60%（即 H^+、Al^{3+} 等饱和度为 40%），试计算达到 pH 值为 7 时，中和活性酸和潜性酸的石灰需要量（理论值）。

中和活性酸 pH 值 = 5 时，土壤溶液中 $[H^+] = 10^{-5}$ mol/kg 土，则每公顷耕层土壤含 H^+ 离子为：

$$2250000 \times 20\% \times 10^{-5} = 4.5 \text{ mol } H^+/hm^2$$

同理，pH 值 = 7 时，每公顷土壤中含 H^+ 离子为：

$$2250000 \times 20\% \times 10^{-7} = 0.045 \text{ mol } H^+/hm^2$$

所以需要中和活性酸量为：$4.5 - 0.045 = 4.455$ mol H^+/hm^2

若以 CaO 中和：其需要量 $4.455 \times 56/2 = 124.74 g/hm^2$

中和潜性酸：$22500 \times 1/100 \times 4 = 90000$ mol H^+/hm^2

$$90000 \times 56/2 = 2520000 g = 2520 kg/hm^2$$

在生产实践中一般多根据田间试验的实际效果来确定石灰需用量，试验表明在 pH 值 4.5 左右的红壤土，每亩施生石灰 70kg，大多数作物都有不同程度的增产，其中尤以大麦、金花菜和小麦的效果最明显（表 7-5）；在红壤中每 667m^2 施 50~100kg 石灰，早稻、晚稻、大豆等作物一般可增产 10%~30%。

表 7-5 红壤旱地施用石灰对作物的效应（《中国土壤》，熊毅，1987）

作物	大麦	金花菜	小麦	大豆	豌豆	苕子	花生	小米	芝麻	甘薯
产量相对值（%）	极显著	314	257	144	144	123	118	109	103	100

注：以不施石灰的产量为 100，大麦不施石灰不能生长。

通常施用的石灰性物质的形态有三种，即 $CaCO_3$、CaO 和 $Ca(OH)_2$。这三种形态的石灰粉剂的中和能力是不同的，CaO 最强，Ca(OH)$_2$ 次之，CaCO$_3$ 最弱。中和速度差异也很大，Ca(OH)$_2$ 最快，但不持久，CaCO$_3$ 最慢，但比较持久。在施用时还要注意石灰的细度，不要太细或太粗，施用时要与土壤充分搅匀，并注意施用时期。对于淋溶作用强的土壤，需每隔 3~4 年施一次。

(二)土壤碱性的调节

调节土壤碱性的方法主要有以下几种：

1. 施用有机肥料　利用有机肥分解释放出的大量 CO_2、有机酸降低土壤 pH 值。

2. 施用硫磺、硫化铁及废硫酸或黑矾($FeSO_4$)等　利用它们在土壤中氧化或水解产生硫酸，硫酸再中和碳酸钠或胶体上钠离子造成的碱性。

3. 对碱化土、碱土，可施用石膏、硅酸钙　以钙将土壤胶体上的钠代换下来，并随水排出，从而降低土壤的 pH 值，改善土壤的理化性状。

$$\boxed{土壤胶粒}-2Na^+ + CaSO \Longleftrightarrow \boxed{土壤胶粒}-Ca^{2+} + Na_2SO_4(淋洗排出)$$

石膏需用量可根据钠碱化度(ESP)进行计算，即所用化合物(石膏、氯化钙等)的剂量必须相当于要排走的交换性钠的量。交换性钠百分率(ESP)的临界指标一般为 10，即 ESP 小于 10 可不发生明显不良作用。石膏用量 R 可按下式计算：

$$R = [(ESP_{初} - ESP_{后})/100] \cdot CEC$$

例如某土壤初始的 ESP 为 35，CEC 为 25，则石膏需用量：

$$R = [(35-10)/100] \times 25 = 6.25 \text{cmol/kg} = 0.0625 \text{mol/kg}$$

以 20cm 土层厚度，容重为 1.3 计算，每公顷需用石膏为：

$$0.2 \times 10000 \times 1.3 \times 1000 \times 0.0625 = 162500 \text{ mol/hm}^2$$
$$162500 \text{ mol/hm}^2 \times 172/2 = 13975000 \text{g/hm}^2 = 13975 \text{kg/hm}^2$$

(纯石膏 $CaSO_4 \cdot 2H_2O$ 的分子量为 172)

第二节　土壤氧化还原反应

土壤氧化还原反应是发生在土壤溶液中又一个重要的化学性质。氧化还原反应始终存在于岩石风化和母质成土的整个土壤形成发育过程中，对物质在土壤剖面中的移动和剖面分异，养分的生物有效性，污染物质的缓冲性和植物生长发育等带来深刻影响。特别是对稻田土壤，它是衡量土壤肥力的极为重要的指标之一。

一、土壤中的氧化还原体系

氧化还原反应中氧化剂和还原剂构成了氧化还原体系。氧化还原的实质是电子的转移过程，某一物质的氧化，必然伴随着另一物质的还原。一些物质失去了电子，它们本身被氧化；另一些物质得到电子，它们本身被还原，因此最容易发生氧化还原反应的是变价元素。

土壤中产生氧化还原反应的物质很多，有着多种氧化还原体系，主要有以下几种：

氧体系 $O_2 + 4H^+ + 4e \rightleftharpoons 2H_2O$

氮体系 $NO_3^- + H_2O + 2e \rightleftharpoons 2OH^- + NO_2^-$

铁体系 $Fe^{3+} + e \rightleftharpoons Fe^{2+}$

锰体系 $MnO_2 + 4H^+ + 2e \rightleftharpoons Mn^{2+} + 2H_2O$

硫体系 $SO_4^{2-} + H_2O + 2e \rightleftharpoons SO_3^{2-} + 2OH^-$

$SO_3^{2-} + 3H_2O + 6e \rightleftharpoons S^{2-} + 6OH^-$

氢体系 $2H^+ + 2e \rightleftharpoons H_2$

有机碳体系 $CO_2 + 8H^+ + 8e \rightleftharpoons CH_4 + 2H_2O$

有机体系包括各种能起氧化还原反应的有机酸类、酚类、醛类和糖类等化合物。

土壤中主要的氧化剂是大气中的氧，它进入土壤与土壤中的化合物起作用，得到两个电子而还原为 O^{2-}，土壤的生物化学过程的方向与强度，在很大程度上取决于土壤空气和溶液中氧的含量。当土壤中的氧被消耗掉，其他氧化态物质如 NO_3^-、Fe^{3+}、Mn^{4+}、SO_4^{2-} 依次作为电子受体被还原，这种依次被还原现象称为顺序还原作用。土壤中的主要还原性物质是有机质，尤其是新鲜未分解的有机质，它们在适宜的温度、水分和 pH 值条件下还原能力极强。土壤中由于多种多样氧化还原体系存在，并有生物参与，较纯溶液复杂。主要有以下一些共同特点：

(1) 土壤中氧化还原体系有无机体系和有机体系两类。在无机体系中，重要的有氧体系、铁体系、锰体系、氮体系、硫体系和氢体系等。有机体系包括不同分解程度的有机化合物、微生物的细胞体及其代谢产物，如有机酸、酚、醛类和糖类等化合物。这些体系的反应有可逆的、半可逆和不可逆之分。例如有机体系是半可逆的或不可逆的。

(2) 土壤中氧化还原反应虽属化学反应，但很大程度上是由生物参与的。如 NH_4^+ 氧化成 NO_3^- 必须在硝化细菌参与下才能完成。虽然亚铁的氧化大多属纯化学反应，但在土壤中常在铁细菌的作用下发生。

(3) 土壤是一个不均匀的多相体系，即使同一田块不同点位都有一定的变异，测 Eh 值时要选择代表性土样，最好多点测定求平均值。

(4) 土壤中氧化还原平衡经常变动，不同时间、空间，不同耕作管理措施等都会改变 Eh 值。严格地说，土壤氧化还原永远不可能达到真正的平衡。

二、土壤氧化还原电位

土壤是一个氧化物质与还原物质并存的体系，土壤溶液中氧化物质和还原物质的相对比例，决定着土壤的氧化还原状况。随着土壤中氧化还原反应的不断进行，氧化物质和还原物质的浓度也在随时调整变化，进而使溶液电位也在相应地改变。这种由于溶液氧化态物质和还原态物质的浓度关系而产生的电位称为氧化还原电位(Eh)，单位为 mV。

它们之间的关系为：$Eh = E^0 + RT/nF \log[氧化态]/[还原态]$

$= E^0 + 0.059/n \log[氧化态]/[还原态]$

式中：E^0——标准氧化还原电位，它是指在体系中氧化剂浓度和还原剂浓度相等时的电位。各体系的 E^0 值可在化学手册中查到；

n——氧化还原反应中的电子转移数目。

方括号内表示两种物质的活度。

由上式可以看出，对于一个给定的氧化还原体系，由于 E^0 和 n 为常数，所以氧化还原电位主要由氧化剂和还原剂的活度比所决定。二者比值愈大，即氧化剂的活度愈高，则 Eh 值就愈大，说明氧化反应愈强烈。实际上土壤中氧化态和还原态物质的相对浓度主要取决于土壤溶液的氧压或溶解态氧的浓度，这就直接与土壤的通气性相联系。故氧化还原电位可以作为土壤通气性的指标。

知道一个体系中的氧化剂和还原剂的浓度，即可以计算出它的 Eh 值。

三、氧化还原状况对土壤肥力和植物生长的影响

（一）土壤 Eh 值范围与植物生长发育

氧化还原状况与土壤的发生、发育和演变有着密切的关系，在不同的土壤类型中，Eh 值一般变动幅度在 100~800mV，通气良好的表层较高，下层逐渐降低，在地下水饱和的土层中 Eh 值有时呈负值。

旱地土壤 Eh 值变动一般在 200~750mV 之间，如果大于 750mV，标志着土壤完全处于好气状态。如果 Eh 值低于 200mV，则表明土壤水分过多，通气不良。旱地土壤的 Eh 值在 400~700mV 之间，多数作物可以正常发育，过高过低均对植物营养不利。

水田土壤 Eh 值变动较大，在排水种植旱作物期间，其 Eh 值可达 500mV 以上，在淹水期间，可低至 -150mV 以下。一般说水稻适宜在 Eh 值 200~400mV 的条件下生长。如果土壤 Eh 值经常处在 180mV 以下或低于 100mV，水稻分蘖就会停止，发育受阻。如果长期处于 -100mV 以下，水稻甚至会死亡。

（二）氧化还原状况与土壤肥力

氧化还原状况主要影响土壤中变价元素的生物有效性。通常把 Eh 值 300mV 作为土壤氧化还原状况的分界线，大于 300 mV 时土壤呈氧化状态，低于 300 mV 则呈还原状态。当大于 750 mV 时，土壤中好气条件太强，有机质分解快，易造成养分的大量损失。铁、锰完全以高价化合物存在，溶解度极小，作物易缺铁而发生失绿症，也会因缺锰发生"灰斑"、"白斑"病。当 Eh 值小于 200mV 时，铁、锰化合物呈还原态，一些水稻田秧苗会因 Fe^{2+} 浓度高而中毒受害。土壤颜色也由红棕、黄褐色变为青灰色。当 Eh 值降为负值后，某些土壤会产生 H_2S 和丁酸等的过量累积，对水稻的含铁氧化还原酶的活动有抑制作用，影响其呼吸，减弱根系吸收养分的能力。在 H_2S 浓度高时，抑制植物根对磷、钾的吸收，甚至出现磷、钾从根内渗出。H_2S 和丁酸积累对不同养分吸收受抑制的程度顺序为：$H_2PO_4^- > K^+ > Si^{4+} > NH_4^+ > Na^+ > Mg^{2+}$、$Ca^{2+}$。

同时土壤中氧化还原状况还影响养分的存在形态，进而影响它的有效性。如土壤中的硝化过程及硝酸盐的累积是在 Eh 值很高的好气条件下进行的。土壤通气不良时，易引起反硝化过程的发展，Eh 值与氮化合物体系的关系如下：

Eh 值(mV)	480~750	340~480	200~340	0~200
氧还体系	硝酸盐	亚硝酸盐与硝酸盐	亚硝酸盐	氧化氮

$NO_3^- - NO_2^- - NO - N_2$ 体系存在，是在土壤通气不良条件下引起植物氮素缺乏的原因。在 Eh 值 -100~100mV 范围内，硫酸盐首先还原成金属的硫化物，再形成硫化氢，导致土

壤中硫酸盐的损失。

由此可见，土壤中的氧化还原过程与土壤的通气条件直接有关，氧化还原电位的大小可以反映土壤的通气排水状况及微生物的活性，同时也影响到了土壤中变价元素的状态及土壤养分的有效性，与土壤肥力和作物生长有密切关系。

四、影响土壤氧化还原的因素及其调节

1. 土壤通气性　土壤通气状况决定土壤空气中氧的浓度，在通气良好的土壤中，土壤与大气间气体交换迅速，使得土壤中氧浓度较高，Eh 值较高。在排水不良的土壤中，通气孔隙少，大气与土壤交换缓慢，氧的浓度降低，再加上微生物活动消耗氧，Eh 值下降。所以对于同一种土壤，Eh 值可作为通气状况的相对指标。

2. 土壤中的易分解有机质　土壤中许多易分解有机质可作为微生物需要的营养和能量的来源。在嫌气分解过程中，微生物夺取有机质中所含的氧，形成大量各种各样的还原性物质。所以，在淹水条件下施用新鲜的有机肥料，土壤 Eh 值剧烈下降。这种现象在绿肥田早稻苗期经常发生。

3. 土壤中易氧化物质或易还原物质　土壤中易氧化物质如 Fe^{2+}、Mn^{2+} 等含量多，说明该土壤还原性强，并且抗氧化平衡作用也强；反之，易还原物质如 Fe^{3+}、Mn^{4+} 较多时，抗还原能力也大。含铁、锰较多的土壤，渍水后 Eh 不易迅速下降，其原因是具有这种"缓冲作用"。

4. 微生物活动　微生物活动需要氧，这些氧可能是游离态的气体氧，也可能是化合物中的化合态氧。微生物活动愈强烈，耗氧愈多，放出大量 CO_2，使土壤溶液中的氧压减低，或使还原态物质的浓度相对增加（氧化态化合物中的氧被微生物夺去后，就还原成还原态的化合物，因此氧化态物质浓度对还原态物质浓度的比值下降），氧化还原电位降低。所以在土壤通气性基本一致条件下，可用土壤 Eh 值反映土壤微生物的活性。

5. 植物根系的代谢作用　植物根系在其生命活动过程中，能分泌出有机酸等有机物质，使根际 pH 降低，对于一般旱地植物，根际土壤 Eh 较根外低数十 mV。而水稻根系能分泌氧，则使根际土壤 Eh 值反较根外土壤为高。

6. 土壤的 pH　土壤 pH 和 Eh 的关系很复杂，在理论上把土壤的 pH 值与 Eh 关系固定为 $\triangle Eh/\triangle pH = -59mV$（即在通气不变条件下，pH 值每上升一个单位，Eh 值要下降 59mV），但实际情况并不完全如此。据测定，我国 8 个红壤性水稻土样本 $\triangle Eh/\triangle pH$ 关系，平均约为 85mV，变化范围在 60~150mV 之间；13 个红黄壤平均 $\triangle Eh/\triangle pH$ 约为 60mV，接近于 59mV。一般土壤 Eh 值随 pH 值的升高而下降。

由于氧化还原状况的变化在渍水土壤（沼泽和水稻土）中表现的最强烈，从水稻土的发育来说，调节土壤氧化还原状况，有助于高肥力水稻土的形成。如在耕作还原条件下，土色较黑，排水落干后出现血红色的"锈纹、锈斑"，整个剖面有一定的层次排列，这是肥沃水稻土的剖面形态特征。

调节土壤氧化还原状况是水稻生产管理的重要环节，通常通过排灌和施用有机肥等来实现的，在强氧化条件下，如所谓的"望天田"，要解决水源问题，并增施有机肥料，以促进土壤适度还原。反之，在强还原条件的土壤，如"冷浸田"、"冬水田"等则应采取开沟排水，降低地下水位等措施，以创造氧化条件。对于一般水稻土，主要通过施用有机肥料和适当灌

水，使土壤还原条件适度发展，然后根据水稻生长状况和土壤性质，采用排水、烤田等措施。

第三节 土壤的缓冲性

一、土壤缓冲性的概念

在《土壤学》上，把土壤缓冲性定义为土壤抗衡酸、碱物质，减缓pH值变化的能力。这是土壤的重要化学性质之一。它可以稳定土壤溶液的反应，使酸碱度的变化保持在一定范围内。如果土壤没有这种能力，那么微生物和根系的呼吸、肥料的加入、有机质的分解等都将引起土壤反应的激烈变化，同时又造成养分状态的变化，影响养分的有效性，作物将难以适应。

事实上，土壤不仅仅具有抵御酸、碱物质，减缓pH值变化的能力，即具有对酸碱的缓冲性。从广义而言，土壤是一个巨大的缓冲体系，对营养元素、污染物质、氧化还原等同样具有缓冲性，具有抗衡外界环境变化的能力。这主要是因为土壤是一个包含固、液、气三相组成的多组分开放的生物地球化学系统，包含了众多的以多样化方式进行相互作用的不同化合物。土壤在固液界面、气液界面发生的各种化学、生物化学过程，常常具有一定的自身调节能力。所以从某种意义上讲，土壤缓冲性不只是局限于土壤对酸碱变化的一种抵御能力，而可以看做一个能表征土壤质量及土壤肥力的指标。

高产肥沃土壤有机质丰富，缓冲性能较强，能为高产作物较好的调控土壤环境条件，以抵制各种不利因素的发展。相反有机质贫乏的砂土，缓冲性很小，自动调节能力低，"饿不得、饱不得"，经不起外界水、热、酸碱反应等各种环境条件的变化。对这类土壤，通过多施有机肥，掺混黏土等措施，既可培肥土壤，也提高了其缓冲性能。

二、土壤酸碱缓冲性

(一)土壤酸碱缓冲作用的机制

1. 土壤胶体的阳离子代换作用是土壤产生缓冲性的主要原因 当土壤溶液中H^+增加时，胶体表面的交换性盐基离子与溶液中的H^+交换，生成了中性盐，使土壤溶液的H^+的浓度基本上无变化或变化很小。

$$\boxed{土壤胶体}—M^+ + H^+ \rightleftharpoons \boxed{土壤胶体}—H^+ + M^+$$

（M代表盐基离子，主要是Ca^{2+}、Mg^{2+}、K^+等）

又如土壤溶液中加入MOH，解离产生M^+和OH^-，由于M和胶体上交换性H^+交换，H^+转入溶液中，立即同OH^-生成极难解离的H_2O，溶液的pH值基本不变。

$$\boxed{土壤胶体}—H^+ + MOH \rightleftharpoons \boxed{土壤胶体}—M^+ + H_2O$$

一般胶体数量多，阳离子代换量大的土壤，缓冲性强，所以黏质土及有机质含量高的土壤，比砂质土及有机质含量低的土壤缓冲性强；如两种土壤的阳离子交换量相同，则盐基饱和度愈大的，对酸的缓冲能力愈强；相反盐基饱和度愈小，潜在酸度愈大的土壤，则对碱的缓冲能力愈强。

2. 土壤溶液中的弱酸及其盐类的存在 土壤溶液中含有碳酸、硅酸、磷酸、腐殖酸以及其他有机酸及其盐类，构成一个良好的缓冲体系，故对酸碱均有缓冲作用。

$$H_2CO_3 + Ca(OH)_2 \rightleftharpoons CaCO_3 + 2H_2O$$

$$Na_2CO_3 + 2HCl \rightleftharpoons H_2CO_3 + 2NaCl$$

硅酸盐矿物含有一定数量碱性金属和碱土金属离子，通过风化、蚀变释放出钠、钾、钙、镁等元素，并转化为次生黏粒矿物，进而对土壤的酸性物质起缓冲作用。镁橄榄石（Mg_2SiO_4）的脱盐基、脱硅作用的缓冲机理如下式表示：

$$Mg_2SiO_4 + 4H^+ \longrightarrow Mg^{2+} + Si(OH)_4$$

3. 土壤中两性物质的存在 土壤中有许多两性物质存在，如蛋白质、氨基酸、胡敏酸、无机磷酸等。如氨基酸，它的氨基可以中和酸，羧基可以中和碱，因此对酸碱都有缓冲能力。

$$\underset{NH_2}{R-CH-COOH} + HCl = \underset{NH_3Cl}{R-CH-COOH} \text{（氨基酸氯化铵盐）}$$

$$\underset{NH_2}{R-CH-COOH} + NaOH = \underset{NH_2}{R-CH-COONa} + H_2O \text{（氨基酸钠）}$$

4. 酸性土壤中铝离子的缓冲作用 在极强酸性土壤中 pH 值 <4，铝离子以 $Al(H_2O)_6^{3+}$ 形态存在，加入碱性物质使土壤溶液 OH^- 离子增多时，铝离子周围的 6 个水分子中，就有一、两个水分子解离出 H^+ 离子，以中和加入的 OH^- 离子。用下式表示：

$$2Al(H_2O)_6^{3+} + 2OH^- \longrightarrow [Al_2(OH)_2(H_2O)_8]^{4+} + 4H_2O$$

当土壤溶液中 OH^- 继续增加时，铝离子周围的水分子将继续解离出 H^+ 以中和，而使溶液 pH 值不发生剧烈变化。同时羟基铝的聚合作用将继续进行，反应式为：

$$4Al(H_2O)_6^{3+} + 6OH^- \longrightarrow [Al_4(OH)_6(H_2O)_{12}]^{6+} + 12H_2O$$

当土壤 pH 值 >5 时，铝离子就会相互结合而产生 $Al(OH)_3$ 沉淀，并失去其缓冲能力。

（二）土壤酸碱缓冲容量和滴定曲线

土壤缓冲能力的大小一般用缓冲容量来表示，即土壤溶液改变一个单位 pH 值时所需要的酸或碱的量，它是土壤酸碱缓冲能力强弱的指标。土壤缓冲容量可用酸、碱滴定法获得，即在土壤悬液中连续加入标准酸或碱液，测定 pH 值的变化，以纵坐标表示 pH 值，横坐标表示加的酸或碱量，绘制滴定曲线，又称缓冲曲线。从曲线图上可以看出该土壤缓冲能力及缓冲作用的最大范围，并可推算其缓冲容量。图 7-2 是红壤盐悬液（1mol KCl）的滴定曲线，从图中可知：一个土壤的缓冲能力在各滴定阶段上是不相同的。曲线愈陡（斜率愈大），表示缓冲能力愈小；曲线愈接近水平（斜率愈小）缓冲能力愈大。该悬液起始 pH 值为 3.80，在 pH 值 4.06～4.43 范围表现出最强缓冲力；当滴定碱量超过 53 cmol/kg 土时，曲线陡升，

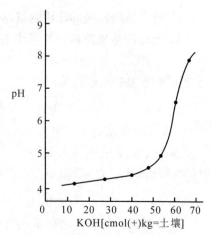

图 7-2 红壤盐悬液的滴定曲线
（《土壤学》，朱祖祥，1983）

表示其缓冲能力陡降。因此,当悬液滴定到 pH 值 5.5~6.0 时,所消耗的碱量,可作为该红壤代换酸量的计算依据,并可据此计算石灰需要量。

(三)影响土壤酸碱缓冲性的因素

(1)土壤无机胶体:土壤的无机胶体种类不同,其阳离子交换量不同,缓冲性不同。土壤胶体的阳离子交换量愈大,缓冲性也愈强。在无机胶体中缓冲性由大变小的顺序为:蒙脱石>伊利石>高岭石>含水氧化铁、铝。

(2)土壤质地:从不同土壤质地来看,黏土>壤土>砂土,这是因为前者黏粒含量高,相应的阳离子交换量亦大。

(3)土壤有机质:土壤有机质含量虽仅占土壤的百分之几,但腐殖质含有大量的负电荷,对阳离子交换量贡献大。通常表土的有机质含量较底土的高,缓冲性也是表土较底土强。

三、土壤氧化还原缓冲性

土壤氧化还原缓冲性是指当少量的氧化剂和还原剂加入土壤后,其氧化还原电位(Eh)不会发生剧烈变化,即土壤所具有抗衡 Eh 变化的能力。

在理论上,对一种物质的氧化还原缓冲性可以通过下面公式推导加以说明:

$$Eh = E^0 + RT/nF \times \log\{[氧化态]/[还原态]\}$$

假定氧化态活度为 X,氧化态与还原态总浓度为 A,则还原态的浓度 A - X。当氧化态的浓度略有增加时,氧化还原电位的增高为:

$$\frac{dEh}{dx} = \frac{RT}{nF} \cdot \frac{A}{x(A-x)} \quad (1)$$

dEh/dx 的倒数可作为土壤氧化还原缓冲性的一个指数,称为缓冲指数。

$$\frac{dx}{dEh} = \frac{nF}{RT} \cdot \frac{x(A-x)}{A} = \frac{nF}{RT} x \left(1 - \frac{x}{A}\right) \quad (2)$$

从式(1)可见,某种物质的总浓度愈高,缓冲指数愈强。在 $A = 2x$ 时,即当氧化态与还原态的活度为 1 时,其缓冲性最强。对于不同物质,值大者的缓冲性强,这种关系可从图 7-3 中看出。在曲线两端,当加入少量的氧化剂或还原剂时,Eh 即有显著变化,而愈向中间变化愈小,在氧化态和还原态各占 50% 时的变化接近于零。这与酸碱缓冲性的情况相似。值得指出的是,因土壤中的情况复杂,理论推导式(2)难于简单的用于土壤。这是因为:第一,土壤是一个由多种氧化还原物质组成的混合体系,其 Eh 值不仅与各种物质的比例有关,而且与氧化还原反应速率有关,特别在有机质含量高的土壤,可出现氧化还原缓冲反应滞后现象。第二,与酸碱反应一样,氧化还原反应也存在固相的参与,这就使反应速度更慢。尽管如此,但只要实验条件一致,仍然可对不同氧化还原状况土壤进行相互比较。

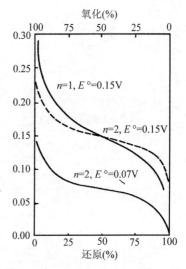

图 7-3 不同氧化还原物质的 Eh 与其氧化还原程度(%)的关系

(《基础土壤学》,熊顺贵,2005)

[思考题]

1. 分析土壤酸碱性产生的原因。
2. 试述土壤酸碱性类型及其影响因素。如何调节土壤的酸碱性?
3. 我国土壤酸碱反应在地理分布上有何规律性?为什么?
4. 试述土壤氧化还原状况与植物生长的关系?如何调节土壤氧化还原状况?
5. 试述土壤缓冲作用的机理及其影响因素。

参考文献

[1] 朱祖祥. 土壤学. 北京:农业出版社,1983.
[2] 林成谷. 土壤学. 北京:农业出版社,1981.
[3] 林大仪. 土壤学. 北京:中国林业出版社,2002.
[4] 黄昌勇. 土壤学. 北京:中国农业出版社,2000.
[5] 熊毅等. 中国土壤. 北京:科学出版社,1987.
[6] 赵玉萍. 土壤化学. 北京:北京农业大学出版社,1991.
[7] 王申贵. 土壤肥料学. 北京:经济科学出版社,2000.
[8] 西南农学院. 土壤学. 北京:农业出版社,1980.
[9] 陆欣. 土壤肥料学. 北京:中国农业大学出版社,2002.
[10] 沈其荣. 土壤肥料学通论. 北京:高等教育出版社,2001.
[11] 熊顺贵. 基础土壤学. 北京:中国农业科技出版社,1996.
[12] 熊顺贵. 基础土壤学. 北京:中国农业大学出版社,2005.

第八章
土壤的形成、分布与分类

【重点提示】主要介绍五大成土因素与人为因素对土壤形成发育的影响；主要成土过程及其相应的发生层次；土壤剖面发育；中国现行土壤分类系统以及中国土壤的分布规律。简要介绍中国土壤系统分类与中国现行土壤分类系统的异同。

土壤是成土母质在一定的水热条件和生物作用下，经过一系列物理、化学和生物化学的作用而形成的。在这个过程中，成土母质与成土环境之间发生了一系列的物质、能量的交换和转化，形成了层次分明的土壤剖面，成为具有肥力特性的自然体——土壤。

第一节 土壤形成因素

一、土壤形成因素学说

土壤形成因素学说是现代理论土壤学最重要的部分之一。19 世纪末，俄国土壤学家Ｂ·Ｂ·道库恰耶夫对俄罗斯大草原土壤进行了调查，提出了土壤是地理景观的一面镜子，是一个独立的历史自然体；土壤是在母质、气候、生物、地形和时间的综合作用下形成的，这五大成土因素始终是同时地、不可分割地影响着土壤的发生和发展，同等重要和不可相互代替地参加了土壤的形成过程，制约着土壤的形成和演化，土壤分布由于受成土因素地理分布规律的影响而具有地理规律性。

20 世纪 40 年代，美国著名土壤学家詹尼（Hans Jenny）在其《成土因素》一书中，补充和发展了道库恰耶夫的成土因素学说，提出了"土壤形成因素—函数"的概念：

$$S = f(cl, o, r, p, t, \cdots\cdots)$$

式中，S 指土壤；cl 指气候；o 指生物；r 指地形；p 指母质；t 指时间；点号为其他尚未确定的因素。

20 世纪 80 年代初，詹尼又在《土壤资源——起源与性状》一书中，从土壤生态系统、土壤化学、土壤物理等方面丰富了这一概念，视土壤为生态系统的组成部分，提出了土壤的发生系列，包括气候系列、生物系列、地形系列、岩成系列和时间系列等。他把这种研究方法和函数式称为"clorpt"，并把它作为"土壤（soil）"的同义词使用。

此外，国内外某些土壤学者，还提出了土壤形成的深层因素的新见解。即土壤形成受到来自地壳极深部的内生地质现象（如火山作用、地震、新构造运动等）的影响，这些地质现象产生于地表下数百米到数千米处。内生性因素虽然不是经常普遍的对所有土壤的形成起作用，但有时却起着不同于地表因素的特殊作用。

随着农业生产的发展和科学技术的进步，人为因素对土壤形成的干预日益深刻和广泛，它在农业土壤的发展变化上已成为一个具有特殊重大作用的因素。

二、成土因素

(一) 母质因素

母质是形成土壤的物质基础，是土壤的"骨架"，是土壤中植物所需矿质养分的最初来源，母质与土壤二者之间存在着"血缘"关系，它对土壤的形成过程和土壤属性均有很大的影响，明显表现在机械组成、矿物成分和化学成分上。

土壤的机械组成主要是由母质的机械组成决定的。例如，发育于残积物上的土壤质地较粗；河流冲积母质上发育的土壤多有砂黏夹层；黄土母质由于本身的机械组成特点是以粉壤质为主，且上下一致，在此母质上形成的土壤其质地也必然保留了黄土母质的这一特性。

母质的矿物、化学成分影响着成土过程的速度、性质和方向。例如，在温暖湿润的气候条件下，花岗岩风化形成的土壤中，抗风化很强的石英含量较高，而盐基成分(Na_2O，K_2O，CaO，MgO)较少，在强淋溶下，极易完全淋失，使土壤呈酸性反应；而玄武岩、辉绿岩等风化物，因黏粒和盐基含量丰富，土壤多为中性。同一地区，因母质性质上的差异，其成土类型也发生差异。例如，在我国亚热带地区石灰岩上发育的土壤，因新的风化碎屑及富含碳酸盐的地表水源源不断流入土体，延缓了土壤中盐基成分的淋失和脱硅富铝化作用的进行，从而发育成较年幼的石灰(岩)土，而酸性岩上发育的则为红壤。

不同成土母质所形成的土壤，其养分情况有所不同。例如，钾长石风化后所形成的土壤有较多的钾，而斜长石风化后所形成的土壤有较多的钙；辉石和角闪石风化后所形成的土壤有较多的铁、镁、钙等元素。

不同成土母质发育的土壤其矿物组成也有较大的差别。以原生矿物组成来说，基性岩母质发育的土壤含角闪石、辉石、黑云母等抗风化力弱的深色矿物较多，而酸性岩母质发育的土壤则含石英、正长石、白云母等抗风化力强的浅色矿物多。从黏粒矿物来说，母质不同也可产生不同的次生矿物。例如在相同的成土环境下，盐基多的辉长岩风化物形成的土壤常含较多的蒙皂石，而酸性花岗岩风化物所形成的土壤常可形成较多的高岭石。

此外，母质层次的不均一性对土壤形成、土壤性状和肥力状况的影响较均质母质更为复杂，它不仅直接影响土体的机械组成和化学组成的不均一性，更重要的是造成水分在土体中的运行状况的不均一性，从而影响着土体中物质迁移的不均一性。例如，就下行水来说，上轻下黏型的母质体，会在两层交界处产生水分和物质的相对富集。但是，如果土层有倾斜，则又往往于两层之间形成土内径流，而形成一个淋溶作用甚强的土壤间层。

一般来说，成土过程进行得愈久，母质与土壤的性质差异也愈大。但母质的某些性质仍会长期保留在土壤中。

(二) 气候因素

气候支配着成土过程的水热条件，水分和热量不但直接参与母质的风化过程和物质的地质淋溶过程，而且更重要的是在很大程度上控制着植物和微生物的生长，影响土壤有机物质的积累和分解，决定着营养物质的生物学循环的速度和范围。

1. 气候对土壤风化作用的影响 母岩和土壤中矿物质的风化速率直接受热量和水分控制。德国土壤学家拉曼(Ramann)曾提出了"风化因子"的概念：风化因子 = 风化天数 × 水解离度。风化天数指日均温在0℃以上的全年天数。根据这种见解，赤道带的风化强度约3倍于温带，9~10倍于极地寒冷带(表8-1)，因而热带与寒带的成土速率有很大的差异。这就说明了为什么在热带地区岩石风化速度和土壤形成速度、风化壳和土壤厚度比温带和寒带地区都要大得多(图 8-1)。

2. 气候对土壤有机质的影响 有机物质的分解和腐殖化是湿度和温度共同影响的结果。由于各气候带水热条件的不同,造成植被类型的差异,导致土壤有机质的积累分解状况及有机质组成成分和品质的不同,其规律性甚为明显。一般趋势是,当温度保持不变,其他条件类似的情况下,降水量大,植物体的年增长量大,每年进入土壤中的有机物质也就多,反之则少。如在我国中温带地区自东而西,由黑土→黑钙土→栗钙土→棕钙土→灰钙土,随降水量的降低,有机质含量逐渐减少。

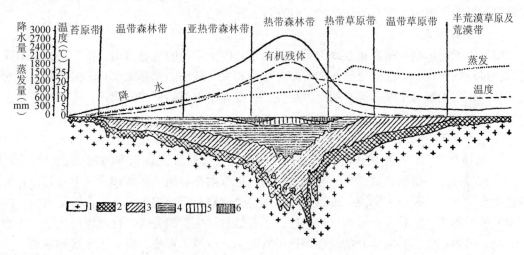

图 8-1 风化壳地带性规律示意图

1. 基岩;2. 碎屑带;3. 伊利石－蒙脱石带;4. 高岭石带;5. 赫岩、氧化铝;6. 铁盘、氧化铝和氧化铁

(《土壤地理学》,李天杰,1983)

但从温度来说,在一定范围内,随着温度的升高,土壤微生物活动也随之加速,因而,土壤有机质的分解过程也加快。如在我国温带地区,自北而南,从棕色针叶林土→暗棕壤→棕壤→褐土,土壤有机质含量随温度的升高而减少。

上述气候与土壤有机质的关系,一般来说,也适用气候与土壤全氮含量的关系。

表 8-1 拉曼的"风化因子"(《区域土壤地理学》,林培,1991)

气候带	年均土温 (℃)	水的相对解离度	风化天数 (0℃以上)	"风化因子"值	
				绝对	相对
极地	10	1.7	100	170	1
温带	18	2.4	200	480	2.8
赤道带	34	2.5	300	1620	9.5

3. 气候对土壤中物质迁移的影响 一般地说,土壤中物质的迁移是随着水分和热量的增加而增加。我国自西北向华北逐渐过渡,土壤中的钾、钠、钙、镁等盐类的迁移能力不断加强,它们在土体中的分异也愈加明显。由华北向东北过渡,除钾、钠、钙、镁等盐基淋失外,铁、铝等有自土壤表层下移的趋势。由华北向华南过渡,除钾、钠、钙、镁等盐基淋失外,铁、铝等在土壤表层积累,硅遭到淋溶。

4. 气候对土壤黏土矿物类型的影响 在我国温带湿润地区，硅酸盐和铝硅酸盐原生矿物缓慢风化，土壤黏土矿物一般以伊利石、蒙脱石、绿泥石和蛭石等 2∶1 型铝硅酸盐黏土矿物为主；亚热带湿润地区，硅酸盐和铝硅酸盐原生矿物风化比较迅速，土壤黏土矿物一般以高岭石或其他 1∶1 型铝硅酸盐黏土矿物为主；而在高温高湿的热带地区，硅酸盐和铝硅酸盐原生矿物风化剧烈，土壤黏土矿物一般以二、三氧化物为主。当然，这是从宏观地理气候的角度看问题，在实际工作中，还应注意母质条件对土壤黏土矿物类型的影响。

研究气候对土壤发生、发育的影响，不仅要寻求土壤与近代气候之间的联系，还要寻求土壤与古气候以及它们历史之间的联系。特别是研究那些未曾受到冰川作用、未被冰水和海水淹没地域的土壤时，则必须注意到气候在过去深刻的变迁。

(三) 生物因素

生物因素是影响土壤发生发展的最活跃因素。由于生物的生命活动，把大量的太阳能引进成土过程的轨道，才能使分散在岩石圈、水圈和大气圈中的营养元素有了向土壤聚积的可能，从而创造出仅为土壤所固有的肥力特性，并推动了土壤的形成和演化，所以从一定意义上说，没有生物的作用，就没有土壤的形成过程。

土壤形成的生物因素包括植物、土壤动物和土壤微生物的作用。

1. 植物在成土过程中的作用 植物的作用最重要的是表现在土壤与植物之间物质和能量的交换过程上。植物，特别是高等绿色植物，把分散在母质、水体和大气中的营养元素选择性地吸收起来，利用太阳能，进行光合作用，合成有机质，把太阳能转化为化学能，再以有机残体的形式，聚积在母质表层。然后，主要经过微生物的分解、合成作用或进一步的转化，使母质表层的营养物质和能量逐渐地丰富起来，改造了母质，推动了土壤的发展。

木本植物和草本植物由于所形成有机质的性质、数量和积累方式等不同，它们在成土过程中的作用也不相同。木本植物的组成以多年生为主，每年形成的有机质只有小部分以凋落物的形式堆积于土壤表层之上，形成枯枝落叶层。有机质的积累主要来自地上部分残落物的分解，因此形成的腐殖质层较薄，腐殖质在土壤剖面中的分布往往是自表土向下急剧地减少（图 8-2），而且形成的腐殖质 HA/FA 比低。

另外，由于木本植物中阔叶林和针叶林的有机残体在组成上不同，故二者的成土作用也不同。针叶林的残落物中含单宁、树脂类物质多，这些物质在真菌的分解下，产生多种酸性较强的物质，加上针叶林的灰分含量较低，且以 SiO_2 为主，产生的酸性物质不能被中和，形成的土壤酸性较强；阔叶林的残落物所含单宁和树脂类较少，含钙、镁等灰分元素丰富，在阔叶林下形成的土壤酸性较弱。当然，这个比较是在其他条件相同的前提下进行的。

草本植物每年都有大量的有机残体进入土壤，数量巨大的死亡根系残留于土壤内，就地分解，这样草

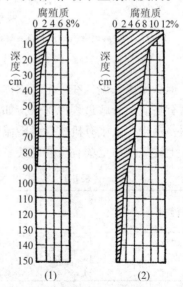

(1) 在森林下的土壤中腐殖质的分布
(2) 在草本植被下的土壤中腐殖质的分布

图 8-2 在森林和草本植被下土壤中腐殖质的分布

(《土壤地理学》，李天杰，1983)

根层就逐渐形成深厚的腐殖质层。腐殖质在土壤剖面中的分布自表土向下逐渐减少（图8-2），这是它与木本植物很大的不同之处。草本植物的有机体所含单宁、树脂少，含纤维素多，其灰分和氮素含量大大超过木本植物。故在草本植物下所形成的土壤一般呈中性或微碱性，土壤腐殖质以胡敏酸为主，品质较高，使土壤易形成团粒结构。

此外，植物在土壤形成中的作用，还表现在植物根系对土壤结构形成的作用和凭借根系分泌的有机酸分解原生矿物，并使之有效化；植被可以改变环境条件，特别是水热条件，从而对土壤形成过程产生影响。

2. 土壤动物在成土过程中的作用 其残体作为土壤有机质的来源，参与了土壤腐殖质的形成和养分的转化。动物的活动可疏松土壤，促进团聚结构的形成。土壤动物种类的组成和数量在一定程度上是土壤类型和土壤性质的标志，并可作为土壤肥力的指标。

3. 土壤微生物在成土过程中的作用 微生物在形成土壤和对土壤肥力的作用是非常复杂和多种多样的，它们在物质的生物循环和能量转化中所起的作用是极为重要的。微生物一方面分解有机质，释放其中所含有的各种养料，为植物吸收利用，一方面合成腐殖质，发展土壤胶体性能。固氮微生物能够固定大气中的游离氮素，化能细菌能够分解释放矿物中的矿质营养元素，从而增加土壤含氮量和矿质养分的有效率。

总之，绿色植物以及存在于土壤中的各种动物、微生物，构成了一个完整的土壤生态系统，它们之间相互依赖和作用，在土壤形成与肥力的发展中，起着多种多样的、不可代替的重要作用。

（四）地形因素

在成土过程中，地形是影响土壤和环境之间进行物质、能量交换的一个重要条件。其主要作用表现为：

1. 地形对地表水热的再分配 由于海拔高度、坡向和坡度不同，引起降水、太阳辐射吸收和地面辐射的不同，致使土壤矿物质和有机质的分解、合成、淋溶、积累以及土壤剖面的发育各有所异。

地形支配着地表径流，在很大程度上也决定地下水的活动情况。在平坦的地形上，接受降水相似，土壤湿度比较均匀稳定；在波状起伏地形的丘陵顶部或斜坡上部，则因径流发达，又无地下水涵养，故常呈局部干旱，且干湿度变化剧烈；在洼陷地段，不仅有周围径流及侧渗水流入，而且地下水位往往较高，常有季节性局部积水或滞涝现象。因此，这些不同地形部位的成土过程是不同的。

2. 地形对母质再分配的作用 由于地形条件的不同，岩石风化物或其他地表沉积体会产生不同的侵蚀、搬运与堆积状况。不同的地形部位可能有不同类型的母质，如山地上部或台地上，其母质主要是残积母质；坡地和山麓地带的母质多为坡积物；在山前平原的冲积扇地区，成土母质多为洪积物；在河流阶地、泛滥地和冲积平原、湖泊周围、海滨附近地区，相应的母质为冲积物、湖积物和海积物。

3. 地形对土壤发育的影响 由于地壳的上升或下降，或由于局部侵蚀基准面的变化，不仅影响土壤的侵蚀与堆积过程，而且还会引起水文状况及植被等一系列的变化，从而使土壤形成过程逐渐改变，使土壤类型发生演替。例如，随着河谷地形的演化，在不同地形部位上可构成水成土壤(河漫滩，潜水位较高)→半水成土(低级阶地，土壤仍受潜水的一定影响)→地带性土(高阶地，不受潜水影响)发生系列。随着河谷的继续发展，土壤也相应地由水成土壤经半水成土壤演化为地带性土壤(图8-3)。

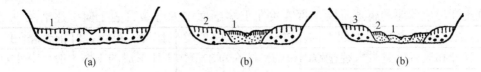

图 8-3　河谷地形发育对土壤形成、演化的影响示意图
(a) 河漫滩；(b) 河漫滩变成低阶地；(c) 低阶地变成高阶地
1. 水成土壤　2. 半水成土壤　3. 地带性土壤
(《土壤地理学》，李天杰，1983)

通常把在相同气候、母质、成土年龄下，由于地形和排水条件上差异引起的具有不同特征的一系列土壤称为土链。

（五）时间因素

土壤形成的母质、气候、生物和地形等因素的作用程度或强度，都随着时间的延长而加深。因此，土壤也随着时间的进展而不断地变化发展着。具有不同年龄，不同发生历史的土壤，在其他因素相同的条件下，必定属于不同类型的土壤。

土壤年龄分为绝对年龄和相对年龄。

绝对年龄是指该土壤在当地新鲜风化层或新母质上开始发育时算起迄今所经历的时间，通常用年来表示。可以通过地质学上的地层对比法、孢粉分析法、放射性 ^{14}C 测定法等进行近似测算。

相对年龄则是指土壤的发育阶段或土壤的发育程度，无具体年份，一般用土壤剖面分异程度加以确定。在一定区域内，土壤的发生土层分异越明显，剖面发育度就高，相对年龄就大；反之相对年龄小。通常所谓的"土壤年龄"是指相对年龄。

在野外土壤调查中，通常按照土壤剖面分异明显与否、各发生层次组合及其复杂程度来判断土壤的发育程度。一般说来，在地形平坦的地方，土壤发育程度较高，而在易受侵蚀的山坡地区，土壤发育程度往往较低。

（六）人为因素

人类活动在土壤形成过程中与其他自然因素有着本质的不同。首先，人类活动对土壤的影响是有意识、有目的、定向的。人类在逐渐认识土壤发生发展客观规律的基础上，定向培肥土壤，使土壤肥力特性发生巨大变化，朝着更有利于农业生产需要的方向发展，其演变速度和强度都远远大于自然演化过程。例如，在盐碱土地区，通过平整地面、挖沟排水、控制地下水位、灌水洗盐、大量施用有机肥料、合理耕作等，使原来的积盐过程朝脱盐过程方向发展，在较短的时间改造成稳产高产田；通过耕作、施肥、施石灰、掺客土等农业措施，可直接影响土壤发育以及土壤的物质组成和性态变化。第二，人类活动是社会性的，它受着社会制度和社会生产力的制约。在不同的社会制度和不同的生产力水平下，人类活动对土壤的影响及其效果有很大的不同。第三，人类活动对土壤的影响具有两重性，可以产生正效应，提高土壤肥力，也可产生负效应，造成土壤退化。例如滥垦滥伐，引起水土流失，土壤沙化和土地的退化；工业三废的排放对土壤的污染等。

第二节　土壤形成过程

自然土壤是在母质、气候、生物、地形和时间等自然成土因素综合作用下形成的。从土壤发生学的角度看，土壤形成过程也就是土壤肥力发生与发展的过程。

一、物质的地质大循环与生物小循环

物质的地质大循环过程与生物小循环过程（图 8-4）矛盾的统一是自然土壤形成的基本规律。

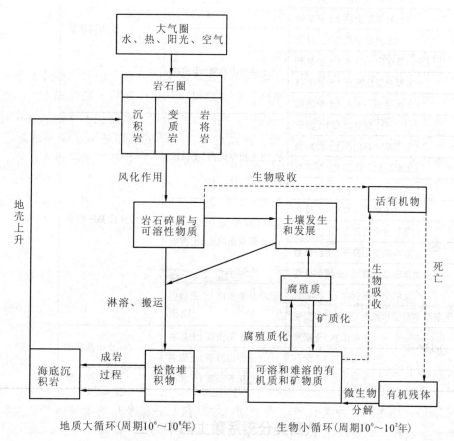

图 8-4　地质大循环与生物小循环

(《土壤地理学》，张凤荣，2002)

（一）物质的地质大循环

物质的地质大循环是指地面岩石的风化产物通过各种不同的物质运动形式，最终流归海洋，经过长期的地质变化，成为各种海洋沉积物，以后由于地壳运动或海陆变迁，露出海面又成为岩石，并再次进行风化，成为新的风化壳—母质的过程。这个需要时间极长而涉及范围极广的过程，称为物质的地质大循环。

岩石风化作用的结果，导致了原生矿物的破坏和次生矿物的形成，特别是形成了大量的黏土矿物，这是土壤的基本组成部分之一。由于风化产物中原生矿物的破坏，导致了矿物质养分的释放，并初步发展了对水分、空气的通透性和一定的吸收保蓄性。

（二）物质的生物小循环

物质的生物小循环是指有机质在土体中不断分解和合成的作用。植物从土壤中吸收养分，形成植物体，后者可供动物生长，当这些动植物有机体死亡后，在微生物的作用下，一部分转化为植物需要的矿质养分，供植物生长再利用，另一部分有机质则形成腐殖质，使矿质养分及氮素在土壤中累积起来。这样，在有机质的不断分解和合成过程中，腐殖质不断得到累积，改善了土壤的物理性质和化学性质，使土壤的通透性和保蓄性的矛盾得到了统一，促进土壤肥力的形成和发展，形成了能满足植物对空气、水分、养料需要的良好环境。生物小循环涉及空间小，时间短，可促进植物养料元素的积累，使土壤中有限的植物营养元素得到无限的利用。

(三)地质大循环与生物小循环的关系

物质的生物小循环是在地质大循环的基础上发展起来的，没有地质大循环就不可能有生物小循环；无生物小循环，仅地质大循环，土壤就难以形成。地质大循环和生物小循环共同作用是土壤发生的基础。在土壤形成过程中，两种过程是相互渗透和不可分割地同时同地进行着。地质大循环仅仅形成了成土母质，虽然地质大循环的作用造成了矿质养料元素的释放，但同时又可以发生矿质养料元素的淋溶作用；岩石风化产物所形成的成土母质，尽管具有初步的通透性和一定的保蓄性，但它们之间还很不协调，未能创造符合植物生长所需要的良好的水、肥、气、热条件。生物小循环可以不断地从地质大循环中累积一系列生物所必需的养料元素，由于有机质的累积、分解和腐殖质的形成，才发生并发展了土壤肥力，使岩石风化产物脱离了母质阶段，形成了土壤。

二、主要成土过程

根据土壤形成中物质、能量的交换、迁移、转化、累积的特点，土壤形成有如下主要成土过程：

(一)原始成土过程

从岩石露出地面有微生物着生开始到高等植物定居之前形成的土壤过程称为原始成土过程，它是土壤形成作用的起始点。根据过程中生物的变化，可把该过程分为三个阶段：首先是"岩漆"阶段，出现的生物为自养型微生物，如绿藻、硅藻及其共生的固氮微生物，将许多营养元素吸收到生物地球化学过程中；其次为"地衣"阶段，在这一阶段各种异养型微生物，如细菌、黏液菌、真菌、地衣共同组成的原始植物群落着生于岩石表面与细小孔隙中，通过生命活动促使矿物进一步分解，使细土和有机质不断增加；第三阶段是苔藓阶段，生物风化与成土过程的速度大大加快，为高等绿色植物的生长准备了肥沃的基质。在高山冻寒气候条件的成土作用主要以原始成土过程为主。原始成土过程可以与岩石风化同时同步进行。

(二)有机质积聚过程

有机质积聚过程是指在植物作用下，有机质在土体上部积累的过程。它是土壤形成中最为普遍的一个成土过程。有机质积累过程的结果，使土体发生分化，往往在土体上部形成一暗色的腐殖质层。由于植被类型、覆盖度以及有机质的分解情况不同，有机质积聚的特点也各不相同。在半干旱和半湿润的温带草原、草甸或森林草原等生物气候条件下，土壤中进行的是腐殖化过程，腐殖质层深厚，土层松软，腐殖质组成以胡敏酸为主；在森林植被条件下，土壤中进行的是粗腐殖质化过程，其腐殖酸以富里酸为主，腐殖质层也较薄，其上是半分解枯枝落叶层；在沼泽、河湖岸边的低湿地段，由于过度潮湿的水文地质条件，湿生、水生生物的有机残体不易被分解，土壤中进行的是泥炭化过程。

(三) 黏化过程

黏化过程是指土体中黏土矿物的生成和聚集过程。包括淀积黏化和残积黏化。前者主要是指在风化和成土作用形成的黏粒,由土体上层向下悬迁至一定深度发生淀积,从而使该土层的黏粒含量增加,质地变黏;后者是指原生矿物进行土内风化形成的黏粒,未经迁移,原地积累所导致的黏化。黏化过程的结果,往往使土体的中、下层形成一个相对较黏重的层次,称黏化层。

(四) 钙积与脱钙过程

钙积过程是指碳酸盐在土体中的淋溶、淀积过程。在干旱、半干旱气候条件下,由于土壤淋溶较弱,大部分易溶性盐类被降水淋洗,钙、镁部分淋失,部分残留在土壤中,土壤胶体表面和土壤溶液多为钙(或镁)饱和。土壤表层残存的钙离子与植物残体分解时产生的碳酸结合,形成溶解度大的重碳酸钙,在雨季随水向下移动,至一定深度,由于水分减少和二氧化碳分压降低,重新形成碳酸钙淀积于剖面的中部或下部,形成钙积层。

与钙积过程相反,在降水量大于蒸发量的生物气候条件下,土壤中的碳酸钙将转变为重碳酸钙溶于土壤水而从土体中淋失,称为脱钙过程,使土壤变为盐基不饱和状态。

对于有一部分已经脱钙的土壤,由于自然(如生物表层吸收积累或风带来的含钙尘土降落或含碳酸盐地下水上升)或人为施肥(如施用石灰、钙质土粪等),而使土壤含钙量增加的过程,通常称为复钙过程。

(五) 盐化、脱盐过程

盐化过程是指各种易溶性盐分在土壤表层和土体上部聚集,形成盐化层的过程。

盐渍土由于降水或人为灌水洗盐、挖沟排水,降低地下水位等措施,可使其所含的可溶性盐逐渐下降或迁到下层或排出土体,这一过程称为脱盐过程。

(六) 碱化、脱碱过程

碱化过程是指土壤吸收性复合体为钠离子饱和的过程,又称为钠质化过程。碱化过程的结果可使土壤呈强碱性反应 pH 值 > 9,土壤物理性质极差,作物生长困难,但含盐量一般不高。

脱碱化过程是指通过淋洗和化学改良,使土壤碱化层中的钠离子及可溶性盐类减少,胶体的钠饱和度降低的过程。在自然条件下,碱土 pH 值较高,可使表层腐殖质扩散淋失,部分硅酸盐矿物发生破坏,造成含有 SiO_2、Al_2O_3、Fe_2O_3、MnO_2 等的碱性溶液,而易于在土体中移动,结果表土层黏粒减少土色变白,而铁锰氧化物和黏粒可向下移动淀积,原来的碱化层则增加了铁锰氧化物的胶膜,有时还可形成铁锰结核。这一过程的长期发展,可使表土变为微酸性,质地变轻,原碱化层变成微碱性,此过程为自然的脱碱过程。

(七) 白浆化过程

白浆化过程是指土体中出现还原离铁离锰作用而使某一土层漂白的过程。在较冷凉湿润地区,由于质地黏重、冻层顶托等原因易使大气降水或冻融水常阻于土壤表层,引起铁锰还原并随渗水漂洗出上层土体,这样,土壤表层逐渐脱色,形成一个白色土层——白浆层。因此,白浆化过程也可说成是还原性漂白过程。白浆层盐基、铁、锰严重漂失,土粒团聚作用削弱,形成板结和无结构状态。

(八) 灰化、隐灰化和漂灰化过程

灰化过程是指在土壤表层(特别是亚表层)三、二氧化物及腐殖质淋溶、淀积而二氧化硅残留的过程。主要发生在寒温带、寒带针叶林植被条件下，针叶林残落物富含单宁、树脂等多酚类物质，而母质中盐基含量又较少，残落物经微生物作用后产生酸性较强的富里酸及其他有机酸。这些酸类物质作为有机络合剂，不仅能使表层土壤中的矿物蚀变分解，并与析出的金属离子结合为络合物，使铁、铝等发生强烈的络合淋溶作用而淀积于下部，而二氧化硅则残留在土体的上部，从而表层形成一个灰白色淋溶层次，称灰化层。

当灰化过程未发展到明显的灰化层出现，但已有铁、铝、锰等物质的酸性淋溶有机螯迁淀积作用，称为隐灰化过程，实际上它是一种不明显的灰化作用。

漂灰化过程是指在热带和亚热带山地的凉湿气候下，产生了酸性淋溶，并使表土的矿物受到酸性蚀变破坏，但土体质地比较黏重，易产生上层滞水，由酸性蚀变而释放出的铁、锰被还原，并随侧渗水流带出土体，而出现灰白色土层。这种过程实际上是还原离铁离锰与酸性水解相结合作用的结果。在形成的漂灰层中铝减少不多，而铁的减少量大，黏粒也无明显下降。

（九）潜育化和潴育化过程

潜育化过程指的是土体中发生的还原过程。由于土壤长期渍水，有机质进行嫌气分解产生较多的还原性物质，使高价的铁锰强烈还原，从而形成一颜色呈蓝灰或青灰色的还原层次，称为潜育层。该过程主要出现在排水不良的水稻土和沼泽土中，往往发生在土体的下部。

潴育化过程是指土壤形成中的氧化—还原过程。主要发生在直接受地下水浸润的土层中。由于地下水位常呈周期性的升降，土体中干湿交替比较明显，使土壤中氧化还原反复交替，从而引起土壤中变价的铁锰物质淋溶与淀积，结果在土体内出现锈纹、锈斑、铁锰结核和红色胶膜的土层，称为潴育层。

（十）富铝化过程

富铝化过程是指土体中脱硅、富铁铝的过程。在湿热的生物气候条件下，原生铝硅酸盐矿物发生强烈的水解，释放出盐基物质，使风化液呈弱碱性，可溶性盐、碱金属和碱土金属盐基及硅酸大量流失，从而造成铁铝在土体内相对富集的过程。因此它包括两方面的作用，即脱硅作用和铁铝相对富集作用。所以一般也称为"脱硅富铝化"过程。

（十一）熟化过程

土壤的熟化过程是指人类定向培育土壤肥力的过程。在耕作条件下，通过耕作、培肥与改良，促进土壤水、肥、气、热诸因素的不断协调，使土壤向有利于作物生长的方向发展的过程。通常把旱作条件下的定向培肥熟化过程称为旱耕熟化过程，而把淹水耕作条件下的定向灌排、培肥土壤的过程称为水耕熟化过程。

（十二）退化过程

退化过程是指因自然环境不利因素和人为利用不当而引起土壤肥力下降、植物生长条件恶化和土壤生产力减退的过程。

第三节 土壤剖面形态

一、土壤剖面、发生层和土体构型

土壤在各种自然因素和人为因素的影响下产生了各自的属性，这些属性的内在特征，综合表现为肥力；而外在特征，则反映于土壤剖面形态或土体的构型。所以，土壤剖面也必然随土壤类型的分化，而显示其各自特征。在鉴定土壤类别时，对土壤剖面构型的观测，就成为不可缺少的手段。

土壤剖面是一个具体土壤的垂直断面，一个完整的土壤剖面应包括土壤形成过程中所产生的发生学层次，以及母质层。

在成土因素（包括人为因素）作用下，土体内部同外界因素发生着一系列物质和能量的交换。作为土壤形成的物质基础的母质，就发生实质性的改变，其中，包括母质原有组成在理化性质、矿物学性质和生物学性质的改变。其结果，使土体逐渐发生了分异，形成了外部形态特征各异的层次，这种在土壤形成过程中所形成的剖面层次称为土壤发生层，它们与残留于土壤剖面中的母质的层次性具有根本的不同，应区别开来。作为一个土壤发生层，至少应能被肉眼识别。识别土壤发生层的形态特征主要有颜色、质地、结构及新生体等。土壤发生层分化愈明显，即上下土层之间差异愈大，表示土体的非均一性愈显著，土壤的发育度愈高。

土体构型是指各土壤发生层有规律的组合、有序的排列状况，也称为土壤剖面构型，是土壤剖面最重要特征。各种土体构型是由特定的、并有内在联系的发生层所组成，它是我们鉴别土壤分类单元的基础。

土壤剖面的外部形态是其内部特性的外部表现，是土壤形成过程产生的结果。各种具体的成土过程，都相应地形成一个模式土层（该过程的典型土层）。因此，每一类土壤就有它特有的土体构型。在野外对土壤剖面进行逐层的观察记载土壤性态变化，就构成一个完整的土壤剖面实体的全貌变化。从这些变化中，可以具体了解土壤中物质移动积累的实况。因此，土层变化，从上自下的相互联系，就构成一个土壤个体的基本性状。

二、基本的土壤发生层

（一）自然土壤的土体构型

依据土壤剖面中物质累积、迁移和转化的特点，一个发育完全的土壤剖面，从上到下一般有最基本的三个发生层组成，即 A、B、C 三个基本层次，也即淋溶层、淀积层和母质层，森林土壤在 A 层的上面为枯枝落叶层所覆盖，传统上称为覆盖层。每层又可进行细分（图8-5）。现将各层分述如下：

（1）覆盖层（A_0）。国际代号为 O。此层为枯枝落叶组成，在森林土壤中常见，厚度大的又可分为两个亚层：A_{00} 层为基本未分解的保持原形的枯枝落叶；A_0 层为粗有机质层，有机残体已腐烂分解，难以分辨原形。

（2）淋溶层（A 层）。处于土体最上部，故又称为表土层。由于水溶性物质和黏粒有向下淋溶的趋势，故叫淋溶层。包括两个亚层：A_1 层（国际代号 Ah）。这一层为腐殖质层，有机质积累多，颜色深暗，植物根系和微生物也最集中。多具团粒结构，土质疏松，是肥力性状最好的土层。A_2 层（国际代号为 E）。这一层为灰化层。由于受到强烈淋溶，不仅易溶盐类淋失，而且铁铝及黏粒也向下淋溶，只有难移动的石英残留

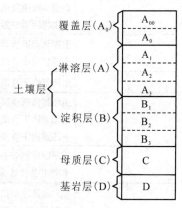

图8-5　自然土壤土体构造式图
（《土壤学基础与土壤地理学》，
南京大学等，1980）

下来，故颜色较浅，常为灰白色，质地轻，养分贫乏，肥力性状差。这一层森林土壤中较明显。在草原型土壤中则没有 A_2 层。A_2 层与 B 层之间还可划出一过渡层 AB 或 A_3。A 层是土壤剖面中最为重要的发生学层次，不论是自然土壤还是耕作土壤，不论发育完全的剖面还是发育较差的剖面，都具有 A 层。

（3）淀积层（B 层）。位于 A 层之下，是由物质淀积作用而造成的。淀积的物质可以来自土体的上部，也可以来自土体的下部及地下水，由地下水上升，带来水溶性或还原性物质，因土体中部环境条件改变而发生淀积；还可以来自人们施用石灰、肥料等来自土体外部的物质。根据发育程度不同又分为 B_1、B_2 和 B_3 亚层。

（4）母质层（C 层）。处于土体的最下部，没有产生明显的成土作用的土层，由风化程度不同的岩石风化物或各种地质沉积物所构成。

（5）基岩层（D 层）。国际代号为 R，是半风化或未风化的基岩。

以上介绍的 A、B、C 三层只是土壤中的基本发生层。由于自然条件和发育时间、程度的不同，土壤剖面构型差异很大，构成土壤剖面的发生学层次的类型很多，具体可参阅表 8-2。

表 8-2　土壤剖面发生层与层次字母注记（《区域土壤地理学》，林培，1992）

Ⅰ		用以表示发生层的层位和性状
	A	淋溶层
	B	淀积层
	C	母质层
	O	堆积于表层的有机质层，水分不饱和，有机质含量≥35%
	H	堆积于表层的有机质层，水分长期饱和，有机质含量≥35%
	E	硅酸盐黏粒遭破坏，黏粒、铁、铝三者皆有损失，而砂与粉粒聚集
	G	潜育层
	P	人工熟化层（水稻土中的渗育层）
	W	水耕熟化层
	D	沉积的砾质的异元母质层
	R	连续的坚硬岩层
Ⅱ		用以表示发生层的形态或性状
	a	腐解良好的腐殖质层
	b	埋藏层
	c	结核形式的积聚
	d	粗腐殖质层：粗纤维≥30%
	e	水耕熟化的渗育层
	f	永冻层
	g	氧化还原层
	h	矿质土壤的有机质的自然积聚层
	i	灌溉淤积层
	k	碳酸钙的积聚层
	l	结壳层，龟裂层
	m	强烈胶结，固结，硬化层次
	n	代换性钠积聚层
	o	R_2O_3 的残余积聚层
	p	耕作层
	q	次生硅积聚层
	r	砾幂

		(续)
II		用以表示发生层的形态或性状
	s	R$_2$O$_3$的淋溶积聚层
	t	黏化层
	v	网纹层
	w	风化过度层
	x	脆盘层，脆壳层
	y	石膏积聚层

(二)农业土壤的土体构型

农业土壤的土体构造状况，是人类长期耕作栽培活动的产物，它是在不同的自然土壤剖面上发育而来的，因此也是比较复杂的。在农业土壤中，旱地和水田由于长期利用方式、耕作、灌排措施和水分状况的不同，明显地反映出不同的层次构造(图8-6)。

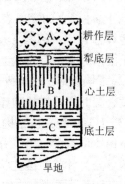

图8-6 农业土壤土体构造示意
(《土壤学基础与土壤地理学》，
南京大学等，1980)

1. 旱地土壤的土体构型 旱地土壤一般可分为四层：即耕作层(表土层)、犁底层(亚表土层)、心土层及底土层。

(1)耕作层：代号A_p，又称表土层或熟化层，这是耕作土壤的重要发生层之一，是受人类耕作生产活动影响最深的层次。有机质含量高，颜色深，疏松多孔，理化生物性状好。

(2)犁底层：代号P，位于耕作层之下，由于长期受农机具压力的影响，土层紧实，呈片状或层状结构。此层有托水托肥作用，但会妨碍根系伸展和土体的通透性，影响耕层与心土层间的物质能量的交换传递，所以破除犁底层增加耕层厚度是深耕改土的重要任务。

(3)心土层：代号B，位于耕层或犁底层以下，较紧实，有不同物质的淀积现象。此层温度湿度比较稳定，通透性较差，微生物活动微弱，植物根系有少量分布，有机质含量极少，该层是土体中保水保肥的重要层次，也是作物生长后期供应水肥的主要层次，应予足够重视。

(4)底土层：代号C，位于心土层以下，受外界气候、作物和耕作措施的影响很小，但受降雨、灌排和水流影响仍很大，一般把此层称为生土层，即母质层。但底土层的性状对整个土体水分的保蓄、渗漏、供应、通气状况、物质转运、土温变化都仍有一定程度的影响。

2. 水田土壤的土体构型 水田土壤由于长期种稻，受水浸渍，并经历频繁的水旱交替，形成了不同于旱地的剖面形态和土体构型。一般水田土壤可分为：耕作层(水耕熟化层)，代号W；犁底层，代号Ap2；渗育层，代号Be；水耕淀积层，代号Bshg；潜育层(青泥层)，代号G；母质层，代号C等土层。详见本书水稻土一节。

上述农业土壤的层次分化是农业土壤发育的一般趋势，由于农业生产条件和自然条件的多样性，致使农业土壤的土体构型也呈复杂状况，有的层次分化明显，有的则不明显或不完全。各层厚度差异也较大，因此田间观察时，应据具体情况进行划分。

三、土壤剖面形态要素及其描述

在野外观察土壤剖面，分层描述和采集土壤标本，其记载项目主要包括土壤颜色、质地、结构、紧实度、孔隙状况、干湿度、土壤新生体、土壤侵入体。

(1)土壤颜色：土壤颜色可以反映土壤的化学成分和矿物组成，是土壤重要的形态之一。

土壤的颜色一般情况下采用肉眼观察，如需精确判断，必需使用门赛尔土壤比色卡（Musell color charts）。门赛尔颜色标记的排列顺序是色调（hue）－明度（value）－彩度（chroma）。门赛尔颜色的完整表示方法，应是颜色名称＋门赛尔颜色标记，例如亮红棕（5YR 5/6）。色调值后空一印刷字符，后接写明度，在明度与彩度之间用斜线分隔号分开。土壤颜色与土壤水分含量有直接的联系，因此应记载土壤干湿状况下所表现出的颜色。

(2)土壤质地：在野外用手研搓的感觉来判断，一般根据干燥时压块的硬度或搓面的粗糙程度、湿时用手搓片或搓条的粗细及弯曲时断裂程度进行分类。

(3)土壤结构：按结构品质可分为：①弱结构：可观看出结构体，但一触即碎；②中结构：结构体可从中分出，分别观其结构形状；③强结构：结构体坚固，手中观察不碎。结构体形状可分为片状、棱柱状、柱状、块状、团粒结构。

(4)土壤紧实度：在野外，一般用小刀插入土壤中视用力的大小来衡量。常分为：松散、疏松、紧实、坚实等级别。

(5)土壤孔隙状况：一般常在土壤剖面上和较大的结构体表面上观察土壤孔隙的大小与多少。按孔隙大小常分为：细孔隙、中孔隙、大孔隙等；按多少可分为少量、中量、多量。也可形象地说明，如海绵状、穴管状、蜂窝状孔隙等。观察孔隙的同时，还需看有无裂隙。

(6)土壤干湿度：在野外，通过手感的凉湿程度及用手挤压土壤是否渍水的状况加以判断。常分为干、稍润、润、潮、湿等五级。

(7)土壤新生体：土壤新生体是成土过程中土壤物质经淋移、转化和聚积形成的新的产物，是土壤重要的形态特征，也是某些土壤类型的标志。土壤新生体形态和组成也很复杂。它来源于化学和生物两方面。常见的有盐霜、盐结皮，点状、霜状、假菌丝体、结核等各种形状的碳酸钙和硫酸钙新生体，锈纹、锈斑及各种形状结核的铁、锰氧化物、粪粒、腐根痕、动物穴和虫孔等。

(8)土壤侵入体：土壤侵入体是指侵入土壤的物体，而不是土壤形成过程中所产生的特殊物质。如贝壳、砖瓦块、炭屑、煤渣等。反映利用状况和人类活动对土壤的影响程度。

以上所研究是土壤的宏观形态。目前土壤微形态的研究已成为土壤科学的一个新的分支科学，并在土壤改良、土壤耕作、土壤矿物、土壤侵蚀、土壤微生物、古土壤学等分支学科中得到广泛的应用，成为这些科学所不可缺少的研究手段。

为了将现代土壤的发展史复原，同时利用古地理、地质、地貌资料的复合总体对现代土壤的残遗特征和性质进行研究，具有极为重要的作用。所谓残遗特征是指现代土壤的一切与目前成土条件不相符合的性质。例如，通气良好的土壤中的铁、锰结核，与现代植物群落的生产率不相符合的腐殖质的积蓄等等。研究埋藏土、残遗土层以及经常散布在整个剖面的残余特征，对于了解土壤的历史发展过程具有重要作用，是恢复以往环境条件的一把钥匙。

第四节 土壤分类

土壤分类是认识土壤的基础,它反映土壤科学的发展水平,是进行土壤调查、土地评价、土地利用规划和因地制宜推广农业技术的依据。

一、土壤分类的基本概念

(1)土壤分类(soil classification):是指根据土壤性质和特征对土壤进行分门别类,也就是建立一个符合逻辑的多级系统,每一个级别中可包括一定数量的土壤类型,从中容易寻查各种土壤类型,将有共性的土壤划分为同一类。

(2)单个土体(pedon):是指土壤这个空间连续体在地球表层分布的最小体积,如图8-7所示,一般统计的平面面积为1~10m^2不等,即在这个范围内,其土壤剖面的发生层次是连续的、均一的,当然这是一种人为的统计划分。

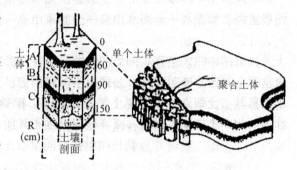

图8-7 土壤剖面、单个土体和聚合土体示意图
(《中国土壤系统分类》,1999)

(3)土壤个体(soil individual):是在一定面积内,一群单个土体都具有的统计相似性,所以将其称之为聚合土体(polypedon),也是一个土壤实体(soil body),是我们进行土壤分类的基层单位,如土种或土系等。从一个土壤个体到另一个土壤个体通常是逐步变化的,或某一土层的逐步加厚或变薄,也可以突变,即某一层突然消失或某几个土层发生变化,有时整个土壤个体发生变化。

二、中国土壤分类系统

(一)中国土壤分类概况

我国近代土壤分类研究工作至20世纪30年代才开始。当时借鉴美国马伯特(C. F. Marbut)土壤分类制,对我国近代土壤分类有启蒙作用。50年代后采用苏联的土壤地理发生分类制。1958年首次在全国范围内开展土壤普查,对农业土壤进行了广泛的研究。1978年,提出了《中国土壤分类暂行草案》,1979年开始了全国第二次土壤普查工作。后经多次修改,于1992年,确立了《中国土壤分类系统》。下面所要介绍的中国土壤分类系统就是此分类系统,它代表了全国土壤普查的科学水平。

在美国土壤系统分类的影响下,从1984年开始,由中国科学院南京土壤研究所牵头,进行了中国土壤系统分类的研究。通过研究和不断的修改补充,于1999年3月出版了《中国土壤系统分类(理论·方法·实践)》。在2001年又推出了它的第三版。这个分类方案主要参照美国土壤系统分类的思想原则、方法和某些概念,吸收西欧、原苏联土壤分类中的某些概念与经验,针对中国土壤而设计的,以土壤本身性质为分类标准的定量化分类系统,属于诊断分类体系。

土壤分类研究虽有很大的进展,但至今还没有一个公认的土壤分类原则和系统。在国际上，影响最大的三大分类制为美国土壤系统分类、联合国土壤图例系统（FAO/Unesco）和世界土壤资源参比基础（WRB），其中以美国土壤系统分类为代表。国内也有中国土壤分类系统和中国土壤系统分类体系并存。总的趋势是：接受诊断分类思想和方法的越来越多。随着土壤科学的发展，人们对土壤的认识逐步趋同，土壤分类也将会逐渐趋向于统一。

（二）中国土壤分类系统分类原则

1. 分类单元及其划分原则 《中国土壤分类系统》从上至下采用土纲、亚纲、土类、亚类、土属、土种、变种七级分类单元，其中土纲、亚纲、土类、亚类属高级分类单元，土属为中级分类单元，土种为基层分类的基本单元，以土类、土种最为重要。现将各级分类单元的划分依据分述如下：

（1）土纲：为最高级土壤分类级别，是土壤重大属性的差异和土类属性的共性的归纳和概括，反映了土壤不同发育阶段中，土壤物质移动累积所引起的重大属性的差异。如铁铝土纲，是在湿热条件下，在脱硅富铁铝化过程中产生的黏土矿物以1：1型高岭石和三二氧化物为主的一类土壤。把具有这一特性的土壤（砖红壤、赤红壤、红壤和黄壤等）归结在一起成为一个土纲。我国共分12个土纲。

（2）亚纲：是在同一土纲中，根据土壤形成的水热条件和岩性及盐碱的重大差异来划分。如淋溶土亚纲分成湿暖淋溶土亚纲、湿暖温淋溶土亚纲、湿温淋溶土亚纲、湿寒温淋溶土亚纲，它们之间的差别在于热量条件；又如，钙层土亚纲中的半湿温钙层土亚纲和半干温钙层土亚纲，它们之间的差别在于水分条件。一般地带性土壤可按水热条件来划分；而初育土纲可按其岩性特征进一步划分为土质初育土和石质初育土亚纲。

（3）土类：是高级分类的基本单元。它是在一定的自然或人为条件下产生独特的成土过程及其相适应的土壤属性的一群土壤。同一土类的土壤，成土条件、主导成土过程和主要土壤属性相同。每一个土类均要求：①具有一定的特征土层或其组合，如黑钙土它不仅具有腐殖质表层，而且具有$CaCO_3$积累的心土层。②具有一定的生态条件和地理分布区域。③具有一定的成土过程和物质迁移的地球化学规律。④具有一定的理化属性和肥力特征及改良利用方向。

（4）亚类：是土类范围内的进一步续分，反映主导成土过程以外，还有其他附加的成土过程。一个土类中有代表它典型特性的典型亚类，即它是在定义土类的特定成土条件和主导成土过程作用下产生的；也有表示一个土类向另一个土类过渡的亚类，它是根据主导成土过程之外的附加成土过来划分的。如黑土土类，其主导成土过程是腐殖质累积过程，由此主导成土过程所产生的典型亚类为普通黑土；而当地势平坦，地下水参与成土过程，则在心底土中形成锈纹锈斑或铁锰结核，它是潴育化过程，但这是附加的成土过程，根据它划分出来的草甸黑土就是黑土向草甸土过渡的一个亚类。

（5）土属：是土壤分类系统中的中级分类单元，是基层分类的土种与高级分类的土类之间的重要"接口"，是具有承上启下的分类单位。

土属主要根据成土母质的成因、岩性及区域水分条件等地方性因素的差异进行划分的。对于不同的土类或亚类，所选择的土属划分的具体标准不一样。如山西省棕壤亚类根据成土母质的差异分为麻砂质棕壤（花岗片麻岩发育的）、硅质棕壤（石英砂岩发育的）、砂泥质棕壤（砂页岩发育的）、灰泥质棕壤（碳酸岩发育的）、黄土质棕壤（Q_3马兰黄土发育的）、红黄土质棕壤（Q_2、Q_1红黄土发育的）等土属。盐土可根据盐分类型可划分为硫酸盐盐土、硫酸盐—氯化物盐土、氯化物盐土、氯化物—硫酸盐盐土等。

(6) 土种：是土壤基层分类的基本单元。它处于一定的景观部位，是具有相似土体构型的一群土壤。同一土种要求：①景观特征、地形部位、水热条件相同；②母质类型相同；③土体构型(包括厚度、层位、形态特征)一致；④生产性和生产潜力相似，而且具有一定的稳定性，在短期内不会改变。

土种主要反映了土属范围内量上的差异，而不是质的差别。可根据土层厚度、腐殖质厚度、盐分含量多少、淋溶深度、淀积程度等这些量或程度上的差别划分土种。如山地土壤可根据土层厚度、砾石含量划分土种。盐化土壤可根据盐分含量及缺苗程度来划分土种。冲积平原土壤，如潮土可根据土壤剖面的质地层次变化而划分土种。

(7) 变种：又称亚种，它是土种的辅助分类单元，是根据土种范围内由于耕层或表层性状的差异进行划分。如根据表层耕性、质地、有机质含量和耕作层厚度等进行划分。变种经过一定时间的耕作可以改变，但同一土种内各变种的剖面构型一致。

中国土壤分类系统的高级分类单元主要反映了土壤发生学方面的差异，而低级分类单元则主要考虑到土壤在其生产利用方面的不同。

2. 命名方法 中国土壤分类系统采用连续命名与分段命名相结合的方法(表8-3)。土纲和亚纲为一段，以土纲名称为基本词根，加形容词或副词前缀，构成亚纲名称，即亚纲名称是连续命名，如钙层土土纲中的半干旱温钙层土，含有土纲与亚纲名称；土类和亚类又成一段，以土类名称为基本词根，加形容词或副词前缀，构成亚类名称，如淋溶褐土、石灰性褐土、潮褐土。而土属名称不能自成一段，多与土类、亚类连用，如黄土状石灰性褐土是典型的连续命名法。土种和变种也不能自成一段，必须与土类、亚类、土属连用，如黏壤质(变种)厚层黄土性草甸黑土，但各地命名方法情况有所差别。

表8-3 中国土壤分类系统(《中国土壤》,1998)

土 纲	亚 纲	土 类	亚 类
铁铝土	湿热铁铝土	砖红壤	砖红壤
			黄色砖红壤
		赤红壤	赤红壤
			黄色赤红壤
			赤红壤性土
		红壤	红壤
			黄红壤
			棕红壤
			山原红壤
			红壤性土
	湿暖铁铝土	黄壤	黄壤
			漂洗黄壤
			表潜黄壤
			黄壤性土

(续)

土纲	亚纲	土类	亚类
淋溶土	湿暖淋溶土	黄棕壤	黄棕壤
			暗黄棕壤
			黄棕壤性土
		黄褐土	黄褐土
			黏盘黄褐土
			白浆化黄褐土
			黄褐土性土
	湿暖温淋溶土	棕壤	棕壤
			白浆化棕壤
			潮棕壤
			棕壤性土
	湿温淋溶土	暗棕壤	暗棕壤
			白浆化暗棕壤
			草甸暗棕壤
			潜育暗棕壤
			暗棕壤性土
		白浆土	白浆土
			草甸白浆土
			潜育白浆土
	湿寒温淋溶土	棕色针叶林土	棕色针叶林土
			漂灰棕色针叶林土
			表潜棕色针叶林土
	湿寒温淋溶土	漂灰土	漂灰土
			暗漂灰土
		灰化土	灰化土
半淋溶土	半湿热半淋溶土	燥红土	燥红土
			褐红土
	半湿暖温半淋溶土	褐土	褐土
			石灰性褐土
			淋溶褐土
			潮褐土
			塿土
			燥褐土
			褐土性土
		灰褐土	灰褐土
			暗灰褐土
			淋溶灰褐土
			石灰性灰褐土
			灰褐土性土
	半湿温半淋溶土	黑土	黑土
			草甸黑土
			白浆化黑土
			表潜黑土
		灰色森林土	灰色森林土
			暗灰色森林土
		黑钙土	淋溶黑钙土
			石灰性黑钙土
			淡黑钙土
			草甸黑钙土
			盐化黑钙土
			碱化黑钙土

第四节 土壤分类

（续）

土纲	亚纲	土类	亚类
钙层土	半干温钙层土	栗钙土	暗栗钙土
			栗钙土
			淡栗钙土
			草甸栗钙土
			栗钙土性土
			盐化栗钙土
			碱化栗钙土
			栗钙土性土
	半干暖温钙层土	栗褐土	栗褐土
			淡栗褐土
			潮栗褐土
		黑垆土	黑垆土
			黏化黑垆土
			潮黑垆土
			黑麻土
干旱土	干温干旱土	棕钙土	棕钙土
			淡棕钙土
			草甸棕钙土
			盐化棕钙土
			碱化棕钙土
			棕钙土性土
	干暖温干旱土	灰钙土	灰钙土
			淡灰钙土
			草甸灰钙土
			盐化灰钙土
漠土	干温漠土	灰漠土	灰漠土
			钙质灰漠土
			草甸灰漠土
			盐化灰漠土
			碱化灰漠土
			灌耕灰漠土
		灰棕漠土	灰棕漠土
			石膏灰棕漠土
			石膏盐盘灰棕漠土
			灌耕灰棕漠土
	干暖温漠土	棕漠土	棕漠土
			盐化棕漠土
			石膏棕漠土
			石膏盐盘棕漠土
			灌耕棕漠土

（续）

土纲	亚纲	土类	亚类
初育土	土质初育土	黄绵土	黄绵土
		红黏土	红黏土
			积钙红黏土
			复盐基红黏土
		新积土	新积土
			冲积土
			珊瑚砂土
		龟裂土	龟裂土
		风沙土	荒漠风沙土
			草原风沙土
			草甸风沙土
			滨海风沙土
	石质初育土	石灰（岩）土	红色石灰土
			黑色石灰土
			棕色石灰土
			黄色石灰土
		火山灰土	火山灰土
			暗火山灰土
			基性岩火山灰土
		紫色土	酸性紫色土
			中性紫色土
			石灰性紫色土
		磷质石灰土	磷质石灰土
			硬盘磷质石灰土
			盐渍磷质石灰土
		石质土	酸性石质土
			中性石质土
			钙质石质土
			含盐石质土
		粗骨土	酸性粗骨土
			中性粗骨土
			钙质粗骨土
			硅质岩粗骨土

(续)

土纲	亚纲	土类	亚类
半水成土	暗半水成土	草甸土	草甸土
			石灰性草甸土
			白浆化草甸土
			潜育草甸土
			盐化草甸土
			碱化草甸土
	淡半水成土	潮土	潮土
			灰潮土
			脱潮土
			湿潮土
			盐化潮土
			碱化潮土
			灌淤潮土
		砂姜黑土	砂姜黑土
			石灰性砂姜黑土
			盐化砂姜黑土
			碱化砂姜黑土
			黑黏土
		林灌草甸土	林灌草甸土
			盐化林灌草甸土
			碱化林灌草甸土
		山地草甸土	山地草甸土
			山地草原草甸土
			山地灌丛草甸土
水成土	矿质水成土	沼泽土	沼泽土
			腐泥沼泽土
			泥炭沼泽土
			草甸沼泽土
			盐化沼泽土
			碱化沼泽土
	有机水成土	泥炭土	低位泥炭土
			中位泥炭土
			高位泥炭土

(续)

土 纲	亚 纲	土 类	亚 类
盐碱土	盐 土	草甸盐土	草甸盐土
			结壳盐土
			沼泽盐土
			碱化盐土
		滨海盐土	滨海盐土
			滨海沼泽盐土
			滨海潮滩盐土
		酸性硫酸盐土	酸性硫酸盐土
			含盐酸性硫酸盐土
		漠境盐土	漠境盐土
			干旱盐土
			残余盐土
		寒原盐土	寒原盐土
			寒原草甸盐土
			寒原硼酸盐土
			寒原碱化盐土
	碱 土	碱 土	草甸碱土
			草原碱土
			龟裂碱土
			盐化碱土
			荒漠碱土
人为土	人为水成土	水稻土	潴育水稻土
			淹育水稻土
			渗育水稻土
			潜育水稻土
			脱潜水稻土
			漂洗水稻土
			盐渍水稻土
			咸酸水稻土
		灌淤土	灌淤土
			潮灌淤土
			表锈灌淤土
			盐化灌淤土
		灌漠土	灌漠土
			灰灌漠土
			潮灌漠土
			盐化灌漠土

(续)

土纲	亚纲	土类	亚类
高山土	湿寒高山土	草毡土(高山草甸土)	草毡土(高山草甸土)
			薄草毡土(高山草原草甸土)
			棕草毡土(高山灌丛草甸土)
			湿草毡土(高山湿草甸土)
		黑毡土(亚高山草甸土)	黑毡土(亚高山草甸土)
			薄黑毡土(亚高山草原草甸土)
			棕黑毡土(亚高山灌丛草甸土)
			湿黑毡土(亚高山湿草甸土)
	半湿寒高山土	寒钙土(高山草原土)	寒钙土(高山草原土)
			暗寒钙土(高山草甸草原土)
			淡寒钙土(高山荒漠草原土)
			盐化寒钙土(高山盐渍草原土)
		冷钙土(亚高山草原土)	冷钙土(亚高山草原土)
			暗冷钙土(亚高山草甸草原土)
			淡冷钙土(亚高山荒漠草原土)
			盐化冷钙土(亚高山盐渍草原土)
		冷棕钙土(山地灌丛草原土)	冷棕钙土(山地灌丛草原土)
			淋淀冷棕钙土(山地淋溶灌丛草原土)
	干寒高山土	寒漠土(高山漠土)	寒漠土(高山漠土)
		冷漠土(亚高山漠土)	冷漠土(亚高山漠土)
	寒冻高山土	寒冻土(高山寒漠土)	寒冻土(高山漠土)

三、中国土壤系统分类简介

(一)中国土壤系统分类的特点

这个分类方案主要参照美国土壤系统分类的思想原则、方法和某些概念,吸收西欧、原苏联土壤分类中的某些概念与经验,针对中国土壤而设计的,以土壤本身性质为分类标准的定量化分类系统,属于诊断分类体系。中国土壤系统分类与我国以前土壤分类相比,具有以下几方面的特点:

(1)以诊断层和诊断特性为基础。有严格的定量指标和明确的边界,还有一个完整的检索系统,反映了当前国际土壤分类的潮流和方向(定量化),也便于土壤分类的自动检索。

(2)面向世界与国际接轨。首先采用国际上已经成熟的诊断层和诊断特性,如果是新创的,也依据同样的原则和方法来划分;其次土壤分类的各级单元的划分,亦按谱系式分类的方法来划分,高级单元基本上可与世界上的 ST 制、FAO/Unesco 图例单元和 WRB(世界土壤资源参比基础)对应。增加了人为土,细分了干旱土和始成土。在土壤命名上,采用了连续命名法,并非常注意我国的语言特点而尽量简化,也便于国际交流。

(3)充分体现我国的特色。我国地域辽阔,土壤类型众多,有许多特点是其他国家所不具备的。首先是人为土壤。该系统根据我国的实情，提出了灌淤表层、堆垫表层、肥熟表层和水耕表层系列，建立了包括灌淤土、堆垫土、肥熟土和水稻土在内的人为土纲。其次，是我国拥有 200 多万 km^2 的季风亚热带土壤，其强淋溶和相对弱风化的特点是又一特色，对亚热带土壤建立了低活性富铁层，并据此划分出富铁土纲；再次，是西北内陆干旱土，土壤不仅有世界各干旱区的土壤类型，而且还有我国特有的寒性、盐积、超盐积和盐磐干旱土等类别，是世界干旱土分类研究的天然标本库，划出了干旱表层和盐磐，这对干旱土纲的分类具有重要的意义；最后被称为"世界屋脊"的青藏高原土壤，具有类似于极地而又不同于极地土壤特点，对于高山土壤，除划分出草毡表层外，分别作为寒性干旱土和寒冻雏形土两个亚纲划分出来。

（二）诊断层和诊断特性

所谓"诊断层"指的是用以识别土壤分类单元、在性质上有一系列定量说明的土层；如果用于分类目的的不是土层，而是具有定量规定的土壤性质（形态的、物理的、化学的），则称为诊断特性。诊断特性和诊断层之不同在于所体现的土壤性质并非一定为某一土层所特有，而是可出现于单个土体的任何部位，常是泛土层的或非土层的。诊断层和诊断特性是现代土壤分类的核心。没有诊断层和诊断特性，就谈不上定量分类。诊断层最先在美国《第七次土壤分类草案》（1960 年）中提出，后在美国《土壤系统分类学》（Soil Taxonomy，1975）一书中加以完善。《中国土壤系统分类》共设了有机表层、草毡表层、暗沃表层等 11 个诊断表层，漂白层、舌状层、雏形层等 20 个诊断表下层，盐积层和含硫层 2 个其他诊断层以及有机土壤物质、岩性特征、石质接触面等 25 个诊断特性。

另外，中国土壤系统分类中还把在性质上已发生明显变化，但尚未达到诊断层或诊断特性规定指标，但在土壤分类上具有重要意义，即足以作为划分土壤类别依据的称为诊断现象（主要用于亚类一级）。目前已建立了有机现象、草毡现象、灌淤现象等 20 个诊断现象。

（三）中国土壤系统分类的分类原则

中国土壤系统分类为多级分类，共六级，即土纲、亚纲、土类、亚类、土族、土系。前四级为高级分类级别，后二级为基层分类级别。现就高级分类级别的分类、命名原则简述如下（表 8-4）：

表 8-4　中国土壤系统分类表（土纲、亚纲、土类）（《土壤学》，黄昌勇，2000）

土纲	亚纲	土类
有机土	永冻有机土	落叶永冻有机土、纤维永冻有机土、半腐永冻有机土
	正常有机土	落叶正常有机土、纤维正常有机土、半腐正常有机土、高腐正常有机土
人为土	水耕人为土	潜育水耕人为土、铁渗水耕人为土、铁聚水耕人为土、简育水耕人为土
	旱耕人为土	肥熟旱耕人为土、灌淤旱耕人为土、泥垫旱耕人为土、土垫旱耕人为土
灰土	腐殖灰土	简育腐殖灰土
	正常灰土	简育正常灰土
火山灰土	寒性火山灰土	寒冻寒性火山灰土、简育寒性火山灰土
	玻璃火山灰土	干润玻璃火山灰土、湿润玻璃火山灰土
	湿润火山灰土	腐殖湿润火山灰土、简育湿润火山灰土
铁铝土	湿润铁铝土	暗红湿润铁铝土、黄色湿润铁铝土、简育湿润铁铝土
变性土	潮湿变性土	钙积潮湿变性土、简育潮湿变性土
	干润变性土	钙质干润变性土、简育干润变性土
	湿润变性土	腐殖湿润变性土、钙积湿润变性土、简育湿润变性土

(续)

土纲	亚纲	土类
干旱土	寒性干旱土	钙积寒性干旱土、石膏寒性干旱土、黏化寒性干旱土、简育寒性干旱土
	正常干旱土	钙积正常干旱土、石膏正常干旱土、盐积正常干旱土、黏化正常干旱土、简育正常干旱土
盐成土	碱积盐成土	龟裂碱积盐成土、潮湿碱积盐成土、简育碱积盐成土
	正常盐成土	干旱正常盐成土、潮湿正常盐成土
潜育土	永冻潜育土	有机永冻潜育土、简育永冻潜育土
	滞水潜育土	有机滞水潜育土、简育滞水潜育土
	正常潜育土	有机正常潜育土、暗沃正常潜育土、简育正常潜育土
均腐土	岩性均腐土	富磷岩性均腐土、黑色岩性均腐土
	干润均腐土	寒性干润均腐土、堆垫干润均腐土、暗厚干润均腐土、钙积干润均腐土、简育干润均腐土
	湿润均腐土	滞水湿润均腐土、黏化湿润均腐土、简育湿润均腐土
富铁土	干润富铁土	黏化干润富铁土、简育干润富铁土
	常湿富铁土	钙质常湿富铁土、富铝常湿富铁土、简育常湿富铁土
	湿润富铁土	钙质湿润富铁土、强育湿润富铁土、富铝湿润富铁土、黏化湿润富铁土、简育湿润富铁土
淋溶土	冷凉淋溶土	漂白冷凉淋溶土、暗沃冷凉淋溶土、简育冷凉淋溶土
	干润淋溶土	钙质干润淋溶土、钙积干润淋溶土、铁质干润淋溶土、简育干润淋溶土
	常湿淋溶土	钙质常湿淋溶土、铝质常湿淋溶土、简育常湿淋溶土
	湿润淋溶土	漂白湿润淋溶土、钙质湿润淋溶土、黏磐湿润淋溶土、铝质湿润淋溶土、酸性湿润淋溶土、铁质湿润淋溶土、简育湿润淋溶土
雏形土	寒冻雏形土	永冻寒冻雏形土、潮湿寒冻雏形土、草毡寒冻雏形土、暗沃寒冻雏形土、暗瘠寒冻雏形土、简育寒冻雏形土
	潮湿雏形土	叶垫潮湿雏形土、砂姜潮湿雏形土、暗色潮湿雏形土、淡色潮湿雏形土
	干润雏形土	灌淤干润雏形土、铁质干润雏形土、底锈干润雏形土、暗沃干润雏形土、简育干润雏形土
	常湿雏形土	冷凉常湿雏形土、滞水常湿雏形土、钙质常湿雏形土、铝质常湿雏形土、酸性常湿雏形土、简育常湿雏形土
	湿润雏形土	冷凉湿润雏形土、钙质湿润雏形土、紫色湿润雏形土、铝质湿润雏形土、铁质湿润雏形土、酸性湿润雏形土、简育湿润雏形土
新成土	人为新成土	扰动人为新成土、淤积人为新成土
	砂质新成土	寒冻砂质新成土、潮湿砂质新成土、干旱砂质新成土、干润砂质新成土、湿润砂质新成土
	冲积新成土	寒冻冲积新成土、潮湿冲积新成土、干旱冲积新成土、干润冲积新成土、湿润冲积新成土
	正常新成土	黄土正常新成土、紫色正常新成土、红色正常新成土、寒冻正常新成土、干旱正常新成土、干润正常新成土、湿润正常新成土

1. 土纲 为最高土壤分类级别。根据主要成土过程产生的或影响主要成土过程的性质划分。根据主要成土过程产生的性质划分的有：有机土、人为土、灰土、干旱土、盐成土、均腐土、铁铝土、富铁土、淋溶土；根据影响主要成土过程的性质，如土壤水分状况、母质性质划分的有：潜育土、火山灰土。

2. 亚纲 是土纲的辅助级别。主要根据影响现代成土过程的控制因素所反映的性质（如水分状况、温度状况和岩性特征）划分。例如，人为土纲中按水分状况划分为水耕人为土和旱耕人为土；干旱土纲中按温度状况划分为寒性干旱土和正常（温暖）干旱土；新成土纲中按岩性特征划分为砂质新成土、冲积新成土和正常新成土。此外，个别土纲由于影响现代成土过程的控制因素差异不大，所以直接按主要成土过程发生阶段所表现的性质划分。如灰土纲中的腐殖灰土和正常灰土。

3. 土类 是亚纲的续分。土类类别多根据反映主要成土过程强度或次要成土过程或次要控制因素的表现性质划分。如正常有机土中反映泥炭化过程强度的高腐正常有机土、半腐正常有机土和纤维正常有机土土类；正常干旱土中根据钙化、石膏化、盐化、黏化、土内风化等次要过程划分为钙积正常干旱土、石膏正常干旱土、盐积正常干旱土、黏化正常干旱土和简育正常干旱土等土类；根据次要控制因素的表现性质划分的有：反映母质岩性特征的钙质干润淋溶土、钙质湿润富铁土等。

4. 亚类 是土类的辅助级别。主要根据是否偏离中心概念、是否具有附加过程的特性和是否具有母质残留的特性划分。代表中心概念的亚类为普通亚类，具有附加过程特性的亚类为过渡性亚类，如灰化、漂白、黏化、龟裂、潜育、斑纹、表蚀、耕淀、堆垫、肥熟等；具有母质残留特性的亚类为继承亚类，如石灰性、酸性、含硫等。

5. 土族 是土壤系统分类的基层分类单元。它是在亚类的范围内，主要反映与土壤利用管理有关的土壤理化性质发生明显分异的续分单元。同一亚类的土族划分是地域性（或地区性）成土因素引起土壤性质变化在不同地理区域的具体体现。不同类别的土类划分土族所依据的指标各异。供土族分类选用的主要指标是剖面控制层段的土壤颗粒大小级别，不同颗粒级别的土壤矿物组成类型，土壤温度状况，土壤酸碱性、盐碱特性、污染特性，以及人为活动赋予的其他特性等。

6. 土系 是最低级别的基层分类单元。它发育在相同母质上，由若干剖面性态特征相似的单个土体组成的聚合土体所构成，其性状的变异范围较窄，在分类上更具直观性和客观性。同一土系的土壤成土母质、所处地形部位及水热状况均相似，在一定剖面深度内，土壤的特征土层的种类、性态、排列层序和层位，以及土壤生产利用的适宜性能大体一致。如第四纪红色黏土发育的富铁土，由于所处地形，或受侵蚀及植被状况的影响，其剖面的不同特征土层如低活性富铁层、聚铁网纹层、铁锰胶膜斑淀层以及泥砾红色黏土层等的层位高低和厚薄不一，土壤性状均有明显差异，按土系分类的标准，可分别划分相应的土系单元。又如，由冲积母质发育的雏形土或新成土，由于所处地形、距河流远近以及受水流大小的影响，其剖面中不同性状沉积物的质地特征、土层的层位高低和厚薄不一，同样按土系分类依据的标准，分别划分出相应的土系等。

（四）命名原则

中国土壤系统分类采用分段连续命名。即土纲、亚纲、土类、亚类为一段的连续命名法，在此基础上加颗粒大小级别、矿物组成、土壤温度状况等，构成土族名称，而其下的土系则另列一段，单独命名。名称结构以土纲名称为基础，其前叠加反映亚纲、土类和亚类性质的术语，以分别构成亚纲、土类和亚类的名称。性质的术语尽量限制为2个汉字，这样土纲名称一般为3个汉字，亚纲为5个汉字，土类为7个汉字，亚类为9个汉字。个别类别由于性质术语超过2个汉字或采用复合名称时，可略高于上述数字。如斑纹简育湿润淋溶土（亚类），属于淋溶土（土纲）、湿润淋溶土（亚纲）、简育湿润淋溶土（土类）。如为复合亚类，在两个亚类形容词之间加连接号"—"，如石膏—盐磐盐积正常干旱土。土纲的名称均为世界上常用的名称。土族命名可采用亚类名称前以土族主要分异特性连续命名，如石灰淡色潮湿雏形土（亚类），其土族可分别命名为黏质蒙脱温性石灰淡色潮湿雏形土，黏质蒙脱混合型温性石灰淡色潮湿雏形土，壤质水云母型温性石灰淡色潮湿雏形土等。土系命名可选用该土系代表性剖面（单个土体）点位或首次描述该土系的所在地的标准地名直接定名，或以地名加上控制土层的优势质地定名，如陈集系、固镇系，或陈集黏土系、固镇砂土系等等。对某些具有识别性特征土层的土系，可以地名加上主要土体构型定名，如泰和网纹底红黏土，潘店夹黏壤土等等。

另外，中国土壤系统分类也是一个检索分类，各级类别是通过有诊断层和诊断特性的检索系统确定的。使用者如能按照检索顺序，自上而下逐一排除那些不能符合某种土壤要求的类别，就能找出它的正确分类位置。

中国现行土壤分类系统与中国土壤系统分类的大致对应关系见表8-5。

表8-5 中国两个土壤分类系统中主要分类单元的对应关系(《土壤地理学》，张凤荣，2002)

中国土壤地理发生分类(1988)	中国土壤系统分类(2001)
砖红壤	暗红湿润铁铝土
	简育湿润铁铝土
	富铝湿润富铁土
	黏化湿润富铁土
	铝质湿润雏形土
	铁质湿润雏形土
赤红壤	强育湿润富铁土
	富铝湿润富铁土
	简育湿润铁铝土
红壤	富铝湿润富铁土
	黏化湿润富铁土
	铝质湿润淋溶土
	铝质湿润雏形土
黄壤	铝质常湿淋溶土
	铝质常湿雏形土
	富铝常湿富铁土
黄棕壤	铁质湿润淋溶土
	铁质湿润雏形土
	铝质常湿雏形土
黄褐土	黏盘湿润淋溶土
	铁质湿润淋溶土
棕壤	简育湿润淋溶土
	简育湿润雏形土
栗褐土	简育干润雏形土
褐土	简育湿润雏形土
	简育干润淋溶土
	简育干润雏形土
暗棕壤	冷凉湿润雏形土
	暗沃冷凉淋溶土
棕色针叶林土	漂白滞水湿润均腐土
	漂白冷凉淋溶土
黑土	简育湿润均腐土
	黏化湿润均腐土
黑钙土	暗厚干润均腐土
	钙积干润均腐土

(续)

中国土壤地理发生分类(1988)	中国土壤系统分类(2001)
栗钙土	简育干润均腐土 钙积干润均腐土 简育干润雏形土
棕钙土	钙积正常干旱土 简育正常干旱土
灰钙土	钙积正常干旱土 黏化正常干旱土
灰漠土	钙积正常干旱土 简育正常干旱土 灌淤干润雏形土
棕漠土	正常干旱土
冲积土	冲积新成土
潮 土	淡色潮湿雏形土 底锈干润雏形土
砂姜黑土	砂姜钙积潮湿变性土 砂姜潮湿雏形土
草甸土	暗色潮湿雏形土 潮湿寒冻雏形土
沼泽土	有机正常潜育土 暗沃正常潜育土 简育正常潜育土
泥炭土	正常有机土
白浆土	漂白滞水湿润均腐土 漂白冷凉淋溶土
盐 土	干旱正常盐成土 潮湿正常盐成土
碱 土	潮湿碱积盐成土 简育碱积盐成土 龟裂碱积盐成土
滨海盐土	潮湿正常盐成土
水稻土	水耕人为土 除水耕人为土以外其他类别中的水耕亚类
灌淤土	灌淤旱耕人为土 灌淤干润雏形土 灌淤湿润砂质新成土 淤积人为新成土
菜园土	肥熟旱耕人为土 肥熟土垫旱耕人为土 肥熟富磷岩性均腐土
高山草甸土	草毡寒冻雏形土 暗沃寒冻雏形土

(续)

中国土壤地理发生分类(1988)	中国土壤系统分类(2001)
亚高山草甸土	草毡寒冻雏形土 暗沃寒冻雏形土
高山草原土	寒性干旱土
亚高山草原土	寒性干旱土
高山寒漠土	寒冻正常新成土
风沙土	干旱砂质新成土 干润砂质新成土
黄绵土	黄土正常新成土 简育干润雏形土
红色石灰土	钙质湿润淋溶土 钙质湿润雏形土 钙质湿润富铁土
黑色石灰土	黑色岩性均腐土 腐殖钙质湿润淋溶土
紫色土	紫色湿润雏形土 紫色正常新成土
石质土	石质正常新成土
粗骨土	石质湿润正常新成土 石质干润正常新成土
火山灰土	简育湿润火山灰土 火山渣湿润正常新成土

第五节 土壤分布

我国地域辽阔，世界上所分布的主要土壤类型，在我国几乎都能见到。尽管土壤类型繁多，但在地理上都具有明显的地带分布规律性。土壤地带性包括水平地带性、垂直地带性和区域分布。

一、土壤分布的水平地带性

土壤分布的水平地带性是指土壤分布与热量的纬度地带性和湿度的经度地带性的关系，但大地形(山地、高原)对土壤的水平分布也有很大的影响。

(一)土壤分布的纬度地带性

土壤分布的纬度地带性是指土壤随纬度不同而出现的变化。随着地球接受太阳辐射能自赤道向两极递减，所有的岩石风化、植被景观也都呈现出有规律的变化，使土壤的形成发育也相应发生这种沿纬度有规律的变化，从而使土壤的分布表现出明显的纬度地带性。

(二)土壤分布的经度地带性

土壤分布的经度地带性是指土壤随经度不同而出现的变化。由于距离海洋的远近及大气环流的影响而形成海洋性气候、季风气候以及大陆干旱气候等不同的湿度带,这种湿度带基本平行于经度,而土壤亦随之发生规律的分布,称之为土壤分布的经度地带性。

我国土壤水平地带性分布规律,主要是受水热条件的控制。我国的气候具有明显的季风特点,冬季受西北气流控制,寒冷干燥,夏季受东南和西南季风的影响,温暖湿润。东南季风不仅影响东部沿海而且深入内陆,西南季风除影响青藏高原外,还可波及长江中下游地区。因此,热量由南向北递减,湿度由西北向东南递增,故由北而南依次表现为寒温带、温带、暖温带、亚热带、热带气候,由东南向西北则出现湿润、半湿润、半干旱和干旱四个地区。纬度不同,距海洋远近不同及地形不同,引起水热条件的分异,从而形成了我国土壤水平地带的分布规律。一是东部沿海的湿润海洋土壤地带谱,二是西部的干旱内陆性地带谱。

东部湿润海洋土壤带谱,由北而南依次分布着棕色针叶林土→暗棕壤与漂灰土→棕壤→黄棕壤→红壤与黄壤→赤红壤→砖红壤。西部干旱内陆性土壤带谱,由东向西,在温带分布着黑土→黑钙土→栗钙土→棕钙土→灰漠土→灰棕漠土;在暖温带则分布着棕壤→褐土→栗褐土→黑垆土与黄绵土→灰钙土→棕漠土(图8-8)。

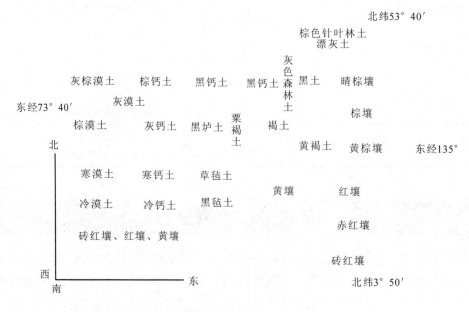

图8-8　中国土壤水平地带分布模式
(《中国土壤》,席承藩,1998)

二、土壤分布的垂直地带性

土壤分布的垂直地带性是指土壤随地势的增高而发生的土壤演替规律。土壤垂直地带性分布是山地生物气候多伴随地势改变而造成。随地形海拔高度的升高,水热条件发生有规律的变化,岩石风化、自然植被等也发生相应的变化,从而造成土壤分布有规律的变化。

山地土壤由基带土壤自下而上依次出现一系列不同的土壤类型,构成一个山地土壤垂直带谱。山体的大小与高低、山地所在的地理位置、坡向与坡度等都影响着土壤的发育分布,因而土壤的垂直带谱的类型和结构是复杂多样的。

土壤的垂直带谱因山体所处的气候带和山体的高度而有差异。如位于半湿润暖温带的河北省雾灵山，土壤的垂直带谱从下往上为褐土→淋溶褐土→棕壤→山地草甸土；而位于半干旱暖温带的甘肃云雾山，土壤的垂直带谱从下往上则为黑垆土→栗钙土→褐土→山地草甸土。

随着山体高度的增加，相对高差愈大，山地垂直结构带谱愈完整。我国喜马拉雅山的珠峰，为世界最高峰，具有最完整的土壤垂直带谱，从基带往上分布着红黄壤→山地黄棕壤→山地酸性棕壤→山地漂灰土→亚高山草甸土→高山草甸土→高山寒冻土→冰雪线，为世界所罕见。

山地坡向对土壤垂直带谱结构的影响在我国有十分明显的反映。有些大的山系正好是土壤地带的分界线，如秦岭太白山跨北亚热带与暖温带的半湿润区，其南坡与北坡的土壤垂直带谱明显不同（图8-9），南坡基带土壤为黄棕壤，而北坡基带土壤为褐土或塿土，其建谱土壤以山地棕壤为主，其带幅虽然相差不大，但其下限则明显有别，南坡为海拔1300m，而北坡为1500m，其上的山地暗棕壤与山地草甸土亦呈同样规律的升降。

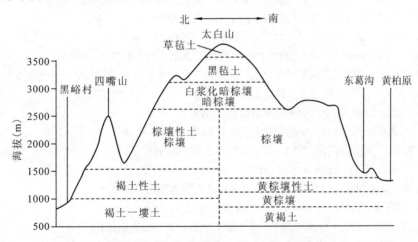

图 8-9　秦岭太白山主峰南北坡土壤垂直分布示意图
（《中国土壤》，席承藩，1998）

三、土壤的区域性分布

土壤分布的区域性是指在土壤的水平地带性和垂直地带性内，由于中、小地形，水文地质条件，成土母质等自然条件不同，其土壤类型有别于地带性土壤类型，显示土壤的区域性。这种区域分布按区域面积大小可分为中域分布和微域分布两种。

土壤的中域性分布是由于中地形的影响，引起水热条件和土壤组成物质的重新分配，使土壤分布按不同地形部位呈有规律的组合。根据土壤组合的特点，土壤的中域分布可分为枝形、扇形、盆形（或同心圆状）土壤组合三种。

土壤的微域分布是指在较小的区域内，由于小地形、地下水或地表水、植被等的差异，而使土壤类型出现较为复杂的组合形式，多以土壤复区出现。如盐碱土区的"云彩地"。

土壤分布有时受局部的地形、母质和水文地质条件的影响，出现非地带性的现象，这些土壤称为隐域性土,如草甸土、沼泽土、盐碱土。成土时间短的土壤称泛域土,如风沙土和冲积土。

[思考题]

1. 全面理解五大成土因素对土壤形成的影响,为什么说这些因素是同等重要,不可相互替代?
2. 为什么不能把人为因素等同于生物因素?
3. 什么是地质大循环和生物小循环?它们的关系如何?
4. 主要成土过程有哪些?
5. 什么是土壤剖面、土壤发生层以及土体构型?
6. 什么是土壤的水平地带性和垂直地带性?它们的关系如何?
7. 简述中国现行土壤分类系统的分类单元、命名方法。
8. 中国土壤系统分类有哪些特点?

参考文献

[1] 中国科学院南京土壤研究所土壤系统分类课题组,中国土壤系统分类课题研究协作组.中国土壤系统分类检索(第三版).合肥:中国科学技术大学出版社,2001.
[2] 全国土壤普查办公室.中国土壤.北京:中国农业出版社,1998.
[3] 龚子同等.中国土壤系统分类(理论·方法·实践).北京:科学出版社,1999.
[4] 中国科学院南京土壤研究所土壤系统分类课题组,中国土壤系统分类课题研究协作组.中国土壤系统分类(修订方案).北京:中国农业科技出版社,1995.
[5] 席承藩.土壤分类学.北京:中国农业出版社,1998.
[6] 张凤荣.土壤地理学.北京:中国农业出版社,2002.
[7] 熊毅,李庆逵.中国土壤(第二版).北京:科学出版社,1987.
[8] 朱祖祥.土壤学(下册).北京:农业出版社,1983.
[9] 林培.区域土壤地理学(北方本).北京:北京农业大学出版社,1992.
[10] 朱鹤健,何宜庚.土壤地理学.北京:高等教育出版社,1992.
[11] 李天杰,郑应顺,王云.土壤地理学(第二版).北京:高等教育出版社,1983.
[12] 南京大学,中山大学,北京大学,西北大学,兰州大学.土壤学基础与土壤地理学.北京:人民教育出版社,1982.
[13] 刘树基.区域土壤地理学(南方本).北京:中国农业出版社,1994.
[14] 全国土壤普查办公室.中国土壤普查技术.北京:农业出版社,1992.
[15] 柯夫达,陆宝书等译.土壤学原理(上、下册).北京:科学出版社,1981.
[16] 黄昌勇.土壤学.北京:中国农业出版社,2000.
[17] 林成谷.土壤学(北方本,第二版).北京:农业出版社,1996.
[18] 林大仪.土壤学.北京:中国林业出版社,2002.
[19] 南京大学,中三大学,北京大学,西北大学,兰州大学.土壤学基础与土壤地理学.北京:人民教育出版社,1980.

第九章
淋溶土、半淋溶土

【重点提示】主要讲述淋溶土纲和半淋溶土纲各土类的分布、成土条件、成土过程、土壤剖面特征、主要土壤性质及其合理利用。

淋溶土是指湿润土壤水分状况下，石灰充分淋溶，具有明显黏粒移淀的土壤。包括棕色针叶林土、漂灰土、暗棕壤、白浆土、棕壤、黄棕壤、黄褐土。

半淋溶土是指石灰质在土壤剖面中发生淋溶与累积、伴有黏粒的形成与淀积的土壤。包括了褐土、灰褐土、黑土、灰色森林土、燥红土。

第一节　棕色针叶林土、暗棕壤、白浆土与黑土

棕色针叶林土和暗棕壤分别是我国寒温带和温带的主要森林土壤和地带性的淋溶土壤。两者都是我国重要的林业生产基地。白浆土是发育在温带湿润半湿润区森林或草甸植被下，形成于一定地形和母质条件下的潴育淋溶型土壤，具有特有的漂白层。

一、棕色针叶林土

棕色针叶林土是在寒温带针叶林下冻融回流淋溶型（夏季表层解冻时螯合络合态铁、铝随下行水流淋溶淀积；秋季表层结冻时，在温度梯度的作用下夏季淋溶物随上行水流淀积土壤中上部）的棕色土壤。

（一）棕色针叶林土的分布及成土条件

1. 分布　棕色针叶林土在世界范围内主要分布于亚洲东北部和北美洲西北部的原始针叶林区；在中国主要分布在东北地区，集中分布在大兴安岭北段，以楔形向南段延伸，最后以岛状退到一些中山顶部，分布在海拔 800~1700m。北靠黑龙江畔，隔江与东西伯利亚棕色针叶林土相邻，南达牛汾台与索伦—阿尔山地区，西北部到额尔古纳河，东北部约至呼玛；在长白山、小兴安岭分布于 800m 和 1200m 以上的山地土壤垂直带谱中。除此之外在新疆阿尔泰山的西北部、青藏高原东缘、川西和滇北的高山、亚高山的山地土壤垂直带谱中也有分布。

2. 成土条件　棕色针叶林土区的气候属寒温带大陆性季风气候，年平均气温低于 -4℃。平均气温在 0℃ 以下的时间长达 5~7 个月，≥10℃ 积温在 1400~1800 ℃ 之间，年降水量约 450~750 mm，冬季积雪厚度可达 20 cm 以上。湿润度小于 1.0，土壤冻结期长，冻层深厚，可达 2.5~3m，并在山体上部有岛状永冻层存在。冻层造成特殊的土壤水文条件，温度梯度引起汽化水上升，在冻层中随温度下降而凝结，在冻融过程中可使水分大量集聚于表层，使表层呈现过湿状态，另一方面冻层存在可阻碍物质向土壤深处淋溶，甚至在冻层之上形成上层滞水而发生侧向移动。低温和冻层对棕色针叶林土的形成影响显著。

棕色针叶林土的自然植被为明亮针叶林伴有暗色针叶林。明亮针叶林的主要树种为兴安落叶松、樟子松，暗色针叶林的主要树种是云杉和冷杉。混有少量白桦、山杨等阔叶树。地被灌草层主要有兴安杜鹃、杜香、越橘和各种蕨类，草本植物主要有大叶樟、红花鹿蹄草等。枯枝落叶灰分组成含硅量较高而盐基含量较低。

棕色针叶林土的成土母质多为岩石风化的残积物和坡积物，少量洪积物。质地粗松，风化程度低，土层浅薄，混有岩石碎块。棕色针叶林土分布的地形一般为中山、低山和丘陵，坡度较为和缓。

(二)棕色针叶林土的成土过程与基本性状

1. 成土过程

(1)针叶林毡状凋落物层和粗腐殖质层的形成：针叶林及树冠下的灌木和藓类，每年以大量枯枝落叶等植物残体凋落于地表，凋落物中灰分元素含量低，呈酸性，主要靠真菌的活动进行分解，形成富里酸，而土体下部冻层的存在又阻碍水分自凋落物中把分解产物排走。在一年中只有 6~8 月的较短时期的真菌能够进行分解活动，不能使每年的凋落物全部分解，便形成毡状凋落物层。在凋落物层之下，则形成分解不完全的粗腐殖质层，甚至积累成为半泥炭化的粗腐殖质层。

(2)有机酸的络合淋溶：在温暖多雨的季节，真菌分解针叶林凋落物时，形成酸性强、活性较大的富里酸类的下渗水流，含有富里酸类的下渗水流导致对土壤盐基及矿质 Fe、Al 的络合淋溶，使土壤盐基饱和度降低，土壤呈稳定酸性。但因气候寒冷，淋溶时间短，淋溶物受冻层的阻隔，这种酸性淋溶作用并不显著，与此相伴生的淀积作用也不明显。

(3)铁铝的回流与聚积：当温度降低时，表层首先冻结，土体中下部温度高于地面温度，上下土层产生温差，本已下移的可溶性铁铝等水溶性胶体物质又随上升水流重返表层。由于地表已冻结，铁铝等化合物脱水析出，以难溶解的凝胶状态在表层土壤中积聚，遇到土体中的石块、砾石时，即附着于其底面，故棕色针叶林土土体中的石块底面常见大量暗棕色至棕褐色(5YR 2.5/1~4/1)胶膜。上部土壤也多被染成棕色。

2. 基本性状

(1)剖面形态特征：土层较浅薄，一般在 40cm 左右，剖面构型为 $O(O_1,O_2)—A_h—A_hB—B_s—C$。

O 层：枯枝落叶层处于半分解状态，厚度约为 10cm，包括 0~2cm 厚的新鲜未分解的枯枝落叶(O_1 层)和 2~10cm 左右的半分解的植物残体(O_2 层)。

A_h(或 H)层：腐殖质层(或毡状泥炭层)。厚约 10cm 左右，腐殖质含量 40~80g/kg，不稳定的团块结构，暗棕灰色(7.5YR 6/2)，较疏松，多木质粗根，局部可见白色真菌菌丝体，向下层呈逐渐过渡。

A_hB 层：过渡层。厚约 6 cm 左右，暗灰棕(7.5YR 5/2)，质地多为中壤，核块状结构，含有石块，石块底部可见少量铁锰胶膜，较紧实，有木质粗根。

B_s 层：淀积层。厚度变化较大，一般为 10~30cm，淡棕色(10YR 7/6)，核块状结构，较紧实，根极少。土层薄处，含有大量砾石，层内或砾石面上可见铁锰和腐殖质胶膜及 SiO_2 粉末，该层一般无明显的黏粒淀积。

C 层：母质层。棕色(7.5YR 5/4)或同母岩颜色，以石块为主，在石块底面，大都可见铁、锰和腐殖质胶膜。

(2) 机械组成：全剖面含有石砾，质地多为轻壤—重壤，黏粒有下移趋势，但不显著。

(3) 土壤有机质：H 层有机质含量极高，一般大于 200g/kg，以粗有机质为主，呈泥炭状；A_h 层有机质含量可达 80g/kg 或以上；A_h 层以下有机质含量急剧下降，可降至 30g/kg 以下。腐殖质组成以富里酸为主，HA/FA<1。

(4) 土壤 pH 值与盐基饱和度：棕色针叶林土呈酸性反应，各层水浸 pH 值在 4.5~5.5 之间，A_h 层交换性 Ca^{2+}、Mg^{2+} 含量较高，盐基饱和度为 20%~60%，B 层一般 >50%，但在交换性 Al^{3+} 含量高的土壤中，盐基饱和度可下降到 50% 以下。

(5) 土壤矿物含量组成：表层、亚表层 SiO_2 明显聚积，淀积层 R_2O_3 相对积累，表层全土 SiO_2/R_2O_3 为 4.3~5.8，亚表层 3.2~4.8，活性铁、铝含量较高，在剖面中有明显分异。黏土矿物上层以高岭石、蒙脱石为主，下层以水云母、绿泥石、蛭石为主，说明矿物发生了明显的酸性蚀变。

(6) 土壤肥力：由于土温低，又呈粗有机质状态，营养成分多为有机态存在，有效性低。

(7) 土壤水分物理性质：因表层有机质含量高，因而容重小，如 A_h 层的容重仅 0.9~1.0g/cm³，总孔隙度 64%~74%，随深度的增加，容重增加而总孔隙度降低。

(三) 棕色针叶林土亚类的划分

根据主要成土过程在程度上的差异及附加成土过程的有无，棕色针叶林土可分为三个亚类。

(1) 棕色针叶林土：它是棕色针叶林土类中典型亚类。形态特征同上所述。

(2) 灰化棕色针叶林土：土层浅薄，剖面构型为 $O(O_1、O_2)$—$A_h E$—EB—(B_{hs})—C 或 $O(O_1、O_2)$—A_h—E—B_{hs}—C。剖面中有灰白色的灰化层或斑块。土壤呈强酸性，基饱和度只有 21%~32%。SiO_2 在灰化层明显富集，Fe、Al 氧化物在淀积层相对积累。黏土矿物在强酸性有机螯合物淋溶下，发生强蚀变，底层以蛭石、水云母、绿泥石为主，灰化层以高岭石、蒙脱石、次生石英为主。

(3) 表潜棕色针叶林土：它与棕色针叶林土在形态上的差别，主要是表层有潜育化作用，呈蓝灰色，而且底土层亦因铁的水化程度较高而显黄色，铁、铝在下部有增高趋势，而锰则明显减少，这表明表潜与酸度对 R_2O_3 在土体分布的影响。

二、暗棕壤

暗棕壤也称暗棕色森林土，是在温带湿润气候区针阔混交林下发育的淋溶型棕色土壤。1995 年出版的《中国土壤系统分类》(修订方案) 将其划入淋溶土纲的冷凉淋溶土亚纲，分属于暗沃冷凉淋溶土土类和简育冷凉淋溶土土类。

(一) 暗棕壤的分布与成土条件

1. 分布 暗棕壤在世界范围内主要分布在亚洲的东北部和北美西部棕色针叶林土带以南的广大针阔混交林区。暗棕壤在我国分布范围很广，主要分布在东北地区的大兴安岭东坡、小兴安岭、张广才岭和长白山山地。暗棕壤向北过渡为棕色针叶林土，向南过渡为棕壤。暗棕壤是东北地区分布面积最大的土壤类型。

暗棕壤在其他地区属于垂直分布，如在青藏高原边缘的高山上如喜马拉雅山分布在海拔 3200~3300m；横断山分布在 3200~4000m；在秦岭的南坡分布在海拔 2200~3200m；在鄂西神农架分布海拔2200~3200m。

2. 成土条件 暗棕壤地区年均气温为-1~5℃，≥10℃年积温为2000~3000℃，季节冻层深度1.0~2.5m，最深可达3m，冻结时间约为120~200d。年降水量600~1100mm，无霜期115~135d，干燥度小于1.0。总的气候特点是：一年中有一个水热同步的夏季和漫长严寒的冬季以及短暂的春秋两季。夏季湿度大，温度低，其山体经常为云雾所笼罩，一年中最热的7月份月均温15~20℃，因此，这些地区可为夏季的避暑的胜地。气候属于温带湿润季风气候类型。

暗棕壤地区的原生植被为以红松为主的针阔混交林，林下灌木和草本植物生长繁茂。针叶树种主要有红松、沙松、鱼鳞云杉、红皮冷杉等阴性半阴性树种；阔叶树种主要有白桦、黑桦、枫桦、蒙古柞、春榆、核桃楸、黄波罗、水曲柳等。灌木主要有毛榛子、山梅花、刺五加、卫矛、丁香等。此外林中还有攀援植物如猕猴桃、山葡萄、五味子等。草本植物主要有：苔草、木贼、轮叶百合、银线草等。但是，由于长期采伐、火烧后，形成以山杨白桦等为主的次生阔叶林或杂木阔叶林，林下灌草更加繁茂。

暗棕壤所处的地形多为中山、低山和丘陵。海拔高度一般在500~1000m。

暗棕壤的成土母质为各种岩石的残积物、坡积物、洪积物及黄土。其中花岗岩分布的范围最广，另有变质岩和新生代玄武岩，在小兴安岭北部有第三纪陆相沉积物黄土的分布。

(二)暗棕壤的成土过程和基本性状

1. 成土过程 暗棕壤的成土过程，主要表现为弱酸性腐殖质累积和轻度的淋溶、黏化。

(1)腐殖质积累：在暗棕壤地区自然植被为针阔混交林以及林下繁茂的草本植被。因雨热同季，生物累积过程十分活跃。每年都有大量的凋落物残留于地表。每年每公顷大约有4~5t残落物归还土壤。加之该地区气候冷凉潮湿，造成暗棕壤的腐殖化作用十分强烈，土壤表层积累了大量的有机质，其有机质含量可高达100~200g/kg。

由于阔叶树的加入和影响，森林归还物灰分含量很高，且由于灰分中钙、镁等盐基离子较多，这些盐基离子的存在，足以中和有机质分解过程中释放的有机酸。因此，暗棕壤腐殖质层的盐基饱和度较高，土壤不至于产生强烈的酸性淋溶过程。

(2)盐基与黏粒淋溶过程：暗棕壤地区的年降水量一般为600~1100mm，而且70%~80%水量集中在夏季(7~8月)。使暗棕壤的盐基、黏粒的淋溶淀积过程得以发生，具体表现为：①对一价K^+、Na^+和二价Ca^{2+}、Mg^{2+}盐基离子及其盐类的淋洗淋失。②对黏粒向下的淋溶和淀积。③枯枝落叶层保水能力很强，并能够抑制土壤水分的蒸发，会使雨季土壤上部土层水分达到饱和状态，从而造成还原条件，表层、亚表层土壤之中的铁在雨季嫌气条件下被还原成亚铁向下淋溶，在淀积层重新氧化而沉淀包被在土壤结构体的表面，使淀积层土壤具有较强的棕色。

(3)隐灰化过程：土壤溶液中来源于有机残落物和岩石矿物风化产生的硅酸，由于冻结作用成为SiO_2粉末析出，以无定型SiO_2粉末的形式着附在土壤结构体的表面，从而使土壤呈现灰棕色即隐灰化过程。图9-1暗棕壤有机质、SiO_2、R_2O_3沿剖面分布图。

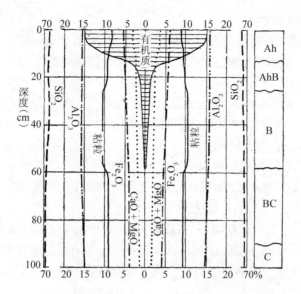

图 9-1　暗棕壤的有机质、黏粒、SiO_2、R_2O_3 沿剖面分布图
(《土壤地理学》，李天杰，1983)

2. 基本性质

(1) 暗棕壤土体构型是：O-A_h-A_hB-B_t-C。

O 层：一般 4~5cm，主要由针阔乔木、灌木的枯枝落叶和草本植物的残体所组成，有大量的白色真菌菌丝体。也可以将该层具体划分为 O_1、O_2 两个亚层。

A_h 层：厚度 8~15cm，平均 10cm 左右，棕灰色，粒状(碎屑)或团块状结构，根系大量且多为草本植物根系，有蚯蚓、蚂蚁聚居。

A_hB 层：厚度不等，一般小于 20cm，灰棕色，与 A_h 层相比较为紧实。

B_t 层：黏粒、铁的淀积层。厚度 30~40cm，棕色，质地黏重，紧实，核状结构，在结构体表面有不明显的铁锰胶膜。

C 层：棕色母质层。石砾表面可见铁锰胶膜。

(2) 表层土壤(腐殖质层)阳离子交换量、盐基饱和度分别是 25~35cmol/kg、60%~80%，随剖面深度的增加而降低，与盐基饱和度有关的 pH 亦有大致相同的变化规律。表层 pH 值 6.0，下层只有 5.0 左右。

(3) 暗棕壤拥有较高的有机质含量，暗棕壤表层有机质含量可达 100~200 g/kg，向下锐减，A_h/B 腐殖质含量比值为 3:1，腐殖质层厚度一般在 20 cm 左右，表层腐殖质以胡敏酸为主，HA/FA>1.5；淀积层 HA/FA<1(0.5~0.6)，活性胡敏酸和富里酸的含量随剖面深度的增加而增多。

(4) 土体中铁、黏粒有明显的淋溶淀积，而铝的移动不明显。A 层 SiO_2/R_2O_3 多在 2.2 以上，SiO_2/Al_2O_3 则在 3.0 以上；B 层 SiO_2/R_2O_3 多在 2.02，SiO_2/Al_2O_3 则为 2.82；底土层硅铁铝率和硅铝率则又有所增大。黏土矿物鉴定表明，暗棕壤黏土矿物以水化云母为主，并含有一定量的蛭石、高岭石。

(5) 暗棕壤质地大多为壤质，从表层向下石砾含量逐渐增多，黏粒在 B 层有所增加，但与棕壤相比并不十分明显。

(三)暗棕壤亚类的划分

根据主要成土过程在程度上的差异及附加成土过程的有无,可将其划分为五个亚类:

(1)典型暗棕壤:暗棕壤土类之典型亚类,具有暗棕壤典型的特征。主要分布在山地缓坡顶部及山腰处,面积较大。

(2)草甸暗棕壤:暗棕壤向草甸土过渡的过渡性亚类。主要分布在平缓的地形上,多为坡脚或河谷阶地。植被多为次生阔叶林或疏林草甸植被。B层中常出现铁锈、铁锰结核或灰色的条纹,具有草甸化过程的特征。

(3)白浆化暗棕壤:暗棕壤向白浆土过渡的过渡性亚类。主要分布在暗棕壤地区的平缓阶地、平山或漫岗顶部等排水较差的地形部位上。与典型暗棕壤亚类的区别在于表层之下有一个明显的呈黄白或黄白相间的白浆化层。

(4)潜育暗棕壤:主要分布在河谷、坡麓、高阶地中的低平处。土壤含水较多,排水不良,甚至部分地区有岛状永冻层的存在,以至于土壤发生明显的潜育化过程,常形成腐殖质泥炭层。表层以下的土层中常有水分渗出,或有潜育斑块,呈酸性反应,盐基饱和度低,质地较黏。

(5)灰化暗棕壤:属于暗棕壤向灰化棕色针叶林土的过渡类型。多分布在海拔较高的山地或灰分元素较为缺乏的砂性母质上。由于受到淋溶和冻层的影响,土壤亚表层呈现灰化特征。在亚表层之下,有较明显的淀积层或底土中局部有铁锰胶膜。

三、白 浆 土

白浆土是发育在温带湿润半湿润区森林或草甸植被下,在微斜平缓岗地的上轻下黏的母质上,由于黏土层上层滞水,铁质还原并侧向漂洗,在腐殖质层下形成灰白色漂洗层的土壤,是一种滞水潴育性的半水成土壤。

(一)白浆土的分布与成土条件

1. 分布 在世界范围内,白浆土主要分布在美国、加拿大、俄罗斯、德国、法国、日本等地。在我国白浆土主要分布于小兴安岭和长白山等山地的两侧,且以东侧为多。在行政区划上白浆土主要分布在黑龙江和吉林两省的东北部。

2. 成土条件 气候上属于温带湿润季风气候类型,冬季寒冷干燥,夏季温暖湿润。年均气温 -1.6~3.5℃,≥10℃年积温为1900~2800℃,年降水量500~900mm,70%~75%降水集中于夏季。作物生长期降水量可达到360~500mm,无霜期87~154d,土壤冻深1.5~2m,表层冻结期约为150~170d,湿润度在0.73~1.02。

白浆土的原始植被具有多样性,岗地为针阔混交林,但由于人为砍伐和林火,逐渐为次生杂木林、草甸及沼泽化草甸等植被类型所取代,目前白浆土植被类型主要有红松、落叶松、白桦、山杨、柞树等森林群落;平地为苔草、小叶樟等草甸草本植物群落;低洼地为沼柳、毛赤杨等灌丛群落。

白浆土分布的地形也具有多样性,从岗地到平地乃至洼地均有分布,主要的地貌类型有:岗地、高河漫滩、河谷高阶地、山间谷地、山间盆地和山前洪积台地等。白浆土地下水位一般较深,多在8~10m以下。

白浆土的成土母质主要是第四纪河湖相沉积物,质地黏重,一般为轻黏土,且母质的质地层次具有上轻(壤土)下重(黏土)特征,上下层之界面维持着与地面大致相当(5°左右)的坡降，它为上层土壤中可溶性还原性铁锰沿这个界面侧向移出土体创造了充分必要的条件。

(二)白浆土的形成过程和基本性状

1. 形成过程 白浆土的形成过程是由潴育淋溶、黏粒机械淋溶淀积和草甸腐殖化过程所组成。

(1)潴育淋溶：由于河湖相母质的"二重性"及季节冻层的存在，使土壤在融冻或雨季上层土壤处于滞水还原状态，土壤中铁锰被还原，随水移动，一部分随侧渗水淋洗出土体，大部分在水分含量减少时，重新氧化以铁锰结核或胶膜形式沉积固定在原地。由于铁锰的不断被侧向淋洗和在土层中的非均质分布使得原土壤亚表层脱色成为灰白色土层——白浆层，这个过程通常称为潴育淋溶过程。

(2)黏粒机械淋溶：在湿润季节黏粒为水所分散，并随下渗水产生机械悬浮性位移，在土壤中下部，土壤水分减少处，附着在土壤结构体的表面，是一个典型的黏粒机械淋溶淀积过程。在这个过程中，土壤的矿物组成和化学组成无明显变化。

(3)草甸腐殖化过程：白浆土地区在植物生长季内，由于雨热同步，利于植物生长和土壤的有机物质积累，土壤腐殖质层有机质含量可达 $60 \sim 100 \text{g/kg}$，土壤矿质养分亦十分丰富。图9-2为白浆土 SiO_2、腐殖质、铁子与黏粒沿剖面分布图。

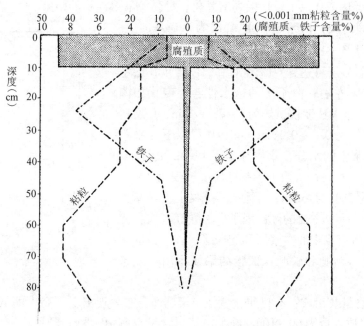

图9-2 白浆土的腐殖质、铁子和黏粒沿剖面分布
(《土壤地理学》，李天杰，1983)

2. 基本理化性质

(1)白浆土的形态特征：剖面土体构型是：A_h-E-B_t-C(或Cg或G)。

A_h层：腐殖质层，厚 $10 \sim 20 \text{cm}$，暗灰色(10YR 4/1)，中壤至重壤，屑粒-团粒状结构，疏松，根系的 $80\% \sim 90\%$ 分布于此层。有的剖面 A_h 层有少量铁锰结核。向下呈明显整齐过渡。

E层：白浆层，厚20cm左右，灰白色(10YR 7/1)，湿时呈浅黄色(5Y 6/3)，雨后常会流出"白浆"。中壤至重壤，片状或鳞片状结构，湿润状态下结构不明显。有较多的白色的 SiO_2 粉末，紧实。植物根系很少，有机质含量低，常常低于 10g/kg。该层有大小不等的铁锰结核或锈斑(潜育白浆土)。向上向下呈明显整齐过渡。

B_t 层：黏化淀积层，厚 120~160cm，一般分为三个亚层，其中 B_{t2} 为典型黏化淀积层，B_{t1}、B_{t3} 为过渡层。棕褐色(10YR 5/3)至暗褐色(10YR 4/3)，小棱柱状结构或小棱块状结构，群众称其为"蒜瓣土"或"棋子土"。结构表面上有大量的机械淋溶淀积的黏粒胶膜，棕褐色铁锰、腐殖质胶膜及 SiO_2 粉末，有少量的铁锰结核，潜育白浆土则有锈斑。质地黏重，多为轻黏土至中黏土，有的达重黏土，紧实，透水性不良，植物根系极少。

C 层：河湖相母质层。通常在 200 cm 以下出现，质地黏重，棕色(10YR 4/3)或黄棕色(10YR 5/6)，C_g 因受潜育化影响而呈灰色(5Y 6/1)。潜育白浆土亚类该层多为 G 层，而母质层下有沙层时，往往有铁磐层。

(2)机械组成：白浆土的质地比较黏重，表层 A_h 及 E 层的土壤质地多为重壤土，个别可达轻黏土，B_t 层以下多为轻黏土，有些可达中黏土或重黏土。机械组成以粗粉粒和黏粒为最多，黏粒在剖面上的分布是表层(A_h 及 E 层)为 100~200g/kg，B 层(B_t 和 B_t)多为 300~400g/kg，在结构面或裂缝中，可见到光学定向性黏粒，其<0.001mm 黏粒所表示的黏化率 $B_t/A_h>1.2$，高者达 2.0 以上。B_t 层高度黏化，是黏粒淋溶淀积的结果。

(3)水分物理性质：白浆土容重 A_h 层为 1.0g/cm³ 左右，E 层增加至 1.3~1.4g/cm³，至 B_t 层可达 1.4~1.6 g/cm³。孔隙度除 A_h 层可达到 60% 左右外，E 层和 B_t 层急剧降低，仅为 40% 左右；白浆土的透水性各层变化如图 9-3 所示。A_h 层的透水速度快，约为 6~7mm/min，E 层透水极弱，透水率仅为 0.2~0.3mm/min，B_t 层以下几乎不透水。因此，白浆土的水分多集中在 B_t 层以上，由于 A_h 层浅薄，容水量有限，1m 以内土体的容水量仅为 148~264mm，(黑土为 284~476mm)。因此，白浆土怕旱又怕涝，是农业生产上一个重要的障碍因子。黑龙江省农科院采用心土培肥犁将白浆土的白浆层和淀积层混拌，并向混拌层施入改土物料钙肥和磷肥，试验结果显示增产效果稳定。

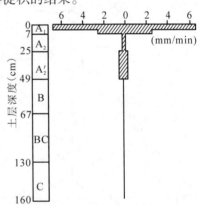

图 9-3 白浆土透水速度
(《区域土壤地理学》，林培，1993)

(4)有机质含量及组成：有机质含量在土壤剖面分布表现出上下高中间低的趋势。自然荒地 A_h 层的有机质含量为 60~100g/kg，白浆层含量只有 10g/kg，开垦为农田后的头三年，土壤有机质含量锐减，开垦 30 年后，只有 30g/kg 左右。土壤腐殖质组成上 A_h 层以胡敏酸为主，HA/FA>1，E、B_t 层 HA/FA<1。

(5)pH 值及交换性能：pH 值呈微酸性(6.0~6.5)，各层差异不大；交换性能受腐殖质和黏粒的分布影响很大，但总的趋势是 A_h 层和 B_t 层高，代换性阳离子以 Ca^{2+}、Mg^{2+} 为主，有少量的交换性 K^+ 和 Na^+。盐基交换量和盐基饱和度 A_h 层、B_t 为 20~30cmol/kg 和 70%~90%，而 E 层仅为 10~15cmol/kg 和 70%~85%。

(6)养分状况：白浆土全氮量，A_h 层最高，荒地为 4~7g/kg，耕地下降到 3g/kg 左右，E 层可急剧降低至 1g/kg 以下；全磷量较低，A_h 层为 1g/kg，E 层 0.7g/kg；全钾量较高，A_h

层为 21.6g/kg，E 层为 22.97g/kg，B_t 层为 22.8g/kg；微量元素的锌、锰、硼、钼等均以 A_h 层最高，但养分总贮量仍为较低的水平。

(7) 矿物组成：黏土矿物以水化云母为主，伴有少量的高岭石、蒙脱石、绿泥石。土体全量化学组成在剖面上有明显的分异，A_h 层和 E 层 SiO_2 的含量较 B_t 层高，而 Al_2O_3、Fe_2O_3 较少，B_t 层以下 Al_2O_3、Fe_2O_3 明显增高，硅铁铝率变化呈上层大下层小的趋势。黏粒的含量和化学组成在剖面上下差异不大，SiO_2/R_2O_3 为 2.55~3.65，这表明在白浆土形成过程中，黏粒下移并未受到破坏。白浆土铁的游离度较高，Fe_d/Fe_t 可达 20%~43%，说明铁有较多的蚀变。且表层高于底层。铁的活化度也较高，Fe_o/Fe_d 为 40%~70%，说明铁在土壤剖面中有一定的移动。

(三) 白浆土亚类的划分

白浆土土类之下可分为白浆土、草甸白浆土和潜育白浆土三个亚类。

(1) 白浆土：白浆土亚类又称为岗地白浆土，主要性状同白浆土土类。多分布在地势起伏的岗地上。

(2) 草甸白浆土：草甸白浆土又称为平地白浆土，它是白浆土向草甸土过渡的类型。草甸白浆土分布在平坦地形部位，草甸过程有一定的发展，A_h 层腐殖质积累较典型白浆土多，B_t 层可见到铁锈斑。

(3) 潜育白浆土：潜育白浆土又称为低地白浆土，它是白浆土与沼泽土之间过渡类型。潜育白浆土分布的地形部位低平，地下水位较高，一般雨后有积水。E 层较薄有锈斑。B_t 层小核块状结构，表面有黏粒胶膜，有蓝灰色潜育斑。往下有明显的潜育层。

四、黑 土

黑土是温带半湿润（或湿润）季风气候森林草甸或草原化草甸植被下形成的，具有暗色松软表层，黏化 B 层及风化 B 层 (cambic)，通体无石灰反应，呈中性的均腐殖质土壤。1998《中国土壤》一书则将其划归均半淋溶土纲。

(一) 黑土的分布与成土条件

1. 分布 在世界范围内，黑土主要分布在美国、俄罗斯、巴西和阿根廷。

在中国，黑土集中分布在北纬 44°~49°，东经 125°~127° 之间，以黑龙江、吉林两省的中部最多。东部、东北部至长白山、小兴安岭山麓地带，南部至吉林省公主岭市，西部与黑钙土接壤。在辽宁、内蒙古、河北、甘肃等地也有小面积的分布。

2. 成土条件

(1) 气候：黑土区气候属于温带湿润半湿润大陆季风气候类型。年均气温 0~6.7℃，≥10℃ 年积温 2000~3000℃，无霜期 110~140d，有季节性冻层的存在，冻层深度为 1.5~2.0m，北部可达到 3m，冻层延续时间长达 120~200d；年降水量 500~600mm，干燥度 0.75~0.90，雨热同季，绝大多数的降水集中在 4~9 月，占全年降水量的 90% 左右，利于植物生长发育，同时对于促进土壤有机质的形成和积累也是十分有利的。

(2) 植被：黑土地区的自然植被是草原化草甸、草甸或森林草甸。当地群众称之为"五花草塘"。外貌华丽，每当 5、6 月份春暖季节，各种植物的花朵争相斗艳，犹如一个天然大花园。主要植物有小叶樟、地榆、裂叶蒿、野豌豆、野火球、凤毛菊、唐松草、野芍药、野百合、日阴菅等。覆盖度可以达到 100%。草丛高度 50cm 以上，一般在 50~120cm 之间，亩产干草一般在 500kg 以上。局部水分较多时，有沼柳灌丛的出现。地势较高，水分含量较低的地段，则出现榛子灌丛，当地老乡称之为"榛柴岗"。

据全国第二次土壤普查资料，目前黑土中耕地约占黑土总面积的 65.6%，种植的农作物主要有玉米、大豆和春小麦，一年一熟，是我国重要的商品粮基地之一。

(3)地形：黑土地区的地形为多受到现代新构造运动影响的间歇性上升的高平原或山前倾斜平原，历史上或现在都存在一定的侵蚀作用。故称波状平原，海拔高度在 200~250m。群众称为"漫川漫岗"。

地下水位一般在 5~20m 之间，地下水矿化度 0.3~0.7g/L，水质为 HCO_3^- – SiO_2 型水。

(4)母质：黑土的成土母质比较单纯，主要有三种即第三纪沙砾黏土；第四纪更新世沙砾黏土；第四纪全新世沙砾黏土。其中第二种分布的面积最大，一般无碳酸盐反应。

(二)黑土的形成过程、剖面形态、基本性质

黑土的成土过程是由腐殖质积累、淋溶淀积两个具体的过程所组成的。

1. 形成过程

(1)腐殖质积累与分解过程：黑土在温带半湿润气候条件下，草甸草原植被生长十分旺盛，形成相当大地上地下生物量，据有关资料，年积累量可高达 15000 kg/hm² 左右，因温暖季节水分丰富、冬季寒冷漫长，限制了微生物的分解作用，土壤中累积了大量有机质。因此，黑土腐殖质积累强度大，不但腐殖质层深厚(一般厚度可达 30~70cm，厚者可达 100cm 以上)，而且腐殖质含量高(开垦前表层土壤有机质含量可高达 50~80g/kg)。

(2)淋溶和淀积过程：夏秋多雨时期土壤水分较丰富，致使铁锰还原成为可以移动的低价离子，随下渗水与有机胶体、灰分元素等一起向下淋溶，在淀积层以胶膜、结核、斑状、粉末等新生体的形式出现。另外土壤中一部分硅铝酸盐经水解产生的 SiO_2，也常以 SiO_4^{4-} 溶于土壤溶液中，以无定形的 SiO_2 白色粉末析出，因此在 B 层结构体表面可以看到大量的 SiO_2 粉末。

2. 剖面形态特征 黑土剖面的土体构型是：A_h—A_hB—B_{sq}—C。

A_h 层：腐殖质层，一般 30~70cm，厚者在 100cm 以上。黑色，潮湿时松软，黏壤土，团粒结构，水稳性团粒含量一般在 50% 以上。土体疏松多孔，pH 值 6.5~7.0，无石灰反应。

A_hB 层：过渡层，厚度不等，一般为 30~50cm，暗灰棕色，黏壤土，小块状结构或核状结构，可见明显的腐殖质舌状淋溶条带，有黄色或黑色的填土动物穴，无石灰反应，pH 值 6.5 左右。

B_{sq} 层：淀积层，厚度不等，一般为 50~100cm，颜色不均一，通常是在灰色背景下，有大量黄或棕色铁锰的锈纹锈斑、结核、胶膜及 SiO_2 粉末，黏壤土，小棱块或大棱块结构，紧实，硬度较大，pH 值 7.0 左右，无石灰反应。

C 层：母质层，黄土状堆积物。

黑土主要性状指标在剖面上的分异情况如图 9-4。

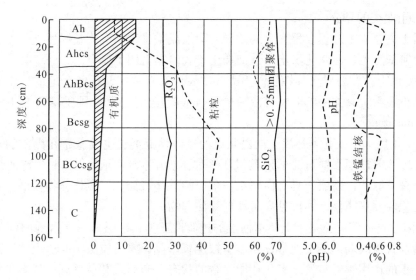

图 9-4 黑土的理化性质沿剖面分布图(逊克)
(《土壤地理学》,李天杰,1983)

3. 理化性质

(1)黑土的机械组成比较均一,质地黏重,一般为壤土或黏壤土,以粗粉沙和黏粒两级比重最大,各占30%~40%左右。通常土体上部质地较轻,下层质地较重,黏粒有明显的淋溶淀积现象,黑土的机械组成受母质的影响很大,如母质为黄土状物质者,则以粉沙、黏粒为主,若母质为红黏土者,则黏粒含量明显增多。

(2)黑土结构良好,自然土壤表层土壤以团粒为主,其中水稳性团粒含量一般在50%以上。黑土开垦后随种植时间的延长,团粒结构变小,数量变少。黑土容重 $1.0 \sim 1.4 g/cm^3$ 左右,随着团粒结构的破坏,耕垦后土壤容重有增大的趋势。

另外开垦后通常有腐殖质含量降低,淀积层位置提高的趋势。黑土总孔度一般多在40%~60%,毛管孔度所占比例较大,可占20%~30%,通气孔度占20%左右。因此,黑土透水性、持水性、通气性均较好。

(3)黑土黏土矿物组成以伊利石、蒙脱石为主,含有少量的绿泥石、赤铁矿和褐铁矿。不同粒级的次生黏土矿物组成比例有所差别。

(4)黑土的有机质含量相当的丰富,自然土壤50~100g/kg,腐殖质类型以胡敏酸为主,HA/FA>1,胡敏酸钙结合态比例较大,通常可占30%~40%,开垦后土壤有机质含量逐渐降低,一般只有自然土壤的一半。

(5)黑土呈微酸性至中性反应,pH值6.5~7.0左右,剖面分异不明显,通体无石灰反应;腐殖质层 CEC 一般为 30~50cmol/kg,以钙镁为主,盐基饱和度80%~90%。

(6)黑土的化学组成较为均匀,硅铁铝率为2.6~3.0,铁锰氧化物在剖面上略有分异,淀积层有增加的趋势。

(7)黑土养分含量丰富,表层全氮1.5~2.0g/kg,全磷1.0g/kg左右,全钾13g/kg以上,C/N一般为10。

(三)黑土亚类的划分

根据黑土主导成土过程在程度上的差异、附加成土过程的有无及属性上的差异,黑土土类可以划分典型黑土、白浆化黑土、草甸黑土、表潜黑土四个亚类。

(1)典型黑土:典型黑土其性状同土类,主要分布在波状起伏的台地的上中部。该亚类相当于美国土壤系统分类中的弱发育冷凉软土(haploboroll),联合国土壤分类中的淋溶湿草原土(luvic phaiozems)。

(2)白浆化黑土:该亚类是黑土向白浆土的过渡性亚类,主要分布在黑土的东侧,即长白山低山丘陵区向松辽平原过渡的山前洪积平原上(山麓台地地带)。主要特征是腐殖质层之下可见发育不好的白浆层,具有白浆土白浆层的某些特征,三氧化二物在剖面上有一定分异,黏化淀积层发育明显,并可见大量铁、锰淀积物。

(3)草甸黑土:该亚类是黑土向草甸土的过渡性亚类,广泛分布在台地向河谷平原过渡的坡麓地带及台地间局部低平地带,自然植被生长繁茂,腐殖质层深厚。土体下部因受地下水毛管上升水的作用,经常处于氧化还原交替的状态,有锈斑和潜育斑,具有半水成土壤的特征。

(4)表潜黑土:该亚类是黑土向沼泽土的过渡性亚类,分布在台地间局部地势低洼地带或洪积扇扇缘间的局部低洼地。表潜黑土质地黏重,滞水层位较高,亚表层有潜育现象,并可见到大量的锈斑。淀积层以下有明显的潜育特征。

第二节 棕壤与褐土

棕壤与褐土是分布于我国暖温带湿润、半湿润、半干旱地区的地带性森林土壤。由于都发育在温带落叶阔叶林的生物气候条件下,它们的发生特征有很大相似性。如物质的生物循环都比较强盛,黏化现象非常典型,二者在我国东部经常呈复域分布。但是在某些发生特征上它们又有很大的不同。棕壤分布区气候较为湿润,属淋溶土纲,土壤呈微酸性,没有钙化过程;褐土分布区则较为干旱,属半淋溶土纲,具有明显的钙化过程。这种差异,主要是母岩和母质带来的影响,棕壤主要发育在酸性母岩上,褐土发育在钙质母岩上。气候条件的不同也在一定程度上加大了这两种土类的分化。在山地垂直带谱中,棕壤常处于褐土之上。

一、棕壤

(一)棕壤的分布与成土条件

棕壤,又称棕色森林土,广泛分布在中纬度的近海地区,如欧洲的英国、法国、德国、瑞典、巴尔干半岛等,在北美分布于大西洋西岸的美国东部地区,亚洲集中分布在中国、朝鲜和日本。澳洲和非洲南部也有分布。我国棕壤主要分布于暖温带湿润和半湿润地区,在辽东半岛、山东半岛和冀北一带呈南北带状集中分布。在水平带谱上,北与暗棕壤、白浆土相连,南接黄棕壤,西边为褐土。

由于棕壤在世界各地分布很广,因而成土条件较为复杂。我国的棕壤是在暖温带季风气候、落叶阔叶林下发育的。年均气温约 $6 \sim 14$℃, $\geqslant 10$℃ 年积温 $3200 \sim 4500$℃,无霜期 $160 \sim 230$d,年降水量 $600 \sim 800$mm,个别地区达 1000mm 甚至更高,干燥度在 $0.5 \sim 1$ 之间。受季风气候影响,夏季高温多雨,冬季寒冷干燥。原生植被为落叶阔叶林,以辽东栎和麻栎为代表，也有针阔混交林。棕壤地区的母岩以花岗岩、片麻岩等酸性岩石为主，也可以见到其他类型的岩浆岩和变质岩，沉积岩为非钙质的砂页岩等。母质主要是残坡积物，冲洪积物也较常见，第四纪黄土也是成土母质之一。分布地区地貌类型多样，中低山及丘陵、平原都有。

(二) 棕壤的形成过程

棕壤形成过程的基本特点是：具有明显的黏化过程、一定的淋溶过程和较强盛的物质的生物循环过程。

1. 黏化过程 由于棕壤地区具有温暖湿润的气候条件，土壤矿物发生了强烈的黏化作用，无论残积黏化还是淀积黏化都比较明显。在残积黏化过程中，长石、云母矿物多风化为水云母、蛭石等黏土矿物，也有蒙脱石、高岭石的形成，整个土体中均有黏化作用进行，因而一般棕壤质地较黏重。在一定的淋溶作用下，表层土壤中的黏粒随水分下移，在一定部位的结构体表面及空隙中淀积，形成黏粒胶膜等新生体。

2. 淋溶过程 棕壤在发育过程中，较为湿润的气候带来一定的淋溶作用。易溶性盐类和碳酸盐淋溶比较彻底，铁、锰物质也有明显的季节性淋溶，在土体下部形成铁锰胶膜、斑块、凝团等，有时甚至可以形成铁子和结核。淀积黏化的发生，是淋溶作用的必然结果（图 9-5）。在中下部土体的土壤薄片中，铁锰形成物和黏粒形成物普遍存在。棕壤中的铁锰表现出强烈的释放和迁移，硅铝仅仅开始有移动，因而它的风化和淋溶过程既不如热带亚热带的地带性土壤在高温高湿条件下那样强烈，也没有寒温带针叶林下发生的灰化过程。土体中一般没有一个明显的淋溶层，盐基饱和度通体也比较高。

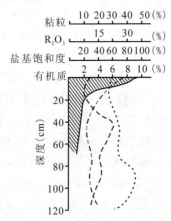

图 9-5 棕壤（辽宁千山）有机质、盐基饱和度、R_2O_3 和黏粒含量分布图

（《中国土壤》，1978）

3. 较强盛的物质的生物循环过程 棕壤生物循环过程比较强烈。森林植被每年产生大量枯叶落叶，为生物循环提供了丰富的物质来源。温暖湿润的气候使微生物比较活跃，有机质不断转化，腐殖化过程和矿质化过程都十分显著，发育了一个不太厚的枯枝落叶层和腐殖质含量高的表层。因阔叶林的残落物含有丰富的盐基物质，虽然分解后有一定的淋失，但盐基物质补充较快，盐基与土壤中的 H^+ 结合，使土壤酸性得到中和，因而棕壤多呈微酸性到中性，盐基饱和度较高。

(三) 棕壤的剖面形态与理化特性

1. 剖面形态 棕壤典型的土体构型为 $O—A_h—B_t—C$ 型：

O 层：凋落物层，一般只有几厘米到十几厘米，耕作棕壤中没有这一层次。

A_h 层：腐殖质层，一般厚度在二十厘米左右，有机质含量高，多在 50~90 g/kg，暗棕色。常为砂壤土、壤土，多具良好的团粒结构，疏松多孔。耕作土壤中有机质含量为 10 g/kg 左右。

B_t 层：黏化层，一般有几十厘米。黏粒含量明显高于 A 层，棕色，多为黏壤土或黏土。核状结构或棱块状结构，紧实，植被根系少，结构体表面常见铁锰胶膜和黏粒胶膜。

C 层：母质层，黏粒含量高，与 B_t 层往往呈过渡关系，分化不明显，常见棱柱状结构。

2. 基本性状 棕壤的剖面色调以棕色为主，也有黄棕、黄、红棕等颜色。除表层质地稍轻外，一般整个土体都比较黏重。棕壤全剖面无石灰反应，中性到微酸性反应，pH值5.5~7.0。土壤阳离子代换量多在15cmol/kg以上，代换性盐基以Ca^{2+}、Mg^{2+}为主，盐基饱和度一般大于70%，耕作土壤由于复盐基作用，盐基可以达到饱和。SiO_2通体分布较均匀。K_2O和MgO有一定的表聚现象。黏土矿物以水云母为主，含有少量的蛭石、高岭石等。

(四) 棕壤亚类的划分

棕壤分为：棕壤、白浆化棕壤、酸性棕壤、潮棕壤和棕壤性土五个亚类。

(1) 棕壤：它是棕壤中具有典型特征的一个亚类。广泛分布于山地丘陵区的中下部、台地、高阶地及山前冲洪积平原上，母质多为冲积物、洪积物、也有少量残坡积物。

(2) 白浆化棕壤：白浆化棕壤是指表层以下具有"白浆层"的亚类。其土体构型为A-E-Bt-C型。在成土过程中，附加了一个"白浆化过程"，即铁锰物质和黏粒的潴育漂洗作用。白浆层理化性状差被看做是障碍层次。主要分布在低山丘陵的坡地及剥蚀平原上。

(3) 酸性棕壤：是棕壤中具有较强的酸性的亚类，pH值一般在4.5~6、盐基饱和度低，分布较为零散，母质常见残坡积物。植被多为郁闭度较大的针叶林或针阔混交林，腐殖化过程强而黏化作用弱，剖面构型为$A-(B_t)-C$型。C层石砾较多。从整体上看，它的黏粒含量较低，砂性较强，高岭石含量也明显增高。

(4) 潮棕壤：潮棕壤是棕壤土类中附加潴育化过程而形成的一个亚类。它分布的地形部位一般较低平，地下水位较高，但未出现潴涝。母质主要是冲积物和洪积物，土层深厚。因地下水位发生季节性变化，土体中氧化—还原交替进行，土体下部形成锈纹锈斑及铁子、结核等。潮棕壤多已垦殖，是棕壤中生产性状比较优越的一个亚类。

(5) 棕壤性：棕壤性土土壤发育程度弱，剖面分化不明显，土体构型一般为A-C型。这一亚类分布地形部位较高，土壤侵蚀强烈。土壤中砾石含量较高，土壤水分条件不好。母岩类型多样，母质为残坡积物，风化过程不强，土壤发育原始植被状况较差。

二、褐 土

(一) 褐土的分布与成土条件

褐土，又称褐色森林土，它集中分布在亚热带地中海型气候区和欧亚大陆东部的暖温带大陆季风气候区，前者如地中海沿岸地带、北美的西部沿海区、澳大利亚东部，后者则主要在我国东部。我国褐土分布较为集中的地区有太行山地、关中平原、汾河谷地、华北平原及鲁中山地。在垂直带谱中，褐土位于棕壤之下。在水平带谱上，它位于栗钙土与黄棕壤之间。

褐土分布的地中海型气候区，受副热带高压和西风带进退控制，夏季炎热干旱，冬季温暖多雨，全年降水量在700~800mm左右。这种气候类型除地中海地区外，在南北纬30°~40°之间的大陆西岸多有分布，自然植被为硬叶常绿灌木林，亦可向森林或草原类型过渡。

我国东部的温带大陆季风气候区，气候变化主要受副热带高压和蒙古冷高压影响，夏季高温多雨，冬季寒冷干燥。年降水量500~700mm，降水集中于夏季，干燥度为0.9~1.5。年均气温9~14℃，≥10℃年积温3400~4400℃，无霜期180~250d。褐土区的气候条件大致与棕壤区相似，但也有一定差异：温度较高、降水较少、夏季较为炎热，一年中有明显的干季。这种气候条件与地中海型气候在季节上明显不同，如地中海型气候降水集中于冬季，我国季风气候区降水集中于夏季；但年均温、年降水量、明显的干湿季节的变化等都非常相似，因而发育了相同的土壤——褐土。褐土区天然植被以夏绿阔叶林为主，伴有旱生森林灌木草本植物。喜钙的树种如侧柏、柿、核桃等树种长势优于其他乔木。褐土分布区的地貌类型多样，山地、丘陵、平原、盆地都有。成土母质主要为富含钙质的岩石风化物及黄土和黄土状沉积物。

（二）褐土的形成过程

褐土形成的基本特点是具有明显的黏化过程与钙化过程。

(1) 黏化过程：褐土的气候条件与棕壤区相似，因而黏化作用明显。它的黏化过程中既有残积黏化作用，也有淀积黏化作用。成土母质在风化及成土过程中，形成水云母、蛭石、蒙脱石，甚至高岭石等黏土矿物。褐土与棕壤相似，心土层黏粒含量明显高于表土层。

(2) 钙化过程：钙化过程是褐土的另一主导成土过程。母质中含大量碳酸钙类化合物，给土壤的钙化过程提供了丰富的物质来源。碳酸盐类的大量存在，也延缓和减弱了淋溶过程。钙化过程也深受气候条件影响。本区的落叶阔叶林及旱生植被生物代谢产量大，在温暖的气候条件下矿质化作用比较强，生物归还率较高，大量的盐基物质特别是 Ca^{2+} 补充也加强了钙化过程。受大气环流、降水、地表水与地下水、人工施肥等影响，土壤表层经常还受到"复钙"作用，也是钙化过程的一种常见的形式（图9-6）。

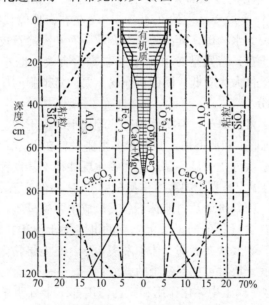

图9-6 褐土的有机质、黏粒、二三氧化物及碳酸钙沿剖面分布图（山西沁源）

（《土壤地理学》，李天杰，1998）

腐殖化过程褐土比棕壤要弱一些，主要是气候条件偏旱，一年中微生物活动比较旺盛，有机质多处于好气分解过程，因而表层腐殖质累积不多。

（三）褐土的剖面形态与基本性状

1. 剖面形态 褐土土体构型一般为 $A_h - B_t - B_k - C$ 型。

A_h 层：具有粒状结构、疏松、质地较下层轻、植物根系多等特征。但厚度及有机质含量差异大。一般在郁闭林下可达几十厘米，有机质含量高（100g/kg左右），表层还有枯枝落叶层形成。灌草植被下腐殖质层明显变薄，有机质含量也较低。开垦为农田的A层已不具腐殖化特征，成为有机质含量在10g/kg左右的耕作层。

B_t层：黏化层是褐土的特征土层之一。质地黏重，黏粒含量高，常大于25%。厚度一般较大，多在50～80mm，厚者可达1m以上。多具核状或块状结构，有的也发育为棱柱状结构。

B_k层：这是褐土的另一特征土层。土壤质地较B_t层轻，黏粒含量降低，也有受母质影响质地黏重的。碳酸盐含量高，常大于20g/kg，有的碳酸盐含量可达150g/kg以上。可以看到碳酸盐淀积形成的假菌丝体、碳酸盐粉末、砂姜（碳酸盐结核），有的甚至可以形成石灰盘。

C层：母质层。质地各异，黄土母质质地较轻，石灰岩、页岩风化母质质地重，砂岩风化物既黏砂性又强，在某些残积物和坡洪积物母质中有些还含有数量不等的砾石。冲积物发育的潮褐土和部分淋溶褐土有的可以见到淋溶或潴育化过程形成的锈色斑纹。

2. 基本性状　褐土剖面的主要色调是褐色，受黏化作用影响，土体中部经常有一个质地黏重的层次——黏化层。pH值7.0～8.5，土壤呈中性—微碱性反应。盐基饱和度比棕壤高，多在80%以上。除淋溶褐土和部分潮褐土外，由于富含碳酸盐，基本都有程度不同的盐酸反应。土壤阳离子代换量较高，约在40cmol/kg左右，且以代换性Ca^{2+}、Mg^{2+}为主。褐土的黏土矿物组成主要为水云母，其次为蛭石，蒙脱石和高岭石较少。自然土壤的有机质含量较高，营养元素较丰富，特别是N和K含量较高，有效性也好。由于土体中大量碳酸钙的存在，使得磷的有效性大大降低。因而耕作褐土要注意磷肥的使用。

（四）褐土亚类的划分

褐土主要包括褐土、淋溶褐土、石灰性褐土、潮褐土、褐土性土5个亚类。

（1）褐土：也叫普通褐土和典型褐土，该亚类主要发育在山体下部及平原、台地等地形部位，土层较厚，剖面层次分化明显。黏化层和钙化层往往不甚发育。

（2）淋溶褐土：淋溶褐土是褐土中淋溶作用较强，pH值低，已不显示钙化特征的亚类。它主要发育在山麓平原、河谷阶地及山地林下。其形成主要受母质和气候条件的影响。有的发育在非碳酸盐和碳酸盐含量很低的母质上；有的淋溶褐土由于在森林郁闭的小气候条件下，淋溶作用不断进行，碳酸盐在上部土体中淋失殆尽。心土层黏化过程明显，有残积黏化和淀积黏化两种作用，底土层常可见到残余的碳酸钙。

（3）石灰性褐土：这是褐土中黏化作用和脱钙作用都不十分明显的一个亚类。分布区一般地形部位偏高，气候偏旱，植被多为灌丛草地，成土母质富含碳酸盐。由于淋溶作用较弱，土壤碳酸盐无明显移动，通体都有强的碳酸盐反应，pH值较高，属于弱碱性土壤。由于同样的原因，淀积黏化过程基本没有，残积黏化也较弱，黏粒含量不很高，层次分化不显著。

（4）潮褐土：潮褐土是附加有潴育化过程的褐土亚类，一般分布于平原区、近河区及其他地势低平处。由于地下水位较高，下部土层有潴育化过程。随着季节变化地下水位周期性升降，氧化还原作用交替进行，下部土体出现铁锰的锈纹锈斑。然而受河流冲积母质影响，褐土应具有的典型土层—黏化层和钙化层却并不明显。潮褐土多数土层深厚，质地适中，水分状况好，有机质和养分含量也不错，多已建设成为稳产高产农田。

(5) 褐土性土：褐土性土是褐土中年龄相对年轻，剖面发育程度较弱的一个亚类。主要发育在富含碳酸盐的母岩的残坡积物上，多分布在山地丘陵区的地形部位较高处。水土流失较为严重，土体构型为 A-(B)-C 型，B 层发育较差，钙的淋溶不强，黏化过程更微弱。一般表层不厚，有机质也不多。碳酸钙通体含量较高，pH 值 >7.5。生产性状不甚优越。

第三节 黄棕壤与黄褐土

黄棕壤和黄褐土是北亚热带湿润的常绿阔叶林与落叶阔叶林的淋溶土壤，属于温带棕壤、褐土与亚热带黄壤、红壤之间的过渡性土壤。主要分布于中国黄河以南长江以北，约北纬 27°~33° 的东西窄长地带。黄棕壤一般位于东部湿润区，淋溶作用较强，而黄褐土则分布于西部半湿润区，淋溶程度较弱。

一、黄棕壤

(一) 黄棕壤的分布及成土条件

黄棕壤分布于北亚热带及中亚热带，跨越北纬 27°~33° 地区。主要分布在江苏、安徽长江两侧；浙北的低山、丘岗、阶地；江西、湖北海拔 1100~1800m 的中山上部；四川、云南、贵州等地海拔 1000~2700m 的中山区。河南主要分布在伏牛山南坡和大别山、桐柏山海拔 1300m 以下的山地。该土类区的北部为棕壤、褐土，南部为红壤、黄壤，山地上部为棕壤，下部为黄壤，是过渡地带土壤。

该土类是我国亚热带及中亚热带生物气候条件下形成的地带性土壤。因东南季风的影响，四季分明，夏季湿润多雨，秋季干燥少雨。地形为岗地、阶地及中山的上中部。母质主要为第四纪黄土、花岗岩、花岗片麻岩、砂页岩的残积坡积物，其次为石英岩等残积坡积物。自然植被类型有落叶、常绿阔叶或针叶混交林。丘岗多为次生灌木和松杉林，部分已开垦种植农作物。

(二) 黄棕壤的成土过程及性状

1. 成土过程 黄棕壤的形成同时具有棕壤的黏化作用和红壤、黄壤的富铝化作用两种特征，表明其在发生上具有明显的南北过渡性。在温暖湿润的气候下，土壤中原生矿物分解比较强烈，易于形成次生黏土矿物，故黏化作用明显。而硅酸盐矿物由于受到破坏及淋溶作用较强，易于形成次生黏土矿物。由于硅酸盐矿物受到破坏及淋溶作用，三氧化物在土壤中迁移聚集，富铝化作用得到发展。此外，由于有机物质分解较快，土壤中积累不多，盐基物质多被淋失，故土壤反应一般呈酸性，黏粒的下移，使心土层质地明显黏重，甚至形成黏磐 (黏粒含量超过 30%) (图 9-7)。

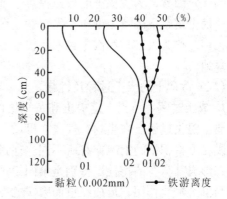

01 安徽金寨 (花岗岩)　02 江苏句容 (下蜀黄土)

图 9-7 黄棕壤中黏粒和铁游离度沿剖面分布

(《土壤地理学》，张凤荣，2002)

2. 黄棕壤的剖面特征及性状

(1)剖面特征是：剖面构型 O-A_h-B_t-C。

O 层(凋落物层)：在地表有一残落物层。

A_h 层(腐殖质层)：呈暗灰棕色，厚 10～20mm，因植被而异，在针叶林下较薄，在混交林下较厚，在灌丛草类下最厚。该层为粒状团块状结构，疏松、多孔，向下逐渐过渡到心土层。

B_t 层(心土层)：呈醒目的棕色，一般为棱块状和块状结构，结构体表面为棕色或暗棕色胶膜所覆盖，有时有铁、锰结核，质地黏重。

C 层(母质层)：在地形平缓处，由于心土层黏重，透水性差，剖面中可有潜育特征。如母质为下蜀黄土，则该层可出现石灰结核。

(2)理化性状：①土壤有机质含量 20～42 g/kg；②土壤反应为微酸性到酸性，在下蜀母质上发育的黄棕壤其 pH 值较高；③盐基饱和度较高，阳离子交换量为 7～20cmol(+)/kg；④土壤质地越向下越细，表明黏粒的向下移动；⑤黏粒的硅铝率在 2.5～2.8 之间，硅铝铁率在 2.1～2.3 之间；⑥黏土矿物有水云母、蛭石、高岭石等，在下蜀黄土上发育的黄棕壤还含有一些蒙脱石。

(三)黄棕壤亚类的划分

黄棕壤分为黄棕壤和黄棕壤性土两个亚类。

二、黄 褐 土

(一)黄褐土的分布及成土条件

黄褐土是我国北亚热带向暖温带过渡的地带性土壤。其分布及成土条件与黄棕壤相同。主要分布于鄂北、豫南的第四纪黄土丘岗及阶地。黄褐土区的气候主要受北亚热带东南季风的影响，冬季寒冷干燥，年平均气温 14.6～15.8℃。年降水量 800～1100mm，多集中在 6～8 月，年平均蒸发量为 1300～2000mm，无霜期 210～240d，这种干湿交替，雨量充沛，雨热同季的气候因素，为黄褐土的形成提供了基本条件。

黄褐土是在下蜀黄土母质上发育的土壤，地形多为丘陵、垄岗。黄褐土区的原始植被已荡然无存，均为人工林和次生林木所代替。黄褐土绝大多数已开垦为耕地，少数为人工林和疏林草地。

(二)黄褐土的成土过程及性状

1. 成土过程 黄褐土是褐土和黄棕壤的过渡类型，既有褐土形成过程特点，又有黄棕壤的弱富铝化过程。在生物、气候、母质、地形等因素的综合作用下，黄褐土的成土母质不同，黏粒下移积聚的情况亦有所不同。通过黏化过程，铁锰的淋溶与积聚过程，弱的富铝化过程，形成其自身的特性。特别是第四纪黄土母质，在湿热的气候条件下，进行着较强烈的残积与淋溶黏化作用，形成黏重而紧实的黏化层，称为黏盘层，成为黄褐土的典型特征。黏化层和黏盘层在干湿交替的作用下，产生干缩湿胀，还可形成核柱状或核块状结构，黏盘层是黄褐土的障碍层次，也是黄褐土的主要低产原因。

原生矿物经过充分风化形成次生黏粒矿物的同时，释放大量盐基离子，如 K^+、Na^+、Ca^{2+}、Mg^{2+} 等，随下渗水向土体下层淋溶，产生较为强烈的淋溶过程，所以黄褐土整个土体仅有极少量的碳酸钙存在。黄褐土的黏土矿物除高岭石、蛭石和伊利石外，还有一些蒙脱石。由于黏聚层和母质黏重滞水，内部排水不良，有助于铁锰还原与累积，故其形成的铁锰结核粒大量多，在黏聚层上往往有结核层。随着地区性淋溶作用强弱的差异，黄褐土的pH值、硅铁铝率显示出规律性的变化，北亚热带东部较西部雨量多，淋溶强，表层土壤pH值便较低，硅铁铝率也较小。反之，北亚热带北部则淋溶弱。

黄褐土处于北亚热带的北缘、温度和湿度低于铁铝土纲地区，但又高于半淋溶土纲的褐土区，黏粒部分仅有轻微破坏，硅稍淋失而铁铝略有积聚，有弱富铝化过程。

2. 黄褐土的形成特征

（1）剖面特征：表土层多为黄棕色或棕色，重壤土或轻黏土，碎屑状或粒状结构；心土层多为棕褐色或棕色，多为轻黏土，为黏化层或黏盘层，棱块状结构，结构面上常有红棕色铁锰胶膜，土体中有大小不一、数量不等的铁锰结核；底土层黄棕色，重壤土或轻黏土，有时有砂姜出现。pH值6.5~7.5，盐基饱和度>80%，其中以Ca^{2+}为主，Mg^{2+}次之，K^+和Na^+含量甚少，全钾和速效钾含量均高。

（2）化学全量组成：黄褐土土体化学组成的特点：CaO含量度高于黄棕壤但低于褐土，这说明淋溶作用较黄棕壤为弱，但比褐土强，硅铝铁率、硅铝率和硅铁率全剖面差异不大。

黄褐土与黄棕壤的差异也反映在黏粒的化学含量组成上。如黄褐土A_2O_3的含量较低，为26.72%~27.52%，而黄棕壤则为31.44%~39.54%，这说明黄棕壤富铝化作用比黄褐土强，从硅铝率更能说明，黄褐土的硅铝率为3.22~3.30，而黄棕壤只有2.15~2.55。黄褐土土壤质地黏重，通透性差，雨后地表易积水上浸，难于耕作。

黄褐土的理化性质沿剖面分布状况如图9-8。

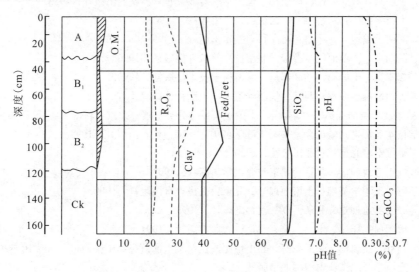

图9-8　黄褐土的理化性质沿剖面分布状况（河南南阳）

（《土壤地理学》，张凤荣，2002）

（三）黄褐土亚类的划分

根据黄褐土的成土条件和发育特征以及剖面特性，将黄褐土分为黄褐土、黏盘黄褐土、白浆化黄褐土和黄褐土性土4个亚类。

[思考题]

1. 为什么棕色针叶林土没有发生典型的灰化过程，而仅发生了隐灰化过程？
2. 棕色针叶林土、暗棕壤、白浆土的形成条件和形成过程上有什么异同？
3. 阐述白浆土低产原因及改良措施？
4. 棕壤与褐土的成土过程有什么差异？为什么会形成这种差异？
5. 黄棕壤与黄褐土的成土过程有什么差异？
6. 黑土无钙积层，其成因是什么？

参考文献

[1] 曾昭顺等. 中国白浆土. 北京：科学出版社，1997.
[2] 全国土壤普查办公室. 中国土壤. 北京：中国农业出版社，1998.
[3] 黑龙江省土地管理局等. 黑龙江土壤. 北京：农业出版社，1992.
[4] 吉林省土壤肥料总站. 吉林土壤. 北京：中国农业出版社，1998.
[5] 张万儒. 山地森林土壤枯枝落叶层结构和功能研究. 南京：土壤学报，1990.
[6] 裘善文等. 东北平原西部地方土壤与全新世环境变迁. 第四纪研究，1992.
[7] 高子勤. 白浆土形成过程中某些物理、化学性质的研究. 南京：土壤学报，1988.
[8] 姜岩等. 耕地土壤地力衰退的防止与增进地力的农艺措施. 北京：中国科学技术出版社，1990.
[9] 张万儒. 中国森林土壤. 北京：科学出版社，1986.
[10] 中国科学院南京土壤研究所. 中国土壤. 北京：科学出版社，1980.
[11] 朱祖祥. 全国高等农业院校试用教材. 土壤学(下册). 北京：农业出版社，1983.
[12] 林成谷. 土壤学(北方本第二版). 北京：农业出版社，1990.
[13] 魏克循. 河南土壤地理. 郑州：河南科学技术出版社，1995.
[14] 徐名刚，黄润华. 土壤地理学教程. 北京：高等教育出版社，1990.
[15] 张景略，徐本生. 土壤肥料学. 郑州：河南科学技术出版社，1990.
[16] 刘兆谦. 土壤地理学原理. 西安：陕西师范大学出版社，1987.
[17] 《中国土壤系统分类研究丛书》编委会. 中国土壤系统分类进展. 北京：科学出版社，1993.
[18] 国家科学技术名词审定委员会公布. 土壤学名词. 北京：科学出版社，1998.
[19] 黄昌勇. 土壤学. 北京：农业出版社，2000.
[20] 林培. 区域土壤地理学. 北京：北京农业大学出版社，1993.
[21] 南京大学等. 土壤学基础与土壤地理学. 北京：人民教育出版社，1980.
[22] 李天杰等. 土壤地理学. 北京：高等教育出版社，1998.
[23] 山东省土壤肥料工作站. 山东土壤. 北京：农业出版社，1994.
[24] 匡恩俊，刘峰，贾会彬，张玉龙等. 心土培肥改良白浆土的研究. 土壤通报. 2008.10.39(5).
[25] 林大仪. 土壤学. 北京：中国林业出版社，2002.
[26] 李天杰，郑应顺，王云. 土壤地理学(第二版). 北京：高等教育出版社，1983.
[27] 张凤荣. 土壤地理学. 北京：中国农业出版社，2002.
[28] 熊毅. 中国土壤. 北京：科学出版社，1978.

第十章
铁 铝 土

【重点提示】本章主要讲述铁铝土纲的成土条件和成土过程，红壤、黄壤、砖红壤和赤红壤等土类的地理分布、土壤特征、分类等问题。

我国华南地区高温多雨的气候为土壤的发育带来极为有利的条件，因而本区土壤具有十分强烈的生物小循环过程和高强度的淋溶作用，使得土壤发育演化到顶级阶段——富铝化阶段，导致土壤表现出明显的酸性特征。该地区光热条件好，生物资源充足，是我国重要的粮食产区，也是多种经济林木、水果、药材的产地，在我国土地资源中占有重要的位置。

第一节　铁铝土的成土条件和成土过程

铁铝土主要包括红壤、黄壤、赤红壤、砖红壤等土壤类型。在1978年中国土壤分类系统中它们都属于富铝土纲，以后又叫做铁铝土纲。这些地带性土壤集中分布在亚热带和热带地区，由北向南大体依次分布红壤和黄壤、赤红壤、砖红壤(图10-1)。

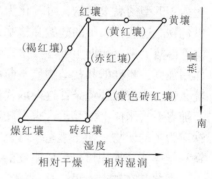

图 10-1　热带亚热带各种森林土壤之间的发生关系
(《中国土壤》，熊毅，1987)

一、铁铝土的形成条件

铁铝土是热带、亚热带地区的地带性土壤，广泛分布在世界上纬度较低的地区，如亚洲东南部、非洲中部、北美洲南部及南美北部，大洋洲北部也有分布。我国铁铝土主要集中分布在长江以南的热带亚热带地区，包括华东、华南、云贵高原和四川盆地等。

铁铝土分布地区气候的主要特点是高温多雨，干湿季节分明，主要气候类型在华南为亚热带季风湿润气候和热带季风气候。年均温一般在15℃以上，除黄壤地区稍低外，≥10℃年积温多数超过5000℃，年降水量大多在1000mm以上，降水集中于夏季，干燥度<1。在铁铝土中，黄壤地区温度较低而雨量较高；红壤地区气温较高，降水量也较大；砖红壤区气温最高，降水量也大；赤红壤的气温和降水量则介于红壤与砖红壤之间。

本区由北向南由于气候条件变化，植被也有一定差异。从亚热带常绿阔叶与落叶混交林到亚热带常绿阔叶林、亚热带常绿针阔混交林，再到热带季雨林和热带雨林。一般地，红壤和黄壤分布在亚热带生物气候带，赤红壤分布在南亚热带和热带，砖红壤分布于热带。因此，最南部的砖红壤地区呈现雨林特点，树木高大郁闭，具多层结构，林中有丰富的藤本植物和附生植物。红壤和黄壤地区林木高度和郁闭度远较热带雨林低，铁铝土植被类型也不尽相同，红壤区以常绿阔叶林为主，黄壤区则常见针阔混交林和山地湿性常绿林，赤红壤地区为季雨林，其特点介于热带雨林和亚热带常绿阔叶林之间，具有过渡性质。

铁铝土在我国南方地区分布面积广大，地形复杂多样，母质、母岩种类也比较多。除西端横断山脉较为高大外，区内地貌以低山、丘陵为主，长江、珠江等大河流域由冲积平原形成，云贵高原和四川盆地也在本土壤类型区内。首先在山地，黄壤一般分布于红壤之上，主要是由于山地海拔高度越高，气温越低，相对湿度越大，降雨量也有所增加。其次，红壤经常分布在地势有一定起伏、排水良好的地区，黄壤则分布在地势和缓、光照不良、较为封闭的潮湿地区，因而红壤和黄壤经常呈现复区分布。

区内岩石类型比较多，岩浆岩以花岗岩、流纹岩、玄武岩等为主，变质岩多为千枚岩、片麻岩等类型，沉积岩则常见红砂岩、石灰岩等。在湿热的气候条件下，本区广泛发育第四纪红色风化壳，有些地区风化壳厚度可达百米以上。

二、铁铝土的形成过程

在湿热的气候条件下铁铝土具有明显脱硅富铝化过程和旺盛的生物小循环过程。

（一）脱硅富铝化过程

脱硅富铝化过程是本区湿热气候条件下地质大循环的一个组成部分，也是铁铝土成土过程的基础。土壤中以硅酸盐为主的原生矿物在高温高湿的环境下，遭受强烈风化，不断地转化为2:1型的黏土矿物，再转化为高岭石为主的1:1型的黏土矿物，最后形成简单的铁、铝氧化物。这些产物中的硅酸和盐基，随着土壤中的水分不断被淋移，或移出土体，或沿土体向下淋溶。淋溶初期土壤溶液中富含盐基离子，土壤呈中性和碱性环境，致使硅和盐基淋溶作用强盛；当硅酸和盐基物质不断淋失后，氧化铁、铝便相对富集，土壤逐步转化为酸性环境条件。在酸性环境条件逐渐取代碱性条件后，含水氧化铁、铝在土壤溶液中溶解移动，既有随着毛管水向上的移动，也有随着重力水向下的移动。若气候变干，氧化铁脱水后形成赤铁矿为主的矿物，使土壤呈现红色为主的色调，这就是红土化过程。在适宜的条件下，氧化铁在土体下部聚积可以形成坚硬的铁盘层。

因此，在铁铝土里，从黄壤、红壤，到赤红壤，再到砖红壤，脱硅富铝化过程不断加强。而其中的黄壤，还有一个典型的"黄化"过程。如前述，黄壤地区海拔较高，地形闭塞，较红壤区温度低而湿度大，多雨雾，使土壤处于一种较为持续稳定的潮湿状态。土壤中的矿物极易发生水合、水解作用，土壤中风化作用形成了水化度较高的氧化铁铝。因此黄壤剖面中经常出现一种明亮的鲜黄色、蜡黄色或黄棕色的层次，这一层次厚薄不一，可以出现在表层、B层、心土层等不同部位，但以B层为多。

（二）生物小循环过程

铁铝土地区气候高温多雨，植被繁茂，土壤内微生物种类多、数量大、繁殖快，因而使土壤的物质生物循环过程十分明显，具有"产量高、积累多、分解快、循环迅速"的特点。随着植被类型和环境条件的差异，生物富集情况差别较大。不同的植被类型归还量不同，其中以常绿落叶阔叶混交林归还量最高，常绿阔叶林和灌草丛居中，针叶林最低。

第二节 红壤与黄壤

一、红壤与黄壤的地理分布

红壤与黄壤大致分布在同一水平地带。在我国，它们主要发育在亚热带常绿阔叶林地区，处于铁铝土分布区北部的位置。主要包括江西、湖南、贵州、四川等省，福建、浙江、云南、广东、广西等省（自治区）分布面积也较大，江苏、安徽、湖北、西藏等省（自治区）也有分布，甚至在海南省的中部山地还有黄壤的分布。东起台湾岛东部，西至横断山脉及雅鲁藏布江谷地，北以长江中下游为界，向南跨过北回归线，红壤和黄壤大体呈一东西带状横亘我国南部，集中分布在北纬24°~32°之间的地区。在中亚热带北缘，红壤、黄壤向北与黄棕壤相接，向南则逐渐演变为赤红壤。黄壤在垂直带谱上常位于红壤之上。

二、红壤与黄壤的土壤特性

在湿热的气候条件下，红壤、黄壤一般土壤剖面完整，层次分明。由于生物富集作用强，发育了较好的A_h层，林下土壤还经常有O层存在。A层呈暗红色，多团粒结构，疏松、容重小，植物根系发达。A层有机质含量因土地利用方式不同变化很大。在以森林为主的自然植物被下，由于生物产量高，虽然有机质分解较快，但腐殖质仍有较强的积累，所以表层有机质含量一般多在50 g/kg以上，个别黄壤地区甚至可达200 g/kg。但植被一经破坏，有机质迅速下降至20 g/kg左右，侵蚀严重的甚至不足10g/kg。长期耕种的农田，有机质含量一般都较低。在亚热带的气候条件下，所形成的腐殖质质量不高，分子结构简单，芳构化度小，分子量低，以富里酸为主。

B层为淀积层，经常表现为铁铝的聚积层，是脱硅富铁铝化的产物，常有铁子、铁锰胶膜、结核等新生体形成。在这一层次的下部，还经常见到红白交织的网纹层。由于风化过程强烈，原生矿物已遭受彻底分解，黏粒矿物大量生成。所以红壤、黄壤类土壤一般质地较为黏重。黄壤与红壤相比，由于其特殊的地形气候及植被条件，其富铝化程度相对较低，黏化程度也略差，因而黏粒含量稍低。土壤中的黏土矿物红壤与黄壤有明显差异。红壤以1:1型的高岭石为主，还有少量的以赤铁矿为主的次生氧化物，三水铝石很少。黄壤多数以2:1型的蛭石为主，高岭石、伊利石次之，也有三水铝石出现。

红壤的C层为红色风化壳和各种岩石的风化物。在长期的地质大循环过程中，风化壳发育得相当深厚。由于黄壤多数发育在中山地区，土层较平原地区的红壤薄，且质地偏轻，C层以中壤和重壤为多。土壤中除含有一部分未风化的原生矿物外，C层中黏土矿物蛭石含量高，有时甚至伊利石成为主要矿物。说明黄壤的富铝化过程较红壤要弱。

红壤和黄壤都属于酸性土，pH值较低。据统计资料，红壤pH值为5.0~5.5，黄壤pH值4.5~5.5，当然，各亚类间pH值还有一定差异。从表层向下，它们的pH值有下降的趋势，即下层土壤酸性更强一些。土壤中不仅活性酸较强，由于土壤溶液中富含交换性铝离子，潜性酸也很强。盐基饱和度普遍很低，一般在20%左右。只有耕种土壤受复盐基影响，耕层盐基饱和度明显升高，有时甚至可达饱和的程度。

本区气温较高，水分条件好，矿质化作用快，淋溶过程强，所以耕地养分较为贫乏。由于氮素含量与有机质含量呈正相关，某些有机质含量高的土壤氮素仍然较为丰富。但磷、钾元素普遍缺乏，速效养分缺乏更为明显。如红壤全磷量仅为 0.66 g/kg，全钾多在 20 g/kg 以下，速效磷平均含量 3.3mg/kg，严重缺乏，速效钾亦仅 87mg/kg。微量元素中仅铁、锰含量较高，硼、锌、钼等普遍不足。

三、红壤与黄壤的分类

(一) 红 壤

红壤分为红壤、黄红壤、棕红壤、山原红壤和红壤性土 5 个亚类。

(1) 红壤：这一亚类为红壤土类的典型亚类，具有红壤的主要特征。由于水热条件好，保水保肥能力强，有后劲，是我国南方地区主要的农业生产基地。

(2) 黄红壤：黄红壤由于表土颜色红色转黄，故名之。它是介于红壤和黄壤之间的过渡土壤类型，因而主要分布于红壤地区的北部和西部，多发育在中低山区。在垂直带谱上，它位于红壤和棕红壤之上，黄壤和棕黄壤之下，土壤色调以橙色为主，水分条件好的也有偏于黄色的。其富铝化程度较红壤弱，盐基饱和度与红壤差不多，阳离子交换量略高于红壤。

(3) 棕红壤：棕红壤是红壤向黄棕壤过渡的土壤类型。主要分布于亚热带北缘。地形以低山丘陵为主，母质主要为第四纪红色黏土，也有部分母岩风化物。土壤颜色以红棕色和棕色色调为主。无论在水平带谱或垂直带谱上，棕红壤都介于红壤和黄棕壤之间。因此它的富铝化过程不如红壤，风化淋溶强度相对弱一些。

(4) 山原红壤：山原红壤在红壤中分布于海拔较高的位置，主要发育在云贵高原的高原面上。它是一种独特的红壤亚类：首先从成土过程看，它深受古残余红色风化壳影响，下部土层具有强烈的脱硅富铝化特征。其次，它的气候特点具有高原特点，干湿季分明，年气温变化幅度小，降水量不很高，土体偏干。因此，山原红壤与红壤其他亚类相比，土壤 pH 值较高，盐基饱和度较高，复盐基现象明显，表土有一定的有机质积累，现代风化淋溶较弱，表土层黏粒硅铝率较高。

(5) 红壤性土：红壤性土是红壤中土壤发育年轻，剖面分化不明显的一个亚类。土层薄，砾石含量高，A—C 型土壤剖面，成土作用较弱。

(二) 黄 壤

黄壤分为黄壤、表潜黄壤、漂洗黄壤、黄壤性土四个亚类，现将前三个亚类介绍如下：

(1) 黄壤：为黄壤土类的典型亚类，它占该土类面积的 90% 以上。土壤颜色以黄色、棕黄色色调为主，发育良好的 B 层经常呈现鲜艳的蜡黄色或橘黄色。典型的土壤剖面构型为 A_h—B_s—BC—C 型，即 A 层为一颜色较暗的腐殖质层，表层经常有厚度不等的 O 层；其下具有明显"黄化"作用的 B 层，为黄壤的特征发生层；下部为过渡层次和母质层。

(2) 表潜黄壤：本亚类土壤在黄壤土类中所占面积很小，但成土过程较为特殊。表潜黄壤主要发育在山地平缓顶部及山脊地带低洼处。由于年均温较低，相对湿度大，日照少，多云雾，小气候十分潮湿。林相虽然矮小，但地被植物大量生长，地表密生苔藓、蕨类、莎草科、水竹等喜湿性植物。根层密织，再加上分解较差的枯枝落叶层，使得土壤表层松软并具有很强的吸水力，导致表层滞水，形成潜育层。

(3) 漂洗黄壤：土壤主要发育在平缓的山坡地带，土层较薄，下伏基岩或黏土层，土壤水分下渗不畅，形成沿斜坡向下流动的侧向水流。侧渗过程中将土体内的铁锰物质带走，发生侧渗漂洗，使土体中间出现一个灰白或灰黄色的漂洗层。漂洗黄壤盐基饱和度低，交换性铝含量高，土壤酸性较强，养分含量低。

第三节 砖红壤与赤红壤

一、砖红壤和赤红壤的地理分布

砖红壤与赤红壤是我国最南部的地带性土类，主要发育在南亚热带和热带。从地理纬度上看，赤红壤大致分布在北纬22°~25°的地区，砖红壤集中分布在北纬22°以南的地区，但在雅鲁藏布江谷地，受特殊地形和气候影响，它们可沿谷地向北延伸至北纬29°附近。总面积约21.7万 km^2。东起台湾省，向西至福建、广东、海南、广西、云南，在横断山脉转弯向北再向西至西藏东南部，沿我国南部呈一向南凸出的狭长弧形展开。

一般来说，砖红壤在南，赤红壤在北，再向北边与红壤和黄壤相接。这种地带性的规律，在本区东部特别明显。在本区西部，受地形和局部气候干扰，虽然土壤分布不完全按照东西方向排列，但大致仍然符合"南砖北赤"的规律。

二、砖红壤与赤红壤的土壤特性

发育在我国南亚热带和热带的砖红壤与赤红壤在强烈的富铝化过程作用下，土壤通体呈红色，湿度较大的地区或层次土壤色调转黄，一般A层颜色偏暗。由于风化壳发育充分，砖红壤与赤红壤土体一般都比较深厚，土质较黏。A_h层暗红棕色，屑粒状结构，多植物根系，疏松，有机质含量高，但腐殖质的质量较差，以富里酸为主。B_{ms}层为铁铝的聚积层，土质较A层紧实黏重，块状结构。土体内含有大量的新生体，如暗色胶膜、铁质结核、铁管、铁子等，有时甚至可以形成铁盘。有些剖面下部还形成网纹层，黄、红、白各色相间分布。B层以下为过渡层次，然后下接母质层，因而它的土体构型可用 A_h—B_{ms}—BC—C 型表示。但赤红壤由于富铝化过程比砖红壤要弱，它的B层不如砖红壤发育充分。

在强烈的淋溶作用下，砖红壤与赤红壤都呈强的酸性反应。pH值4.5~5.0。碱金属和碱土金属元素几乎被淋失殆尽，硅也被淋失大部。土壤盐基饱和度很低，一般在20%以下。铁、铝的氧化物相对富集，游离态的氧化铁随着季节变化上下移动，从而使B层针铁矿等铁矿物大量生成。淋溶作用也使得交换性铝相对增多，土壤表现出较强的酸性。本区土壤中的原生矿物强烈分解，黏土矿物大量生成，黏土矿物以高岭石为主，其他矿物有三水铝石、针铁矿、赤铁矿、伊利石等。赤红壤与砖红壤相比，高岭石、三水铝石含量较低，而伊利石较高，说明赤红壤的脱硅富铝化过程不如砖红壤强。

砖红壤与赤红壤养分含量都不高，且养分不平衡，这主要是矿质化过程快，淋溶作用强造成的。表层土壤多数铁、锰丰富，速效钾含量不高，速效磷较低，微量元素中缺硼、钼。

三、砖红壤与赤红壤的分类

（一）砖红壤

砖红壤分为砖红壤、黄色砖红壤、褐色砖红壤三个亚类。

(1) 砖红壤：砖红壤土类中的典型亚类，主要分布在广东、广西、云南和海南四省，台湾省南部也有分布。红色、红棕色色调,质地黏重。富铝化过程强烈,剖面层次发育明显。淋溶作用强,盐基饱和度和阳离子交换量都低。林下的砖红壤有机质含量在 50g/kg 以上,耕地含量明显降低,HA/FA 常小于 0.1,形成的团聚体质量差,速效养分缺乏。

(2) 黄色砖红壤:本亚类主要分布于海南、云南、西藏等省,与砖红壤亚类相比,降雨量大,年日照时数少,土壤水分条件好,气候更加潮湿。地形部位主要为台地、阶地、低丘、谷坡等,基本都是海洋季风的迎风坡或通道。潮湿的水分条件使得土壤中的氧化铁逐渐水化,形成多量的针铁矿和纤铁矿,而赤铁矿含量明显减少。因而产生了一种类似黄壤的黄化过程。

(3) 褐色砖红壤:褐色砖红壤与黄色砖红壤相反,集中分布于砖红壤土类中气候干热的地带,主要在海南岛的西南部。这里处于海洋来的东南季风的背风坡和大陆来的西南季风的迎风坡,焚风效应明显。降水量不足 1500mm,蒸发量却在 2000mm 以上,干燥度为 1.41 ~ 1.45。因而地理位置虽然靠南,富铝化过程明显减弱。与砖红壤亚类相比,盐基饱和度明显增高(40% ~ 70%),pH 值也有所升高,成为微酸性土。森林植被下的表土腐殖质处于一种分解较慢的转化,表现出干旱特点的褐色色调。

(二) 赤红壤

赤红壤在地理分布上介于红壤与砖红壤之间,因而它的成土作用一般来说富铝化过程和生物累积过程比其纬度偏北的红壤要强,比其纬度偏南的砖红壤要弱。它分为典型赤红壤、黄化赤红壤和赤红壤性土三个亚类。

(1) 典型赤红壤:一般土层比较深厚,剖面分异明显,常具 O—A_h—B_s—C 土体构型。土体中下部有黏粒聚集现象,黏粒的硅铝率为 1.7 ~ 2.0,黏土矿物以高岭石为主。pH 值 5.0 左右。土壤表层有机质含量不高,表层以下养分含量低。因此该亚类土壤主要用于热带、亚热带经济作物的栽培。

(2) 黄色赤红壤:该亚类主要分布于赤红壤地带的气候潮湿地区。附加有黄化过程,这种发育过程和土壤特点与黄壤类似。

(3) 赤红壤性土:这一亚类常分布在低山丘陵的上部。成土作用微弱,再加之水土流失强烈,土层浅薄,土壤剖面发育不好,多为 A—C 构型,表层为弱发育的 A_h 层或 A 层,向下即为 C 层,少数也有弱发育的轻度黏化的 B 层。该亚类土地利用应以造林为主,以涵养水土,培肥地力。

[思考题]

1. 黄壤的"黄化"过程是怎样产生的?
2. 为什么红黄壤类土壤要特别注意水土保持和植被的保护?
3. 红黄壤类土壤资源在土地利用上具有怎样的重要性?
4. 在本章节的各土类中,富铝化过程有怎样的差异?

参考文献

[1] 黄玉溢,林世如等. 广西土壤成土条件与铁铝土成土过程特征研究. 西南农业学报,2008,(6).
[2] 于东升,史学正等. 铁铝土的发生分类与系统分类参比特征. 地理学报,2004,(5).
[3] 李天杰等. 土壤地理学. 北京:高等教育出版社,2004.
[4] 龚子同,张甘霖等. 海南岛土壤中铝钙的地球化学特征及其对生态环境的影响. 地理科学,2003,

(2).
[5] 刘康怀,李纯,蓝俊康,张力. 广西红壤类土的地球化学演化和退化. 广西科学,2001,(3).
[6] 黄昌勇. 土壤学. 北京:农业出版社,2000.
[7] 熊毅,李庆逵. 中国土壤(第二版). 北京:科学出版社,1987.

第十一章
钙层土

【重点提示】主要讲述钙层土纲各土类的分布、成土条件、成土过程、土壤剖面特征及主要的土壤性质。

钙层土是指碳酸钙在土壤剖面中明显累积的土壤。包括的土类主要有黑钙土、栗钙土、栗褐土、黑垆土等。

第一节 黑钙土与栗钙土

一、黑 钙 土

黑钙土是在温带半干润气候草甸草原植被下,经历腐殖质积累过程和碳酸钙淋溶淀积过程,形成的具有黑色腐殖质表层,下部有钙积层或石灰反应的土壤。

(一)黑钙土的分布与形成条件

1. 分布 黑钙土是欧亚大陆分布相当广泛的土类。在地理分布上表现了明显的纬度地带性。中国黑钙土主要分布于黑龙江、吉林两省和内蒙古自治区的东部,即松嫩平原、大兴安岭东西两侧和松辽分水岭地区。地理坐标为北纬43°~48°,东经119°~126°。东北以呼兰河为界,西达大兴安岭西侧,北至齐齐哈尔以北地区,南至西辽河南岸。在新疆昭苏盆地、华北燕山北麓、阴山山脉、甘肃祁连山脉东部的北坡、青海东部山地、新疆天山北坡及阿尔泰山南坡等山地土壤的垂直带谱中也有分布。

2. 成土条件

(1)气候:黑钙土地区气候特点是冬季寒冷,夏季温和。年均气温 $-2 \sim 5$℃,$\geqslant 10$℃年积温1500~3000℃,无霜期80~120d;年降水量350~500mm,年蒸发量800~900mm,干燥度>1。春季干旱,多风,大部分降水集中在夏季,春旱较为严重,对于农业生产十分不利,年平均风速2.5~4.5m/s,大兴安岭西侧风速尤大,黑钙土开垦后在无农田防护林的条件下,土壤风蚀沙化十分普遍。

(2)植被:黑钙土的自然植被属于草甸草原植被,主要植物有贝加尔针茅、大针茅、羊草、线叶菊、地榆、兔茅蒿、披碱草等;草丛高度40~70cm,覆盖度80%~90%。每公顷产干草2250kg。黑钙土区也是我国重要农区,主栽作物有玉米、大豆、小麦、甜菜、马铃薯、向日葵等。

(3)地形:黑钙土区的地形在大兴安岭西侧主要是低山、丘陵、台地,且以丘陵为主,即大兴安岭向内蒙古高原的过渡,海拔高度1000~1500m;在大兴安岭东侧的黑钙土分布的地形地貌主要是岗地(丘陵),海拔高度150~200m。

(4)母质:黑钙土主要的母质类型有冲积母质、洪积母质、湖积物、黄土及少量的各类岩石的残积物、坡积物等。大兴安岭西侧的黑钙土的母质质地相对较粗,土壤易发生风蚀沙化。

(二)黑钙土的形成过程、剖面形态特征、基本理化性状

1. 成土过程 黑钙土的成土过程是腐殖质累积和钙积过程所构成的复合过程。

(1)腐殖质的积累过程:黑钙土处于温带湿润向半干旱气候过渡区,植被为具有旱生特点的草甸草原植被,草本植物地上部分干重可达 $1200\sim2000kg/hm^2$,地下植物根系多集中于表层($0\sim25cm$ 土层内约占 95% 以上)。植物根系的这种分布决定了腐殖质累积与分布的特点。

多数草甸草本植物,从春季解冻开始生长到晚秋土壤冻结时才停止生长。因晚秋温度较低,微生物活动很弱,有机质不能很好分解矿化;冬季漫长寒冷,微生物分解有机质活动基本停止;只有第二年春季解冻,气温升高,微生物活动繁盛时才有可能分解有机质,但早春由于土壤冻融,土壤湿度较大,有机质矿化速度较慢。因此,黑钙土土壤有机质积累较多。腐殖质层向下则呈舌状过渡或指状过渡。

(2)碳酸盐的淋溶与淀积过程:黑钙土区降水较少,渗入土体的重力水流只能对钾、钠等一价盐基离子进行充分淋溶淋洗,而对于钙、镁等二价盐基离子只能部分淋溶。即这些盐基离子可与土壤中的 CO_2 化合形成重碳酸盐类[如 $Ca(HCO_3)_2$、$Mg(HCO_3)_2$ 等],被下渗水淋溶到一定的土体深度后,由于水分减少或 CO_2 分压降低,重碳酸盐重新放出 CO_2 而淀积,即:

$$Ca(HCO_3)_2 \rightarrow CaCO_3 \downarrow + CO_2 \uparrow$$

由于碳酸盐在剖面中的移动和淀积,形成石灰斑或各种形状的石灰结核,这是黑钙土剖面重要的发生学特征。

2. 剖面形态特征

(1)剖面形态:黑钙土的剖面层次分异十分清楚。典型的剖面构型为 A_h-A_hB-B_k-C_k。

A_h 层:腐殖质层,厚度 $30\sim50cm$,黑色或暗灰色,黏壤土,多富含细砂,粒状或团粒状结构,不显或微显石灰反应,pH 值 $7.0\sim7.5$,向下呈舌状逐渐过渡。

A_hB 层:过渡层,厚度 $30\sim40cm$,灰棕色,黏壤土,小团块状结构,有石灰反应,pH 值 7.5 左右,可见到鼠穴斑。

B_k 层:石灰淀积层,厚度 $40\sim60cm$,灰棕色,块状结构,砂质黏壤土,土体紧实,可见到白色石灰假菌丝体、结核、斑块淀积物,有明显的石灰反应,pH8.0 左右。

C_k 层:母质层,多为第四纪中更新统(Q_2)黄土状亚黏土,黄棕色,棱块状结构,含少量碳酸盐,有石灰反应。

3. 基本理化性状

(1)质地多为砂壤土到黏壤土,粉砂含量占到 $30\%\sim60\%$,黏粒含量占 $10\%\sim35\%$,黏粒在剖面中部有聚积现象,可以认为黑钙土有弱黏化现象。值得注意的是黑钙土的黏粒聚集层与其钙积层分布层位基本一致。黑钙土表层具有水稳性团粒结构,通气性、适水性、保肥性、耕性均较好。

(2)有机质含量在自然土壤多为 $50\sim70g/kg$ 之间,耕作土壤明显降低,仅为 $20g/kg$ 左右。由东到西黑钙土腐殖质层逐渐变薄,含量逐渐减少。黑钙土腐殖质组成见表11-1。

(3)盐基交换量较高,多在 $20\sim40cmol/kg$ 之间,盐基饱和度在 90% 以上,以钙、镁为主，pH 值表层为中性，向下逐渐过渡到微碱性。

(4) SiO_2、Fe_2O_3、Al_2O_3 在剖面分异不明显，上下均一。但 CaO、MgO 在剖面中有一定的分异，由上至下逐渐增多。黏土矿物以蒙脱石为主。

(5) 营养元素中氮钾较为丰富，有效磷含量较低，微量元素中有效 Fe、Mn、Zn 较少，有时出现缺素症。

表 11-1　黑钙土腐殖质组成（《中国土壤》，1998）

地点	深度 (cm)	有机碳 (g/kg)	腐殖酸碳 (g/kg)	胡敏酸碳 (g/kg)	胡敏素碳 (g/kg)	富里酸碳 (g/kg)	胡敏酸/ 富里酸
吉林 农安	0~20 20~55	5.9 4.4	12.5 12.6	2.3 1.9	3.6 2.5	9.1 8.2	0.64 0.76
甘肃 天祝	0~33 33~60 60~83	22.1 14.3 10.8	76.9 43.1 33.3	4.9 6.6 6.1	17.2 7.7 4.7	54.8 28.8 22.5	0.28 0.86 1.30
内蒙古 呼伦贝尔	0~50 50~80 80~125	11.3 7.8 1.4	32.4 11.3 5.8	7.4 3.6 0.6	3.9 4.2 0.8	21.1 3.5 4.4	1.89 0.86 0.75

(三) 黑钙土亚类的划分

根据黑钙土腐殖质积累过程和钙积过程所表现的强度和有关的附加过程，黑钙土土类下划分为如下四个亚类，各亚类间的 $CaCO_3$ 的剖面差异可参考图 11-1。

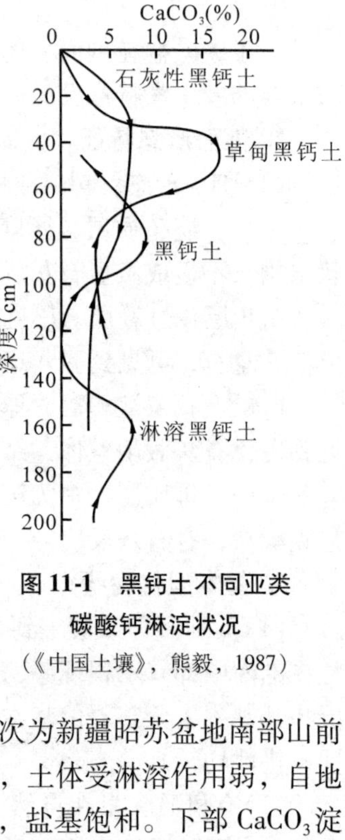

(1) 普通黑钙土：为黑钙土的典型亚类。其性状同土类。是黑钙土土类中分布最广，面积最大的亚类，占整个土类的 47.88%。主要分布在大兴安岭中南段东西两侧和七老图山北麓丘陵台地，在大兴安岭东麓比较集中，北起甘南，南抵白城，形成一条狭长的带状。松嫩平原的平岗地上也有零星分布。

(2) 淋溶黑钙土：淋溶黑钙土主要分布于大兴安岭东西两侧山麓剥蚀坡积平原的森林草原地区及北端西部三河地区，均为剥蚀坡积平原，是黑钙土向黑土或灰色森林土的过渡类型。淋溶黑钙土不同于普通黑钙土之处，在于 1m 或 1.5m 土层内几乎不含有 $CaCO_3$，交换性阳离子中有少量的氢离子，土壤呈微酸性。

(3) 石灰性黑钙土：石灰性黑钙土主要分布于大兴安岭南段山地西侧缓平坡地及东北松嫩平原西南部松辽分水岭地带，其次为新疆昭苏盆地南部山前倾斜平原的上部和甘肃部分山地。是黑钙土向栗钙土过渡性亚类，土体受淋溶作用弱，自地表开始就有 $CaCO_3$ 淀积，有明显的石灰反应，土壤反应为微碱性，盐基饱和。下部 $CaCO_3$ 淀积层发育明显，有的形成石灰富集层。

图 11-1　黑钙土不同亚类碳酸钙淋淀状况

（《中国土壤》，熊毅，1987）

(4) 草甸黑钙土：草甸黑钙土广泛出现在黑钙土地带河谷阶地上，在松嫩冲积、湖积平原尤为集中，地势较低，黑钙土类中的半水成亚类，是黑钙土向草甸土的过渡性亚类。下部土层由于受毛管上升水作用，可见到锈斑、潜育斑，具有一定的水成土壤特征。

二、栗钙土

(一) 栗钙土的分布及形成条件

1. 分布　栗钙土为温带干草原地区的地带性土壤。我国主要分布在内蒙古高原东部—中南部、呼伦贝尔高原西部、鄂尔多斯高原东部及大兴安岭东南麓的丘陵平原地区，以及山西北部，向西一直延伸到新疆北部的额尔齐斯、布克谷地与山前阶地，在阴山、贺兰山、阿尔泰山、准噶尔界山、天山以及昆仑山的垂直地带谱与山间盆地中也有广泛分布。

2. 形成条件　栗钙土带具有半干旱的气候特点，年均气温 $-2 \sim 6℃$，$\geq 10℃$ 年积温 $1600 \sim 3000℃$，无霜期 $120 \sim 180d$，年降水量 $250 \sim 450mm$，因其分布范围广泛，有明显的地区性差异：东部地区受季风影响，70%降水量集中于夏季，冬春两季少雪；而新疆栗钙土地区受西风影响，降水年内分配较均匀。栗钙土所处地形主要为丘陵缓坡、高平原、低山盆地和山间谷地。成土母质主要是黄土状沉积物、各种岩石风化物、河流冲积物、风沙沉积物、湖积物等。自然植被是以针茅、羊草、糙隐子草等禾草伴生中旱生杂类草、灌木与半灌木组成的干草原类型，为我国北方主要的放牧场。目前已有部分土地开垦，主要是一年一熟的雨养农业。由于降水偏少，年际变幅大，干旱是粮食生产主要的限制因素。加上耕作粗放，农田建设水平低，风蚀、水蚀的破坏，土壤资源退化明显。

(二) 栗钙土的形成过程、剖面形态、基本性状

1. 栗钙土的形成过程　其基本与黑钙土相同。主要是腐殖质积累过程、钙积过程以及残积黏化过程。由于降水较少，土壤干旱，植被多为旱生草本植物，无论是高度、还是覆盖度、生物量均比草甸草原低，而且微生物分解较强，使有机质积累量、腐殖质层厚度不如黑钙土，团粒结构也不及黑钙土。草原植被吸收的灰分元素中除硅外，钙和钾占优势，对腐殖质的性质及钙在土壤中的富集有深刻影响。同时由于气候更趋于干旱，土壤淋溶作用较弱，所以石灰积聚的层位更高，积聚量更大。有些地段出现层状灰白色钙积层——白干土层。当然，石灰质积聚的厚度及 $CaCO_3$ 含量与母质及成土年龄有关。

季风气候区内蒙古东部的栗钙土，雨热同季所造成的水热条件有利于矿物风化及黏粒的形成，剖面中部有弱黏化现象，主要是残积黏化，与钙积层的部位大体一致，往往受钙积层掩盖而不被注意，所以也称之为"隐黏化"。而处于新疆的栗钙土则无此特征。

2. 基本性状　栗钙土的剖面由栗色的腐殖质层、灰白而紧实的钙积层与母质层组成，即 $A_h—B_k—C$ 或 $A_h—B_{kt}—C$。有机质含量比黑钙土少，腐殖质层的厚度也不及黑钙土，腐殖质层厚度一般在 $25 \sim 45cm$，有机质含量一般 $20 \sim 50g/kg$。胡敏酸的积累也相当多，HA/FA 为 $0.8 \sim 1.2$，使土壤的颜色呈栗色，富含钙质，故称栗钙土。栗钙土缺乏黑钙土所特有的腐殖质舌状逐渐下渗的特点，往往向下急剧减少。栗钙土的钙积层层位也比黑钙土高得多，多呈网纹、斑块状，也有假菌丝或粉末状。向下逐渐过渡。主要亚类碳酸钙剖面分布如图 11-2 所示，反映淋溶程度的差异及潜水的影响。表层 pH 值在 $7.5 \sim 8.5$，有随深度而增大的趋势。盐化、碱化亚类可达 $8.5 \sim 9.5 \sim 10$。除盐化亚类外，栗钙土易溶盐基本淋失，内蒙古地区栗钙土中石膏基本淋失，但在新疆的栗钙土 1m 以下底土中石膏聚集现象相当普遍。

反映东部季风区的淋溶较强。黏土矿物以蒙脱石为主，其次是伊利石和蛭石，受母质影响有一定差别。黏粒部分的 SiO_2/R_2O_3 在 2.5~3.0 间，SiO_2/Al_2O_3 为 3.1~3.4，表明矿物风化蚀变微弱，铁、铝无移动。

(三) 栗钙土亚类的划分

根据主要成土过程的表现程度，栗钙土分为暗栗钙土、普通栗钙土、淡栗钙土、栗钙土性土几个亚类，按照伴随的附加过程在剖面构型上的表现及新的特征又可分为草甸栗钙土、盐化栗钙土和碱化栗钙。

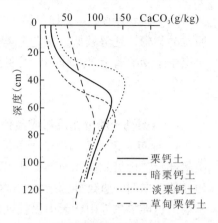

图 11-2　栗钙土主要亚类
碳酸钙剖面分布图
(《土壤地理学》，张凤荣，2002)

(1) 普通栗钙土：主要分布于内蒙古高原中部、鄂尔多斯高原东部、青海高原及祁连山、天山、阿尔泰山以及准噶尔盆地以西等地的中低山，多在暗栗钙土的下缘。

(2) 暗栗钙土：主要分布在松辽平原的西部、大兴安岭东麓、内蒙古高原、河北坝上地区、甘南高原、祁连山、天山、阿尔泰山以及准葛尔盆地以西的平原、丘陵和中低山地。其中分布面积最大的为内蒙古。本亚类分布区的温度较低，降水较多，年均气温 -2℃，年降水量 350~400mm。在内蒙古分布在栗钙土亚类以东，与黑钙土毗邻，是栗钙土向黑钙土的过渡性亚类。暗栗钙土的地上地下生物量均比栗钙土亚类高，腐殖质层厚约 50cm 左右，有机质含量较高，一般为 15~45g/kg，AB_h 层呈渐变式向下过渡，与黑钙土有舌状延伸明显不同。碳酸钙淀积层出现在 50~80cm，厚约 20~40cm，$CaCO_3$ 含量较低。pH 值 7.5~9，有随深度而增高的趋势。

(3) 淡栗钙土：它是栗钙土与棕钙土间的过渡亚类，气候更为暖旱，年均气温 2~7℃，年降水量 200~300mm，具有轻度荒漠化生境特点，淡栗钙土常与少量盐化栗钙土构成复域。淡栗钙土植被的生物量比栗钙土亚类低。A 层有机质含量 10~20g/kg，颜色较淡，呈淡棕色，厚度较薄。地表常有轻度风蚀沙化特征。钙积层出现部位及石灰质含量均高于其他亚类，时有石化钙积层。石膏及易溶盐在新疆淡栗钙土 C 层 (有时 B 层) 普遍出现，但东部季风区的淡栗钙土则罕见此特征。

(4) 草甸栗钙土：主要分布在栗钙土区地势稍低处，地形平坦，地下水埋深 2~4m，土壤水分状况在栗钙土中较好，心土底土受毛管上升水的影响，较为湿润，心土和底土有氧化—还原交替形成的锈纹锈斑，剖面构型为 A_{hk}—B_k—C_g，系栗钙土向草甸土过渡的土壤类型。A 层有机质含量 20~50g/kg，腐殖质层较栗钙土亚类厚，钙积层出现部位较浅，上下界呈现逐渐过渡。pH 值 7.5~8.0。此亚类除一些干草原植被外，还生长有草甸植物。草甸栗钙土目前多已开垦。

(5) 盐化栗钙土：分布在栗钙土、淡栗钙土地带中地形低洼、易溶盐在土体和地下潜水中聚积的地形部位，如湖泊外围、封闭或半封闭洼地、河流低阶地、洪积扇缘等，常与草甸栗钙土、盐渍土构成环状、条带状复域或复区分布。剖面构型为 A_z—B_{kz}—C_g。它是栗钙土向盐土的过渡性亚类。

(6) 碱化栗钙土：主要分布在内蒙古高原、呼伦贝尔高原上小型碟形洼地、黏质干湖盆、河流高阶地，以及母质为第三纪灰绿色泥页岩、白垩纪杂色砂岩的地区，其形成多与母质或地下潜水含有苏打有关。常与栗钙土、暗栗钙土及碱土构成复区。剖面构型为 A_n—

B_{tn}—B_k—C_y。碱化层 pH 值为 9~10。碱化栗钙土是栗钙土向碱土的过渡性亚类。

(7) 栗钙土性土：主要分布于暗栗钙土地带中和栗钙土区侵蚀较严重的山地、丘陵。在暗栗钙土区，其形成与贫钙的砂性母质有关，少量的钙质在较强淋溶条件及透水良好的砂性母质中很难形成钙积层，有时近 1m 深的底土中有弱石灰反应。全剖面盐基饱和。pH 值 7.5~8.4。除缺 B_k 层外，植被及剖面性态均类似暗栗钙土。剖面构型为 A_h—AC—C 或 A_h—AC—C_k。在栗钙土区的山地、丘陵，由于侵蚀较严重，剖面发育较差，无明显的钙积层。

第二节 栗褐土与黑垆土

一、栗褐土

栗褐土过去曾用名黑褐土、灰褐土、黄绵土和黑垆土等，在第二次全国土壤普查中，于 1984 年昆明土壤分类会议上定名为栗褐土。

(一) 栗褐土的分布与成土条件

1. 分布 栗褐土主要分布于晋西北、冀西北山间盆地和土石丘陵、内蒙古东南缘和辽西的黄土丘陵平川地带。该区土壤与"强度黏化、中等钙积的"褐土和"强度钙积、弱度黏化的"栗钙土，以及"几乎无黏化、钙积的"黄绵土、"颜色灰暗且黏化、钙积不明显的"黑垆土具有明显的区别。

2. 形成条件 栗褐土处于暖温带半干旱半湿润森林草原向温带干草原的过渡的干旱灌丛草原的生物气候带，具有明显的大陆性气候特征。年均气温 4~9℃，≥10℃年积温 2200~3500℃，年降水量 300~500mm，年蒸发量 1500~2500mm，以春夏两季蒸发量最多。冀西北、晋北干旱风多风大，侵蚀强烈。此区与其气候相适应的为灌丛草原植被，中、南部有榆、槐、酸枣、荆条、虎榛子、绣线菊、白草等；北部多为柠条、沙棘、本氏针茅、白羊草、铁杆蒿等旱生植被，覆盖度 40%~60%，植被低矮稀疏，为黄土侵蚀地貌的灌丛草原景观。成土母质除黄土外，山地有花岗片麻岩、玄武岩、砂页岩和碳酸盐岩类残积—坡积物，山前地带及山间盆地多为洪积物，河流阶地多为黄土状沉积物。所处地形为海拔 700~1400m 的低山丘陵，大部分地表为黄土覆盖，经强烈的水蚀风蚀，成为我国黄河中游、海河上游水土流失最严重的地区，塬、梁、峁、沟、坪等黄土地貌十分发育。

(二) 栗褐土的形成过程及基本性状

1. 栗褐土的成土过程 其成土过程主要为"三个微弱"过程，即微弱的腐殖质累积、微弱的黏化以及微弱的钙积。

因旱生灌丛草原生物量低于栗钙土区和褐土区，且分解快，因而表现出有机质低合成和强矿化的微弱腐殖质累积，0~20cm 土层中腐殖质的含量为 8~12 g/kg。

栗褐土区虽有温热与多雨同季出现的水热条件，但较之褐土区高温高湿同时出现的水热条件，尚有一定的差距。因而黏粒的淋溶淀积，无论从数量或深度上，均较褐土弱，黏化过程以残积黏化为主。又因母质风化度低，B/A 的黏粒比不到 1.2，因而表现为微弱的隐黏化。

栗褐土多发育于富含碳酸钙的黄土母质，在温热与多雨同季出现的条件下，使土体产生一定的淋溶淀积作用。由于干旱、侵蚀的影响，钙移动受到一定限制，无论碳酸钙移动的数量，以及钙积的形态，均较栗钙土差，虽然通体石灰反应强烈，但无钙积层形成，碳酸钙含量上下分异不大，仅剖面中下部有少量霜状、点状或假菌丝状出现。

2. 栗褐土的基本性状 栗褐土仅有微弱发育，但仍可分出腐殖质层、微弱发育的黏化层和钙积层。栗褐土的土体构型为 $A_h—B_{(t)(k)}—C$ 或 $A_p—B_{(t)(k)}—C$。表层有机质含量一般为 8~10g/kg，少数可达 12g/kg 左右，在侵蚀较重地区低至 8g/kg 以下。土壤养分含量极低。黏化过程较弱。在 B 层或 B 层之下，有少量点状或假菌丝状的 $CaCO_3$ 淀积新生体。钙淋溶深度可达 1m 左右（图 11-3）。通体石灰反应强烈，$CaCO_3$ 含量 50~150 g/kg，pH 值 8.2~8.5，淀积层的 $CaCO_3$ 含量与表层相比约高 1%~5%。栗褐土质地多为砂壤至轻壤，结构性较差，表层为屑粒状，心底土层多为块状，土体发育较褐土差。硅铁铝二三氧化物在剖面中无明显变化，黏土矿物以水云母为主。

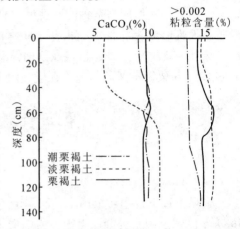

图11-3 栗褐土各亚类钙积、黏化情况比较
（《山西土壤》，1992）

（三）栗褐土的亚类划分

根据土壤剖面的发育程度与附加过程形成的剖面特征，将栗褐土划分为：栗褐土、淡栗褐土和潮栗褐土。

（1）栗褐土：主要分布在晋北、晋西北和内蒙古东南冀西北边界丘陵谷地，侵蚀较轻，故成土过程比较稳定，土壤有一定发育，在剖面中有黏化、钙积现象。其性状同土类。

（2）淡栗褐土：主要分布于该土类的西北，风蚀较强的缓坡丘陵地带，向栗钙土、棕钙土过渡。由于风蚀较重，植被生长量少，土壤腐殖化过程与土壤侵蚀同时进行。

（3）潮栗褐土：分布在河谷阶地和平原较低处，地形平坦，地下水位约 3~5m，底部受地下水影响，可见铁、锰锈纹锈斑，在剖面的上部有微弱的黏化钙积，土壤水分条件较好。

二、黑垆土

（一）黑垆土的分布和形成条件

1. 分布 黑垆土因具有一个深厚的黑色垆土层而得名，主要分布于我国陕北、晋西北、陇东、陇中及宁夏、内蒙古南部等。

2. 成土条件 黑垆土属暖温带半干旱—半湿润季风气候，年均气温 7~11℃，≥10℃年积温 2600~3500℃，全年降水量 300~600mm，干燥度 1.25~2.0。黑垆土区自然植被多为生长稀疏、耐干旱和生殖力强的草本植物，在阴坡和沟坡地分布有灌丛草甸类型。常见的植物有铁杆蒿、艾蒿、本氏羽茅、唐松草、白羊草等，灌丛有酸枣、虎榛子、黄刺玫、丁香、扁核木等，基本上仍属于草原植物类型。目前，黑垆土基本已耕垦，天然植被仅见于地边、田埂上。所处地形多为侵蚀较轻的黄土塬区、河谷川台地及盆地、谷地的高阶地，在黄土丘陵沟壑区，仅在一些残塬、梁峁顶部、分水鞍及沟掌等地尚零星残留有黑垆土。成土母质主要为第四纪风成黄土。黑垆土是西北黄土高原肥力较高，产量比较稳定的土壤，可生长冬小麦、玉米、谷子，还可生长少量棉花。土壤干旱问题仍然是农业生产中主要问题。

(二)黑垆土的成土过程及剖面特征

1. 成土过程 其成土过程主要有腐殖质累积过程、碳酸钙淋溶与淀积、弱度残积黏化过程和堆积覆盖过程。由于黄土疏松多孔,植物根系可伸展到土体深处,有机质累积不仅限于表层,并可均匀分布于较深的土层中,形成的腐殖质与土壤中钙离子结合,并以薄膜形式包被于土粒和微团聚体表面,富集于孔隙壁上,因而形成了深厚暗灰色的腐殖质层,即黑垆土层,有机质累积层可达1m以上。但由于通透性好,有机质分解快,有机质含量较低,通常只有 $10\sim15\,g/kg$。其深厚均匀而含量较少的腐殖质的形成,还与近代黄土的连续沉积有密切的关系。在黑垆土层形成的漫长的历史过程中,生草过程与黄土风积同步进行,使黑垆土层不断得到加厚。黄土母质富含碳酸钙,在成土过程中发生不同程度的淋溶和淀积,形成假菌丝状、霜粉状或结核状的钙积新生体,但一般比较微弱。由于受水热条件的限制,黑垆土风化程度较低,黏化作用较弱,B/A 的黏粒比不超过 1.2,仅是隐黏化,且以残积黏化为主,南部区比北部区黏化明显。因耕作施用土粪与近代黄土的不断沉积及自然淤积作用,所以黑垆土的覆盖现象普遍存在。

2. 黑垆土的基本性状

(1)黑垆土由覆盖熟化层、黑垆土层(腐殖质层)、石灰淀积层和母质层组成。由于历史上长期耕种、施肥和黄土覆盖,形成了厚度一般为 $20\sim60\,cm$ 的覆盖熟化土层,最厚可达1m左右,进一步可细分为耕层(A_{p1})、犁底层(A_{p2})和老耕层(A_{pb})。黑垆土层(腐殖质层)(A_{hh})厚约 $50\sim80\,cm$,最厚可达1m以上,有腐殖胶膜,结构面和孔壁有较多假菌丝状和霜粉状石灰新生体。石灰淀积层(B_k)厚度不等,霜粉状和假菌丝状石灰新生体少,而石灰结核体增多。石灰淀积层的厚度从北向南增厚,石灰结核体也增多。

(2)黑垆土的颗粒组成以粗粉砂为主,约占一半以上。腐殖质层的砂粒和粗粉砂显著减少,细粉砂和黏粒都不同程度增加,而黄土覆盖层的颗粒组成与黄土母质相接近。容重为 $1.1\sim1.4\,g/cm^3$,孔隙度为 $48\%\sim52\%$,凋萎湿度为 $6\%\sim7\%$,田间最大持水量 $20\%\sim25\%$ 左右,如按2m土层内田间持水量(以土壤容积%)计,可储蓄550mm的水。由此可见,黑垆土具有土层深厚,质地适中,疏松多孔,通透性好,蓄水力强,适耕期长,性热易发苗等良好性状。

(3)黑垆土腐殖质层和覆盖层的有机质含量相近,一般在 $10\sim15\,g/kg$ 之间,石灰淀积层和母质层的有机质含量显著下降,通常都在6g/kg以下,虽然黑垆土有机质含量不高,但总贮量是丰富的。耕层胡敏酸比富啡酸少,黑垆土层富里酸比耕层低。全剖面 HA/FA 为 $0.75\sim2.0$,以与钙结合的腐殖质为主。

(4)黑垆土的碳酸钙含量约为 $70\sim170\,g/kg$,覆盖层和腐殖质层因受淋溶,碳酸钙含量较少(图11-4),南部林区可低于10g/kg,至石灰淀积层增加到 $150\,g/kg$ 以上。土壤呈微碱性反应,pH 值为 $7.5\sim8.5$,一般没有盐化和碱化特征。阳离子交换量 $10\sim15\,cmol(+)/kg$,主要缺氮和有效磷。黑垆土的 SiO_2/R_2O_3 为 $5.5\sim7.0$,SiO_2/Al_2O_3 在 $6.5\sim8.0$ 之间;黏粒的 SiO_2/R_2O_3 为 $2.6\sim3.0$,SiO_2/Al_2O_3 在 $3\sim4$ 之间,但受地域影响,其比率都是由北向南降低。黏土矿物以伊利石为主,含有少量蒙脱石、绿泥石和高岭石。上述特征表明黑垆土的风化和成土过程是较弱的,一定程度上表现出黄土母质的特征。

(三)黑垆土亚类的划分

(1)普通黑垆土：典型性状如上。分布在黑垆土带的北部地区，北与淡灰钙土、淡栗钙土相接。主要分布在残塬和梁峁顶部、分水鞍及沟掌地、河谷台地等部位。

(2)黏化黑垆土：在黑垆土分布区南部塬区的平坦塬面，黏化特征较明显，质地黏壤—壤黏土，是黑垆土向栗褐土过渡土壤。

(3)潮黑垆土：零星分布于河谷阶地上，以宁夏固原县分布较多，全部为耕地。由于所处地形部位较低，地下水位较高(2m左右)，土壤受地下水升降的影响，氧化还原交替进行，在土体下部具有锈纹锈斑，亦称绣黑垆土。潮黑垆土土壤水分状况良好，1m土体内有机质及养分含量较高，土壤保肥性强，是黑垆土各亚类中肥力最高的土壤。

(4)黑麻土：分布于六盘山区以西的陇西高原，海拔1800~2500m的高丘平坦处，是黑垆土向山地草甸土过渡的土壤类型。

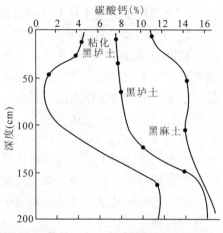

图11-4 黑垆土各亚类碳酸钙剖面分布图
(《土壤地理学》，李天杰，1983)

[思考题]

1. 黑钙土、栗钙土、栗褐土和黑垆土腐殖化过程有何异同？
2. 栗褐土的成土过程有何特点？
3. 钙积层在黑钙土和栗钙土中有哪些差异？

参考文献

[1] 全国土壤普查办公室．中国土壤．北京：中国农业出版社，1998．
[2] 中国科学院林业土壤研究所．东北土壤．北京：科学出版社，1980．
[3] 李天杰．土壤地理学．北京：高教出版社，1983．
[4] 吉林省土壤肥料总站．吉林土壤．北京：中国农业出版社，1998．
[5] 黑龙江土壤普查办公室．黑龙江土壤．北京：农业出版社，1992．
[6] 朱祖祥．土壤学．北京：农业出版社，1981．
[7] 熊毅，李庆逵．中国土壤(第二版)．北京：科学出版社，1987．
[8] 中国科学院南京土壤所．中国土壤．北京：科学出版社，1978．
[9] 龚子同．中国土壤系统分类．北京：科学出版社，1999．
[10] 朱显谟．黄土高原土壤与农业．北京：农业出版社，1987．
[11] 席承藩．土壤分类学．北京：中国农业出版社，1994．
[12] 张凤荣．土壤地理学．北京：中国农业出版社，2002．
[13] 林培．区域土壤地理学(北方本)．北京：北京农业大学出版社，1992．
[14] 林成谷．土壤学(北方本，第二版)．北京：农业出版社，1996．
[15] 山西省土壤普查办公室．山西土壤．北京：科学出版社，1992．
[16] 陕西省土壤普查办公室．陕西土壤．北京：科学出版社，1992．
[17] 林大仪．土壤学．北京：中国林业出版社，2002．
[18] 关联珠．普通土壤学．北京：中国农业大学出版社，2007．

第十二章
干旱土与漠土

【重点提示】主要讲述干旱土、荒漠土的分布、形成条件、成土过程、剖面特征和土壤的主要理化性质以及干旱土和荒漠土的类型划分。

在我国的西北地区,随着降雨量逐渐减少,植被覆盖度愈来愈低,自然植被由草原向荒漠化和荒漠过渡,在高原、丘陵、盆地及冲积平原、高阶地等不同区域,形成了干旱土壤和荒漠土壤。干旱土纲包括棕钙土、灰钙土;漠土纲包括灰漠土、灰棕漠土和棕漠土。

第一节 棕钙土与灰钙土

一、棕钙土

棕钙土是由干旱草原向荒漠化过渡的土壤,介于钙层土和漠土之间。是具有薄腐殖质层与棕带微红土层和灰白色钙积层的土壤。腐殖质层碳酸钙含量低,而钙积层的含量很高。

(一)棕钙土的分布及形成条件

1. 分布 主要分布于内蒙古高原和鄂尔多斯高原西部,新疆准噶尔盆地的两河流域及天山北坡山前洪积扇上部。在狼山、贺兰山、祁连山、天山、准噶尔介山、昆仑山等垂直带也有分布。它是草原向荒漠过渡的一种地带性土壤。

2. 成土条件 棕钙土发育的地理环境是半荒漠地带。主要气候特点为东部夏季多雨,冬春干旱;西部则夏季温和,干旱而短促,冬季寒冷多雪而漫长,属温带干旱大陆气候类型。年均气温 2~7℃,≥10℃年积温 1400~2700℃,年降水量 150~280mm,干燥度 2.5~4。棕钙土植被由蒿属—小蓬—猪毛菜组成,覆盖度 15%~20%。一些地方伴生有地肤、狐茅、阿魏等。棕钙土的母质类型是多种多样的,有黄土状沉积物、冲积—洪积母质、残积母质等。

(二)棕钙土的成土过程及性状

1. 成土过程 棕钙土在形成过程中具有两个主要特征:一是具有草原土壤形成过程的特点,即腐殖质累积与碳酸钙移动淀积过程;二是有荒漠土壤形成过程的某些特点,即微弱黏化与铁质化过程。总的看来,以草原成土过程为主。

(1)腐殖质累积过程:由于棕钙土的干旱程度进一步增加,荒漠化作用显著增强,导致土壤腐殖质层浅薄,有机质含量较低。

(2)碳酸钙淋溶淀积过程:由于降雨量较低,碳酸钙淋溶较浅,钙积层出现部位高,一般在腐殖质层以下发生淀积。碳酸钙含量可高达 100g/kg。在碳酸钙淀积的同时石膏积累也随之发生,在剖面的中下部可见石膏新生体。

2. 剖面形态与性质 棕钙土的土体构型为 $A-B_W-B_K-C_{YZ}$,腐殖质层(A)一般 10~

25cm 土层，有机质含量在 10~20g/kg，胡敏酸与富里酸比值大于 1.0，浅棕色、块状结构，有石灰反应；土壤容重 1.3~1.4g/cm³。总孔隙度 40% 左右。土壤含量水率 5%~12%。过渡层(B_W)极薄，甚至不明显。钙积层(B_k)灰白色，其淀积形状以层状为主，一般出现在 15~20cm 处，最深者可达 30cm，紧实，有强烈的石灰反应。母质层(C_{YZ})一般质地较粗，结构不明显，在底土层（一般 70cm 以下）有石膏聚集和可溶性盐类淀积，部分还有碱化现象存在，具有碱化层和较高的碱化度。棕钙土总的特点是土层较薄，土壤质地较粗，细砂、粉砂含量较高，并混杂有砾石，黏粒含量较少，由于环境干旱，土体多呈干燥状态，土壤易吹蚀。

（三）棕钙土亚类的划分

据棕钙土形成过程的分段与附加成土过程，棕钙土可分为棕钙土、淡棕钙土、盐化棕钙土、草甸棕钙土、碱化棕钙土五个亚类。棕钙土各亚类碳酸钙的剖面分布状况如图 12-1。

（1）棕钙土：棕钙土亚类具有本土类的典型特征，土体构型为：$A—B_W—B_K—C_Y$，占该土类总面积的 43% 左右。分布于新疆、内蒙古、甘肃、青海等地区。

（2）淡棕钙土：土体构型为 $A_{hk}—B_W—B_K—C_{YZ}$，淡棕钙土占该土类的 48% 左右。分布于漠土接壤的地区，是棕钙土向荒漠土过渡的一个土壤类型，荒漠化特征较为明显。

（3）盐化棕钙土：棕钙土的土体构型为 $A_z—B_k—C_{kg}$，盐化棕钙土占土类总面积的 3% 左右。主要分布于内蒙古、青海、新疆等地的河谷、湖盆外围阶地及洪积扇前缘。是在棕钙土形成过程中附加了盐化过程而形成的。

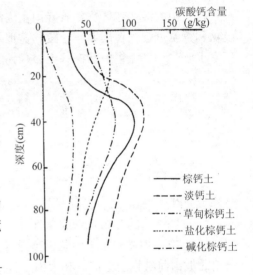

图 12-1 棕钙土各亚类碳酸钙的剖面分布
（《土壤地理学》，张凤荣，2002）

（4）草甸棕钙土：土体构型为 $Ah_k—B_k—C_g$，占土类总面积的 1% 左右，主要分布在新疆。受低矿化度潜水的影响，在 C 层有锈纹锈斑。碳酸钙含量较低，盐化现象较普遍。

（5）碱化棕钙土：土体构型为 $Ah_k—B_{tn}—B_k—C_{yx}$，占土类总面积的 2% 左右，分布于山涧盆地、洼地、古河道等低平地区。多发生在黄土状母质上，剖面形态特征基本上与棕钙土相似，但附加了碱化过程，故剖面中有明显的碱化层次和较高的碱化度（钠碱化度为 14%）。

二、灰钙土

灰钙土是在暖温带干旱草原地区，由草原向漠境过渡的一种地带性土壤。土体呈灰棕、黄棕及棕色。其剖面的发生层自上而下可分为腐殖质层、钙积层和母质层。

（一）灰钙土的分布及成土条件

1. 分布 我国灰钙土主要分布于黄土高原最西部、河西走廊东段、银川黄河冲积平原、新疆伊犁河谷两侧的山前平原。

2. 成土条件 灰钙土分布地带的气候比较温暖干旱，其特征是夏天温暖而较干，冬春温和而较湿。年均气温为 5～9℃，≥10℃年积温 2000～3400℃，年降水量为 180～350mm。灰钙土的植被类型属于干旱草原，以多年生旱生禾草，强旱生小半灌木及耐旱蒿属为主。地表植被覆盖度一般为 20%～60%。灰钙土分布在谷地两侧洪积—冲积平原和山前丘陵地带上，成土母质为黄土和黄土状母质。少部分灰钙土发育在由红色页岩风化物形成的洪积—冲积母质土，质地为黏土。

(二)灰钙土的成土过程及性状

1. 成土过程 灰钙土的形成过程以弱腐殖化，土壤通体钙化为其主要特征。其腐殖质的积累和碳酸钙的积累明显减弱。

(1)有机质积聚：灰钙土有一定的有机质积累，由于夏季温度高，降雨少，植被稀疏。绿色植物地上和地下根系产量只有栗钙土的 25%，因而有机质积累很少，平均含量为 10.9g/kg。

(2)碳酸钙的淀积：灰钙土地区的降雨量虽少，但多以阵雨降落。导致碳酸钙仍能在剖面上下移动，一般在 30～50cm 处能观察到菌丝状聚积的碳酸钙，有时则形成斑块状淀积层。

(3)硫酸钙和易溶性盐的淋溶和淀积：在大部分灰钙土剖面中，无明显的淀积土层，但少数土壤在钙积层以下可见到硫酸钙和易溶性盐淀积或硫酸钙和易溶性盐结晶。

2. 剖面形态

(1)剖面形态：灰钙土剖面发育微弱，但仍可分为腐殖质层、过渡层、钙积层、母质层等，层次过渡不明显。腐殖质层平均厚度为 15cm 左右，成灰黄棕色或淡灰棕色。表层(0～3cm)由于强烈的干湿交替，形成 2～3 cm 厚海绵气孔状的结皮层。过渡层呈浅灰棕色，较紧实。钙积层位于腐殖质层以下，在土壤剖面的中下部的孔壁和结构面上，碳酸钙以假菌丝状或斑点状沉淀。钙积层以下为母质，部分剖面可见易溶盐淀积和石膏新生体。在草甸灰钙土上还可见到锈纹锈斑。

(2)性质：灰钙土腐殖质层较薄，约 10～20cm，表层有机质含量 10～25g/kg，碳氮比 8～12，腐殖质组成中胡敏酸与富里酸比值常小于 1。表层土壤阳离子交换量 5～11cmol(+)g/kg，土壤胶体为 Ca^{2+} 所饱和，交换性 Ca^{2+}，Mg^{2+} 占 92%～98%，而交换性 Na^+ 占阳离子交换量 5%以下。无碱化现象，pH 值偏高，一般为 8.5～9.0。石灰含量较高，为 120～200g/kg，多呈假菌丝和眼斑状。全量分析表明矿物成分在剖面中移动不明显。

(三)灰钙土亚类的划分

根据灰钙土的发育过程和附加的成土过程，可分为灰钙土、淡灰钙土、盐化灰钙土、草甸灰钙土 4 个亚类。

(1)灰钙土：灰钙土亚类是该土类种面积最大的一个亚类，面积为 279.44hm²，占土类面积的 52.02%。主要分布在甘肃、新疆、宁夏、青海等地。灰钙土亚类具有前述土类相同的形成过程和剖面特征。

(2)淡灰钙土：淡灰钙土面积 234.77 hm²，占该土类面积的 43.70%，主要分布在灰钙土带最干燥和最炎热的地方，植被较少，小半灌木相对较多。与灰钙土亚类比较，其不同点一是生物累积量少，二是碳酸钙淋溶作用更弱，整个剖面石灰泡沫反应强烈。土壤质地粗，偏砂。

(3)盐化灰钙土：盐化灰钙土面积 8.38hm²，占该土类 1.56%，主要分布在新疆伊犁河南岸。其成土过程中附加了盐化过程。母质层中的易溶性盐分随水分蒸发聚集于土体上部，形成了盐化灰钙土。当盐化程度较高时，在剖面上中部可见到白色斑点状盐分新生体。

（4）草甸灰钙土：草甸灰钙土面积共计 14.58hm²，占该土类面积的 2.71%。主要分布在新疆伊犁河南岸的察布察尔县倾斜平原下部。它是灰钙土附加草甸化过程，并向草甸土过渡的类型。

第二节 灰漠土、灰棕漠土与棕漠土

一、灰漠土

灰漠土过去称为灰漠钙土、荒漠灰钙土。由于无钙积层，现改称灰漠土。是漠境边远地区细土平原上形成的土壤。地面不具明显砾幂，并出现弱的石灰淋溶作用。

（一）灰漠土的分布及成土条件

1. 分布 灰漠土集中分布在新疆北部的准噶尔盆地、天山北麓山前倾斜平原的古老冲积平原上。在甘肃、宁夏、内蒙古境内也有分布。灰漠土的东面北段接棕钙土，南接灰钙土，西面与灰棕漠土和风沙土相连，北面直抵我国国界。

2. 成土条件 灰漠土形成于温带荒漠生物气候下，夏季炎热干旱，冬季寒冷多雪，春季多风。年均气温 4~9.0℃，≥10℃年积温 3000~3600℃。年降水量 140~200mm，年均蒸发量 1600~2100mm，干燥度 4~6。植被以耐旱生强的小灌木为主，博乐蒿、假木贼、猪毛菜、琵琶柴、四合木、骆驼刺、芨芨草、红柳、白刺、苦豆子、矮芦苇等。母质有黄土状母质、冲积—洪积红土状母质、冲积黄土状母质。

（二）灰漠土的成土过程及性状

1. 成土过程 灰漠土主要成土过程有黏化和铁质化过程、土壤有机质的弱积累过程、盐碱化过程与灌耕熟化过程。灰漠土的形成过程既有荒漠土成土过程的特点，又具有草原土壤形成过程的某些雏形。

（1）黏化和铁质化过程：在温带漠境地区，土壤水热状况的强烈变化，促使灰漠土表下层产生了黏化和铁质化过程，形成了褐棕色紧实层（残积铁质黏化层）。在雪水或春夏降雨作用下，产生了黏粒的机械淋洗和铁铝两性胶体的淋溶，而使黏粒自表层向表下层有微弱移动。不同漠土中黏粒变化如图 12-2。

（2）土壤有机质的弱积累过程：灰漠土的有机质含量比其他漠土稍高，表层有机质含量变动在 5.3~17.2g/kg 之间。富里酸含量高于胡敏酸。

（3）盐化与碱化过程：灰漠土部分有盐化和碱化过程。灰漠土中可溶性盐量可高达 15g/kg，钠碱化度可达 15% 以上，碱化层厚度达 20~40cm。

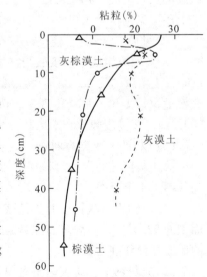

图 12-2 漠土的黏粒剖面分布
（《中国土壤》，1980）

（4）灌耕熟化过程：灰漠土开垦后，进入灌耕熟化阶段。主要表现在生物积累作用增强，耕种 30 年灰漠土有机质比开垦前增加 10%~20%；耕层土壤腐殖化过程增强，胡敏酸含量增加，HA/FA 比接近 1。

2. 剖面形态与性质

(1)剖面形态：发育比较完善的灰漠土具有如下发生层次：

荒漠结皮层：地表面常有一些黑褐色地衣和藻类，结皮层厚 2~3cm，呈浅棕色或棕灰色，干而松脆，多海绵状孔隙。

片状—鳞片状层：厚 4~5cm，略显棕色，呈片状—鳞片状结构，松脆，多小孔。

褐棕色紧实层：厚 8~10cm，比较紧实，呈块状或棱块状结构。

可溶性盐和石膏聚集层：多位于地表 40 或 60cm 以下，有明显灰白色盐斑，粉状或晶粒状石膏。

(2)性质：灰漠土的颗粒组成虽因母质来源及沉积环境不同而异，但总的来看，除发育在洪积扇中下部的薄层灰漠土外，一般不含砾石，粗砂含量也很少超过 2%；而粉砂和黏粒含量都比较高。黏粒含量在剖面中部多有明显增高。碳酸钙含量 50~150g/kg，石膏通常聚集在 40~100cm，最高含量一般为 20~30g/kg。灰漠土部分有碱化特征，碱化度常可达 10%~30% 或更高。但由于大多数灰漠土盐基交换量很低，所以交换性钠含量一般仅为 1~4cmol(Na)/kg。

(三)灰漠土亚类的划分

根据灰漠土的主导和附加成土过程划分为：灰漠土、盐化灰漠土、碱化灰漠土、草甸灰漠土和灌耕灰漠土 5 个亚类。

(1)灰漠土：具有发育良好的孔状结皮层和片状—鳞片状层，其下为褐棕色紧实层。白色斑点状碳酸钙新生体多见于地表 20cm 以下，易溶盐及石膏在剖面中无明显富集。灰漠土的质地大多比较黏重。

(2)盐化灰漠土：盐化灰漠土是指在灰漠土形成过程中伴随有积盐过程的灰漠土。盐化灰漠土的形态特征和理化特征与典型灰漠土相近似，只是在紧实层以下有残余积盐层，部分还出现有两个以上的积盐层。

(3)碱化灰漠土：碱化灰漠土中具有附加碱化过程和明显碱化特征的一个亚类。在孔状结皮层和片状—鳞片状层下有褐色棕色紧实拟柱状、短柱状或棱块状的碱化黏化层，碳酸钙也多在该层有较明显的淀积。碱化黏化层之下有一高碱化度和含盐量、呈棱块状结构的过渡 B 层，再向下为石膏和可溶性盐聚集层。

(4)草甸灰漠土：草甸灰漠土是灰漠土中具有附加草甸化成土过程的亚类。主要分布于灰漠土区的低平地段。因而植物较为繁茂，土壤有机质含量较高，盐化亦较普遍。在薄而松脆的荒漠结皮层下，有腐殖质染色较深的亚表层，底土层还具有少量的锈纹、锈斑。

(5)灌耕灰漠土：具有灌耕熟化附加成土过程，并表现出一定熟化程度的耕作土壤。广泛分布在天山北麓的山前平原及其以下的古老冲积平原上的新老绿洲内。

二、灰棕漠土

灰棕漠土亦称灰棕色荒漠土，处于亚洲大陆灰棕漠土带的东部，是在极端干旱条件下形成的土壤。地表常见黑褐色漆皮的砾幂，表层多为多孔结皮，石灰表聚明显。

（一）灰棕漠土的分布及成土条件

1. 分布　灰棕漠土分布在温带荒漠地区，在新疆准噶尔盆地、内蒙古的中北部地区有广泛分布。共计面积 3071.64hm²。

2. 成土条件　灰棕漠土是在温带大陆性干旱荒漠气候条件下形成的。主要特征是夏季炎热干旱，冬季严寒少雪，春、夏多风，气温年日差较大，夏季极端最高气温达 40~45℃，冬季极端最低气温 -36~-33℃；≥10℃年积温 3000~4100℃。年降水量 50~110mm 以上。植被主要为旱生和超旱生的灌木、半灌木，如梭梭、麻黄、假木贼、戈壁藜等，覆盖度一般在 5% 以下。灰棕漠土广泛发育在砾质洪积—冲积扇、剥蚀高地及风蚀残丘上。成土母质主要为砾质洪积物或石质坡积—残积物。

（二）灰棕漠土的成土过程及性质

1. 成土过程

(1) 砾质化过程：在漠境干旱地区，土壤以物理风化为主，化学风化较弱，土壤中细粒本身较少，另外，在成土过程中形成的有限细粒物质，不断遭受大风吹蚀，致使砾石和砂粒在土壤表层的比重越来越大，粗骨性越来越强。

(2) 残积盐化、石灰表聚及石膏聚积过程：在干旱少雨、蒸发强烈的气候条件下，土体中可溶性盐分、石膏不断聚集，可溶性盐分总量可达 10~30g/kg，石灰 80~200g/kg。

(3) 亚表层铁质黏化过程：灰棕漠土虽然粗骨性强，但亚表层的黏化现象仍相当明显。其黏粒含量往往显著高于上、下土层。另外，产生铁质化。

(4) 生物积累过程微弱：有机质含量仅为 3~5g/kg，在剖面中无明显聚积层。腐殖质碳只占有机碳 25% 左右，HA/FA 比值仅为 0.3~0.5。

2. 剖面形态特征和性质

(1) 剖面特征：发育较好的灰棕漠土，一般可分为砾幂层、多孔结皮层、紧实层等发生层次，有的表层还有石膏聚积层。

砾幂层：一般由 1~3cm 直径的砾石镶嵌排列而成，其间隙多由小石砾和粗砂填充。厚 2~3cm，表面光洁，可见黑褐色的漆皮。

多孔结皮层：厚度为 2~3cm，且多含有少量小砾石。

紧实层：厚 3~7cm，较紧实，块状结构，结构面上常有白色盐霜。石膏积聚层厚约 10~30cm，常含多量砾石。

(2) 基本性质：灰棕漠土突出地表现在颗粒组成上的粗骨性，砾石含量常高达 200g/kg，细土部分中砂粒多占到 500~900g/kg，而且一般自紧实层以下粗骨性愈来愈强。石灰在剖面上部聚集十分明显。0~10cm 的碳酸钙含量，常比下层高出 1~2 倍以上。表层有机质含量多低于 5g/kg，除钾素外，其他养分相当贫乏。除钙在石灰和石膏聚集层中明显增高外，各种矿质元素在土壤剖面中基本未发生移动。

（三）灰棕漠土亚类的划分

灰棕漠土划分为灰棕漠土、石膏灰棕漠土和石膏盐磐灰棕漠土 3 个亚类。

(1) 灰棕漠土：灰棕漠土亚类主要分布在北疆艾比湖流域较年轻的砾洪积—冲积扇上。其主要特点是石膏含量低，聚集不明显。灰棕漠土的粗骨性很强，孔状结皮层发育很薄，通常只有 2~3cm。但表层之下的棕色紧实层却发育较好。

(2) 石膏灰棕漠土：石膏灰棕漠土主要分布在古老的洪积或坡积—残积母质上。主要特点是在红棕色紧实层下,有明显的石膏聚集,通常在砾幂下即可见到大量石膏和盐分聚集,最高石膏含量出现在地下 10~30cm,而含盐量的层次,多出现在地表 10cm 以下开始聚集。

(3)石膏盐磐灰棕漠土:主要分布在新疆北部的诺每戈壁上,由于气候极端干热,常年多大风,故孔状结皮层和棕色紧实层均很薄,石膏和易溶盐自地表 3~5cm 以下开始累积,在 10~40cm 形成石膏盐磐层。石膏盐磐层的石膏和易溶盐含量分别达到 70g/kg、200g/kg。

三、棕漠土

棕漠土为棕色荒漠土的简称,它是暖温带极端干旱生物气候条件下发育形成的具有荒漠地带性土壤。以其具有漆黑的砾幂,不明显的孔状结皮和较明显的红棕色紧实层及高盐磐聚积层而有别于其他漠境土壤。

(一)棕漠土的分布及成土条件

1. 分布　我国棕漠土主要分布于新疆天山、甘肃北山一线以南,嘉峪关以西,昆仑山以北的戈壁平原地区。总面积 2428.8hm^2。

2. 成土条件　棕漠土是在暖温带极端干旱的荒漠气候条件下发育而成的地带性土壤。夏季极端干旱而炎热,冬季比较温和,降雪极少。大于 10℃年积温多为 4000~4500℃。平均气温 10~14℃。无霜期 180~240d。降水量大部分地区低于 50mm,蒸发量 2500~3000mm。棕漠土的化学风化很弱,风蚀作用十分强烈,土壤表层细土被吹走,残留的砂砾便逐渐形成砾幂,造成棕漠土的粗骨性和沙化。棕漠土分布地区植被稀疏简单,多为肉汁、深根、耐旱的小半灌木和灌木荒漠类型。以麻黄、伊林藜(戈壁藜)、琵琶柴、泡果白刺、假木贼、霸王合头草、沙拐枣等为主,覆盖度常常不到 1%。棕漠土的成土母质主要有洪积—冲积细土母质、沙砾质洪积物、石质残积物和坡积—残积物。

(二)棕漠土的成土过程及性状

1. 成土过程

(1)石灰表聚和强烈的石膏与盐类积累过程:气候干旱,蒸发量大,使碳酸钙在表层产生聚积现象。同时土壤剖面中下部都有不同程度的石膏和易溶性盐积累,有的甚至出现很厚的石膏层和盐磐层。

(2)较弱的残积黏化作用和较强的铁质化作用:棕漠土的干热程度远较灰漠土和灰棕漠土强烈。所以其残积黏化现象也就相对较弱。不仅黏化层减薄,层位也较高,而铁质化作用相对增强。

(3)腐殖质的累积过程相当微弱:漠土分布地区植被覆盖度很小,每年能为土壤提供的有机物质,加之干热的气候条件,又促使这些有机物质迅速分解和矿化,土壤中积累的腐殖质数量极为有限。

(4)现代积盐过程:由于大量河水引入灌区,导致地下水位逐渐抬升,盐分表聚,从而使棕漠土产生了一个附加的次生盐过程。在盐化过程的同时,也有一定的草甸化过程。

2. 剖面形态及性状

(1)剖面形态:典型棕漠土一般都具有如下 3 个发生层次:

微弱的孔状结皮层:孔状结皮的形成是在土壤表层暂时湿润后随即迅速变干,促使钙钠的重碳酸转变为碳酸盐并放出 CO_2,从而造成土壤表层出现许多小孔隙。

红棕色铁质染色坚实层:位于表层下。该层细土粒增加,厚度一般小于 10cm,活性铁、全铁及黏粒含量都比较高，常显铁质染色现象，垒结紧实，呈块状或棱块状结构。

石膏和易溶盐聚积层：处于红棕色坚实层下。古老地貌上发育的棕漠土有明显的石膏层，厚约 10~30cm，最厚可达 40cm。石膏与盐类胶结在一起形成石膏盐磐层。

(2)基本性质：粗骨性强是棕漠土的重要物理特性。发育在石砾母质上的棕漠土，砾石含量常高达 20%~50%；细粒部分中，以砂粒占绝对优势，黏粒含量多小于 150g/kg。只有发育在具有薄层细土物质上的棕漠土，剖面上、中部才有厚数十厘米的砂壤土或稍黏重的土层。由于生物累积很少，除草甸棕漠土和经人工长期培肥的灌耕棕漠土外，其余各亚类的有机质含量，一般仅有 5~9g/kg 左右，全氮、全磷及碱解氮等含量也很低，保肥性能很差，交换性盐基总量 3~5cmol(+)/kg。土体矿物质全量分析结果表明，除铁在表层略有聚积、钙在石膏层明显增加外，硅、铝等元素在剖面中基本无移动，剖面上下层的硅铝率和硅铁铝率均变化甚微。

(三)棕漠土亚类的划分

棕漠土可划分为棕漠土、石膏棕漠土、石膏盐磐棕漠土、盐化棕漠土、灌耕棕漠土等五个亚类。

(1)棕漠土：主要分布在新疆塔里木盆地及吐鲁番—哈密盆地山前洪积、冲积扇的中下部。棕漠土亚类代表棕漠土形成过程的早期阶段，其分布常与较新的洪积—冲积物相一致。

(2)石膏棕漠土：主要分布在新疆喀什、阿克苏、巴音郭楞、乌鲁木市、吐鲁番、克孜勒苏柯尔克孜、哈密等地(州)洪积扇上部的广大戈壁滩上。其显著特点是具有明显的石膏聚积层。粗骨性特强，孔状结皮层、片状—鳞片状及红棕色紧实层发育很弱。

(3)石膏盐磐棕漠土亚类：主要分布在新疆哈密、和田、喀什、吐鲁番、巴音郭楞等地(州)。其特点是：在石膏聚积层下有盐磐层。盐磐层是 NaCl 胶结物，常呈灰黑色的坚硬结晶，或与石砾胶结成硬块。盐磐中的易溶盐含量，可达 300~400 g/kg，个别达 500 g/kg 以上。

(4)盐化棕漠土：主要分布在新疆吐鲁番、阿克苏、和田、克州等地。盐化棕漠土多分布在山前洪积—冲积扇下部，由于母质含盐，加之水库及渠系渗漏使地下水位抬升，造成次生盐渍化。

(5)灌耕棕漠土：主要分布在新疆塔里木盆地南部和北部，以及吐鲁番盆地等山前洪积扇中下部绿洲边缘地带。灌耕棕漠土是新疆绿洲的重要耕作土壤，经多年灌溉耕作，形成了比较明显的耕作层，不仅原来的荒漠结皮层、红棕色紧实层不复存在，而且基本见不到盐聚层和石膏层。

[思考题]

1. 比较棕钙土、灰钙土、荒漠土壤形成条件的差异。
2. 比较棕钙土、灰钙土、荒漠土壤形成过程的差异。
3. 比较棕钙土、灰钙土、荒漠土的剖面构型特征差异。

参考文献

[1] 全国土壤普查办公室. 中国土壤. 北京：中国农业出版社，1998.
[2] 中国科学院林业土壤研究所. 东北土壤. 北京：科学出版社，1980.

[3] 李天杰．土壤地理学．北京：高等教育出版社，1983．
[4] 吉林省土壤肥料总站．吉林土壤．北京：中国农业出版社，1998．
[5] 黑龙江土壤普查办公室．黑龙江土壤．北京：农业出版社，1992．
[6] 朱祖祥．土壤学．北京：农业出版社，1981．
[7] 熊毅，李庆逵．中国土壤（第二版）．北京：科学出版社，1987．
[8] 中国科学院南京土壤所．中国土壤．北京：科学出版社，1978．
[9] 龚子同．中国土壤系统分类．北京：科学出版社，1999．
[10] 新疆土壤普查办公室．新疆土壤（油印本）．乌鲁木齐：新疆人民出版社，1991．
[11] 新疆农业区划委员会．新疆土壤资源．乌鲁木齐：新疆人民出版社，1998．
[12] 八一农学院．土壤附地貌学．北京：农业出版社，1987．
[13] 李天杰．土壤地理学（第二版）．北京：高等教育出版社，1983．
[14] 朱显谟．黄土高原土壤与农业．北京：农业出版社，1987．
[15] 席承藩．土壤分类学．北京：中国农业出版社，1994．
[16] 张凤荣．土壤地理学．北京：中国农业出版社，2002．
[17] 林培．区域土壤地理学（北方本）．北京：北京农业大学出版社，1992．
[18] 林成谷．土壤学（北方本，第二版）．北京：农业出版社，1996．
[19] 陕西省土壤普查办公室．陕西土壤．北京：科学出版社，1992．
[20] 中国科学院南京土壤所．中国土壤．北京：科学出版社，1980．

第十三章
初 育 土

【重点提示】主要讲述初育土中黄绵土、风沙土、新积土以及紫色土、石灰岩土的分布、形成条件与土壤特性，明确各土壤类型形成发育主要的限制因素。

初育土壤是指土壤剖面发育微弱、土壤特性分异较差，母质特征明显，剖面构型为A—C型或A—R型的土壤。初育土的形成主要受局部母质、地形、植被和小气候的影响，与生物气候地带性关系不明显，属初育土纲。

根据成土母质特点，初育土纲又可分为发育于疏松母质的土质初育土和发育于基岩风化物上的石质初育土两个亚纲。土质初育土亚纲包括黄绵土、新积土和风沙土等；石质初育土亚纲包括石质土、火山灰土、紫色土、石灰（岩）土、粗骨土和磷质石灰土等。

第一节 黄绵土、风沙土与新积土

一、黄绵土

（一）黄绵土的分布及成土条件

1. 分布 黄绵土曾称为黄土性土、绵土等，是黄土高原地区最大的土类和最主要的旱作土壤。广泛分布于水土流失严重的黄土丘陵沟壑区，主要是陕西的北部和中部，甘肃的东部和中部，山西西北和东南部以及宁夏的南部，青海、内蒙古与河南也有零星分布。黄绵土与栗褐土、褐土、栗钙土、灰钙土等地带性土壤交错出现。

2. 成土条件 黄绵土地处温带、暖温带半干旱、干旱地区，年均气温7~16℃，年降水量200~500mm，集中于7~9月，多暴雨，年蒸发量800~2200mm，干燥度大于1。自然植被为森林草原和草原，乔木主要是阔叶树种，有栎、榆、刺槐，间有油松、柏等，多为次生、旱生中幼林，林相残败；草本主要为禾本科草类以及冷蒿、胡枝子、甘草等，生长较稀疏。地形为黄土丘陵和这些黄土地貌区的川台地、涧地等非地下水浸润区。母质为第四纪风成黄土。土层深厚，一般厚10~20m，最深达60m。黄绵土地区地形支离破碎，坡度大，雨量集中，植被稀疏，加之黄土抗蚀能力弱，是造成土壤强烈侵蚀的主要原因。

（二）黄绵土的成土过程

黄绵土的土壤形成过程主要是弱腐殖质积累、耕种熟化和土壤侵蚀三方面。

（1）弱腐殖质积累过程：在自然草本和灌木疏林植被下发育的黄绵土，当地形平坦时，侵蚀减弱，表层具有枯枝落叶残留层，形成有机质层。

（2）耕种熟化和土壤侵蚀过程：在耕种条件下，一方面进行着耕种熟化，另一方面又发生着土壤侵蚀。土壤形成处在熟化—侵蚀—熟化往复循环的过程中，特别是由于气候干旱和生物过程不强，延缓了剖面的发育，所以土壤始终处在幼年发育阶段，剖面无明显淋溶淀积层。

(三)黄绵土的剖面形态

黄绵土的剖面土体构型为 A—C 型。在自然植被下，具有有机质层，其林地比草地有机质含量高，颜色为灰棕色或暗灰棕色，粒状、团块状结构，其下为母质层，碳酸钙有轻度的淋溶淀积。

在塬地、台地等平坦地形，侵蚀轻微，经耕种熟化，土壤有微弱发育，表土有机质含量较高，呈淡灰棕色，碳酸钙有轻度的淋溶淀积，心土层有少量斑点状或假菌丝状石灰新生体，剖面由耕种层、亚耕层、心土层和母质层组成，全剖面为强石灰反应。

在侵蚀较强的地形部位，全剖面显黄土母质特性，颜色、质地、结构均一，土质疏松绵软，通体强石灰反应。剖面由耕层和母质层组成，耕层比较薄，一般 15cm 左右，有的陡坡耕地不足 10cm，碎块状结构，耕层以下为黄土母质层，除耕层比较疏松外，表土与底土无明显过渡界限。

(四)基本性质

1. 颗粒组成 黄绵土的颗粒组成与黄土母质相近似，以粉粒颗粒为主，同一剖面各层颗粒组成变化不大，仅表层因侵蚀、耕作等的影响稍有差异，但地域性差异显著，由北向南，由西向东黏粒含量逐渐增加，这与黄土颗粒组成的地域分异规律是一致的。

2. 水分及土温性质 黄绵土疏松多孔，容重小，耕层容重一般为 $1.0 \sim 1.3 \text{g/cm}^3$，总孔隙度 55%~60%，通气孔隙最高可达 40%。黄绵土透水性良好，蓄水能力强，有效水范围宽，2m 土层内可蓄积有效水 400~500 mm，田间持水量为 13%~25%，凋萎湿度 3%~8%，土壤有效水含量可达 8%~17%。

黄绵土质地轻、颜色浅、比热小，因而土温变幅大，属温性—中温性土壤，一般阳坡高出阴坡 1.5~2.5℃。坡向对土壤水热状况的影响，对黄绵土地区的作物布局、播种时间选择以及出苗生长状况都有重要的作用。

3. 化学性质 黄绵土的有机质含量耕地一般在 3~10g/kg 之间，疏林地、草地表层有机质含量一般在 10~20g/kg，高的可达 40~50g/kg。腐殖质组成以富里酸为主，胡敏酸与富里酸比值为 0.3~0.9。黄绵土氮素含量低，磷、钾全量较丰富，但有效性差，锌、锰较缺。

黄绵土呈弱碱性反应，pH 值 8~8.5，碳酸钙含量 90~180g/kg，上下土层比较均匀，阳离子交换量 5~12cmol(+)/kg，保肥能力较弱，且由南向北逐减。

黄绵土的矿物组成与化学组成和黄土母质近似，矿物组成以石英、长石为主，各层变化不大；其次是云母和碳酸盐矿物。黏土矿物以伊利石和绿泥石为主，含有一定量的云母。黏粒硅铝率为 2.8~2.9，硅铝率为 3.5~3.7。由于土壤发育微弱，上下层变化不大。

(五)黄绵土的分类

由于黄绵土发育微弱，剖面土层分异不明显，从而缺乏其他土壤发生层，因此暂划黄绵土 1 个亚类。

二、风沙土

(一)风沙土的分布及成土条件

1. 分布 风沙土是干旱与半干旱地区在砂性母质上发育形成的仅有 A-C 层的疏松幼年土。在我国主要分布于我国北部的半干旱和干旱地区，大致位于北纬 36°~49°，处于黑钙土、栗钙土、棕钙土和漠土地带内，跨黑龙江、辽宁、内蒙古、河北、山西、陕西、宁夏、甘肃、青海、新疆等省（自治区），构成我国著名的"三北"风沙区。其他如栗褐土、褐土区等也有零星分布。

2. 成土条件 风沙土主要处于温带半干旱、干旱、极端干旱的草原、荒漠草原及荒漠地带，部分处于海滨。大陆性气候明显，干旱少雨，蒸发量大。年降水量东部地区 250~450mm，而西部多在 150mm 以下，有些地区不足 50mm。干燥度东部为 1.5~4.0，到新疆塔里木盆地可高达 20~60。年均气温 0~8℃，气温变化大，年均温差在 30~50℃，日温差 10~20℃。风沙土区常年多风，且大风日数持续时间长。风多、风大是风沙土形成的基本动力。

风沙土地区的自然植被为草原、荒漠草原和荒漠，多以根系发达、耐旱、耐瘠、抗风沙的灌木、半灌木和沙生植物为主。植物低矮稀疏，主要有梭梭、沙拐枣、沙蒿、沙蓬、沙米、红柳、沙柳、锦鸡儿、柠条、胡杨、白草等。滨海风沙土区主要植物有海桐花、节竹、滨藜、厚藤等。

风沙土的母质是松散的风成沙，其来源有岩石就地风化的产物，也有河流冲积物、洪积物、湖积物、海积物和坡积物。有些地区下伏基岩岩石疏松，极易风化。这些砂质沉积物和疏松的砂页岩，为风沙土的形成提供了丰富的沙源。在起沙风力的作用下，砂粒开始移动，形成沙地特有的风沙地貌—各种形状和类型的沙丘。

（二）风沙土的成土过程

1. 风蚀、堆积过程 通过风的吹扬作用，将地表碎屑物质吹起，并携带搬运，当风速减弱或遇到障碍物时，沉积下来。

2. 生草化过程 风沙土区植被多为深根、耐旱的木质化灌木、小灌木，每年地上部分死亡。由于气候干旱，枯枝落叶分解十分微弱。尽管植被稀疏，但对固定土壤起着十分重要的作用。

风沙土的形成始终贯穿着风蚀沙化的风蚀过程和植被固沙的生草化过程，这两者互相对立而往复循环以推动着风沙土的形成与变化。成土过程常被风蚀、沙埋作用所打断，很不稳定，因此土壤发育十分微弱，很难发育为成熟、完整的剖面。风沙土的形成大致分为三个阶段：

（1）流动风沙土阶段：风沙母质含有一定的养分和水分，为沙生先锋植物的滋生提供了条件，但因风蚀、沙压强烈，植物难以定居和发展，生长十分稀疏，覆盖度小于10%。常受风蚀移动，土壤发育极其微弱，基本保持母质特征，为成土过程的最初阶段。

（2）半固定风沙土阶段：随着植物的继续滋生和发展，覆盖度增大，常在10%~30%之间，风蚀减弱，地面生成薄的结皮或生草层，表层变紧，并被腐殖质染色，剖面开始分化，表现出一定的成土特征。

（3）固定风沙土阶段：沙生植物进一步发展，覆盖度继续增大，通常大于30%，除沙土植物外，还渗入了一些地带性植物成分，生物成土作用较为明显，土壤剖面进一步分化，土壤表层更紧，形成较厚的结皮层或腐殖质染色层，有机质有一定的积累，细土粒增加，有弱度发育的团块状结构形成，土壤理化性质有所改善，具备了一定的土壤肥力。固定风沙土的进一步发展，可形成相应的地带性土壤。

(三) 风沙土的剖面形态和基本性质

1. 剖面形态特征 风沙土剖面一般由薄而淡的腐殖质层和深厚的母质层组成，剖面构型为 A—C 型或 C 型。(A)层为生草结皮层(或称腐殖质染色层)，厚 10~30cm，地表有厚 0.5~1cm 的褐色结皮层，棕色或灰棕色，砂土或砂壤土，弱块状结构。母质层(C)深厚，浅黄色，单粒结构。

2. 基本性质

(1) 物理性质：由于风力的分选作用，风沙土的颗粒组成均一，粒径 >0.02mm 的粗砂和细砂一般占 800g/kg 以上。流动风沙土的表层为一疏松的干沙层，厚度一般为 5~20cm，荒漠土地区可超过 1m，含水量低于 1%。干沙层以下水分比较稳定，含水量为 2%~3%，对耐旱的沙生先锋植物的定居有利。半固定和固定风沙土由于植物吸收与蒸腾，上层土壤水分含量降低，致使土壤贮水量普遍下降。导热性强，热容量小，昼夜温差大，对植物的生长极为不利。

(2) 化学性质：风沙土有机质含量低，一般在 1~6g/kg 之间，腐殖质组成以富里酸为主，HA/FA 小于 1。阳离子交换量一般在 2~6cmol(+)/kg，保肥供肥力差，土壤贫瘠。pH 值在 6.5~8.5 之间。碳酸钙和盐分含量地域差异明显，东部草原地区一般无石灰反应，西部地区有盐分积累，特别是荒漠地区有的已开始出现盐分和石膏聚积层。矿物组成中，石英、长石等轻矿物占 80% 以上，重矿物含量较少，但种类较多，主要是角闪石、绿帘石、石榴子石和云母类矿物。

(四) 风沙土亚类的划分

风沙土划分为草原风沙土、荒漠风沙土、草甸风沙土和滨海风沙土四个亚类。

(1) 荒漠风沙土：分布于我国西北部的荒漠区，干沙层厚度大，水分和有机质含量极低，石灰含量较高。

(2) 草原风沙土：处于干草原地带，水分和有机质含量较荒漠风沙土多，一般无石灰反应。

(3) 草甸风沙土：草甸风沙土是受地下水影响而发育的风沙土。生草层和枯枝落叶层明显，表层细土增多，下层有锈纹锈斑。某些草甸风沙土有易溶盐积累。

(4) 滨海风沙土：滨海风沙土是由滨海沉积物经风浪作用堆积而成，多为古沙堤，往往呈条带状与海岸线大体平行。风浪强大使植物生长困难，土壤发育微弱。

三、新积土

(一) 新积土的分布

新积土为新近冲积、洪积、坡积、塌积、海潮沉积或人工堆垫而成的土壤，广泛分布于全国各地，主要分布于各河流两岸的河漫滩低阶地及沙洲，以河流中下游面积较大。堆垫土的分布与人工改土造田或矿山土地复垦有关，分布零散。

(二) 新积土的成土条件与成土特征

新积土由自然力及人为作用将松散物质堆积而成，其形成主要受地形条件和母质特性的影响。多分布于地势相对低平地段，如河床、河漫滩、冲积平原、洪积扇、谷地或盆地。成土物质来源十分复杂，主要的成土母质是河流冲积物、坡积物、洪积物、淤积物等。

新积土成土时间短，未形成稳定的植物类型，在水分条件较好的河滩地及低阶地，可见到少量植物，如芦苇、赖草及柳树等。

(三)新积土的剖面形态特征

1. 形态特征 新积土由于成土时间短暂，土壤发育不明显，剖面一般没有明显的发生层次，剖面构型为 A—C 型，新积土的剖面性状与其母质基本近似：一是剖面大多具有明显的质地层次；二是不同地区或同一区域内有效土层的厚度差异很大。

2. 理化特性 受所处地区的自然条件以及人为活动的影响，新积土的性质有明显差异。分布于西北、华北、东北西部的石灰性新积土，富含碳酸钙，呈石灰性反应，pH 值 8.0~8.5；由中性和酸性基岩风化物形成的新积土以及华南、西南地区的新积土，一般无石灰反应，pH 值 4.7~6.5。

新积土的质地因沉积物质的来源不同而不同。如黄土区的新积土质地多为粉砂黏壤土，南方红壤区的新积土质地则多为黏土。另外，新积土的质地受沉积规律的影响很大。主流带多为砂质土(有的为砾质土)，静水区多沉积黏质土，其间多为壤质土或砂黏间层土。

(四)新积土亚类的划分

新积土划分为新积土、冲积土和珊瑚砂土 3 个亚类。

(1)新积土：新积土是在洪积、坡积、塌积、海潮物上或人工搬运堆叠而形成的一种土壤，成土时间短暂，剖面不发育，剖面构型为(A)—C 型，甚至没有(A)层。

(2)冲积土：冲积土广泛分布于平原和山间平原的河谷两岸的河漫滩上，是由河流冲积而形成，尚伴有不同程度的现代地质沉积过程，常有新的冲积物覆盖于表层。土壤没有剖面发育，沉积层理明显。受汛期、枯期地下水位升降的影响，剖面中下部有明显的锈纹锈斑。

(3)珊瑚砂土：珊瑚砂土主要分布于我国西沙群岛地区，成土母质为珊瑚礁与贝壳的碎屑砂。成土过程受到海洋生物、海洋环境和热带海洋性气候等因素的影响，土壤理化性质表现为生物积累量大，表层有机质、氮素含量较高，土壤磷素及速效钾含量丰富。整个土层含有贝壳碎屑，底层有珊瑚碎屑，pH 值 8.3~9.5，石灰反应强烈。

第二节　紫色土、火山灰土与石灰(岩)土

一、紫 色 土

(一)紫色土的分布及成土条件

1. 分布 紫色土一般指亚热带和热带气候条件下由紫色砂页岩发育形成的一种岩性土。我国紫色土分布主要分布于四川、江西、贵州、湖南、广西等地区，尤以四川盆地最多。在陕西秦岭以南的低山丘陵区也有呈条带和斑块状分布。

2. 成土条件 紫色土处于亚热带的湿热气候区，年平均气温 15~20℃，≥10℃ 年积温 4200~5800℃，年降水量 800~1200mm。自然植被有常绿阔叶林、常绿针叶林、竹林和亚热带草丛。成土母质是紫色砂页岩。主要地貌类型为丘陵山地，地形起伏明显，坡度较大，水土流失十分严重。

(二)紫色土的形成过程

(1)强烈的物理风化：紫色岩节理发育，固结性差，岩性松软，吸热性强，在亚热带生物气候条件下，母岩的物理风化十分强烈。从岩石暴露地面开始，大约 10 年之内即可风化

成土。

(2) 碳酸钙的不断淋溶和"复钙"：紫色土中除少数由酸性紫色砂页岩发育形成的之外，绝大多数都含有数量不等的碳酸钙，这些碳酸钙在热带、亚热带生物气候条件下，遭到不同程度的淋失。但因土层不断被侵蚀和堆积，仍保留着相当数量游离的碳酸钙，延缓其成土过程，致使长期达不到富铝化阶段。

(3) 微弱的化学风化作用：紫色土中，除石英外，还有大量长石、云母等原生矿物；母岩和土壤的矿物组成基本相近，黏粒矿物以水云母和蒙脱类为主，这些特征都说明了紫色土的化学风化微弱。

(4) 微弱的有机质积累：紫色土地表植被稀少，加之侵蚀较重，故土壤中有机质积累作用十分微弱。

(三) 紫色土的形态特征

(1) 剖面形态：紫色土通体呈单一紫色，剖面层次分异较差，没有明显的腐殖质层，剖面构型为 A—AC—C 型。在坡地平缓的草地或林地下，表层以下可见具有胶膜核块状结构的心土层。

(2) 理化性质：紫色土的质地随母岩类型而异，以砂质黏壤土居多，土体中多含有半风化的母质碎屑。大部分紫色土都有石灰反应，pH 值 7.5~8.5，还有部分紫色土无明显的石灰反应。有机质含量一般比较低，氮素普遍不足，全磷、全钾丰富，速效磷含量不高。

(四) 紫色土亚类的划分

根据土壤的 pH 值及碳酸钙含量，将紫色土划分为酸性紫色土、中性紫色土和石灰性紫色土 3 个亚类。

(1) 酸性紫色土：主要分布在我国长江以南和四川盆地的广大低山丘陵区，以西南地区面积最大，pH 值 <5，盐基饱和度低。

(2) 中性紫色土：主要分布在四川、云南，土壤呈中性反应，矿质养分高而有机质、氮、磷不足。

(3) 石灰性紫色土：集中分布于四川盆地及滇中等地，土壤有机质、全氮、速效磷含量低，锌、硼严重缺乏。

二、火山灰土

(一) 火山灰土的分布与成土条件

火山灰土是发育于第四纪火山喷发碎屑物、粉尘状堆积物和熔岩风化母质上的土壤。在我国总面积不大，但分布零散，随火山的分布在全国 12 个省份都有分布。主要分布于黑龙江五大连池、长白山、云南腾冲和海南等地。

(二) 火山灰土的成土特点

火山灰土的母质为已垒结、疏松多孔的玻璃碎屑、粉尘渣及浮石等，物理风化强烈，易于就地形成土壤。但是受火山喷发的影响，土壤处于初级阶段，且土壤具有粗骨性。在亚热带，土壤具有弱脱硅富铁铝化和生物富集特点。

(三) 火山灰土的土壤剖面形态特征

1. 剖面形态 火山灰土剖面构型为 A-C 型或 A-AC-C 型。A_h 层颜色暗棕。AC 层暗棕灰色，仍较疏松，火山碎屑物明显增多。C 层色杂，常为半风化浮石碎块或新鲜火山喷发物。在南方，有时心土层可见铁锰胶膜斑淀，甚至有铁锰结核出现。

2. 土壤理化特性 火山灰土相对质量密度很低，毛管孔隙很高，持水性能很强。黏粒含量很低，颗粒组成以细粉砂和粗粉砂为主，并含有多量火山砾石。

火山灰土由于成土时间短，矿物风化程度弱，且成土矿物组成丰富，因而养分含量较高。土壤呈微酸性至中性反应，盐基饱和度60%~90%。

(四)火山灰土亚类的划分

火山灰土的类型划分，各国差异较大。我国分为火山灰土、暗火山灰土及基性岩火山灰土三个亚类。

三、石灰(岩)土

(一)石灰(岩)土的分布

石灰(岩)土是在热带、亚热带地区石灰岩经溶蚀风化形成的初育土，广泛分布于岩溶地区，如贵州、四川、湖北、湖南、云南、广西、陕西、广东、安徽、江西和浙江等地区，常与赤红壤、红壤、黄壤形成组合分布。

(二)石灰(岩)土的成土条件及成土过程

我国石灰(岩)土类型多样，这与我国岩溶的发育程度和地层时代不同有关。我国南方自震旦纪至三叠纪各地质年代地层均有碳酸岩岩类出露，在高温多雨的气候条件下，地面径流对岩体起着溶蚀和冲刷作用，形成各种岩溶地貌。岩溶土即是随着岩溶的发育，酸不溶物质的残积、植物残落物的积累和腐殖质化以及营养元素富集等成土过程形成的。

1. 石灰岩的溶蚀风化与 $CaCO_3$、$MgCO_3$ 的淋溶 碳酸盐岩类一般含碳酸钙和碳酸镁达80%以上，在长期水分与二氧化碳的溶解作用下，钙、镁不断淋洗迁移，部分含铁、铝的黏土矿物残留下来，形成岩溶与碳酸盐风化壳。

2. 碳酸钙的淋溶与富集 在富含钙质的水文条件及喜钙植物的综合影响下，石灰(岩)土在强烈脱钙的同时，又不断接受从高处流下的含有重碳酸盐的新水溶液，致使土壤中存在碳酸钙的淋失与富集两个相反的过程，使土壤中的钙不断得到补充。

3. 腐殖质钙的积累 高温高湿的气候条件有利于植物的生长，每年有较多的残落物归还土壤。由于钙离子的存在，腐殖质与钙离子形成高度缩合而稳定的腐殖质钙，从而使石灰(岩)土普遍获得腐殖质钙积累。

(三)石灰(岩)土的形态特征

1. 剖面特征 石灰(岩)土因成土母岩岩性、发育阶段及所处地形的不同而具有极显著的差异。石灰岩、白云岩发育的土层浅薄，土体与基岩交接面清晰；泥质灰岩发育的土壤较厚，土石界面也难区分。一般初期发育的石灰(岩)土浅薄，土体构型为A—R型或A—C型，A层土壤呈棕黑色至暗橄榄棕色，核状或粒状结构，有石灰反应。进一步发育，土体逐渐增厚，土体构型为A—BC—R型，心土层黄棕色或黄色，常有灰斑和铁锰结核，棱块状结构。

2. 理化性质 石灰(岩)土呈中性至碱性反应，pH值7.0~8.5。土壤质地黏重，表土层多为黏壤至壤土。

土壤黏土矿物以伊利石、蛭石、水云母为主，有的含有蒙脱石或高岭石。黏粒的硅铝率较高，达2.5~3.0，阳离子交换量20~40cmol(+)/kg，交换性盐基以钙镁占绝对优势，一般为 80%~90%。甚至有的出现石灰淀积结核或假菌丝体，呈强石灰反应。

土壤有机质含量一般在 40g/kg 以上，且腐殖化程度高，与钙形成腐殖酸钙，使土壤具有良好的结构。土壤养分含量丰富，但由于土壤 pH 较高，微量元素如硼、锌、铜等有效性低，易导致缺素现象。

(四)石灰(岩)土亚类的划分

由于石灰岩的组成、特征、所处生物气候条件、成土作用的强弱、时间的长短等因素的不同，造成石灰(岩)土的特征不同，从而将石灰(岩)土划分为黑色石灰(岩)土、棕色石灰(岩)土、黄色石灰土与红色石灰土。

(1)黑色石灰土：黑色石灰土是发育初期的石灰(岩)土。土体厚度比较浅薄，土体构型多为 A—R 或 A—C 型。以富含有机质和碳酸钙为其特点。有机质含量一般在 100g/kg 以上，pH 值 7.2~8.5，盐基高度饱和，养分丰富。

(2)棕色石灰土：棕色石灰土是岩溶地区的主要土壤类型之一。多分布于陡峭山峰的坡麓，在水平分布上常与黑色石灰(岩)土成复区，在垂直分布上在黑色石灰(岩)土的下部。其土体厚度一般大于 50cm，剖面已明显分化，典型剖面构型为 A—BC—C—R 型或 A—AB—R 型。淋溶作用明显，土体无或呈轻微的石灰反应，pH 值 7.0~7.5。有机质积累和腐殖化作用较黑色石灰(岩)土弱。

(3)黄色石灰(岩)土：黄色石灰(岩)土多分布于黄壤地带内的岩溶地区，海拔在 1000m 以上。剖面层次分异明显，多为 A—AB—C 型。土体呈黄色，尤以 B 层明显。表土层颜色为黄灰色至棕黄色，土壤 pH 值 7.5~8.0。表土层石灰反应一般不明显，但往下层逐渐由弱增强。土壤含钾比较丰富，其他养分中等，但略低于黑色石灰(岩)土和棕色石灰(岩)土。

(4)红色石灰(岩)土：红色石灰(岩)土主要分布于老年期岩溶地貌区，多数位于平缓地形。土体厚度在 100cm 以上，剖面为 A—BC—R 型。土壤以红色为基调色，表土层受有机质的影响，为灰棕色。质地多为壤质黏土，结构面上可见铁锰胶膜，有时有铁锰结核。土壤矿物风化程度较深，碳酸钙大多已淋失，开始具有脱硅富铝化特征。土壤 pH 值 6.5~7.5，底土层呈弱碱性，常有石灰反应。

第三节 石质土与粗骨土

一、石 质 土

(一)石质土的分布

石质土是发育于各种岩石风化的残积母质上或次生薄层堆积物上的一类土层极薄、含 30%~50% 的岩石碎屑、剖面构型为 A—R 型的土壤。广泛分布于侵蚀严重、岩石裸露的石质山地、剥蚀残丘、山脊、山坡等坡度陡峻的地形部位，常常与粗骨土或其他山地土壤呈复区镶嵌分布。其中以西北和华北山地区的面积较大。

(二)石质土的成土条件与成土特征

石质土是以物理风化为主要形成过程，所处地形部位多为石质山区的阳坡、半阳坡，坡度较陡，一般在 25°~50°，地面植被稀疏，土壤侵蚀强烈，较疏松的半风化物和土层几乎全被侵蚀，导致土壤不断砂砾化或石质化，土壤发育极差。

(三)石质土的土壤形态特征

1. 形态特征　石质土剖面由浅薄的 A 层和基岩层组成，土石界限分明。局部植被良好的地段可见 1~2cm 的枯枝落叶层，土壤中含有大量砾石碎屑，残留母岩特征明显。

2. 理化特性　石质土生物富集作用弱，砾石含量 30%~50%，土层极薄，pH 值 4.5~8.5。阳离子交换量和盐基饱和度均有一定的地区变异，北方地区多高于南方地区。

(四)石质土亚类的划分

石质土可划分为酸性石质土、中性石质土和钙质石质土以及含盐石质土四个亚类。

(1)酸性石质土：多由中、酸性残积风化物形成，土壤呈酸性至微酸性反应，pH 值为 4.2~6.5。

(2)中性石质土：由各种结晶岩以及非钙质沉积风化残积物发育而成，通体多无石灰反应，pH 值 6.5~7.5。

(3)石质土：由各种灰岩和钙质砂页岩等风化物发育而成，呈石灰反应，pH 值为 7.5~8.5。

(4)含盐石质土：仅分布于干旱地区山地，表层可见盐分聚积。

二、粗骨土

(一)粗骨土的分布

粗骨土是由各种基岩风化残坡积物发育形成的一类 A—C 型初育土壤。广泛分布于河谷阶地、丘陵、低山和中山等多种地貌单元和地形部位。只要地形陡峻，坡度大，强烈切割和剥蚀地区，均有粗骨土分布。

(二)粗骨土的成土特点

由于地形起伏，坡度大，风蚀、水蚀严重，导致细粒物质淋失，土体中残留粗骨碎屑物增多，因而具有显著的粗骨性特征。还有部分母岩在各种气候因子综合作用下，物理风化尤为强烈，形成较深厚的半风化土体，显示粗骨特性。植被多为稀疏灌丛草类，覆盖度较高，有明显的生物积累特征。

(三)土壤形态特征

粗骨土土体剖面构型为 A—C 型或 A—AC—C 型，土层较石质土厚，石砾含量较石质土多。表土层厚度 10~20cm，疏松多孔。表土层下即为风化或半风化的母质层，厚度 20~50cm，夹有大量岩屑体。

(四)粗骨土亚类的划分

粗骨土划分为酸性粗骨土、中性粗骨土、钙质粗骨土和硅质粗骨土四个亚类。

(1)酸性粗骨土：由砂页岩、千枚岩、花岗岩等的风化残坡积物发育而来，pH 值 4.5~6.0。

(2)中性粗骨土：成土母岩为各种非钙质砂页岩等，通体无石灰反应，pH 值 6.5~7.5。

(3)钙质粗骨土：成土母岩为各种钙质岩类，通体有强度或中度石灰反应，pH 值 >8.0。

(4)硅质粗骨土：发育于硅质岩与石灰岩伴生的地段，粗骨性更强，pH 值 4.5~5.5，少部分土壤趋中性。

[思考题]

1. 初育土形成的主要影响因素是什么？
2. 为什么初育土的性质受母质的影响大？
3. 石质土与粗骨土利用方向是什么？限制因素是什么？
4. 风沙土、黄绵土、新积土开发利用应注意什么问题？

参考文献

[1] 全国土壤普查办公室. 中国土壤. 北京：中国农业出版社，1998.
[2] 熊毅，李庆逵. 中国土壤(第二版). 北京：科学出版社，1987.
[3] 席承藩. 土壤分类学. 北京：中国农业出版社，1994.
[4] 张凤荣. 土壤地理学. 北京：中国农业出版社，2002.
[5] 陕西省土壤普查办公室. 陕西土壤. 北京：科学出版社，1992.
[6] 山西省土壤普查办公室. 山西土壤. 北京：科学出版社，1992.
[7] 朱祖祥. 土壤学(下册). 北京：农业出版社，1983.
[8] 林培. 区域土壤地理学(北方本). 北京：北京农业大学出版社，1992.
[9] 李天杰，郑应顺，王云. 土壤地理学(第二版). 北京：高等教育出版社，1983.
[10] 南京大学，中山大学，北京大学，西北大学，兰州大学. 土壤学基础与土壤地理学. 北京：人民教育出版社，1980.
[11] 林成谷. 土壤学(北方本，第二版). 北京：农业出版社，1996.

第十四章
半水成土、水成土与盐碱土

【重点提示】主要介绍盐碱土、半水成土和水成土土纲各土类的成土条件、形成过程及土壤属性，从而深刻理解地表水及地下水在土壤形成过程中的重要作用及对土壤性质的影响。

第一节 潮土与草甸土

一、潮 土

潮土是一种半水成非地带性且具有腐殖质层（耕作层）、氧化还原层及母质层等剖面构型的土壤。潮土曾经被称为冲积土、原始褐土、浅色草甸土，第二次全国土壤普查时正式命名为潮土（潮土是根据其地下水位浅，毛管水前锋能够达到地表，具有"夜潮"现象而得名）。

（一）潮土的分布和成土条件

1. 分布 潮土广泛分布在我国黄淮海平原、长江中下游平原以及上述地区的山间盆地，在珠江、辽河中下游开阔的河谷平原也有一定面积的分布。在行政区划上潮土主要分布在山东、河北、河南，其次是江苏、内蒙古、安徽，再次为辽宁、湖北、山西、天津等地区。

2. 成土条件 潮土的主要成土母质多为近代河流冲积物，部分为古河流冲积物、洪积物及少量的浅海冲积物。在黄淮海平原及辽河中下游平原潮土的成土母质多为石灰性冲积物，含有机质较少，但钾素丰富，土壤质地以砂壤质为主；珠江、黑龙江等水系为酸性非石灰性冲积物，含有机质较多，但钾素不丰富，土壤质地以黏壤土为主；长江、滦河、松花江等水系为中性混合性冲积物；雅鲁藏布江、嫩江、牡丹江冲积物含有大量砂砾。我国主要河系沉积物颗粒组成情况见表14-1。

表14-1 不同河系冲积物的颗粒组成（《中国土壤》，1998）

河系	质地	样品数(n)	颗粒组成(%)（粒径：mm）		
			2~0.02	0.02~0.002	<0.002
黄河	砂 土	10	90.37	3.79	4.90
	壤 土	72	54.09	36.13	8.89
	黏壤土	22	43.03	36.42	20.93
	黏 土	47	17.03	44.00	39.71
长江	砂 土	6	68.08	39.62	10.71
	壤 土	11	66.33	19.97	13.70
	黏壤土	4	19.78	39.53	36.72
	黏 土	12	34.09	32.13	33.64
淮河	砂 土	2	65.79	22.93	11.28
	壤 土	6	51.19	32.89	15.92
	黏壤土	6	28.40	50.97	20.63
	黏 土	2	20.40	48.91	30.70

潮土分布的地形平坦，地下水埋深较浅，土壤地下水埋深随季节性干旱或降水而发生变化，旱季时地下水埋深一般为 2~3m，雨季时可以上升至 0.5m 左右，季节性变幅在 2m 左右。

潮土的自然植被为草甸植被，但由于该地区农业历史比较悠久，多辟为农田。该地区光热资源充足，是我国主要旱作土壤，为小麦、玉米、棉花等粮棉作物生产基地，也是各种水果、蔬菜和多种名优特农产品的重要产区。

(二)潮土的成土过程和基本性状

1. 成土过程 潮土的成土过程是由潴育化过程和受旱耕熟化影响的腐殖质积累过程两个具体的过程所组成。

(1)潴育化过程：潮土剖面下部土层常年在地下潜水干湿季节周期性升降运动的作用下，铁、锰等化合物的氧化还原过程交替进行，并有移动与淀积，在毛管水升降变幅土层中的孔隙与结构面上形成棕色的锈纹斑、铁锰斑与雏形结核，这是潮土的重要特征土层。

(2)腐殖质积累过程：潮土绝大多数已垦殖为农田。因此，潮土腐殖质积累过程的实质是人类通过耕作、施肥、灌排等农业耕作栽培等措施，改良培肥土壤的过程。潮土腐殖质积累过程较弱，尤其是分布在黄泛平原上的土壤，耕作表土层有机质含量低，颜色浅淡。所以也称之为浅色腐殖质表层。但潮土在长期的旱耕熟化过程中，耕层土壤有机质等养分含量有所提高。

2. 基本性状

(1)潮土的剖面形态：潮土剖面构型为 A_p—BC_g—C_{kg}(G)，或 A_{pk}—BC_{kg}—C_{kg}—(G)。

①腐殖质层(耕作层 A_p)：也是一种人为耕种熟化表土层，一般厚 15~20cm，有机质含量低，一般 <10g/kg，壤质，碎块-团块状结构，作物根系大量。

②亚表层：耕作土壤的犁底层，因长期受机具的碾压因而具有明显的片状或鳞片状结构。厚度 5~10cm 不等。颜色与耕层土壤相接近。

③氧化还原层(BC_g)：又称锈色斑纹层，多出现于 60~150cm 之间，有明显锈斑，也有与之相间分布呈还原态的灰色斑纹，该层下部时有软质铁锰结核，或有雏形沙姜。

④母质层(C_g)：主要为沉积层理明显的冲积物，具有明显的潴育化特征，甚至有潜育化现象。

(2)机械组成：潮土颗粒组成因河流沉积物的来源及沉积相而异，一般来源于花岗岩山区者粗，来源于黄土高原的多为砂壤及粉砂质，长江与淮河物质较细，且质地层次分异不明显。同时在原近河床沉积者，物质粗，原牛扼湖相沉积者，物质细。由于这种不同质地的沉积层理及其组合(土体质地构型)极大地影响土壤的水分物理性状及肥力状况，尤其是砂土及黏质土(重壤土、黏土)在剖面中出现的部位及厚度影响显著。

(3)矿物分析：潮土黏土矿物一般以水云母为主，蒙脱石、蛭石、高岭石次之。蒙脱石含量与流域物质来源有关，黄河流域潮土黏粒(<0.001mm)硅铝率较高(3.5~4.0)，长江流域较低(3.0 左右)。

(4)pH 值及碳酸钙：发育在黄河沉积母质上的潮土碳酸钙含量高，含量变化多在 50~150g/kg 之间，砂质土偏低，黏质土偏高，土壤呈中性—微碱性反应，pH 值 7.2~8.5，碱化潮土 pH 高达 9.0 或更高。长江中下游钙质沉积母质发育的潮土，碳酸钙含量较低，为 20~90g/kg，pH 值为 7.0~8.0，发育在酸性岩山区河流沉积母质上的潮土，不含碳酸钙，土壤呈微酸性反应, pH 值 5.8~6.5。

(5) 养分状况: 分布于黄河中下游的潮土(黄潮土), 有机质含量低, 一般小于 10g/kg, 普遍缺磷, 钾元素虽多属丰富, 但近期高产地块普遍缺钾, 微量元素中锌含量偏低。分布于长江中下游的潮土(灰潮土)养分含量高于黄潮土。潮土养分含量除与人为施肥管理水平有关外, 与质地有明显相关性(图 14-1)。各亚类之间养分状况亦有差异。

(三) 潮土亚类的划分

潮土分为潮土、湿潮土、脱潮土、盐化潮土、碱化潮土、灰潮土及灌淤潮土等 7 个亚类。

1. 潮土(黄潮土) 它是潮土土类中分布面积最大的亚类, 主要分布在黄淮海平原及汾、渭河河谷平原, 是我国北方主要的农业土壤之一。母质多系富含碳酸钙的黄土性沉积物, 故又称为石灰性潮土。地下

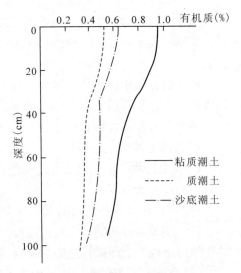

图 14-1 不同质地潮土有机质剖面分布
(《土壤地理学》, 张凤荣, 2002)

水埋深旱季多在 1.5~2m 或更深, 雨季在 1.5m 以上, 矿化度 1g/L 左右。具有 A_p—BC_k—C_{gk} 剖面构型, 呈中性至微碱性反应。可溶性盐分含量 <0.1%, 土壤养分含量、耕性、水分物理性质、生产潜力等与其质地及剖面构型有关, 以壤质潮土肥力性能最好。

2. 湿潮土 它是潮土土类与沼泽土之间的过渡性亚类, 主要分布在平原洼地, 排水不良, 地下水埋深仅 1.0~1.5m, 雨季有短暂地表积水现象, 地下水矿化度不高, 多 <1g/L。母质为河湖相静水黏质沉积物。剖面构型为 A_{pk}—BC_k—G_k, 质地黏重, 通气透水性差, 有潜育现象, 有机质含量多为 10~20g/kg, 但速效磷仍属低水平。产量水平不高, 旱田改为水田可以趋利避害。

3. 脱潮土 脱潮土是潮土土类向地带性土壤褐土土类过渡性亚类, 故又称褐土化潮土。多分布在平原区各种高地上。地下水埋深在 2.5~3.0m, 深者可达 5m, 逐渐脱离地下水影响, 排水条件好, 地下水矿化度 <1g/L, 熟化程度高, 是平原地区高产稳产土壤类型。其剖面构型是 A_{pk}—$B_{k(t)}$—C_k, 碳酸盐有轻度淋溶淀积现象, 心土层有碳酸钙假菌丝体并有黏化现象, 仍残存锈色斑纹, pH 值 7.0~8.0。

4. 盐化潮土 盐化潮土是潮土与盐土之间的过渡性亚类。具有附加的盐化过程, 土壤表层具有盐积现象。主要分布在平原地区中的微斜平地(或缓平坡地)及洼地边缘, 微地貌中的高处也常有分布。与盐土呈复区。地下水埋深 1~2m, 矿化度变幅较大, 一般在 1~5g/L 间, 排水条件较差。

5. 碱化潮土 碱化潮土分布的面积最小, 是潮土与瓦碱土之间过渡性亚类。零星分布于浅平洼地或槽状洼地的边缘。多为脱盐或碱质水灌溉所引起。其表土有碱化特征, 土表有 0.5~3cm 厚的片状结壳, 结壳表面有 1mm 厚的红棕色结皮, 结壳下有蜂窝状孔隙, 含有游离苏打。亚表土层有碱化层或碱化的块状结构。矿质颗粒高度分散, 土壤物理性质不良。盐分以重碳酸钠为主。土壤呈碱性反应, pH 值高达 9.0 以上。碱化度在 5%~15%。土壤养分除钾素外, 均属低量水平。

6. 灰潮土 灰潮土主要分布在长江中下游平原, 是江南的主要旱作主壤, 表土颜色灰

暗，群众称其高产土壤为灰土，灰潮土由此而得名，并由此区别于黄潮土。母质分为含与不含碳酸盐的河流沉积物。有机质含量较黄潮土高，一般为15~20g/kg。发育在碳酸盐母质上的灰潮土，呈中性至微碱性反应，碳酸钙有明显的淋溶淀积现象。发育在酸性岩风化的河流沉积物上的灰潮土呈中性至微酸性反应。

7. 灌淤潮土　主要分布于干旱、半干旱地区，人为引水淤灌而成。为潮土与灌淤土之间的过渡性亚类。主要特征是表层灌淤层厚20~30cm，灌淤层之下仍保持原潮土剖面形态特征。

二、草甸土

草甸土是在地下水浸润作用影响下，在草甸植被下发育而成的具有腐殖质层(A)及锈色斑纹层(BC_g或C_g)两个基本发生层的半水成土壤。1998年出版的《中国土壤》将其划为半水成土纲、暗半水成土亚纲下的一个土类。

(一)草甸土的分布和成土条件

1. 分布　草甸土广泛分布于世界各大河的冲积平原、三角洲以及滨湖、滨海等地势低平地区。在我国主要分布于我国的东北地区的三江平原、松嫩平原、辽河平原，以及内蒙古及西北地区的河谷平原或湖盆地区。

2. 成土条件　草甸土分布区地势低平，排水不畅，地下水位浅(1~3m)，矿化度一般<0.5g/L，属于HCO_3^-—Ca型水。盐化及石灰性草甸土区，矿化度稍高(0.5~1g/L)，属于HCO_3^-—Na及HCO_3^-—Ca型水。地下水位随旱季雨季发生季节性变化，为土壤中下部氧化还原过程的进行创造了条件。

草甸土虽非属于地带性土壤，但气候对碳酸盐的淋溶与淀积及腐殖质积累有较明显影响，如湿润、半湿润地区分布的草甸土多为暗色草甸土和潜育草甸土，半干旱地区分布的多为石灰性草甸土和盐化草甸土。

草甸土的自然植被因地而异，有湿生型的草甸植物，如小叶樟、沼柳、苔草等；草甸草原区的植物有羊草、狼尾草、狼尾拂子茅、鸢尾等；局部低洼处有野稗草、三棱草、芦苇等湿生及沼泽植物。草甸土的植被覆盖率一般为70%~90%，甚至达到100%，并且草甸植被生长繁茂，每年都能够向土壤提供丰富的植物残体，加之气候冷凉，微生物分解活动受到抑制，故此草甸土有机质含量较高，腐殖质层深厚。草甸土已不同程度地开垦种植，多为一年一熟。

草甸土母质多为近代河湖相沉积物，地区性差异明显，主要表现在碳酸盐的有无及质地分异上。如东北地区西部多碳酸盐淤积物，东北的东、北部多为无碳酸盐淤积物。母质的砂黏程度直接影响腐殖质、养分积累和水分物理性质。

(二)草甸土的形成过程和基本性状

1. 形成过程　草甸土形成过程的特点是：具有明显的腐殖质积累过程和潜育化过程。

(1)腐殖质积累过程：草甸土的草甸草本植物每年不但地上部分补给土壤表层以大量有机质，而且其根系也主要集中于表层，植株死亡后，大量富含K、Ca元素的有机质归还于土壤表层，腐殖质以胡敏酸为主，多以胡敏酸钙盐形式存在。这是草甸土具有团粒结构等良好水分物理性质的主要原因。草甸土虽不属地带性土壤，但其腐殖质积累过程明显地反映了气候的影响，东北区的北部及东部的寒冷潮湿区，有机质含量明显高于干燥温暖的西部地区，腐殖质层由东向西逐渐变薄。

（2）潴育化过程：潴育化过程主要决定于地下水水位的季节性动态变化。由于草甸土地形部位低，地下水埋藏较浅，雨季为1~1.5m或更浅，旱季可降至3m。变幅大，升降频繁，在剖面中下部地下水升降范围土层内，土壤含水量变化于毛管持水量至饱和含水量之间，铁锰的氧化物发生强烈氧化还原过程，并有移动和淀积，土层显现锈黄色及灰蓝色（或蓝灰色）相间的斑纹，具有明显的潴育化过程特点及轻度潜育化现象。

2. 基本性状

（1）草甸土剖面构型为：$A_h—AB—C_g$ 或 $A_h—AB_g—G$ 型等。草甸土一般可以分为两个基本发生学层次，即腐殖质层（A）及锈色斑纹层（BC_g 或 C_g）。

腐殖质层（A_h 层）：一般厚度20~50cm，少数可达100cm。因有机质量不同而呈暗灰至暗灰棕色，根系盘结。质地取决于母质，多为粒状结构，矿质养分较高，可分为几个亚层及过渡层等。

锈色斑纹层（BC_g 或 C_g）：有明显的锈斑，灰斑及铁锰结核，有机质含量少，颜色较浅，质地变化较大，与沉积物性质有关。

（2）土壤水分含量高：毛管活动强烈，有明显季节变化，旱季为水分消耗期，雨季为水分补给期，冬季为冻结期。土壤水分剖面自上而下一般分为易变层（0~30cm）、过渡层（30~80cm）和稳定层（80~150cm）。

（三）草甸土亚类的划分

草甸土划分为如下7个亚类：

1. 暗色草甸土 主要分布于温带湿润半湿润地区，如松嫩平原、三江平原、兴凯湖低平原沿河两岸河滩地与低阶地上。常与黑土呈复区分布。其主要特征如下：

（1）剖面构型多为 $A_h—AB_g—C_g$。

（2）表土颜色较暗，呈暗灰—暗棕灰色。

（3）腐殖质及养分含量高。表层有机质含量多在30~60g/kg，高者大于100g/kg，腐殖质层厚40cm以上，全氮量约2~5g/kg。

（4）土壤呈中性或酸性反应，盐基饱和或不饱和，不含游离石灰。

（5）水稳性团粒含量高，结构良好，一般表土>3mm的团聚体可达10%~20%。

（6）无盐化碱化及白浆化现象。

2. 草甸土 主要分布于暖温带湿润半湿润区，如辽河平原河滩地及沿河两岸。有机质含量较暗色草甸土低（15~25g/kg），颜色较浅。全量氮磷含量低于暗色草甸土，但速效养分则较高，与施肥及矿化率较高有关。

3. 石灰性草甸土 主要分布在栗钙土和棕钙土地区，东北嫩江平原、辽河平原北部也有分布，常与盐化、碱化草甸土呈复区分布。气候较暗色草甸土温暖干燥，有机质含量低，腐殖质层较暗色草甸土薄（约20~40cm）。颜色呈灰色或棕灰色，故也称之为灰色草甸土。该亚类土壤富含碳酸钙，剖面构型为 $A_{hk}—BC_k—C_{kg}$，$CaCO_3$ 向下有渐增趋势；呈中性至微碱性反应，pH值7.0~8.5。

4. 盐化草甸土及碱化草甸土 是草甸土向盐土和碱土的过渡性亚类。主要分布在东北的西部、内蒙古、宁夏等地的草甸、草原及荒漠草原地区，亦常与石灰性草甸土及盐碱土呈复区存在。地下水矿化度高，埋藏深度浅，具有附加的盐化和碱化过程。盐化草甸土含盐量在 0.1%~0.6% 之间，碱化草甸土不但含有游离苏打，而且亚表层尚有碱化层或碱化的棱块状结构。一般具有石灰反应，呈中性至碱性，但苏打盐化草甸土及碱化草甸土 pH 值可达 9.0~9.5。

5. 潜育草甸土　是草甸土向沼泽土过渡性亚类。主要分布在东北穆棱河流域及辽河下游等地形低洼处，地下水位高，埋深 1~1.5m 左右，地表时有积水，有附加的潜育化过程。表层腐殖含量高（可达 80g/kg），有轻度泥炭化，腐殖质向下锐减，全磷和速效磷较为缺乏。近地下水面处可见蓝灰色潜育层。

6. 白浆化草甸土　是草甸土向白浆土过渡性亚类。主要分布在东北平原低平处，因附有白浆化过程而具有白浆层。

第二节　沼泽土与泥炭土

沼泽土是指地表长期积水或季节性积水，地下水位高（在 1m 以上），具有明显的生草层或泥炭层和潜育层，且全剖面均有潜育特征的土壤。泥炭土则是指在潜育层以上具有泥炭层的土壤，它与沼泽土的区别是泥炭层厚度在 50cm 以上，不足 50cm 的为沼泽土。

一、沼泽土与泥炭土的分布与成土条件

沼泽土与泥炭土常成复区广泛而斑点状地分布于全国各地的积水低地，属水成土壤。沼泽土和泥炭土是在地表水和地下水影响下，在沼泽植被（湿生植物）下发育的具有腐泥层或泥炭层和潜育层的土壤。《中国土壤》(1998) 将沼泽土和泥炭土划入水成土纲之下的矿质水成土亚纲沼泽土土类和有机水成土亚纲的泥炭土土类。

沼泽土和泥炭土在世界各地均有分布，其中分布最广的是寒带森林苔原地带和温带森林草原地带，如前苏联的西伯利亚和欧洲的北部、芬兰、瑞典、波兰、加拿大和美国的东北部等地区都有大面积沼泽土和泥炭土的分布。在我国，沼泽土和泥炭土的分布也相当广泛，除了部分地区分布比较集中外，一般呈零星分布。总的趋势是以东北地区为最多，其次为青藏高原，再次为天山南北麓、华北平原、长江中下游、珠江中下游以及东南滨海地区。

一般来说，沼泽土和泥炭土的形成，不受气候条件的限制，只要有潮湿积水条件，无论在寒带、温带、热带均可形成。但是，气候因素对沼泽土和泥炭土的形成、发育也有一定的影响。一般来说，在高纬度地带，气温低、湿度大，有利于沼泽土和泥炭土的发育。

沼泽土和泥炭土总是与低洼的地形相联系。在山区多见于分水岭上碟状洼地、封闭的沟谷盆地、冲积扇缘或扇间洼地；在河间地区，则多见于泛滥地、河流会合处，以及河流平衡曲线异常部分；此外，在半干旱地区的风蚀洼地、丘间低地、湖滨地区也有沼泽土和泥炭土的分布。

母质的性质对沼泽土和泥炭土的发育也有很大的影响。母质黏重，透水不良，容易造成水分聚积。

由于上述因素的综合作用，首先造成土壤水分过多，为苔藓及其他各种喜湿性植物（苔草、芦苇、香蒲等）的生长创造了条件，而各种喜湿作物的繁茂生长以及草毡层的形成，又进一步促进了土壤过湿，从而更加速了土壤沼泽化的进程。

二、沼泽土与泥炭土的形成过程和基本性状

1. 形成过程 沼泽土和泥炭土大都分布在低洼地区，具有季节性或长年的停滞性积水，地下水位都在1m以上，并具有沼生植物的生长和有机质的嫌气分解而形成潜育化过程的生物化学过程。

停滞性的高地下水位，一般是由于地势低平而滞水，但也有是由于永冻层滞水，或森林采伐后林木蒸腾蒸散减少而滞水者。一般分布的是低地的低位沼泽植被，如芦苇、菖蒲、沼柳、莎芦等，但在湿润地区也有高位沼泽植被，其代表为水藓、灰藓等藓类植被。

沼泽土的形成称为沼泽化过程，它包括了潜育化过程、腐泥化过程或泥炭化过程。泥炭土则三个过程都有。

(1) 潜育化过程：由于地下水位高，甚至地面积水，使土壤长期渍水，首先可以使土壤结构破坏，土粒分散。同时由于积水，土壤缺乏氧气，土壤氧化还原电位下降，加上有机质在嫌气分解下产生大量还原性物质如 H_2、H_2S、CH_4 和有机酸等，更促使氧化还原电位降低，Eh 一般小于 250mV，甚至降至负数。这样的生物化学作用即引起强烈的还原作用，土壤中的高价铁锰被还原为亚铁和亚锰。结果是：①铁锰氧化物由不溶态变成可溶态的亚铁和亚锰，发生离铁作用，它们能随水，特别是随流动的地下水而淋失，使土壤呈浅灰或灰白色。②亚铁或亚锰如不流失，其亚锰为无色，亚铁为绿色，它们可使土壤呈青灰色或灰绿色。同时在沼泽土中还会形成蓝铁矿$[Fe_3(PO_4)_2 \cdot 8H_2O]$及菱铁矿($FeCO_3$)，这些亚铁化合物都是无色的，在季节性旱季，土层上部可能变干而呈现氧化状态，这些亚铁化合物氧化后，前者呈蓝色，后者呈棕色，从而使土壤呈青灰色或灰蓝色，有时还有黄棕色锈纹。

上述的潜育化过程，其结果是形成土壤分散，具有青灰色或灰蓝色，甚至成灰白色的潜育层。不论沼泽土或泥炭土均有这一过程而产生的潜育化层次。

(2) 泥炭化或腐泥化过程：沼泽土或泥炭土由于水分多，湿生植物生长旺盛，秋冬死亡后，有机残体残留在土壤中，翌年春季或夏季，由于低洼积水，土壤处于嫌气状态，有机质主要呈嫌气分解，形成腐殖质或半分解的有机质，有的甚至不分解，这样年复一年的积累，如果伴随有地壳下沉，不同分解程度的有机质层逐年加厚，这样积累的有机物质称为泥炭(peat)或草炭(twit)。

但在季节性积水时，土壤有一定时期(如春夏之交)嫌气条件减弱，有机残体分解势较强，这样不形成泥炭，而是形成腐殖质及细的半分解有机质，与水分散的淤泥一起成腐泥。

泥炭形成过程中，植被会发生演替。一般泥炭形成时，由于有机质矿化作用弱，释放出的速效养分较少，如果沼泽地缺乏周围养分来源补充时，下一代沼泽植物生长越来越差，甚至不能生存，在寒冷地区，则最后被需要养分少的水藓或灰藓等藓类植物所代替，这样使原来由灰分元素含量较高的草本植物组成的富营养型泥炭，逐渐为灰分元素含量低的藓类泥炭所覆盖。

沼泽土与泥炭土的形成总的来说是土壤水分过多造成的，但土壤水分过多而引起沼泽化也是由多种原因造成的，主要有草甸沼泽化、森林迹地沼泽化、冻结沼泽化和潴水沼泽化。

(3) 脱沼泽过程：沼泽土在自然条件和人为作用下，可发生脱沼泽过程。如由于新构造运动，地壳上升；河谷下切，河流改道；沼泽的自然淤积和排水开发利用等，使沼泽变干而产生脱沼泽过程。

在脱沼泽过程中，随着地面积水消失，地下水位降低，土壤通气状况改善，氧化作用增强。土壤有机质分解和氧化加速，使潜在肥力得以发挥。土壤颜色由青灰转为灰黄，这样沼泽土也可演化为草甸土。

2. 基本性状　沼泽土的剖面形态一般分二或三个层次，即泥炭层和潜育层（H—G），或腐殖质层（腐泥层）和潜育层（H_h—G），或泥炭层、腐殖质层和潜育层（H—H_h—G）。

泥炭土的剖面形态一般有厚层泥炭层及潜育层（H—G），或厚层泥炭层、腐泥层及潜育层（H—H_h—G）。

（1）泥炭层（H）：位于沼泽土上部，也有呈厚度不等的埋藏层存在；泥炭层厚度10cm至数米，但超过50cm时即为泥炭土。泥炭层有如下特性：

①泥炭常由半分解或未分解的有机残体组成，其中有的还保持着植物根、茎、叶等的原形。颜色从未分解的黄棕色，到半分解的棕褐色甚至黑色。泥炭的容重小，仅 0.2～0.4g/cm³。

②泥炭中有机质含量多在 500～870g/kg，其中腐殖酸含量可达 300～500g/kg，全氮量高，可达 10～25g/kg；全磷量变化大，为 0.5～5.5g/kg，全钾量比较低，多在 3～10 g/kg 之间。

③泥炭的吸持力强，阳离子交换量可达 80～150cmol/kg，吸氨力可达 1%。持水力也很强，其最大吸持的水量可达 300%～1000%，水藓高位泥炭则更多。

④泥炭一般为微酸性至酸性。高位泥炭酸性强，低位泥炭为微酸性乃至中性。

各地的泥炭性质，差异较大，主要决定于形成泥炭的植物种类和所在的气候条件和地形特点。

（2）腐泥层（H_h）：即在低位泥炭阶段就与地表带来的细土粒进行充分混合，而于每年的枯水期进行腐解，因而成为进行了一定分解的、含有一定胡敏酸物质的黑色腐泥。一般厚度在 20～50cm。

（3）潜育层（G）：位于沼泽土下部，呈青灰色、灰绿色或灰白色，有时有灰黄色铁锈斑块。

三、沼泽土、泥炭土亚类的划分

1. 沼泽土亚类的划分　沼泽土可分为沼泽土、草甸沼泽土、腐泥沼泽土、盐化沼泽土和泥炭沼泽土等 5 个亚类。

2. 泥炭土亚类的划分　泥炭土可分为低位泥炭土、中位泥炭土与高位泥炭土等 3 个亚类。

（1）低位泥炭土：在常年淹水下，地表可见丘状草墩，土构型为 H-G 型，H 层均超过 50cm，均为植物残存堆积而成。残体分解程度低，植物组织清晰可见，呈灰棕至暗棕色，富有弹性。G 层呈暗蓝灰色（10BG4/1），泥糊状，多水。土壤呈酸性至中性反应，pH 值为 5.2～7.2，有机质 300～400g/kg。

（2）中位泥炭土：其构型只可分出 H—G 层，H 层较均质，厚度大于 50cm，泥炭化程度较高，酸性反应。H 层有机质含量大于 500～600g/kg，腐殖质层水解性酸含量较高在 15～17cmoL/kg 间，pH 值为 4.4～5.3，全剖面呈酸性。

（3）高位泥炭土：高位泥炭土属贫营养型泥炭土，多分布于高山阴坡，地表无积水，均受大气降水补给，有机质含量高达 850~900 g/kg，有机质量虽高，但腐殖酸含量甚低，呈酸性反应，pH 值 4~5。泥炭土层较薄，植被以水藓占优势，偶尔见茅膏菜和枯死的落叶松，说明其贫营养特点。

第三节 盐 碱 土

盐碱土是对各种盐土和碱土以及其他不同程度盐化和碱化土壤系列的统称，也称盐碱土。这些土壤中含有大量的可溶性盐类或碱性过重，导致土壤理化性质恶化，从而抑制大多数植物正常生长。当土壤表层中的可溶性盐类绝大部分为中性盐，其总盐量超过 0.1%（氯化物为主）或 0.2%（硫酸盐为主）时，开始对农作物发生不同程度的危害，从而影响作物的产量，这样的土壤称为盐化土壤。当总盐量超过 1.0%（氯化物为主）或 1.2%（硫酸盐为主）时，对农作物危害极大，只有少数耐盐植物能生长，严重时会成为光板地，这种土壤称为盐土。当土壤表层含有较多的苏打（Na_2CO_3）时，使土壤呈强碱性，pH 值 ≥9.0，碱化度超过 5% 时，称为碱化土壤。当碱化度超过 15%~20% 时，便形成了碱土。盐化、碱化土壤仅处于盐分与碱性盐量的累积阶段，还未达到质的标准，只能归属于其他土类下的盐化或碱化亚类。

一、盐碱土的分布与形成条件

（一）分　布

盐碱土在我国分布范围广，面积大，成土条件复杂，类型繁多。据统计，我国盐碱土的面积约 2500 万 hm^2，其中耕地约 670 万 hm^2。从东北平原到青藏高原，从西北内陆到东部沿海都有盐碱土的分布。在干旱、半干旱地区，广泛分布着现代积盐过程所产生的盐碱土；在干旱地区的山前平原、古河成阶地和高原上，仍可见早期形成的各种残余盐碱化土壤；在滨海地区，甚至在长江口以南，包括台湾和南海诸岛在内的沿海，由于受海水浸渍的影响，分布有各种滨海盐土和酸性硫酸盐盐土。

除滨海平原外，内陆平原盐碱土主要集中分布在新疆天山南北的准噶尔盆地北部，塔里木盆地，吐鲁番盆地等；甘肃西部的河西走廊；青海的柴达木盆地等内流封闭盆地。在半封闭水流滞缓的河谷平原，如宁夏银川平原，内蒙古河套平原，山西的大同盆地、忻定盆地，汾渭河谷平地，河北的海河平原以及东北松嫩平原等也有盐碱土连片或零星分布。

（二）形成条件

1. 气候　除海滨地区以外，盐碱土主要集中分布于干旱、半干旱和半湿润地区，由于降水量小，蒸发量大，土壤水分运行以上行为主，成土母质风化释放出的可溶性盐分无法淋溶，只能随水向上转移，经蒸发、浓缩，盐分在土壤表层聚积，导致土地盐碱化。

2. 地形　地势低平，排水不畅是盐碱土形成的主要地形条件。这是由于盐分随地表水和地下水由高处向低处汇集的过程中，使洼地成为水盐汇集中心，地下水经常维持较高水位，毛管上升水所携带的盐分上升到地表，在水分蒸发后，盐分随即聚积地表。但从小地形看，在低平地的局部高处，由于蒸发快，盐分随毛管水由低处往高处迁移，使高处积盐较重，从而形成斑状盐碱生态景观。

此外，由于各种盐分的溶解度不同，在不同地形区表现出土壤盐分组成的地球化学分异。从山麓至山前倾斜平原、冲积平原到滨海平原，土壤和地下水中的盐分相应的出现碳酸盐和重碳酸盐类型盐碱化，逐渐过渡到硫酸盐类型和氯化物—硫酸盐类型，至水盐汇集末端的滨海低地或闭流盆地多为氯化物类型。

3. 水文及水文地质条件 盐碱土中的盐分，主要来源于地下水。因此，地下水位的深浅和地下水含盐量的多少，直接影响着土壤盐碱化的程度。地下水埋深越浅和矿化度（以每升地下水含有的可溶性盐分的克数表示）越高，土壤积盐就越强。在一年中蒸发最强烈的季节，不致引起土壤表层积盐的最浅地下水埋藏深度，称为地下水临界深度。它是设计排水沟深度的重要依据。地下水临界深度并非是一个常数，与当地气候、土壤（特别是土壤的毛管性能）、水文地质（特别是地下水矿化度）和人为措施等有关。一般地说，气候越干旱，蒸降比越大，地下水矿化度越高，临界深度越深。

4. 母质 母质对盐碱土形成的影响，主要决定于母质本身的含盐程度。在北方干旱、半干旱地区，大部分盐成土都是在第四纪沉积母质基础上发育形成的，它包括河湖沉积物、洪积物和风积物，这些沉积母质多含有一定可溶性盐分。有些地区土壤盐碱化与古老含盐地层母质有关，特别是在干旱地区，因受地质构造运动的影响，古老的含盐地层裸露地表或地层中夹有岩盐，故山前沉积物中普遍含盐，从而成为现代土壤和地下水的盐分来源，或在极端干旱的条件下，盐分得以残留下来，成为目前的残积盐土。有的含盐母质，则是滨海或盐湖的新沉积物，由于受海水和盐湖盐水的浸渍而含盐。

5. 生物积盐作用 在干旱的荒漠地带一些深根性盐生植物或耐盐植物从土层深处及地下水吸取大量的水溶性盐，并通过茎叶上的毛孔分泌盐分于体外。或当植物机体死亡后，在土壤中残留大量的盐分，成为表层盐分来源之一，从而加速土壤的盐碱化。如新疆北部玛拉斯地区盐穗木的植株含盐量为267g/kg，在更干旱的南疆阿克苏地区，其植物含盐量高达578g/kg。但从总体上看，盐碱土地区植被极为稀疏，因此，通过生物作用所积累的盐分仍然是很有限的，远不如其他因素的影响。

6. 人类活动对次生盐碱化的影响 由于不合理的生产活动引起土壤盐碱化，称为次生盐碱化。包括原来非盐化的土壤而产生盐化，以及原来轻盐化的土壤变成重盐化，以致变为盐土而弃耕。主要发生在干旱或半干旱地带的灌区，由于盲目引水漫灌，不注意排水措施，渠道渗漏，耕作管理粗放，无计划地种稻等，引起大面积的地下水位抬高到临界深度以上，而使土壤产生积盐。

二、盐碱化土壤的危害及作物的耐盐度

（一）盐碱化土壤的危害

盐碱土中最常见的盐类，主要包括钠、钾、钙、镁等的硫酸盐、氯化物、碳酸盐及重碳酸盐类。硫酸盐和氯化物一般为中性盐，碳酸盐、重碳酸盐为碱性盐。盐类种类不同，对作物产生危害程度亦不相同。盐碱土壤对农业生产的危害可归纳为以下几个方面：

1. 高浓度盐分引起植物"生理干旱" 植物根系吸收水分的首要条件是其细胞液的渗透压，一定要大于土壤溶液的渗透压。当土壤中可溶性盐含量增加时，土壤溶液的浓度和渗透压也随之而提高。结果使作物吸水困难，即使土壤中水分不是太缺，植物仍出现"生理干旱"，严重时，使作物体内的水分出现反渗透现象，产生生理脱水而萎蔫死亡。

2. 盐分的毒性效应 某些离子浓度过高时，对一般作物会产生直接毒害。如某些盐敏

感的棉花品种，当其叶中累积过量的钠离子时，会发生叶缘或叶尖焦枯的"钠灼烧"现象；氯离子在叶中的过多积聚，也能引起某些作物叶子的"氯灼烧"，使叶缘发生枯焦，严重时可造成叶片脱落，小枝条干枯，甚至使植株死亡。此外，碳酸钠等碱性盐类，对幼嫩作物的芽和根有很强的腐蚀作用，使植物无法生活，从而产生直接危害。

3. 高浓度的盐分影响作物对养分的吸收　当土壤溶液中某种离子的浓度过高，就会妨碍作物对其他离子的吸收，造成作物的营养紊乱。例如，过多的钠离子会影响作物对钙、镁、钾的吸收；高浓度的钾又会妨碍对铁、镁的摄取，结果会导致诱发性的缺铁和镁的"黄化症"。

4. 强碱性降低土壤养分的有效性　土壤中碱性盐过多时，水解使土壤呈强碱性反应，使磷酸盐、铁、锰、锌等植物营养元素易形成溶解度很低的化合物，降低其有效性，导致营养失调。

5. 恶化土壤的物理和生物学性质　由于土壤中代换性钠离子的存在，使土粒高度分散，导致土壤湿黏干硬，透水通气不良，耕性变坏，土壤性质恶化，影响作物根系呼吸和养分的吸收。过量的盐碱物质还会直接抑制土壤微生物的活动。

(二)作物的耐盐度

植物的耐盐度是指植物所能忍耐土壤的盐碱浓度。植物种类不同，其耐盐程度也有差异。当然，不同的生育期有所差异，一般苗期耐盐能力差。不同作物和树木的耐盐程度见表14-2、表14-3。

表14-2　不同作物的耐盐度(耕层0~20cm，含盐%)(《土壤地理学》，张凤荣，2002)

耐盐力	作物种类	苗期	生育旺期
强	甜 菜	0.5~0.6	0.6~0.8
	向日葵	0.4~0.5	0.5~0.6
	蓖 麻	0.35~0.4	0.445~0.6
	糁 子	0.3~0.4	0.4~0.5
较强	高粱、苜蓿	0.3~0.4	0.4~0.55
	棉 花	0.25~0.35	0.4~0.5
	黑 豆	0.3~0.4	0.35~0.45
中等	冬小麦	0.2~0.3	0.3~0.4
	玉 米	0.2~0.25	0.25~0.35
	谷 子	0.15~0.2	0.20~0.25
	大 麻	0.25	0.25~0.30
弱	绿 豆	0.15~0.18	0.18~0.23
	大 豆	0.18	0.18~0.20
	马铃薯、花生	0.10~0.15	0.15~0.20

表14-3　不同林木一年生苗木的耐盐程度(耕层0~20cm)(《土壤学》，黄巧云，2006)

树　种	生长良好的土壤含盐量(%)
柽　柳	<0.5
胡颓子、刺槐、美国白蜡	<0.3

(续)

树　种	生长良好的土壤含盐量(%)
苦楝、乌桕、臭椿、山槐、紫穗槐、香椿	<0.25
白榆、中国槐、桑、榔榆、侧柏、葡萄	<0.2
泡桐、无患子、皂荚	<0.15
榉树、楸树、加杨、水杉	<0.10

三、盐碱土的特征

(一)盐土的特征

(1)盐土的主要特征是土壤表面或土体出现白色盐霜或盐结晶，形成盐结皮或盐结壳。盐积层的厚度和含盐量的大小与蒸降比(年平均蒸发量与降水量之比)呈正相关，蒸降比愈大，土壤积盐愈重，盐结皮或盐结壳愈厚。

(2)土壤盐分种类各地也不同。滨海地区以氯化物为主，硫酸盐次之；内陆地区有的以硫酸盐或氯化物为主，有的含有较多的碱性盐，个别的还含有较多的硝酸盐和硼酸盐。

(3)土壤酸碱性视含盐种类而异。中性盐为主的土壤，pH值7~8.5，中性至微碱性；含有较多碱性盐时(尤其是Na_2CO_3)，pH值>8.5，甚至达10，碱性至强碱性。酸性硫酸盐盐土经围垦后，使土壤变成强酸性，其pH值可降到2.8以下。

(4)土壤有机质含量不高，约10g/kg，只有沼泽盐土可达20~40 g/kg。

(5)土壤母质多为河流沉积物、湖积物或洪积物，土层深厚，质地粗细不等，有的上下比较均一，有的砂黏相间，这对盐碱土改良的难易有直接的关系。

(6)除漠境盐土外，其他盐化土壤或盐土的地下水位都高，心土层或底土层常出现锈纹锈斑或铁锰结核，有时会出现潜育层。

(二)碱土的特征特性

(1)碱土的剖面形态：由于碱化度高，土壤表层的胶体物质呈分散状态，并随土壤水流向下层渗移，因此表层有机质减少，亚表层由于缺乏应有的地表腐殖质补充而形成颜色较浅的呈片状结构的SiO_2含量较高的层次(E)。而在B层由于大量的钠质胶体积聚，形成比较紧实的、暗棕色的块状或柱状结构，致密不透水，为B_{tn}层。结构表面还常常覆有由于上层矿物胶体进行碱性水解所产生的SiO_2的悬移粉末。

(2)碱土的含盐量并不高，其特点是土壤胶体吸附有大量Na^+，并具有强烈碱化特性。碱土呈强碱性，pH值在8.5以上，甚至达10左右。碱土的明显特征是碱化层的存在。

(3)碱土的盐分组成比较复杂，以碳酸钠和重碳酸钠为主，二者占碱土总盐量的50%以上。草甸碱土中，二者之和占碱土总盐量的70%~90%。

(4)碱土由于受交换性钠的影响，土壤物理性质很差，既不透水，同时毛管水上升也困难。干时坚硬，湿时泥泞，不利于农作物生长。

(5)我国碱土的质地变化较大，草原碱土多为粉质壤土至黏壤土。松嫩平原草甸碱土以粉壤土至轻黏土占多，银川平原的龟裂碱土则以黏土为多，黄淮海平原的瓦碱大多数为砂壤土—粉砂壤土。

四、盐碱土的类型划分

全国将盐碱土纲划分为盐土和碱土两个亚纲。盐土亚纲中，划分为草甸盐土、漠境盐土、滨海盐土、酸性硫酸盐盐土、漠境盐土和寒原盐土等五个土类。碱土亚纲中只有碱土一个土类，可分为草甸碱土、盐化碱土、草原碱土、龟裂碱土与荒漠碱土等五个亚类。

[思考题]

1. 盐土和碱土都含有易溶性盐类，它们在盐分组成上的区别是什么？
2. 盐碱土形成因素有哪些？盐碱土对生物的危害机制是什么？
3. 草甸盐土与残余盐土的形成条件有什么不同？
4. 滨海盐土与内陆盐土的区别在什么地方？
5. 沼泽土和泥炭土都有泥炭层，它们的区别是什么？
6. 潮土与草甸土在形成条件、成土过程和土壤性质上有何异同？

参考文献

[1] 熊毅，李庆逵. 中国土壤. 北京：科学出版社，1987.
[2] 朱祖祥. 土壤学. 北京：农业出版社，1983.
[3] 席承藩. 土壤分类学. 北京：中国农业出版社，1994.
[4] 林培等. 区域土壤地理学(北方本). 北京：北京农业大学出版社，1992.
[5] 黄昌勇. 土壤学. 北京：中国农业出版社，2000.
[6] 林成谷. 土壤学(北方本). 第二版. 北京：农业出版社，1992.
[7] 朱鹤健，何宜庚. 土壤地理学. 北京：高等教育出版社，1992.
[8] 李天杰，郑应顺，王云. 土壤地理学(第二版). 北京：高等教育出版社，1983.
[9] 南京大学，中山大学，北京大学，西北大学，兰州大学. 土壤学基础与土壤地理学. 北京：人民教育出版社，1982.
[10] 谢承陶. 盐碱土改良原理与作物抗性. 北京：中国农业科技出版社，1993.
[11] 刘树基. 区域土壤学(南方本). 北京：中国农业出版社，1994.
[12] 林大仪. 土壤学. 北京：中国林业出版社，2002.
[13] 张凤荣. 土壤地理学. 北京：中国农业出版社，2002.
[14] 黄巧云. 土壤学. 北京：中国农业出版社，2006.
[15] 全国土壤普查办公室. 中国土壤. 北京：中国农业出版社，1998.

第十五章
人为土与高山土壤

【重点提示】主要讲述人为土壤中水稻土、灌淤土和菜园土以及高山土壤中高山寒漠土、亚高山草甸土和山地草甸土的分布、形成及其土壤剖面层次、土壤属性,以及不同类型土壤的利用改良。

人为土(anthrosols)是指长期受人类生产活动影响,土壤的发生发育过程与自然条件下有了很大区别,已形成了特殊的与耕作密切相关的发生特性和诊断层次的一类土壤。这种土壤的发育过程是人们定向培育土壤的过程,经常把它叫做土壤的熟化过程。主要有水稻土、灌淤土和菜园土等。

高山土壤主要是指在青藏高原及其外围山地森林与高山冰雪带之间广阔无林地带之间形成的土壤系列。主要有高山寒漠土、亚高山草甸土。另外在其他地区海拔高度中等的山顶处,还常常分布有山地草甸土。

第一节 水稻土、灌淤土与菜园土

一、水 稻 土

(一) 水稻土的地理分布与概念

水稻生产在我国具有长期历史和重要的地位,也是世界上主要粮食作物之一,世界总人口一半以上以稻米为主食。亚洲水稻栽培面积占全世界水稻栽培面积的95%以上,尤其集中在东亚和东南亚,如中国、印度、日本、菲律宾、朝鲜、泰国、印度尼西亚、柬埔寨、越南和缅甸等国家都有大面积水稻栽培。其中我国和印度水稻栽培面积占全世界栽培总面积一半。我国稻田占耕地面积的25%左右,但稻谷产量却占粮食总产的40%以上。

我国水稻土分布几乎遍及全国,稻田面积约 $3.87 \times 10^7 hm^2$。但水稻土90%分布在秦岭淮河以南,其中以长江中下游平原、四川盆地、珠江三角洲和台湾西部面积最大。

(二) 水稻土的成土过程

水稻土是一种特殊类型的耕种土壤,深刻反映受过人类劳动的影响,同时多多少少留有"原来母体土壤"的烙印。所以水稻土是在自然成土条件和人为影响的综合作用下形成的。

水稻土的水耕熟化过程表现为:人为影响下的氧化还原过程、有机质的累积过程、盐基与黏粒的淋移淀积与增补复原等过程。

1. 氧化还原过程 水稻土在淹水时以还原过程为主,在排水时以氧化过程为主。

水稻土灌水前,Eh 一般为 450~650mV,灌水后可迅速降至 200mV 以下,尤其土壤中有机质旺盛分解期,Eh 可降至 100~200mV,水稻成熟后落干,Eh 又可达 200mV 以上。水稻土的这种 Eh 特性就决定了水稻土的形成及有关性状的一系列特性。同一水稻土剖面中,由于各层土的微环境不一样，其 Eh 也不一样，如图 15-1。

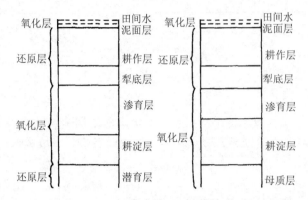

图 15-1 水稻土淹水后各层次的氧化还原状况
(左为高地下水位；右为低地下水位)
(《土壤地理学》，张凤荣，2002)

2. 有机质的累积 由于每年泥塘、厩肥、堆肥等农家肥的施入，以及水稻根茬、浮萍、藻类等的积累，故水稻土中有机质的来源不仅是天然积累。在淹水条件下，土壤处于嫌气状态，有利于有机质积累，但富里酸比重加大且胡敏酸芳构化程度较低。

3. 淋溶与复盐基作用 在年灌水约 500~1500mm 的淹水条件下，在氧化还原与腐殖化等水耕熟化作用中，可使 Fe^{2+}、Mg^{2+}、K^+、Na^+ 等盐基溶解、向下层淋溶淀积，同时使易氧化还原的 Fe、Mn 等元素与腐殖质络合淋溶，成为水稻土渍水条件下盐基淋溶过程。在人为施加河泥、塘泥、石灰、草木灰，以及矿质化肥、绿肥和富钙地下水灌溉的条件下，可促使土层中的钙、镁、钾等增多，使水稻土耕层出现人工复盐基过程。在排水烤田或水旱轮作的排水旱作期中，水稻土中下层盐基也可随蒸发的上升水流上行，使水稻土耕层进行自然复盐基过程。

4. 黏粒的淋溶淀积过程 多数情况下，人们连年施河泥、塘泥，从而在大大增厚土层的同时也增加了黏粒，这些黏粒在水耕熟化与排水晒田过程中，可淋移淀积形成渗育层与犁底层。

在灌溉过程中，由于串灌和水流下渗，造成黏粒水平运动和向下垂直运动。另外，在渍水淹育的条件下，土壤中形成的次生黏土矿物，也会顺孔隙下渗淋移淀积。

(三)水稻土的形态特征

发育比较完全的水稻土的剖面构型一般为水耕熟化层、犁底层、渗育层、水耕淀积层、潜育层、母质层。即：$W—A_{P2}—B_e—B_{shg}—G—C$ 型。

水耕熟化层(W)：这一层是直接受耕作、施肥、灌溉、排水等农业技术措施影响形成的土层，为水稻根系分布的主要土层。淹水期土壤处于还原状态呈灰色或青灰色，由原土壤表层经淹水耕作而成。落干后可形成有锈纹锈斑的氧化层。

犁底层(A_{pz})：犁底层紧接耕作层之下，由于在耕作过程中，受农具镇压、人畜践踏和静水压力等作用而成。较紧实，呈片状结构，有铁、锰斑纹及胶膜。

渗育层(B_e)：它是季节性灌溉水渗淋下形成的，它既有物质的淋溶，又有耕层中下淋物质的淀积。它可以发展为水耕淀积层，也可以强烈淋溶而发展为白土层(E)。

水耕淀积层(B_{shg})：也有人称之为渗育层或渗渍层或鳝血层，由灌溉水下渗或地下水上升引起物质淋溶、淀积而成，垂直节理明显，多成棱块结构，结构面上被覆灰色胶膜，土体内常密布铁锈、锈点，此层含有较多的黏粒、有机质、铁、锰与盐基等。

潜育层(G)：它是土壤长期渍水下形成的。由于终年处于还原状态，铁锰化合物还原而成灰色或灰蓝色。这一层出现部位的高低是显示水稻土质量的标志之一。

母质层(C)：因母土和水稻土的发展过程而不同。不同母土起源的水稻土，如果经过长期水耕熟化，可以向比较典型的方向发育。

(四)水稻土亚类的划分

就国内外而言，目前对水稻土的认识与分类仍不尽统一。根据1984年昆明会议上所拟中国土壤分类系统(第二次土壤普查分类系统)，水稻土可以根据水文状况分为淹育、渗育、潴育、潜育等亚类，另又根据其母土的表现特点分为脱潜、漂洗、盐碱、咸酸等亚类。

(1)淹育水稻土：分布在丘陵岗地坡麓及沟谷上部，不受地下水影响，由于水源不足，周年淹水时间短，土体构型为 W—A_{P2}—C 型，或 W—A_{P2}—B—C 型。有耕作层，耕作层有锈纹锈斑，犁底层已初步形成，除耕作层中络合铁、活性铁含量较高外，以下土层特性与起源土壤基本一致。

(2)渗育水稻土：主要分布在平原中地势高地区，及丘陵缓坡地上，受地面季节性灌水影响。为较长期的地表型水稻土类型。土体构型为 W—A_{P2}—Be—B_g—C 型，渗育层(Be)厚度在20cm以上，棱块状结构，有明显的灰色胶膜，有铁锰物质淀积。

(3)潴育水稻土：分布于平原及丘陵沟谷中、下部，种稻历史长，排灌条件好，受地面灌溉水及地下水影响。为良水型水稻土类型。土体构型为 W—A_{P2}—B_e—B_{ghs}—C_g(或 G) 型。下部有明显水耕淀积层(B_{ghs})(或潴育层)，厚度大于20cm。

(4)潜育水稻土：分布在平原洼地、丘陵河谷下部低洼积水处，地下水位高，或接近地表，为地下水型水稻土类型。土体构型为 W—A_{P2}—G 或 A1—A_{P2}—B_e—G 型。上层较浅处有明显青灰色的潜育层，呈软块或糊状，还原性强，亚铁反应明显，Eh < 100mV。

(5)脱潜水稻土：主要分布在河湖平原及丘陵河谷下部地段，经兴修水利，地下水位降低，为改良的地下水型水稻土类型。土体构型为 W—A_{P2}—B_g(或 G_g)—G 型。原来的潜育层变成脱潜层(G_g)。

(6)漂洗水稻土：主要分布在地形倾斜明显，土体中有一不透水层，并受侧渗水影响的地段，为特殊的上层滞水型水稻土类型。土体构型为 W—A_{P2}—(E)—B_{ts}—C 型，或 W—A_{P2}—E—Be—C_g型。即在土层40~60cm处出现灰白色的漂洗层(E)，厚度>20cm，粉沙含量高，黏粒及铁锰均比上、下层低。

(7)盐渍水稻土：分布在盐渍土地区。它是在盐渍化土上开垦种植水稻后形成的。土体构型一般同淹育型水稻土，由于长期种植水稻灌水压盐，表层土壤盐分含量已较低。

(8)咸酸水稻土：分布在广东、广西、福建和海南的局部滨海地区，即在酸性硫酸盐土上发育的水稻土。红树林埋藏的草炭层含硫量高达2.3g/kg。这些含硫有机物氧化为硫酸而使土壤致酸。

二、灌淤土

灌淤土是指在长期灌水落淤与耕作施肥交替作用下形成的一种土壤。在我国主要分布于宁夏银川平原、内蒙古河套平原、甘肃河西走廊、新疆塔里木盆地和准噶尔盆地的四周以及青海的湟水河谷地等，是我国西北干旱区最重要的农田和产粮基地。

(一) 灌淤土的形成

灌淤土是在干旱地带经过长期灌水落淤与耕种施肥交替作用下形成的。主导形成作用为灌水落淤、淋洗，与耕种搅动、培肥两者紧密结合，相互交替进而逐步形成一定厚度灌淤层。附加形成作用有氧化还原与盐化。气候及下伏母土对灌淤土的形成也有一定影响。

灌淤土的物质来源除了灌水落淤外，还有人工施用土粪，土粪中还带进了碎砖瓦、碎陶瓷、碎骨及煤屑等侵入体，以及作物遗留的残茬和根系以及翻压的秸秆和绿肥等。人为耕作在灌淤土形成中起了重要作用。

(二) 灌淤土的性状及诊断特征

1. 剖面特征及性状 灌淤土的剖面形态特征：表层具有一层厚薄不等的新淤积层，经过干燥龟裂，有的成片状，有的成瓦状；新淤积层的下层，常具有薄薄的砂层，它的存在，使新淤积层和原来的土层可以截然分开，在新淤积层下，才是掺混相当均匀的耕作层，厚度在15~20cm，此层比较疏松，颜色也较暗，向下逐渐过渡到深厚的灌溉淤积层，厚几十厘米到2m以上，全层的颜色、质地、结构等都比较一致。

总之，灌淤土全剖面上下各层间的差异很小，颜色、质地、结构较均匀，也很少有沉淀累积现象，一般看不出自然发育层次，另外，灌淤土还有它自己独特的性状和形成特点，概括如下：

(1) 灌淤土黏粒矿物特点：经观察测定，灌淤土黏粒的矿质全量组成以 SiO_2、Fe_2O_3 和 Al_2O_3 为主，三者之和可占全量的80%以上，从垂直分布来说，黏粒的矿质全量组成自上而下有一定的差异，但不大。从硅铝铁率上看，灌淤土的形成过程中，没有硅和铝的迁移作用，但有铁的移动。

(2) 有机质及 N、P、K 等养分的增加：由于河水和灌溉水中的泥沙含有一定的养分，农田淤积物的养分含量更高，所以，灌溉淤积不仅使田面抬高，灌淤土层增厚，而且给土壤带来了大量有机质和 N、P、K 等养分。同时，农民每年施用的"土粪"和有机肥料等，也不断地补充着土壤中的养分；另一方面，淤土作物根系发达。所以灌淤土的有机质和 N、P、K 等养分的含量远远高于干旱地区的自然地带性土壤。

(3) 土体含水量的提高：灌淤土分布于西北干旱地区，而灌淤土的水分状况比地带性土壤要好得多。因为干旱地区的土壤开垦后种植小麦，生育期间至少灌水4~5次，加上复种玉米、油菜等农作物，又灌水3~4次，这样每年灌溉7~9次，总灌溉水量7500~9000 m^3/hm^2，相当于当地年降水量的几倍甚至几十倍，这样就使土壤常保持湿润状态，含水量在田间持水量的60%~80%。

(4) 易溶盐和石膏的淋洗：从灌淤土的化学性质可以看出，灌淤土中易溶盐和石膏的含量很低，大部分剖面和层次的石膏含量比干旱地区自然土壤的石膏和易溶性盐类要低。这是经常灌溉的结果。特别是在干旱地区土地被开垦，灌淤土刚开始形成的初期，正是由于灌溉水洗去了土壤中的易溶盐和石膏，作物才能正常生长。

(5) 碳酸盐与黏粒的淋溶与补充：灌淤土虽然在一定深度有微弱的 $CaCO_3$ 和黏粒的积累，说明了灌溉水对土壤中碳酸盐和黏粒的淋溶作用。但由于灌溉水中本来就含有较多的 $CaCO_3$ 和黏粒，所以它们在被淋溶的同时，又不断从灌溉水中得到补充，因而 $CaCO_3$ 和黏粒在剖面中的分布比较一致，尤其是在剖面的上部的灌淤土层中，分布更均匀。

(6)灌淤层理的消失和土壤物理性状的改善：由于灌淤层的形成是灌水落淤与人为施肥、耕翻混匀、熟化等同时进行的，使沉积物的淤积层理被破坏乃至消失，整个土层在颜色、质地、结构、结持性等方面呈现均一的特点。

2. 诊断特征 灌淤土的诊断层为灌淤表层。它是指干旱地区由于长期人为引水灌溉，水中的泥沙逐渐淤积，并同时经过人为施肥、耕作熟化等措施形成的一种人为表层。其主要特征是剖面性状均匀。全层在颜色、质地、结构和结持性等方面相当均一，无冲积层理。土壤质地一般为壤质土，垂直方向的变化很小。土壤有机质及 N、P、K 含量较高，且表现出均匀分布的特点。$CaCO_3$含量因灌淤物质来源不同而异，一般含量为 10g/kg 以上，并随不同剖面的具体条件变化较大，同一剖面中从上到下分布较均一。灌淤土疏松多孔，全层含有煤渣、木炭、砖瓦、碎瓷瓦片等人为活动侵入体。灌淤土风化作用微弱。土壤的硅铝铁率为 6~8，同一剖面的垂直变化很小。黏粒矿物以水云母为主，其次为绿泥石及高岭石。

(三)灌淤土亚类划分

灌淤土划分为普通灌淤土、潮灌淤土、表锈灌淤土和盐化灌淤土 4 个亚类。

(1)普通灌淤土：它为灌淤土的典型代表，具有灌淤土的一般特性。分布于平原中的缓岗、高阶地或冲积洪积扇的中上部。

(2)潮灌淤土：分布于低平地。剖面中下部有氧化还原作用交替发生的灌淤层。灌淤心土层及下伏母土层有锈纹锈斑。土壤的亚铁总量及还原性物质总量，自灌淤耕层向下递减；灌淤心土层及下伏母土层的还原性物质总量比普通灌淤土的相对应层次高出一至数倍。说明潮灌淤土的剖面下部，还原作用较强。灌淤心土层下部的黏土矿物，虽仍以水云母为主，但蒙脱石相对增多。

(3)表锈灌淤土：以稻旱轮作为主要利用方式。受种植影响，灌淤耕层中有较多的锈纹锈斑。灌淤耕层的亚铁总量及还原性物质总量，比普通灌淤土和潮灌淤土的相同层次高出一倍以上；黏土矿物中蒙脱石的含量相对增多；土壤有机质含量比潮灌淤土或普通灌淤土高出 12%。

(4)盐化灌淤土：有盐化作用的灌淤土。多分布于地下水位高、矿化度大的低地。土壤发生盐化，影响农作物正常生长。灌淤耕层含盐量增大，含盐量大于 1.5g/kg；地面可见到盐结晶形成的盐霜或少量盐结皮。因地下水位高，土壤剖面中也有锈纹锈斑。

三、菜园土

菜园土壤是由于人工长期种植蔬菜，长期施用大量人畜粪尿和其他有机残体，并经耕作混合，频繁灌溉的影响形成的高度熟化的人工土壤。这种土壤随着时间的推移，起源土壤的影响越来越小，相应的自然成土因素的影响在很大程度上被覆盖，在人为定向培育作用下，逐渐地走向同一，成为人为土。按照诊断层和诊断特性为基础的中国土壤系统分类，将具有肥熟表层和磷质耕作淀积层的菜园土壤划归为人为土纲中的肥熟旱耕人为土类。

(一)菜园土的形成特点

菜园土多分布于城郊及蔬菜集中产区，全国各地均有分布。由于以城市为依托，人口密集，物质来源丰富，经济发达，交通方便，为菜园土的发育提供了源源不断的物质条件。菜园土壤需要长期施用大量可溶有机物质(如人畜粪尿等)、有机垃圾、土杂肥、并经精耕细作而形成暗色富含养分的肥熟表层，这一过程称为肥熟过程。菜园土的熟化发育过程是蔬菜集约栽培下的旱耕熟化及堆垫施肥影响下的腐殖质累积过程，动物富集性元素（P、S、Ca、N）等的累积和活化过程。蚯蚓等动物的穿行运动对土壤养分的生物富集和上下土层间的物质交换及熟土层的增厚和通气供氧起了促进作用。人为常湿润水分状况促进了各种生物的繁殖和土壤养分的有效化。在特殊的成土条件下菜园土表现出一些特殊的特征：

（1）有机质累积与腐殖质层的形成：由于大量施用有机肥，年施 $1\sim1.5$ 万 $kg/667m^2$ 以上，故有机质累积明显。养分储量一般超过粮作母土的耕层。

（2）磷的高度累积：该类土壤所施有机肥，以动物性有机肥为主，故磷的累积明显。

（3）土体富营养化：由于叠加施肥、蚯蚓活动，养分下渗而在全剖面富集养分，种菜年限愈长，深层富集愈明显。

（4）土体疏松化：与叠加施肥、蚯蚓活动引起的孔隙增多有关，有孔隙多、孔隙粗、部位深的特点。一般表层容重降低，总孔隙度增大，犁底层明显消失。水稳性团聚体增加。

（二）菜园土的剖面特征及诊断特征

1. 剖面特征 一般情况下，菜园土剖面可分为以下几个层次：

人工腐殖质层：是长期种菜，堆垫施用动物性有机肥（包括人粪尿、厩肥、有机垃圾等），精耕细作、频繁灌溉、蚯蚓活动而形成的磷硫钙碳氢等积累较多的诊断表层。①厚度 >35cm；②土色棕灰-黑灰色；③有机质含量加权平均 $\geq 25g/kg$；④速效磷含量 $P_2O_5>100mg/kg$ 或全磷 $P_2O_5\geq 2.5g/kg$；⑤疏松多孔，容重 $<1.25g/cm^3$，非毛管孔隙 $\geq 15\%$；⑥蚓穴及蚓粪较多；⑦炭渣、灰渣、砖瓦、陶片及人类生活用品残屑较多。

熟土层：是人工腐殖质的向下过渡层，养分下延层或粮田时期老耕层。①厚度 $\geq 15cm$；②土色棕灰—灰棕；③有机质含量 $\geq 15g/kg$；④磷的累积较明显，其他养分也较高，高于粮田表耕层；⑤蚯蚓活动及文化层特征明显，仅次于上层。

旱耕淀层：是旱耕及蚯蚓搬运表层物质的淀积层。①厚度 $\geq 15cm$；②色斑杂；③孔壁和结构表面淀积有较暗色的腐殖质黏粒胶膜，其亮度与彩度均低于周围土壤基质，数量占5%以上；④由于蚯蚓搬运和液肥渗渍，土壤养分稍多；⑤仍有明显的蚓穴蚓粪。

稳定层：不受熟化影响，其形态及养分含量接近母质层。

2. 诊断特征 菜园土壤的有效磷、有机质的富集和累积是最为突出的属性特征，因此以肥熟表层的厚度，包括上部高度肥熟表层和下部过渡的肥熟亚层的厚度以及有效磷和有机质的含量作为菜园土壤的重要诊断属性及指标。

（1）肥熟表层：是集约施肥，有机碳和磷素累积强烈的旱耕人为表层。厚度 >25cm，有机碳 $\geq 6g/kg$，$0\sim25cm$ 的有机碳 $\geq 12g/kg$，有效磷（$0.5mol/L\ NaHCO_3$ 浸提）$0\sim25cm\geq 35g/kg$（$P_2O_5\geq 80g/kg$），呈粒状、团块状结构，蚯蚓穴距 <10cm 的占一半以上，人为侵入体较多。

（2）富磷耕作淀积层：分布于肥熟层之下，厚度 $\geq 10cm$，多在 $25\sim35cm$ 以下，因受耕作施肥的影响，磷素下移而形成的耕作淀积层。有效磷较高 $\geq 18mg/kg$（$P_2O_5\geq 40g/kg$），有多量蚯蚓穴，间距 $<10\sim15cm$ 的蚯蚓穴占一半以上。蚯蚓穴壁和结构表面淀积有颜色较暗、厚度 $\geq 0.5mm$ 的腐殖质黏粒胶膜或腐殖质粉砂黏粒胶膜，其明度和彩度均低于周围土壤基质，数量占该层体积的5%或更多。

第二节　高山寒漠土、亚高山草甸土与山地草甸土

一、高山寒漠土

高山寒漠土也称为寒冻土，是高山冰川边缘地带具有寒冻风化和弱生物累积的原始土壤。也是各地分布海拔位置最高的原始土壤。

(一)高山寒漠土的分布及成土条件

1. 分布　高山寒漠土广泛分布于青藏高原及其毗邻高山冰雪带下的冰缘地区，全国总面积为3063.4hm^2。垂直分布位置因地而异，在藏东南湿润、半湿润地区，高山雪线较低，高山寒漠土一般分布在海拔4900~5400m，向藏中、西北半干旱、干旱地区过渡，寒冻土分布在5400~6000m。在纬度偏北的青海境内，高山寒漠土分布高度降低，南部地区海拔为4700~5000m，北部祁连山区又降至4000~4700m。

2. 成土条件　高山寒漠土地带，年平均气温-3~-1℃，最热月平均气温大多不超过5℃，最冷月平均气温在-22~-13℃，极端最低温可达-40℃。年降水量250~700mm，从分布区由东南向西北渐次减少，多呈固态水降落；一年中冰雪覆盖时间长达5~10个月。高山寒漠土所处地形为高山峰脊、古冰斗、冰碛堤、冰碛台地和流石滩等。成土母质为寒冻风化物或冰碛物构成的碎屑状风化壳。在严酷生态环境中，除岩块表面着生的冷生壳状地衣外，高等植物主要为耐寒、耐旱的短命宿根多年生垫状植物，常见有风毛菊、绿绒蒿、垫状点地梅、景天等。

(二)高山寒漠土的成土过程及形态特征

1. 成土过程　高山寒漠土的基本形成过程是以强烈寒冻风化和极弱生物积累为特点的原始成土过程。

(1)强烈寒冻风化。在寒冻气候条件下，成土母质主要是岩石冻裂形成的碎屑状风化物，砾石量极高。在岩砾表面进行微弱的化学风化和生物化学风化，只能形成极少量细土物质，它们随冰雪融水渗入岩隙石缝而聚积起来，成为稀疏垫状植物生长的介质。

(2)极弱生物积累。高山寒漠土的植被稀疏低矮，且只能在短暂的2~3个月的地面冻融交替期内缓慢生长，同时为土壤提供极有限的有机残体，微生物的分解矿化作用也很弱，因而土壤中有机质积累很少而无发育明显的腐殖质层。

2. 土壤形态特征　高山寒漠土土体浅薄，通体含量大量砾石，剖面分化不明显。地表常有由岩石风化碎屑组成的岩幂层。下有发育差的腐殖质层，厚度5~10cm，呈灰色、黄灰色、灰棕色等多种颜色。向下过渡为岩砾层或永冻层。土体中可见冻融作用形成的片状结构，在融冻层之上常因融雪、融冻水潴积而形成的锈纹锈斑，甚至具弱潜育特征。

(三)高山寒漠土的基本性状

高山寒漠土发育程度低，表现为砾质土。砾石量在40%以上，细土部分的黏粒量大多不及100g/kg，甚至低于50g/kg，而砂粒量高达80%~90%。土壤表层有机质含量仅在10g/kg左右，高者可达15~20g/kg，低者不足5g/kg。一般地说，在青藏高原东南的湿润、半湿润区，高山寒漠土的有机质量较高(表15-1)，而在西北干旱、干旱区则较低。高山寒漠土阳离子交换量很低，仅为4~9cmol(+)/kg。化学风化和盐基淋溶作用也很弱，因此，

高山寒漠土的化学组成基本上取决于成土母质，即不同剖面间的变化大，而同剖面的层间几乎无变化，剖面中盐基物质基本上没有移动。

表 15-1 高山寒漠土的理化性质和养分状况（《中国土壤》，1998）

剖面（母岩）	深度（cm）	pH（H₂O）	CaCO₃（g/kg）	有机质（g/kg）	全氮（g/kg）	全磷（g/kg）	全钾（g/kg）	碱解氮（m）
T0112-1（砂板岩）	06	7.9	<1.0	13.2	1.72	0.80	21.4	42
	662	7.9	1.0	7.1	0.95	0.89	22.1	17
	62100	7.7	<1.0	7.1	0.92	0.89	24.5	26
T01-2（片岩）	733	7.3	0.0	6.9	0.44	1.25	32.7	15
	3352	7.2	0.0	2.5	0.30	1.72	30.1	15
	5271	7.2	0.0	2.1	0.27	1.61	30.6	9

（四）高山寒漠土的分类

高山寒漠土属于寒冻条件下形成的原始土壤，目前还没有对其进一步分类。

二、亚高山草甸土

亚高山草甸土是在高寒湿润、半湿润区草甸植被下发育、具有强度腐殖质积累和弱度氧化还原特征的高山土壤。

（一）亚高山草甸土的分布及形成条件

1. 分布 亚高山草甸土垂直分布的高度在西藏为海拔 3900（4000）～4500（4600）m，四川为 3500～4200m，甘肃为 3000～3500m，新疆为 1500（1800）～2800m，云南为 2900～3500m（滇南）或 3200～4500m（滇北）。

2. 成土条件 亚高山草甸土地带为高原亚寒带半湿润、湿润气候。年均气温 -2～2℃，最热月平均气温 8～12℃，≥0℃年积温 1000～1600℃，无霜期不足 60d。年降水量 450～750mm，年蒸发量 1400～1900mm，年干燥度一般为 1.0～1.5，土壤冻结期 3～4 个月，冻层厚度多在 1m 以上。亚高山草甸土的植被组成以高山嵩草为主，成土母质主要是花岗岩、片麻岩、砂岩、页岩、板岩、千枚岩及碳酸盐岩等的残积－坡积物，冰水沉积物和湖积物，有的地方为黄土状物质，在川西和甘肃尚有第三纪红土物质。

（二）亚高山草甸土的成土过程及性状

1. 成土过程 亚高山草甸土的基本成土过程主要是强度腐殖质积累过程和弱度氧化还原过程，以及弱风化淋溶过程。不同环境随水热条件差异，成土过程的强度和表现有所不同。

（1）强腐殖质积累过程。在高寒草甸植被下，有机质的合成量远大于分解量，腐殖质以积累为主，但腐殖化程度较低。地上植物加根系，每年每公顷土壤中遗留 10500kg 以上的有机残体。

（2）弱度氧化还原过程。亚高山草甸土在冻融过程中，引起土体上层滞水，再加上富含有机质表层在雨季大量持水，造成弱度的氧化还原过程。

（3）弱风化淋溶过程。在高寒条件下，成土母质以物理风化为主，化学风化弱，母质风化释出的盐基物质少。亚高山草甸土区的降水足以使数量不多的游离盐基淋失,除碳酸盐类母质外,一般土壤无碳酸盐积累。

2. 剖面形态及性质　亚高山草甸土的剖面一般可划分为毡状草皮层(As)、腐殖质层(A)、过渡层(AB/BC)和母质层(C)。淀积层(B)发育不明显。As层中有密集根茎组成,植物残体分解程度很低。A层植物残体分解程度相对较高,呈现棕色为主。土壤中有机质含量较高,可达100~200g/kg,石砾含30%左右,沙粒含60%左右。土壤养分丰富,阳离子交换量较高(表15-2)。

表15-2　亚高山草甸土养分状况(《中国土壤》1998)

土层	有机质 (g/kg)	全氮 (g/kg)	全磷 (g/kg)	全钾 (g/kg)	碱解氮 (g/kg)	速效磷 (g/kg)	速效钾 (g/kg)	CEC (cmol/kg)
As	89.9	4.12	0.79	20.4	325	7	167	19.91
A	53.7	2.77	0.90	22.2	204	14	185	15.80
AB	25.2	1.54	0.74	22.5	98	10	117	12.10
BC	14.3	0.95	0.58	22.1	55	11	90	9.62

(三)亚高山草甸土的分类

亚高山草甸土可划分为亚高山草甸土(黑毡土)、薄亚高山草甸土(亚高山草原草甸土)、棕亚高山草甸土(亚高山灌丛草甸土及亚高山林灌草甸土)和湿亚高山草甸土4个亚类。

三、山地草甸土

山地草甸土是指森林线以内,在平缓山地顶部喜湿性草甸植被及草灌丛矮林下形成的一类半水成土。此类土壤多位于中山山顶及林间缓坡空地,适宜矮小稀疏的草甸植被生长,土体潮湿,物理风化作用较强,土层薄并普遍含有石砾,地表具有草皮层,剖面中有明显锈纹斑或铁锰胶膜。有别于同一山体垂直分布带谱上的其他土壤类型。

(一)山地草甸土的分布及形成条件

1. 分布　山地草甸土广泛分布于我国各地中山山顶平台及缓坡上部水湿条件良好的浅平地。主要分布在西部、西南及东部的中山山区,在青藏高原东侧的云贵高原、秦岭、大巴山、大凉山及其以东地区,在大兴安岭、长白山南段及其以南的中山区均有分布。其海拔高度大致在1000~3760m之间。总面积为94.44hm^2。

2. 成土条件　山地草甸土位于中山山顶,由于山顶风强,乔木生长困难,逐渐为耐风耐寒的灌丛及草甸植被替代,有的形成草毡层,地表生长地衣和苔藓。植被覆盖率在90%以上。土壤母质复杂,黄土状堆积、残积母质、坡积母质均有。

(二)山地草甸土的成土过程及性状

1. 成土过程

(1)腐殖质积累过程。在山地草甸土所处环境下,草甸植被生长茂密,每年能提供大量植物残体,但分解缓慢,多积聚于土体中,使土壤有机质和腐殖质明显富集,形成草根层(或草毡层)和较厚的腐殖质层。腐殖质层的有机质含量多在50g/kg以上,高者可达150~300g/kg,积累深度可深达50cm。

(2)缓慢的矿物风化过程。在冷凉、湿润的气候条件及频繁的冻融与干湿交替作用下,矿物物理风化作用强，化学风化作用弱，矿物的化学组成无明显分异。另外，受侵蚀作用影响，土体中黏粒含量低，粗砂粒、石砾含量高，并夹有岩碎片，底部为半风化母质层。

(3)氧化还原特征明显。由于山地草甸土区降水量大，地势平缓，加之土层含有机质量高，土体经常处于滞水状态。在季节性干湿交替影响下，铁锰氧化还原作用十分活跃，在草皮层下均可见到明显的锈斑，局部低洼地段还可以呈现潜育化的土层。

2. 形态特征及性质

(1)剖面特征。山地草甸土剖面一般较薄，在草皮层下，通常仅见薄层土壤。剖面呈 A_s—A_h—C 或 A_s—A_h—C_u—C 构型。草毡层(A_s)厚薄不一，根系交织成网，松软，有弹性。腐殖质层(A_h)发育明显，厚约30cm，呈暗棕色或暗黑色，团块状结构，疏松。底土母质层(C)分化不明显，棕色调为主，土质砂性，有较多半风化石砾及石块，常见锈纹斑(C_u)及微量黏粒淀积物。

(2)土壤基本性质。山地草甸土质地轻，颗粒粗，且多含石砾，黏粒(<0.002mm)含量均少，大多小于20%。山地草甸土淋溶作用不强，剖面各土层的黏粒、硅、铁、铝氧化物含量及分子比率在剖面中并无明显分异。黏粒矿物大多以水云母为主，次为高岭石、蛭石及少量蒙脱石、绿泥石。山地草甸土呈酸性反应，pH值4.5~6.0，表土层略低于心、底土层。

(三)山地草甸土的分类

山地草甸土土类根据其形成条件和成土过程可分为山地草甸土、山地草原草甸土和山地灌丛草甸土3个亚类。

1. 山地草甸土 山地草甸土面积为148.94hm^2，占该土类面积的36%。它是该土类的典型亚类。主要分布在我国中山顶部地形低平部位，在西部则分布在中山区地形平坦的梁顶及鞍部。土体厚度一般在50cm以内，含石砾及半风化岩石块，底土层尤多。土壤有机质含量高，在腐殖质层含量为50~15g/kg，胡富比在1以上。pH值4.5~6.5，交换性酸总量在2~8 cmol(+)/kg，有效阳离子交换量5~20 cmol(+)/kg，盐基饱和度为15%~50%，均以表土层为高。

2. 山地草原草甸土 山地草原草甸土面积199.45hm^2，占该土类面积的48%。主要分布在我国西部半湿润、半干旱区，位于中山平台缓坡部位，以内蒙古、甘肃、山西等省(区)的分布面积较大。与山地草甸土区环境条件相比，旱生草原植被成分增加，灌丛成分减少，植被覆盖率为60%~80%。土壤虽有腐殖质积累，具有浅薄的草根层及腐殖质层，但其腐解程度较低。

山地草原草甸土土体厚60~100cm，发育在黄土母质上的土体厚度在1m以上，石砾含量少。土壤有机质含量稍低，草根层为100g/kg左右。土壤一般无石灰反应，阳离交换量15~30cmol(+)/kg，pH值7.5~8.5。

3. 山地灌丛草甸土 山地灌丛草甸土面积为69.84hm^2，占该土类面积的17%。分布范围广，是我国东南及东北地区山地草甸土中的重要土壤类型。其主要特点是草甸植被中杂有较多的灌木丛，有的以灌木占优势，在我国西南山区常为山地矮林，草本植物少。由于植被生长均很茂密，覆盖率达90%，普遍有枯枝落叶层或草根盘结层，腐殖质层深厚，有机质含量高，在心土层中有的能看见锈纹斑。

山地灌丛草甸土土体厚度40~70cm，多含石砾，质地轻粗。草盘结层厚约5cm，有机质含量 150g/kg。全氮含量相应增高，腐殖层可达 10g/kg 以上。土壤 pH 值 4.5～6.0，有效阳离子交换量 3～20 cmol(+)/kg，以腐殖质层为高。交换性酸含量高，盐基不饱和。山地灌丛草甸土的腐殖质组成中，富里酸明显高于胡敏酸，长白山区的土壤 HA/AF 比大多在 0.5 左右，而西南山区则是胡敏酸占优势，HA/AF 比在 1 以上。

[思考题]

1. 水稻土的土体构型是怎样形成的？
2. 灌水淤积物给灌淤土带来哪些影响？
3. 为什么要设立人为土纲？
4. 从食品安全角度出发，菜园土的利用和培肥要注意些什么？
5. 高山寒漠土的形成条件及主要成土过程是什么？
6. 高山寒漠土有哪些亚类？形成条件有什么差异？
7. 比较亚高山草甸土和山地草甸土形成条件的差异？
8. 比较亚高山草甸土和山地草甸土剖面构成的差异？

参考文献

[1] 黄昌勇. 土壤学. 北京：农业出版社，2000.
[2] 李天杰等. 土壤地理学. 北京：高等教育出版社，2004.
[3] 沈汉，李红. 肥熟旱耕人为土的性态分异与土族土系的划分. 土壤，2000.
[4] 张民，龚子同. 我国菜园土壤中某些金属元素的含量与分布. 土壤学报，1996(1).
[5] 何园球等. 水分和施磷量对简育水耕人为土中磷素形态的影响. 土壤学报，2008，(6).
[6] 潘继花，张甘霖. 土垫旱耕人为土中磷的分布特征及其土壤发生学意义. 第四纪研究，2008，(1).
[7] 姜洪涛，施斌，高玮. 人为土的概念、特征及其工程研究意义. 水文地质工程地质，2005，(6).
[8] 王振健等. 成都平原主要水耕人为土土系的划分研究. 土壤通报，2004，(3).
[8] 张凤荣. 土壤地理学. 北京：中国农业出版社，2002.
[9] 朱祖祥. 土壤学. 北京：农业出版社，1981.
[10] 中国科学院南京土壤所. 中国土壤. 北京：科学出版社，1978.
[11] 全国土壤普查办公室. 中国土壤. 北京：中国农业出版社，1998.
[12] 龚子同. 中国土壤系统分类. 北京：科学出版社，1999.
[13] 新疆土壤普查办公室. 新疆土壤(油印本). 乌鲁木齐：1991.
[14] 新疆农业区划委员会. 新疆土壤资源. 乌鲁木齐：新疆人民出版社，1998.
[15] 八一农学院. 土壤附地貌学. 北京：农业出版社，1987.
[16] 李天杰. 土壤地理学(第二版). 北京：高等教育出版社，1983.
[17] 朱显谟. 黄土高原土壤与农业. 北京：农业出版社，1987.
[18] 北京农业出版社等. 农业气象学. 北京：农业出版社，1981.

第十六章
土壤调查

【**重点提示**】本章重点掌握一般土壤调查的方法和内容以及服务于林地、草地、盐渍土、侵蚀土壤、风蚀土壤、城市绿地、工矿区等特定目的土壤调查应注意的关键问题。

土壤调查(soil survey)是野外研究土壤的一种基本方法。是对一定地区的土壤类别及其成土因素进行实地勘查、描述、分类和制图的全过程。是认识和研究土壤的一项基础工作和手段。通过调查了解土壤的一般形态、形成和演变过程，查明土壤类型及其分布规律，查清土壤资源的数量和质量，为研究土壤发生分类、合理规划、利用、改良、保护和管理土壤资源提供科学依据。

第一节 土壤调查概述

土壤调查按其工作程序，大致可以分成准备阶段、野外工作和室内汇总三个部分。

一、准备阶段

(一)制订计划

1. 明确任务和确定比例尺 一般土壤调查的任务可分两大类型，即概查和详查。不同比例尺制图，反映不同的调查精度和工作量，概查一般采用中比例尺；详查一般采用大比例尺或详细比例尺。

(1)详细比例尺：一般为1:200~1:5000，在较小范围内进行，详细表示各种土壤类型，制图单元要求到变种或更细，用于蔬菜区、苗圃、农业试验站、土壤改良区的研究。

(2)大比例尺：一般为1:1万~1:5万，土壤制图单元要求到土种或复区；用于乡、县级行政区域或大型农场的土壤资源调查和灌区、土壤侵蚀区的土壤调查等。

(3)中比例尺：一般为1:10万~1:30万，制图单元一般要求到土属或复区，主要用于地区级或小河流流域的土壤资源调查和宏观规划。

(4)小比例尺：一般为1:50万~1:100万或更小，主要用于省级或大河流域的概略性调查与宏观规划，制图单元要求到亚类或土属的复区。

(5)复合比例尺：即在同一幅图中有两种比例尺。在沙漠中调查绿洲，牧区调查饲草基地，均可以采用不同比例尺处理。

2. 确定工作量 工作量大小可参考《中国土壤普查技术》一书(表16-1)。

3. 组织人员和制订计划 土壤调查综合性强，工作流动性和分散性大，因而除土壤等专业人员外，还应吸收当地的干部、技术人员参加。计划的内容一般包括：调查目的、任务、技术规程、完成时限、如期取得的成果、工作量安排、经费开支预算和物质装备、实施方案等，其中实施方案是重点。

表 16-1 每个主要剖面所代表的面积及调查路线的间距

土壤制图比例尺	每个主要剖面代表的亩数					调查路线间距		主要的土壤制图单位
	地区复杂程度等级					地面(m)	图上(cm)	
	Ⅰ	Ⅱ	Ⅲ	Ⅳ	Ⅴ			
1:2000	60	50	40	30	20	100~200	5~10	变种
1:5000	200	170	140	110	80	200~300	4~6	变种
1:1万	375	300	270	225	150	300~500	3~5	变种
1:2.5万	1200	975	750	600	375	500~1000	2~4	变种
1:5万	1800	1500	1320	960	600	1000~1500	2~3	土种
1:10万	4500	3750	3000	2250	1125	1500~2000	1.5~2	土种
1:20万	1.1万	9000	6750	5350	3000	2000~3000	1.0~1.5	土属

(二)资料收集与物质准备

1. 资料收集 根据调查目的和要求,可选择收集整理的主要资料包括地形图,航空像片和卫星影像等遥感资料,不同时期土壤调查图件和报告、土壤定位试验、肥料网试验、农事措施对比试验资料,主要气候资料、地学资料、农业生产有关资料的收集等。

2. 土壤调查的物质装备 主要包括挖土工具,如铁铲、镐头、洛阳铲、螺旋土钻等;野外调查和制图仪器,如罗盘仪、海拔高度计、气压高度计、小平板仪及测尺、孟塞尔土壤色卡、野外速测装备、野外记载本、遥感图像解译装备、土壤标本盒(袋)等;室内成图工具装备;野外生活用品等。不同的调查目的和精度所要求的物质装备略有不同。

二、野外调查

野外调查应完成下列工作任务:①研究土壤发生发育与自然因素和人为活动的关系;②观察描述土壤剖面,划分土壤类型,采集各种土壤标本;③找出土壤分布界线,填绘野外土壤草图;④记载各种土壤在自然情况下和人工改造后的适宜情况;⑤总结对土壤的管理经验。

完成上述各项任务,一般分踏查(路线调查)和详测两个步骤进行。

(一)踏查(路线调查)

踏查是为了对调查地区获得一个总的概念。踏查前需依调查地区面积大小和地形、地质、植被的复杂程度,预先确定一至几条调查路线。

1. 成土因素的调查与研究 土壤发育与其周围环境,如地形、母质(母岩)、植被、气候和人类生产活动有着密切关系,调查中应准确记述它们的内容和影响程度。

(1)地形:记载调查区所属的地形名称、土壤剖面所在位置的海拔高度、坡向、坡度和坡型等。

(2)母质:按其形成的动力可分残积母质和运积母质;运积母质据搬运力不同还可分为塌积母质、坡积母质、洪积母质、风积母质和海积母质等。

(3)母岩:准确记述母岩,并采集标本,编号,记载采样地点。

(4)植被:进行自然植被类型的划分,如森林、草原、草甸、沼泽等;对每种自然植被类型要调查其主要组成种和优势种。

(5) 气候：收集调查区或邻近地区的气象资料，如降水量、温度、蒸发量、降水日数、无霜期等。

(6) 土壤侵蚀与水文地质情况：土壤侵蚀类型和侵蚀强度，地表径流与地下水的常年变化等。

(7) 生产活动情况：农林牧业生产方式、开发利用历史、经营管理措施等。

2. 土壤剖面形态的观察与记载

(1) 土壤剖面种类：根据目的和用途可分主要剖面、检查剖面和对照剖面。

剖面应根据不同的植被类型，不同的母质（母岩），不同的地形部位进行设置。挖掘深度为150cm以上，宽80cm，长度以便于工作为限（图16-1）。

坡地石质薄层土可挖至坚硬母岩或积石层为止，主要剖面用"＋＋"表示。

检查剖面是检查主要剖面的稳定性或变化情况，挖掘深度为75~150cm，若有明显变化则改为主要剖面，检查剖面用"－－"表示。

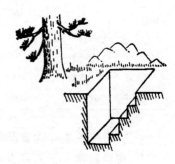

图 16-1　土壤主要剖面示意图

对照剖面是确定土壤分布界线，一般挖深50~60cm 或挖至 B 层，对照剖面用"○"表示。野外调查时，上述3种剖面除描述记录外，应准确标记在地形图上，并分别编号，图上编号要与剖面记录本上的相一致。

(2) 剖面位置的选择：注意典型性和代表性。一般先在室内根据对地形的研究，计划好主要剖面的位置和数量，然后，现场调查时根据下列条件把每个剖面落实到实地上：

① 应设在该类型土壤代表性最大的地段，不要设在边缘或过渡地段。

② 应设在典型的地形部位上，如山坡设在坡的中部，山脊和山谷设在相应的坡面上，不要设在脊顶或谷底。

③ 避开人为影响，不要设在道路、坟墓、池塘、肥料堆放处等地方。

④ 在有林地设剖面，还要考虑优势树种、平均胸径、平均高度、平均疏密度等因素，不要设在林中空地或林缘地带。除专门研究根系的剖面外，一般应离开树干1.5~2.0m。与标准地调查相配合的剖面，设在标准地的中间部位。

(3) 土壤剖面的观察与记录：

① 剖面层次：未经破坏的天然林覆盖下，完整的土壤剖面可分出5个层次：O 层（残落物层）；A 层（腐殖质层或淋溶层）；B 层（淀积层），C 层（母质层）；R 层（母岩层）。

② 土层厚度：自然土壤的土层厚度指 A+B 层的实际厚度；对林业生产而言，C 层风化状况如何，关系也极密切。量取每层厚度时，以每层上限和下限与土表的距离来表示，用连续法记录。O 层不属于土层，其厚度记载较特殊，如 O：5~0cm，A：0~20cm，B：20~50cm，C：50~120↓cm，"↓"表示挖掘深度以下仍有 C 层。

③ 土壤颜色：是土壤的显著特征，如红壤、黄壤、棕壤、黑土等，最初就是根据颜色去命名的。土壤颜色与土壤的组成物质有关，含有机质的呈黑色，含铁质的呈红、黄、橙色，含硅、钙质的呈灰白色等。

说明确定土壤颜色应考虑显色的物质依据。在土壤调查研究工作中已使用孟赛尔颜色系统描述土壤颜色。根据此系统的色阶制成的标准色卡，在野外对土壤剖面各层，在斜射阳光下比色；也可取自然土块，阴干后进行比色。

④ 土壤质地：野外用手感法测定，具体可分为：黏土、壤土、沙土、砾土。质地等级细分，可采样在室内做专项分析。

⑤ 土壤结构：按形态可分为团粒结构、块状结构、核状结构、柱状结构、片状结构和单粒结构。

⑥ 土壤酸度：分层测定土壤酸度，用混合指示剂与比色卡对照测定，以 pH 值表示。

⑦ 土壤干湿度：是对土壤含水状况的描述。野外以手的感觉和眼力判别，分级标准如下：

干：土壤放在手中无潮湿的感觉。

潮：土壤放在手中有潮湿的感觉。

湿：用手握时可成团，但无水流出。

重湿：用手挤压有水分流出。

在野外对有机质含量较低的土壤，也可用酒精燃烧法简单测定土壤含水量。

⑧ 土壤松紧度：指土壤对于插入土层的工具的抵抗力。通常用小刀或土铲测定。

散碎：轻微的挤压下容易散碎。

疏松：用力不大，小刀可插入较深土层。

稍紧：用力不大，小刀可插入土层 2~3cm。

紧密：用较大的力小刀仅插入较浅的土层。

极紧：用较大的力，小刀几乎插不入土层。

土壤松紧度与土壤容重有关，可同时测定土壤容重作比较。

⑨ 土壤新生体：是土壤形成过程的产物，如铁盘、铁锰结核、石灰结核条纹、胶膜、盐霜等。

⑩ 土壤侵入体：系外界混入的物体，如砖瓦、文物以及蚯蚓的粪便等，可帮助判断土壤的翻动和熟化程度。

此外，还有植物根、动物穴、石灰反应、亚铁反应等。

(4) 土壤样本、标本的采集：

① 分析样本：按研究划定的层次，分层采集有代表性的土壤，分别装入布袋，每袋重约 1kg，写好相同标签 2 份，1 份装于袋内，1 份装在袋口。采样方法应自下层至上层，避免上层土影响下层土。表土按全层厚度采集，表土下各层在中间部位按条带状均匀取样，带的宽度和厚度以取足 1kg 为度，并记录采样深度范围。野外调查时凡主要剖面都要采集分析样本，当天晾干，防止发霉变质。

② 比样标本(纸盒标本)：供野外工作比样和室内评土比样用。按层次取典型土块装入专用纸盒中，在盒面写明编号、地点、土壤名称和各层深度，盒底亦应注明相应编号。凡主要剖面一定采集比样标本，未确定归属的次要剖面，也应采集比样标本备用。

③ 整段标本：供生产、科研、教学和展览用。采集时先在土坑正面垂直壁上，以整段标本箱(100cm×20cm×5cm)内圈作为尺度，由土表起划定范围，挖成挂壁的长方形土柱，厚度 10cm 以上，使木框刚能套上去，修平正面，旋紧木板，切下土柱，再修平背面，固定背板，写明取样地点、编号、土壤名称(图 16-2)。同时用彩色胶卷拍下剖面照片和景观照

片,以备展览和制成幻灯片。整段标本花工甚大,只对土类的典型剖面采集。

(5) 路线调查成果:路线调查的目的是弄清概况和为详测提供依据,故调查后应有3项内容:

① 土类分类系统表:初拟调查研究区内可能出现的土类、亚类、土属以至种或亚种名称,细分程度视填图比例尺大小而定,比例尺大的土壤图,制图单位用分类基层单元。

② 路线调查断面图:是调查区情况在一个方向上的缩影。方法是以一定比例尺将所经过调查点的高程和距离绘在坐标纸上,连接各点即为断面图,图内包括有距离、高程、坡向、植被、母质(或母岩)、土壤等分布情况,纵观所得各断面图,即可综观全区概况。

图16-2 土壤整段标本示意图

③ 路线调查小结:初步整理路线调查中获得的概况,供详测参考,如土壤名称具体至制图单元;对成土条件及土壤分布规律做概括性说明,整理出代表性土类的剖面特征等。

(二) 详测

详测是在踏查的基础上,进一步查清土壤类型及分布界线,绘制一定比例尺的土壤分布图,确定土壤资源的利用和改良方向,具体做法如下:

1. 设置主要土壤剖面 剖面设置数量既影响土壤图的精度,又关系到野外调查工作量,应统筹安排。一般是根据地形图比例尺、制图精度要求,以及调查区地形和土壤分布的复杂程度综合考虑决定的。

2. 确定土壤分布界线 以主要剖面为中心,进行放射调查,上要到达山脊,下要到达沟底(那里时常是土壤分布的自然界线),沿途根据地形、母岩、植被的变化挖对照剖面和定界剖面,将相同的定界剖面点连接起来,就是土壤分布界线。

3. 检查和校正土壤草图 详测时一边行进一边绘制土壤草图,分段完成填图任务。草图上的土壤类型,分布界线,以及各种符号是否正确清楚,必须现场进行检查和校正,以便及时修正补充。尤其在分组分幅调查时,彼此之间要在交界地段取得联系,互相拼图。土壤草图只有经过检查和校正后,才能离开调查地区,以免返工,造成时间和人力的浪费。

4. 应用航片和卫片的调查制图方法 对大面积和交通不方便的森林地带、荒漠地带进行土壤调查,现已使用航片或卫片判读。

三、内业工作

包括检查与整理野外调查资料,土壤标本和样本,选择分析样本和化验项目,清绘土壤图,最后编写出调查成果报告书。

(一) 调查资料的整理

1. 野外调查记录的检查与整理 野外调查记录原则上以现场填写的为准。但由于外业工作项目繁多,配合不当时难免有错漏出现,有的属于误报问题,有的属于记录问题。室内检查整理时,一方面对显而易见的错漏项目做补充修正,而对那些不能肯定的怀疑问题,要多方讨论,直至实地复查才准修改。检查整理后,对各组(各队)分片调查的主要剖面要统一编号，装订成册，以备查阅。

2. 土壤标本和分析样本的整理

(1)比样标本和整段标本的整理：按初拟的区内土壤分类系统陈列全部比样标本，并用主要剖面记录表对照，检查比样标本是否齐全。其次，用目测法扫视各类比对标本，将同类标本中有异常的(颜色和层次差别大)逐个抽出，以野外记录校对、重新衡量其归属，如有改变则标本和记录应同时改正，直至制图单元内的比样标本基本一致为止，并对原分类系统做必要的调整。

整段标本是土类或亚类最有代表性的典型标本，除检查标本盒上的记载与剖面记录表是否相符外，可再核实剖面记录基础上与整段标本的特征是否相符，编写调查报告时，介绍性状应以有整段标本作依据的为准。

(2)分析样本的整理：从各主要剖面点所采集的分析样本中，选取要分析的样本，确定需要进行理化性状分析的范围。选取分析样本的方法有二：典型样本法，从相同的土属(或土种)中各选取1个最有代表性的典型样本进行分析。混合样本法，将相同土属(或土种)的样本分层混合，用四分法留取够用的数量进行分析。前者的优点是具有典型性，有利于说明发生发育等自然规律；后者的优点是数量上具有代表性，有利于作土壤性质的定量比较。

3. 土壤草图的检查与校正　室内检查土壤草图，主要是统一图幅之间的内容、定界和代号等。在分组完成的情况下，图幅之间的不一致是时常出现的。

(1)检查各图幅所包括的土壤类型及代号是否正确，土壤剖面数、位置和编号是否完整。

(2)检查各图幅的土壤界限是否清楚，图幅之间能否闭合，若不闭合，在允许误差范围内(例如1/1万图允许误差为1cm)者，参照成土环境与野外调查资料加以修改，无把握的到现场校正。

(3)检查整幅草图的土壤分布是否与地形图、航片以及其他图上所反映的地貌、水文、植被、土地利用方式的分布规律相符，可参考调整，必要时到现场复查。

(二)分析样本化验和土壤肥力的评定

1. 分析样本的化验　常规分析项目包括机械组成、有机质、全氮、速效钾、速效磷、pH值、阳离子交换量、总酸度等。有特别需要的还可做黏粒化学组成、微量元素、障碍因子等项目的分析。

化验资料是编制土壤图和编写土壤调查报告的基础之一，要运用这些数据进一步检验原来的分类是否合理。

2. 土壤肥力评定　土壤肥力评定是从土壤性状本身的研究来评价土壤生产力。肥力评定的依据，从土壤调查和室内化验所获得的资料中，选择部分适当的因子作为评定的项目。

(三)土壤制图

根据图幅的性质和用途，土壤图系列成图可归纳为4个方面的图组：底图组、土壤图组、养分性质图组和改良利用规划图组。

1. 底图组　包括地形图、地貌图、植被图、地下水埋深图、地下水矿化度图等，地形图是其他专题地图的统一底图，有的地方小区地形复杂多变，还可以绘制成地块图。

2. 土壤图组　包括土壤图、土壤母质图。土壤图详细而综合地反映土壤类型、分布及其变化规律。土壤母质图充分反映各种成土母质的来源、性质及质地变化情况。

3. 土壤养分性质图组　包括土壤有机质含量图、氮素含量图、磷素含量图、钾素含量图、微量元素图以及酸碱度图、碳酸钙含量图、代换性能图和黏土矿物类型图等。

4. 土壤利用改良规划图组　包括土地利用现状图、土壤质地剖面构型图、土壤分等评价图、土壤改良利用规划图等。

(四) 土壤调查报告的编写

调查报告是土壤调查的主要成果，它应附有前述的各项工作成果，包括土壤分布图、土壤分类系统表、土壤理化性质分析结果表，以及土壤剖面和景观照片等。编写格式如下：

1. 前言　叙述土壤调查的目的任务，调查研究地区的地理行政位置和面积，工作时间和工作量，内、外业过程，调查的剖面数，采集的标本样本数，绘制的成果图种类以及土壤性质分析项目等，最后还应对调查研究区前人所做过的工作进行简述和评价。

2. 调查研究地区的自然概况　说明调查地区内各种成土因素的特点及其对土壤形成的影响。

(1) 气候：介绍降雨量、湿度、蒸发量、温度、霜期等情况，说明地形、植被对气候的影响，气候与土壤形成及农林业生产的关系。

(2) 地形：介绍调查地区的地形地貌特点，说明地形条件与土壤形成和分布的关系。

(3) 地质：介绍区内地层所属地质年代、地质特点、地表岩石种类分布，并说明母岩、母质对土壤形成的影响。

(4) 水文：介绍区内水系河沟分布特点，山洪、地下水和永冻层对土壤形成的影响。

(5) 植被与农林业情况：介绍天然植被群落及群落形成与气候、地形、土壤的关系。区内农林业生产现状及存在问题。

3. 土壤资源概况　介绍区内土壤类型，叙述各类型土壤形成的条件和分布规律（配合路线调查断面图说明），评述各种土壤的剖面形态、理化性质和生产特性，必要时可在图面上对各类型土壤面积进行测算统计。

4. 土壤评价　对各种土壤利用和改良途径进行评价，并根据农林业生产需要提出合理利用的建议。

5. 结束语　小结土壤调查成功经验和存在的问题，对支持与帮助完成调查工作的有关单位和个人表示谢意。

6. 有关附录

(五) 土壤调查资料管理

为了能够快速地查找、方便地使用土壤调查资料，必须进行有效的管理。主要的管理方式有常规建档和土壤信息系统。

(1) 常规建档：常规建档是指土壤资料按照一定要求进行系统的整理后编号储存、以备查用。包括图件整理、数据整理与文字资料整理等方面。常规建档是建立在土壤性质相对稳定的基础上，缺点是不便对土壤资料进行更新管理。

(2) 土壤信息系统：土壤信息系统(soil information system，SIS)是指在计算机软件和硬件支持下，将土壤及其背景信息按照空间分布和地理坐标，以一定的编码和格式输入、存贮、检索、分析处理、显示和输出的应用以及管理的技术系统。土壤信息系统的建立以及遥感技术的应用，使土壤调查能快速获得大量的土壤及其背景信息、并对其进行高级管理成为可能。

四、航片在土壤调查中的应用

航空像片应用于土壤调查,与地形图为底图的土壤调查相比,有许多不同之处。

(1)航空像片的信息丰富:它可以通过影像标志选择几个代表性样区进行剖面观测,了解土壤分布规律与航空像片的影像标志的关系,进而在航空像片上可根据其影像标志勾绘土壤图。所以,它的剖面取样点不是平均分布于调查区,而且在观察剖面与大面积勾绘土壤图之间的先后关系上,也不同于以地形图为底图的"常规"土壤制图。

(2)航空像片的地面信息丰富:一方面可以提高制图精度,另一方面可以加快制图速度,如在野外定点、定界准确而迅速,同时可以以少量的剖面点达到较高的制图要求。

(3)航空像片为中心投影不同于地形图的垂直投影:因此,其影像一般产生地形位移,所以除采用经过纠正镶嵌的像片平面图(或称正射影像图)以作为土壤外成图的底图以外,在室内正式成图阶段必须首先进行影像纠正。

(一)准备工作

1. 航空像片与图件准备

(1)向测绘部门收集调查区内新摄制的接触晒印像片至少两套,一套作底图用,另一套供镶嵌像片略图。一般还要收集像片复照图(相当于索引)。如测绘部门已有像片平面图,也应尽量收集,以它作为土壤成图的底图可免去纠正过程,对航片土壤制图十分有利。此外,还应收集与像片比例尺相当的地形图,以作为解译参考或作为最后成图的底图。

(2)勾绘作业面积。由于像片为中心投影成像,凡具有高低起伏的地物都会造成像点位移,投影误差一般距像片中心点愈远,位移差愈大。因此,需划定作业面积,仅允许在像片较中心的部位作业,以保证制图精度。

2. 仪器设备准备 同一般土壤调查,主要特殊者为立体镜(包括反光立体镜及野外简易立体镜)、纠正转绘设备等。

(二)外业工作

(1)路线调查:通过调查区的不同地形部位,在主要样区通过土壤剖面观察与地面景观研究,建立地面景观—影像特征—土壤类型三者之间的相关性。

典型样区调查是以航空像片为底图进行土壤调查的一项重要工作程序。通过典型样区的主要土壤类型及其景观特征的研究,建立它们的航空像片的解译标志,填入样区解译标志表,以此为基础进行室内预判,即可举一反三,演绎推断。由于像片成像时间与应用时间有一段时间差存在,地物会有增有减,或土地利用上的变化,所以要求调绘和修正。

(2)室内预判,勾绘与判读土壤图(或其他图)斑:勾图与判读原则是从整体到局部、从易到难,从已知到未知。即先从路线调查中的样区开始逐步扩展,先勾绘出明显的、大的地形的各种图斑界线,再在图斑内细分,然后按土壤分类系统制定的图例系统逐级填入。对不能勾出的图斑或判读中不能肯定的图斑,留待野外校核时确定。

(3)野外校核与补查:野外校核与补查工作,一方面是对判读有把握的图斑,要按制图要求选择几条路线和样区加以核对。另一方面是根据室内预判发现问题的区域,有目的地去校核或补查。经过多点校核与补查,再将全区一张张勾绘好图斑的像片拼接起来,以完成一幅以像片为基础的土壤草图。

(三) 内业工作

(1) 土壤样本化验，与常规调查完全相同。

(2) 土壤图（包括其他图件）的纠正转绘与成图。如以像片平面图作野外制图草图，则室内制图中就没有纠正、转绘等过程，基本上同于常规制图。如用单张接触印晒像片作野外制图草图，则有拼接与纠正、转绘过程。

土壤草图拼接和界线校正，与常规调查法相同。它要使每张相片所划定的作业面积都能衔接，防止漏块。

航片土壤图的纠正与转绘。因为航空像片为中心投影，在正式成图前一定要将单片航片上所勾绘的土壤界线，利用纠正转绘仪纠正转绘到成图比例尺所要求的地形底图上来。

(3) 专业图的清绘、整饰同于一般常规土壤制图。

五、卫片在土壤调查中的应用

中小比例尺的卫星像片土壤制图工作过程，可分为准备工作、野外工作和室内工作等三个阶段。与航空像片的工作程序一样，其野外工作中又可以进一步分为概查、预判与野外验证等三个分段。

(一) 准备工作

1. 卫星影像的收集和处理

2. 地形图的收集和处理

(1) 收集调查区所要求成图比例尺的地形图。如地、市级一般为 1∶20 万~1∶25 万，省区为 1∶50 万~1∶100 万。

(2) 制作透明地形图。因为透明地形图主要应用于卫星影像的定位之用，因此，最好是卫星影像、透明地形图和地形图等三者的比例尺一致。透明地形图的制作方法以复照仪照像复制的透明片为最好。

3. 其他资料的收集 如地质、地貌、水文、气象、农业等，相似于常规调查。如有可能，可以收集局部地区的航空像片，以便作样区解译。

(二) 概查建标

卫星影像的中小比例尺土壤制图的路线调查，基本具有常规土壤调查工作程序中路线调查的性质，但又具有其特殊性，即它不仅要求达到一般常规的路线调查的目的，而且要了解调查区的土壤—景观—影像标志等三者之间的关系，建立影像判读标志。如有可能，在路线调查中除对一些主要的土壤类型进行剖面观察和采取标本以外，应对其景观进行一些野外光谱测试，为目视解译提供一些光谱依据。当然，这就要求光谱测试的时间与卫星影像的时像一致，否则难以参考。因此，在卫星影像的中小比例尺土壤制图中，其路线调查的重要性及工作量往往要超过常规调查的路线调查。

(三) 室内预判

室内预判要求根据路线调查工作中所了解的情况及规律，根据所制定的土壤分类与制图单元系统，结合调查区的卫星影像标志，勾划其土壤分布图，此称之为土壤解译图。

(四) 野外验证

根据野外验证计划，实地检查与修改土壤预判图，并按计划挖取土样标本，包括可判图斑的验证和可疑图斑与难判图斑的验证。

(五)室内总结成图

主要任务是纠正转绘成图与编写调查报告。

(1)土壤草图的最后修正根据野外验证的结果，对原来预判图进行全面的修正。如有疑问，应去专程验证。

(2)对修正的草图进行纠正与转绘，因为卫星影像在放大过程中可能因放大机的中心投影而产生一定误差，在此，也可用透明地形图局部套合的方法进行纠正与转绘。

(3)成果的清绘、整理、调查报告的编写同于常规调查。

上述是土壤调查中的一般问题或共性问题。有关特殊任务的土壤调查，包括林地土壤、草地土壤、盐渍土壤、侵蚀土壤、风蚀沙化土壤，以及城市绿地土壤、工矿区土壤的特殊问题在本章第二节中介绍。

第二节 特殊任务的土壤调查

特殊任务调查的土壤一指形成土壤的条件特殊，二指有特殊的利用功能、保护方法和改良措施，包括林地土壤、草地土壤、盐碱土壤、侵蚀土壤、风蚀土壤、城市绿地土壤和工矿用地土壤等。因此，特殊任务的土壤调查的重点是成土条件、性状及改良利用的特殊性。

一、林地土壤调查

(一)目的与任务

查清各林型、立地类型的土壤类型，确定土类、亚类、土属、土种和变种的名称；查清各类土壤与林木生长、森林分布的关系，不同造林树种对土壤条件的要求以及各种林业土壤的管理措施；对各类土壤的物理、化学和生物学特征的综合评价，为土壤利用、森林经营、更新造林等方面提出建议；编制森林土壤分布图、肥力等级图以及土壤利用改良图等。

(二)调查的内容和方法

包括标准地和路线调查中的土壤调查、确定采伐更新的土壤调查和苗圃地土壤调查。

1. 标准地和路线调查中的土壤调查

(1)标准地调查：林业生产和科研中常需建立固定标准地。标准地面积的大小随林分年龄及株数多少而定，一般在寒温带、温带林区采用 $500\sim1000m^2$；亚热带、热带林区采用 $1000\sim5000m^2$ 面积；次生林、人工林、幼龄林面积可酌情减少。有时调查样方的面积也依据主林层树木的株数而定，现常以主林层乔木 200 株为一样方。灌丛常用面积为 $16\sim100m^2$。

标准地调查包括每木调查和立地条件调查。每木调查需测定树高、胸径，以计算材积。立地条件调查需测定记载地形部位、活地被物、幼树、下木，以及病虫害等。

一般林地每个森林群落类型需标准地不少于三块，但土壤剖面坑的设置在地形起伏不大，成土条件较一致的情况下，可适当减少或只设一代表性剖面。

(2)路线调查：为全面了解调查地区森林类型的分布规律、特点及其与生境的关系，要进行路线调查。路线调查是通过沿一定方向的线路，长距离的调查环境和森林特征、分布规律。线路的选择应当参考图面或航空像片等资料，沿林区自然环境有规律变化的方向，并尽可能通过各种群落类型。

在选定的线路上，逐段设点调查。段内的典型调查地点称为调查小区，调查无面积限制,也不设标准地。调查中应特别注意地形、群落外貌和指示植物的变化,找出明显变化的转折点,调查测定该段的距离、地形部位、坡向、平均坡度、海拔高度等,同时绘出该段的线路平面图和断面图。

(3)土壤调查:标准地调查中,土壤剖面点应选择植被、地形条件(坡向、坡度、坡位)均具有代表性的地方,小地形较平整,无近期崩塌或严重侵蚀;距树干 1~2m 以外,不能设在路边或植被遭受严重破坏的地方。路线调查中,土壤剖面与调查小区相随,选择标准与标准地调查相同。

土壤剖面的观察记载与一般土壤调查大致相同。常见以下层次:A_0 层(地表枯枝落叶层);A_1 层(腐殖质蓄积层);A_2 层(灰化层);A_p 层(泥炭层);B 层(淀积层);C 层(母质层);D 层或 R 层(基岩层);G 层(潜育层)。

林地土壤的障碍层次有些特殊,包括有潜育层、钙积层(白干土层、砂姜层)、黏盘层、沙层、碱化层、积盐层、永冻层和草根盘结层。需要记载障碍层出现的深度及厚度、形成特征,并估测危害程度。

林地土壤的分类系统,高级分类与第二次全国土壤普查汇总的"中国土壤分类系统"相同。基层分类,即土属和土种的划分,依据腐殖质层厚度(表 16-2)、土层厚度、石砾含量以及岩石种类、复砂厚度、地下水位、盐化、碱化程度、侵蚀程度、障碍层次和位置等。

土层厚度一般是 A+B 层厚度,有时可包括 BC 层,任一土层石质容积含量(不包括半风化物)超过 80% 以上,不计入土层厚度(表 16-3)。

石质包括石块、角砾、石粒。石砾含量以容积含量计,石块过多,将严重影响林木生长。表 16-4 列出了石砾含量分级标准。

表 16-2　林业土壤腐殖质层厚度分级标准(《中国土壤普查技术》,李象榕,1992)

A_1 层厚度	分级标准(cm)
薄层	<10
中层	10~20
厚层	>20

表 16-3　林业土壤土层厚度分级表(《中国土壤普查技术》,李象榕,1992)

标准(cm)	寒温带、温带、暖温带、温热带、温暖带山地或亚热带、高热带	热带、亚热带地区
薄层	<30	<40
中层	30~60	40~80
厚层	>60	>80

表 16-4　石砾容积量的分级标准(《中国土壤普查技术》,李象榕,1992)

石砾含量分级(%)	寒温带、温带、暖温带及亚热带高山地区	热带、亚热带、丘陵
少石砾	20~40	10~30
中石砾	40~60	30~50
多石砾	60~80	50~80

2. 确定采伐更新方式的土壤调查　为了了解森林采伐后土壤肥力、土壤性质的变化,以及影响更新的土壤因子,为确定在不同区域、不同森林类型的最适宜采伐更新方式提供依据。

为对比采伐前后土壤肥力、土壤性质的变化，需要在保留带及采伐迹地分别采样，进行比较调查研究。同一林型同一采伐方式各确定两个标准地进行调查。

土壤调查内容除要进行速效养分、pH 值、土壤水分、土层和腐殖质层厚度测定外，还应进行以下特殊项目的调查与测定。如枯枝落叶层贮量和持水性能测定、石砾含量测定、土壤容重的测定、草根盘结度的测定、永冻层测定等。具体测定方法详见有关教材和调查指导书。

根据以上测定资料，可以对不同采伐更新方式的优劣提出评价。

（三）苗圃地土壤调查

苗圃为营林生产的基础设施，苗圃地分永久性中心苗圃和临时山地苗圃。

永久性中心苗圃要绘制大比例尺（1:1000~1:5000）土壤图，一般每 1~5hm^2 设置一个主剖面。需要测定质地、容重、持水量、透水性、有机质含量、全氮、全磷、全钾、土壤阳离子代换量及交换性盐基、盐基饱和度、水解酸、总酸度、碳酸钙、矿质全量、黏粒的化学组成及微量元素等。有的苗圃地还须测定亚铁含量。

中心苗圃还需按养分调查方法，采样测定速效性氮、磷、钾、pH 值、有机质含量、可溶性盐总量等。

苗圃地的水文地质条件至关重要，灌溉水和地下潜水均须作水质化验。

临时性苗圃虽不必绘制土壤图，但仍需做必要的土壤剖面观察、描述、采集土壤形态学标本及分析化验标本。苗圃地着重调查 0~30cm 土层性质。

二、草地土壤调查

（一）目的与任务

查清草地土壤资源类型、分布、数量、质量、障碍因素和土壤利用现状，为合理利用草地土壤资源提供依据；调查研究草地土壤形成条件及其形成演变和退化规律，为提高土壤肥力和防止风蚀沙化提出措施；调查不同土壤类型上的牧草种类营养价值和产草量，调查立地条件，为放牧利用布局和饲料基地建设提供科学依据。

（二）调查内容和方法

1. 调查尺度的确定

（1）荒漠和草原边远地区土壤调查：这类地区居民点少，交通极闭塞，一般无公路相通。土壤调查可以用 1:10 万~1:20 万卫星相片进行调查，根据土壤利用价值的大小，形成复合比例尺的土壤图，农业区和割草场可以为 1:5 万，其沙区可以为 1:20 万，分别以土种和土属上图。调查的重点是土壤的风蚀沙化和盐渍化。

（2）草甸草原、干草原土壤调查：这类地区牧草种类多，质量好，产草量高，载畜能力强，土壤比较肥沃，水资源也比较丰富，因而调查比较精细些。调查宜采用 1:5 万的地形图、航片和 1:10 万的卫片，成图比例尺为 1:5 万~1:10 万，上图单元为土种。在山地地面调查比较困难，若有穿山公路，可以垂直山体进行，否则可以沿山川、沟谷进行，并配合小放射线，调查路线呈树枝状。

（3）人工草场和饲料基地的土壤调查：人工草场和饲料基地的集约化程度要高得多，因而其土壤调查也最为详尽。除采用一般土壤调查方法外，还需要调查牧草种类、长势、产草量与土壤类型、肥力的关系，调查水文和水文地质情况，有无灌溉条件，水质和水量等。调查宜采用1:1万~1:2万的航片进行，成图为1:2.5万~1:5万，以土种上图。

2. 成土因素调查 影响草地土壤发生发育的成土因素有其特殊性，应补充下述内容：

(1)气候：一是调查对草地生产力有影响的气象资料，包括无霜期、降雪深度、积雪时间、冻土深度、春秋牧场牧草返青和枯黄时间、夏季有无枯黄现象或休眠期及持续时间。二是调查影响风蚀沙化的气象资料，包括主风向、风速、大风日数、沙暴、干旱期等。三是调查影响水蚀的气象资料，包括降雨量、降雨强度、降雨季节分配等。

(2)植被：充分考虑牧草种类、草群组成和生长状况，对草场的种类、分布、优势种、盖度、高度、多度、频度、产草量、营养价值进行详细调查，从中寻找牧草种类、产草量与土壤类型的关系。

(3)地表水和地下水：水资源的分布不仅关系到土壤的发生发育，也关系到家畜的放牧和草地的合理利用，应查明水源种类、水量、水质、利用情况和潜力等。

(4)人类生产活动：人类生产活动直接反映在草地的利用程度上。根据植被特征和侵蚀情况可将草地利用程度划分为以下4种：①轻牧，有大量枯枝落叶存在，植被完好，无侵蚀现象。②适牧，草地植被生长正常，覆盖度较高，原有种类成分未发生变化，无侵蚀现象。③重牧，牧草生长受到抑制，植株比正常的矮小，密丛型禾草增加，有土壤侵蚀现象，山地土壤草丛空隙被侵蚀，草丛固土形成突起小堆。④过牧，优良牧草减少，有毒、有害杂草数量增加，土壤侵蚀较重，山地草丛固土堆成品字形的阶梯状，部分地表形成砂砾坡或裸岩。

(三)土壤调查

草场退化往往和土壤物理性状变劣有直接关系。由于频繁放牧，畜蹄的践踏，致使草场土壤变得板结，孔隙度变小，天然降水不能充分渗入土体，导致牧草生产的进一步恶化。砂质土由于畜蹄的践踏，破坏土质的微小结持力，变得更加松散，给风蚀沙化造成条件。所以在草地土壤调查中，对土壤物理性状应更为关注。除一般土壤调查项目外，还要对以下土壤物理性状详加调查。凡是主要代表剖面，均需测定：①土壤容重；②土壤紧实度；③各发生层的土壤水分含量。

除调查土壤外，还应进行草地资源调查，准确判断草地的类、组、型，测定不同类型草地的产量、质量，划定草地利用现状等。这对于勾绘土壤界限、评定土壤质量和划分土壤改良利用分区均有重要参考价值。有关草场调查或草地资源调查在其他教科书中另有论述。

三、盐渍土壤调查

(一)调查目的和任务

研究并评价盐渍土区的土壤改良条件，着重进行灌区水文地质调查，海涂围垦区的海涂动力特点调查和海涂形态特征调查；查明原生和次生盐渍化及沼泽化的形成原因，各种土壤类型的改良特性；根据盐渍土特点，进行土壤改良分区与评价工作。

(二)调查内容与方法

1. 土壤改良条件的研究

(1)地形地貌的研究：可在航片、卫片或地形图判读的基础上，在实地调查中确定地貌类型、范围及其地形要素(地形部位、坡度、坡向等)，尤其是微地形的研究。研究地貌时要和其他地学特征(如沉积物类型、水文地质条件等)的研究结合起来；宜围垦的泥质开阔海岸区，应侧重研究海浪、潮汐、海流作用特点，将潮间带划分为超高潮滩(龟裂带)、高潮滩(内淤积带)、中潮滩(过渡带)、低潮滩(外淤积带)。以便为盐渍土改良利用提供基础资料。

(2)水文地质条件的研究：应邀请水文地质专业人员参加测区的土壤改良水文地质调查。在盐渍土区土壤调查中，通常应完成潜水埋深、矿化度、水化学类型等水位线图的测绘任务。对垂直排水洗盐的盐渍土改良区，尚须进行竖井抽水试验，借以提供涌水量、抽水历时、水位降深等数据资料，以便阐明测区潜水的埋藏、分布、补给、径流及其排泄条件，潜水化学特征和潜水季节动态等规律对土壤形成过程的影响，同时为测定区内的水利土壤改良田间技术设计提供科学依据。

此外，尚需研究年降雨量、蒸发量及其季节分配状况和水文特征，如引灌水源数量与水质特点。河流类型、湖泊、海洋的水位变化对土壤水和潜水之间的补给与排泄关系。只有这样才能为土壤改良分区，综合开发利用盐渍土提供基本的水文和水文地质依据。

2. 土壤剖面及其有关性状的研究 通过深入的调查研究盐碱土性状及分布规律，指明各盐渍土类型的改良特点，为制定改良措施提供科学依据，必须对盐碱土的主要剖面进行细致的研究和土、水样品的分析。因此，主要剖面挖掘深度应达到潜水位以下 10～20cm 处，并分层(表土层细分为 0～5cm，5～10cm，10～20cm，心土层按质地层次划分可粗些)，用连续柱状法采取化验用土样及其潜水化验样品，此外，尚须研究盐渍土类型、土壤盐渍化等级和土壤盐分组成类型等。

3. 人类生产活动与土壤盐渍化关系的研究 次生盐渍土的形成和耕种盐渍化土壤的肥力演变，与人类生产活动密切相关。如平原地区水库和渠道的渗漏，有灌无排，排水出路及自然流势受其他工程设施阻截，均能使地下水位提高，引起土壤次生盐渍化。若引用高矿化水灌溉或长期粗放耕作，更会加重土壤盐渍化；当长期提灌深层碱性水时(其矿化度仅1.0～1.5g/L，含有碳酸氢钠为主的易溶盐，pH 值大于8.0，钠吸附比大于1.0)会导致土壤发生苏打草甸碱化成土过程。又如草原盐渍土区的过度放牧或人为破坏自然草被后，亦能加重土壤的盐渍化作用，形成重盐碱土。反之，盐渍土在合理的综合性改良措施下，亦能建成高产稳产的粮棉生产基地。为此，野外调查要与有关业务部门及当地农民进行座谈访问，并完成下列调查内容：①适种作物及其种植制度和常年产量水平；②耕作制度及施肥制度；③灌排渠系的配置特点和灌溉制度及其优点缺点；④改良旱、涝、盐、碱的经验或教训。

同时，应进行土壤调查制图，包括土壤盐渍度图(反映土壤盐分含量水平分布状况)、土壤质地图(反映土壤质地剖面的构成及其分布规律)、盐渍区利用改良分区图(说明和规定不同土壤区段土壤改良的主攻方向、长远及当前的改良措施)、盐分剖面图(直接反映盐分在垂直剖面上的分布状况，有助于分析盐渍土的发育和演变过程和检查改良效果)。

航空照片用于盐渍土调查日益广泛。航空照片上盐斑的图像非常清晰，这样可以将盐斑单独勾划出来，或者用符号标出，位置和界线更为准确。同时，利用盐斑的密度和盐斑所占比例，确定盐渍化程度，比以往的方法更具体化，对比性更显著。

四、侵蚀土壤调查

(一)调查的目的和任务

查清水土流失的现状及其危害；调查影响水土流失的环境因素及其作用；调查土壤侵蚀的原因、侵蚀程度、强度及其分布；调查总结水土保持综合治理的措施及减沙效益等。通过调查为制定水土保持措施及总体规划提供科学依据。

(二)调查的内容和方法

1. 土壤水蚀因素的调查　影响土壤水蚀的因素有自然因素和人为因素。自然因素包括气候、地形、地质、植被、土壤等。人为因素主要是人们不合理的垦殖利用。

(1)气候：降水对水蚀的影响，一为降水量，其次为降水类型，其中特别是降水的季节分布。在水蚀地带，应在当地气象站收集多年平均降雨量、降雨量的年际变化和年内季节变化，多雨年和少雨年降雨量及其出现的时间和频率；引起水土流失的大雨、暴雨(日降雨量>50mm或1小时降雨≥16mm)出现的月份、次数，每次暴雨持续的时间，降雨量及雨强等。雨强，特别是30mm最大雨对土壤水蚀的影响最为明显。

(2)地形：地形因素是土壤产生水蚀的能位基础，主要调查的地形因素如下：

地貌类型：调查其海拔高度、相对高差等。海拔高度影响水热的垂直带差异，因而影响水蚀强度；相对高差则影响局部地形的侵蚀基准面，同样影响水蚀强度。

坡度：根据水土保持的实践，坡度可划分为平地(小于3°)、平缓坡(3°~7°)、缓坡(7°~15°)、陡坡(15°~25°)、极陡坡(25°~35°)、险坡(大于35°)，调查时要计算各坡度级别的面积及所占比例。

坡长：坡长多分为：短坡(小于50m)、中等坡长(50~200m)、长坡(大于200m)三种。一般地说，坡度相同，降雨在低雨强时，坡长愈长，侵蚀量愈小。降雨强度大于低雨强后，坡长越长，汇集的径流量越多，侵蚀也越严重。

坡形：一般分为直形坡、凹形坡与阶梯形坡。如果以直形坡为基准，则凸形坡的侵蚀较大，特别是其中下部水蚀较强；而凹形坡一般侵蚀较小，其下部还会有一定淤积。

坡向：阳坡增温快，水分易蒸发，土壤干燥，如果植被遭受破坏，则水土流失相对较重。阴坡水分条件较好，植被生长茂密，水土流失相对较轻。

沟谷：沟谷的深度、宽度、断面形状在一定程度上反映着土壤水蚀的强度。调查时要了解沟谷的深度、宽度、密度，沟谷的纵坡度和断面形状，看其属V型谷、U型谷，还是具有河漫滩的平底谷，并看其是线状谷还是串珠状谷。

地形调查中要查明各种地形的面积及所占比例，以判断土壤侵蚀的强烈程度。

(3)母质：包括母质类型及其化学特性调查。母质类型不同，抗冲抗蚀性亦不同。如土状沉积物，由于本身胶结不够牢固，因而抗冲力差，同时土层深厚，沟谷下切强烈。又如花岗岩，片麻岩在北方干燥地区易于物理风化而形成砾石与砂粒，胶结力也差，也易遭受水蚀。而石灰岩、玄武岩致密紧实，土壤黏结力较强，抗冲抗蚀较好。同时，母质的化学成分不同，其胶结力大小有一定差异，因而抗冲抗蚀性也不相同。

(4)植被：植被保护土壤，减轻水蚀作用的大小因植被种类、覆盖度高低而差异很大。因此，调查中要划分植被的类型，分别用样方或样带法调查草本植被的种属、分布、生长状况、产草量、覆盖度；森林植被的林木种类、面积、分布、高度、胸径、密度、覆盖度、林下植被的种类及生长状况、枯枝落叶层的厚度等。

(5)土壤：影响土壤水蚀的特性主要有土壤的渗透性、抗蚀性、抗冲性以及与这些特性有关的其他理化性质，如土壤质地、有机质含量、土壤结构和土壤的胶结物质。调查时注意土壤的质地、层次排列及胶结物质的组成，测定土壤的渗透性、抗蚀性、抗冲性等。

(6)人为活动：人类破坏自然植被，乱伐林木，盲目垦殖，过度放牧，会加剧水土流失。采用工程措施与生物措施,如打坝、修梯田、植树种草,进行沟头防护,则会减轻或防止水土流失。调查时要调查坡耕地的分布、作物布局、轮作制度、耕作方式、森林砍伐等。

2. 土壤水蚀类型的调查 水蚀的形态主要有面蚀、沟蚀、洞穴侵蚀、崩塌侵蚀和泥石流等。

(1)面蚀(片蚀):主要发生在坡耕地和植被稀疏的地段上,包括雨滴打击地面产生的溅蚀和地表漫流引起的层状剥蚀过程。侵蚀从表土层开始,逐步到心土层、底土层。由于剥蚀不甚均一,地表常呈鳞片状。面蚀速度缓慢,常不被人们重视,但侵蚀面积广泛,总流失量很大,故危害相当严重。

(2)沟蚀:沟蚀是地表径流比较集中的股流形成对土壤或土体进行冲刷的过程,也是面蚀进一步发展的结果。根据其形态和发展阶段可分为细沟、浅沟和切沟。

(3)洞穴侵蚀:地面径流沿土体裂隙、植物根孔和动物孔洞等下渗时溶解、潜蚀、冲淘等作用而形成洞穴的过程。下陷洞穴称陷穴。有的单个出现,有的呈串珠状或成群出现。多见于黄土地区的塘边、沟坡、沟头等部位。

(4)崩塌侵蚀:是水分与重力综合作用下,土体发生整块倒塌的一种侵蚀,多发生在河流弯曲之处。由于凸峰或凹峰的土体在水力冲刷下失去顶托,或岩块破裂以后,在重力作用下发生倒塌。崩塌体可达数立方米至数十立方米以上,造成河道淤塞、毁坏农田,危害甚大。

(5)泥石流:是水能与重力作用的混合形态。在地面坡大于35°,并有足够的碎屑岩体,其下垫面又有不透水层,坡面地形又多为聚集径流的漏斗形凹坡的地方,当降雨量足够时,整个碎屑岩体连同土壤随水流顺坡面向下滑动而进入洪水,形成高含泥沙、石块的暴流。泥石流爆发突然,来势凶猛,冲刷河床,破坏建筑设施,甚至埋没农田和村庄,危害极大。

3. 土壤侵蚀强度调查 土壤侵蚀强度是指单位时间、单位面积上的地表土壤经水力侵蚀被移走的土体损失量,以每年每平方公里移走的吨数表示$[t/(km^2 \cdot a)]$或以单位面积移走的土层厚度(mm)表示。

(1)土壤侵蚀强度分级:土壤侵蚀强度分级以侵蚀模数为主要指标。根据中华人民共和国水利部批准《土壤侵蚀分类分级标准》(SL190—2007),水力侵蚀强度分级见表16-5。

表16-5 水力侵蚀强度分级

级别	平均侵蚀模数$[t/(km^2 \cdot a)]$	平均流失厚度(mm/a)
微度	<200, <500, <1000	<0.15, <0.37, <0.74
轻度	200, 500, 1000~2500	0.15, 0.37, 0.74~1.9
中度	2500~5000	1.9~3.7
强烈	5000~8000	3.7~5.9
极强烈	8000~15000	5.9~11.1
剧烈	>15000	>11.1

注:本表流失厚度系按土的干密度1.35 g/cm³折算,各地可按当地土壤干密度计算。

在缺少实测及调查侵蚀模数资料时,可在经过分析后,运用有关侵蚀方式(面蚀、沟蚀)的指标进行分级。土壤侵蚀强度面蚀(片蚀)分级指标见表16-6,沟蚀分级指标见表16-7,重力侵蚀强度分级指标见表16-8。

表16-6 土壤侵蚀强度面蚀(片蚀)分级指标

地类	地面坡度(°)	5°~8°	8°~15°	15°~25°	25°~35°	>35°
非耕地林草盖度(%)	60~75	轻度			强烈	
	45~60					
	30~45	中度		强烈	极强烈	
	<30			强烈	极强烈	剧烈
坡耕地		轻度	中度			

表16-7 土壤侵蚀强度沟蚀分级指标

沟谷占坡面面积比(%)	<10	10~25	25~35	35~50	>50
沟壑密度(km/km²)	1~2	2~3	3~5	5~7	>7
强度分级	轻度	中度	强烈	极强烈	剧烈

表16-8 土壤侵蚀强度重力侵蚀分级指标

崩塌面积占坡面面积比(%)	<10	10~15	15~20	20~30	>30
强度分级	轻度	中度	强烈	极强烈	剧烈

(2)水力侵蚀模数的确定方法：应根据水土保持试验研究站(所)所代表的土壤侵蚀类型区取得的以下实测径流泥沙资料统计及分析。标准径流场的资料，仅反映坡面上的溅蚀量及细沟侵蚀量，不能反映浅沟(集流槽)侵蚀，通常偏小；全坡面大型径流场资料，能反映浅沟侵蚀，比较接近实际；各类实验小流域的径流、输沙资料。

(3)野外及室内人工模拟降雨：室内人工模拟降雨宜采用已建成的国家实验室室内人工模拟降雨设施；室外人工模拟降雨设施应采用国家标准室外人工模拟降雨设施；人工模拟降雨设施可用来测定不同坡度、植被、土壤、土地利用，在设定暴雨频率下的侵蚀量。

(4)用地面立体摄影仪测量并监测滑坡及崩坍形式的重力侵蚀，应根据外业所取得的立体像，在室内用仪器清绘等高线，并绘制成1:500~1:2000地形图。用竹签等量测泻溜形式的重力侵蚀。泥石流冲淤过程观测宜采用雷达流速仪测速装置、超声波泥位计测深装置、遥测冲击力仪、动态摄影仪等进行量测。

五、风蚀土壤调查

(一)调查目的与任务

查明土壤风蚀沙化程度及潜在沙化程度的类型、分布，进行数量质量评价；调查研究自然条件和人为活动对土壤风蚀沙化的影响，为综合防治提供科学依据；总结沙区土壤资源综合利用和治沙改土的成功经验，提出以防治土壤风蚀沙化为中心的改良和利用措施。

(二)调查内容和方法

主要是形成因素和改良利用条件调查。除前面章节叙述的有关共同项目外，需要补充下面的内容：

1. 风 风是土壤吹蚀、搬运和堆积的强大动因，特别是干旱地区的风速度大而频繁，容易引起风蚀沙化。应收集当地主要风向、年平均风速、最大风速、起沙风(≥5m/s)日数、大风日数、沙暴，并结合访问确定风口位置等，分析其与土壤风蚀沙化的关系。

2. 降水　干旱是引起土壤风蚀沙化的一个重要原因。干旱地区降水稀少，且年降水的差异大，增加了生态系统的不稳定性，强化了土壤风蚀沙化过程。应收集统计年降水量及其变幅。降水强度对沙层水分补给具有意义，因而应收集一次降水≥5mm、≥10mm、≥20mm的资料。

3. 地貌　在湿润、半湿润沙化地区的地貌类型主要有沙丘、缓平沙地、滩地以及沼泽等。在干旱、半干旱沙化地区，地貌类型主要是风成地貌和风蚀地貌，包括有新月形沙丘、蜂窝状沙丘、灌丛沙堆、沙垄等。按固定程度可分为固定沙丘、半固定沙丘和流动沙丘。

沙化地区、沙丘是最重要的地表形态标志，沙丘的不同形态和类型在利用改良措施上有很大的区分。

4. 母质来源　一般认为有6种母质来源：风力吹积、河流冲积、洪水冲积、冰水沉积、就地岩石风化和海（湖）岸沉积等。不同的母质，有不同的理化性质，因而其肥力特征和改良利用方向措施也有很大差异。

5. 植被类型　沙地作为一种特殊的生态环境，往往具有一系列的特有的沙生植物，如黄柳、梭梭等都是很好的固沙植物，也是较好的饲料。生物固沙在治沙中占有极重要的地位。因此需要查清不同土壤和沙丘类型的植物种类、草场类型、产草量、覆盖度、造林树种和封沙育草植物的生物学特性和防风固沙能力。

6. 沙丘下伏土质和地貌　在流动沙丘地区，下伏土质和地貌与固沙造林、改造沙地密切相关。在我国一般出现的土质，可划分为沙质土壤、壤质土壤、黏重土壤、盐渍土壤、砾质土壤、石质土壤或粗骨土壤等类型，其中壤质土壤和黏质土壤条件较好。下伏地貌若为平地，条件较好；下伏若为低山丘陵和戈壁，则条件不良；下伏若为河谷或是湖盆，其潜水会很丰富，可以大力发展井灌。

7. 地下水埋藏深度和矿化度　沙地改良一定要有水利条件。土壤调查中，应在沙丘的丘间低平地测量地下水埋藏深度，并采水样，分析其盐分含量。避免在抽水过程中，产生土壤的苏打盐渍化。

另外，风蚀土壤制图有其特殊的要求，其比例尺的确定，乡镇以1:2.5万~1:5万为宜，县以1:10万~1:25万为宜，地区或单个沙漠可采用1:25万~1:50万或更小的比例尺。沙化区范围大，交通困难，判读标志比较清楚，在调查制图中利用航空照片和卫星影像显得尤为重要。土壤制图除绘制土壤图外，还应根据情况绘制土壤风蚀沙化类型图、沙化潜在危险程度分区图、流动沙地固沙造林土壤条件图等。

（三）风力侵蚀强度调查

日平均风速不小于5m/s、全年累计30d以上，且多年平均降水量小于300mm（但南方及沿海风蚀区，如江西鄱阳湖滨湖地区、滨海地区、福建东山等，则不在此限值之内）的沙质土壤地区，应定为风力侵蚀区。风力侵蚀强度分级应符合表16-9的规定。

表 16-9　风力侵蚀的强度分级

级　别	床面形态（地表形态）	植被覆盖度(%)（非流沙面积）	风蚀厚度（mm/a）	侵蚀模数 [t/(km^2·a)]
微　度	固定沙丘、沙地和滩地	>70	<2	<200
轻　度	固定沙丘、半固定沙丘、沙地	70~50	2~10	200~2500
中　度	半固定沙丘、沙地	50~30	10~25	2500~5000
强　烈	半固定沙丘、流动沙丘、沙地	30~10	25~50	5000~8000
极强烈	流动沙丘、沙地	<10	50~100	8000~15000
剧　烈	大片流动沙丘	<10	>100	>15000

六、城市绿地土壤调查

现代城市的发展，使人们对环境、美学、游憩等各方面的需求不断增加，城市及周边环境的绿化和美化显的日益重要。近年来，我国各大中城市的绿化建设事业蓬勃发展，人们越来越认识到城市绿地是现代城市人生活中不可缺少的一部分，它对于改善城市生存环境、提高生活质量具有特殊的价值。因此，城市绿地土壤调查显得愈来愈重要。

（一）城市绿地土壤的概念

绿地土壤是针对其他所有非绿地土壤或非绿地用途的土壤而言的，它既指绿地植被覆盖下的土壤，又指园林绿化部门或绿色经营者的经营活动所涉及的土壤，它包括公园绿地土壤、隔离带绿地土壤、运动场和娱乐场绿地土壤等城市绿地土壤，还包括用于绿化生产的苗圃和花圃土壤、城市周边用于游憩的森林和草地土壤以及道路（高速公路）绿地土壤等。

（二）城市绿地土壤的特征

由于受高密度人口和剧烈的人为扰动，城市市区成为最复杂的搅动土分布区。它具有土壤层次紊乱、土壤成分复杂、侵入体多、土壤的物理性质不良、土壤有机质和养分贫乏、土壤污染因素增多、土壤扎根条件受限、土壤的障碍因素多等特点。

以下涉及的城市绿地土壤调查主要是针对公园绿地土壤、隔离带绿地土壤、运动场和娱乐场绿地土壤，以及道路等城市绿地土壤的调查，而对用于绿化生产的苗圃和花圃土壤、城市周边用于游憩的森林和草地土壤在其他土壤调查中已介绍。

（三）调查的目的和任务

调查的主要目的是摸清土壤底细，以解决适地适种、适地适栽、因土施肥、因土改良等问题。主要任务是查明绿地土壤的类型、分布及性质和肥力特征，了解土壤与绿地植物生长之间的关系，评定现有土壤对不同绿地植物的适生性、适宜性及生产力等级，找出影响绿地植物正常生长的障碍因素和限制因素，为绿地土壤的合理利用、改良和经营管理提供切实的科学依据。实际工作中，土壤调查的具体情况，其目的和任务各有侧重，主要表现在：

（1）从规模上可分市、区级综合绿地土壤调查和局部地块的土壤调查。市、区级综合绿地土壤调查主要是为了摸清全市或全区绿地土壤资源的概况，为整体绿化规划提供参考依据。局部地块的土壤调查包括具体的某个公园、街道、广场、居住区、庭院、苗圃、花圃、草坪基地等地块的土壤调查，调查内容相对比较详细，包括具体的土壤类型及其分布与组合情况、各类型的性质和肥力特征、植物适生性（适宜性）及生产力等级（适地适栽或适地适种评价)、障碍因素及利用改良途径等诸多方面，调查成果应注重实用性和可操作性。

(2)从绿地类型上可分生产性绿地和非生产性绿地的土壤调查。生产性绿地的土壤调查主要是为圃(园)地选址、适地适种、因土施肥等提供依据，并对土壤的肥力或生产力进行分级评定。非生产性绿地的土壤调查则主要侧重于土壤的适地适栽问题，对土壤的利用、改良途径作出评价。

(3)从土地利用现状上可分绿化或建植(建圃)前的土壤调查和绿地经营工作中(建植后)的土壤调查。前者是为了查明调查区内的土壤类型(具体种类)及其分布和组合情况，评定土壤的性质、肥力及植物适宜性，提出利用改良途径，为绿地建植、植物更新、场圃建立等提供依据。在绿地和场圃的规划、设计中，这种事先的土壤调查与评价资料往往是必不可少的。绿地经营中的土壤调查，则主要是为了查明影响绿地植物生存、生长的不良土壤因素，以采取相应的纠正或改良措施。对于后一种情况，人们也常称之为土壤诊断。

(四)调查工作的主要内容和方法

1. 成土环境和土地利用情况的调查

(1)气候调查：同一般土壤调查。

(2)植被调查：对天然植被而言，不同的植被有不同的土壤类型，利用植被可推断土壤类型及分布界线，这时应着重记录植被的种类组成和覆盖度等。若为农田植被，则应记录作物种类和生长情况。对于建植时间较久的城市园林绿地，虽然植物种类繁多，且大都为人工栽植，但长期较稳定的植被仍会对土壤产生一定的影响，加之各异的土壤管理方式，所以土壤性状也逐步形成了各自的特点。据研究，公园的花坛、树坛、草坪等三类园林植被下，土壤的紧实度、容重、孔隙度、有机质含量等指标都有显著差异，各指标以花坛土壤为最优，草坪土壤最差。

(3)母质调查：绿地土壤的母质调查，除调查其运积类型外，还应特别注意母质的通透性能，尤其是生产性绿地。对市区的搅动土或堆垫上，一般不再进行母质调查。

(4)地形调查：绿地土壤调查中应特别注意小地形单元，包括岗地、坡地(丘坡、岸坡、路坡)、平地、洼地、岸边、漫滩等。坡地要分出坡形、坡位、坡度和坡向。

(5)地下水、地表水和土壤排水状况调查：主要调查地下水位及其季节变化，以及地下水水质(矿化度、矿化类型)等，这在沿海城市或低地城市(城区)尤为重要。地表水包括河、湖、沼、池及低地滞水等，要弄清其分布和面积，并注意沿岸土壤的季节性水淹和淤积情况。土壤排水状况包括地形所影响的排水条件和土壤质地与剖面层次所形成的土体内排水条件两个方面，可分如下等级：①排水过量：水自上层中排出较快，一般多为地势较高，土层较薄，质地较粗等情况；②排水良好：过多水分易从土壤中排走，雨后或灌溉后，土壤保持适于植物生长的时间较长；③排水中等：水分在上体内移动缓慢，在相当长时间(不足半年)内，剖面中大部分土体湿润，土壤往往有不透水层或地下水位较高，或有侧向水渗入补给；④排水不畅：水分在上体中移动缓慢，在一年中有半年以上的时间地面湿润，而剖面中的下部大体呈潮湿状态；⑤排水极差：水分在上体中移动极为缓慢，一年中大部分时间地表呈过湿状态，甚至可能有少量积水。

(6)土壤侵蚀情况：可按常规土壤侵蚀种类和侵蚀强度记载。

(7)人为活动调查：主要调查人为因素对土壤的影响，如土体的扰动和土壤的挖垫情况、侵入体及特殊异质土层、地下构筑物、人为践踏程度等。

(8) 土地利用情况调查：了解目前及近来的土地利用情况，如农田、林地、荒地、果园、苗圃、花圃、园林绿地、原建筑工地、旧建筑物地基或拆除场地等，同时要调查植物的生长状况或产量，以了解不同地块的土壤适宜性及肥力水平。在为生产性绿地进行的土壤调查中，尤其要注意了解目前及近来的土壤施肥情况和当地群众用土、改土、培肥的经验；在为现有城市绿地进行的土壤调查中，则应注意分析当前栽培管理水平与土壤条件是否相适应，有哪些地方需要改进。

2. 土壤剖面调查与土壤样品的采集 土壤剖面有主剖面、检查剖面和定界剖面三种类型，调查方法与一般土壤调查也相同。但土壤剖面的数量是由所用比例尺、地形复杂程度和土壤类型的变异及其分布情况来决定的。由于绿地土壤调查的精度一般较高（大比例尺），且土壤变化复杂，所以剖面数量要远大于一般的农、林业土壤调查。每种具体土壤至少要挖一个主剖面和两个对照剖面。

土壤剖面样品主要用于理化性质的实验室分析。具体操作与一般土壤调查相同。

3. 小区土壤调查 对已建成或已规划的绿地而言，应以小区为单元进行调查。小区的划分应以相对稳定的植被类型（包括人工植被）、土地利用方式、人为活动及管理状况、地形差异等为依据，每一小区建立一张小区登记表。原则上每个小区内的土壤类型应该一致，但若同一小区出现两种或多种土壤类型的情况（尤其是搅动土），则可续分亚小区，以亚小区为单位建立一张登记表。若小区面积过小，数量过多，应将土壤相同，地形部位、栽培措施、管理水平基本相同的相邻小区加以合并。

为了较准确地评价小区土壤的性质和肥力状况，需要多点采集小区内的根层土壤样品进行分析（尤其是养分状况）。每个小区（地块）设 10~20 个样点。在一般情况下，每个小区取一个根层（或耕层）混合样即可，即多个样点钻取的土样等量混合；当一个小区内有两种或多种土壤类型时，则分别取混合样。如果研究经费充足，且欲了解小区内土壤养分和性质的变异情况，则不取混合样，每个样点都取一个独立的分析样品，以得到有关的统计数字。至于采样深度，视根系密集层而定，花草类为 0~30cm，树木类为 0~30cm、30~60cm。另外，测定容重和孔隙度的样品可用环刀在每个样点采取，而土壤紧实度则可用硬度计在现场测定。

七、工矿区土壤调查

工矿区是工程建设区、工厂和矿区的总称，是指国土范围内修筑公路、铁路、水利工程和开办矿山、电力、化工、石油等工业企业以及采矿、取石、挖砂等建设活动的场地。据不完全统计，截止 2009 年我国生产建设活动，累计损毁坏土地面积达 1000 万 hm^2。因此，进行工矿区土壤调查，对科学合理地进行土壤资源再利用和恢复重建生态非常重要。

(一) 调查的目的和任务

生产建设项目需复垦的土地包括露天采矿、烧制砖瓦等地表挖掘造成损毁的土地，地下采矿等造成地表塌陷的土地，堆放采矿剥离物、废石、矿渣、粉煤灰、冶炼渣等固体废弃物压占的土地，能源、交通、水利等建设活动造成损毁的土地等。

工矿区土壤是指以生产建设活动排放的固体废弃岩土作为母质，经人工整理、改良，促使其风化、熟化而成的一类土壤。其中，以矿产资源开发工程扰动的土壤最为典型，而修筑公路、铁路、水利工程等剧烈扰动土壤，与矿产资源开发所扰动土壤类似，因此，本节工矿区土壤调查以矿区土壤调查为代表。

矿区土壤调查的目的是为采用合理的地形重塑、土壤重构、植被重建、景观再现与生态系统建设及生物多样性保护技术，人为促进土壤熟化提供科学依据。其主要任务有：通过调查分析查清被破坏土壤资源的数量、类型、破坏程度和分布状态；通过分析研究被破坏土壤的发生、发展过程、趋势及其原因，对采矿、废弃物堆置等一系列矿山作业提出合理建议；通过调查不同废弃物的理化性状，为进一步的复垦方式及利用方向提供依据；通过采矿前原土壤、采矿后土壤及复垦后矿区土壤的理化性状对比，进一步完善复垦技术，并为宏观的复垦规划提供参考。

（二）调查内容与方法

1. 形成条件调查 矿区土壤形成条件调查注意以下特殊问题：

（1）区域地貌特征调查：可分为黄土高原矿区、东北缓丘漫岗矿区、南方丘陵山地矿区、黄淮海平原矿区及西部风沙矿区等。由于不同的区域地貌特征、生物气候，以及地面组成物质、坡度、地形等因子变化很大，造成的土壤破坏程度、强度和形成的条件亦有明显差异。

（2）行业特征调查：不同行业所排弃的废物及扰动的情况不同，对土壤形成的影响也不同。

①采矿系统，包括煤炭开采业、铁矿山、铝土矿、石膏矿、金矿、铜矿、石棉矿、锡矿等。采矿系统以可根据开采方式分为露天开采、地下（井工）开采、露井联采三大类。露天开采使土壤彻底破坏，土壤生产力完全丧失；地下开采造成地面塌陷、地表裂缝、水资源破坏，土壤生产力下降或完全丧失。

②电力系统，主要包括火力发电厂、变电站等，以粉煤灰及其堆积场造成的污染流失为主。

③冶金系统，包括钢铁联合企业、特殊钢厂、炼铁厂、其他金属工业企业，也可包括炼焦厂，主要是尾矿、排土场、炉渣及其他废弃物乱堆乱放造成的生态环境破坏。

④化工系统，包括硫酸厂、烧碱厂、纯碱厂、磷肥厂、橡胶厂、造纸厂等，以环境污染为主。

⑤建材系统，包括水泥厂、陶瓷厂、石料厂、挖砂场、石灰场、砖瓦窑等，以扰动地面、挖石取土取砂、破坏土壤、植被，造成的水土流失为主。

（3）废弃物堆积形式调查：可分为平地堆山式、填凹（如填沟）堆垫式和河岸沟岸倾泻式三类。平地堆山式主要是容易造成滑坡、崩塌以及多种水力侵蚀；沟岸河岸倾泻式缩窄河道，影响行洪，河流输沙量剧增，相比而言填凹堆垫式较为妥当。

（4）废弃物组成成分调查：分粗颗粒废弃物、细颗粒废弃物。粗颗粒废弃物，如铁矿、地下开采煤矿（矸石山）、采石场等，为砾石状排弃物。细颗粒废弃物，如火力发电厂（粉煤灰）、砖厂（土状物）、铝厂（赤泥）、采砂厂、化工厂（废渣）、各种尾矿等。

（5）废弃物含毒状况调查：分有毒废弃物和无毒废弃物。有毒废弃物，如重金属矿、化工厂等；无毒废弃物，如砖厂、水泥厂、采石场、低硫煤矿等。

（6）生产建设规模调查：可分为大、中、小型矿区，各行业划分标准不同，一般是以生产能力、固定资产投资、职工人数、投入产出状况等综合划分。

（7）权属关系调查：可分为国有工矿区（包括国家统配和地方国有）、乡镇工矿区、个体工矿区。一般国有工矿区为大、中型工矿区，造成的水土流失严重，但易管理，企业自身调控能力强，能在有关部门监督下，进行土地复垦和生态重建工程；乡镇和个体工矿区属小型矿区，数量多，分布广，难管理，往往以眼前利益为主，不考虑长远利益，土地复垦与生态重建工作极为棘手。

2. 矿区土壤调查　矿区土壤调查以采矿破坏的矿山土调查为主。土壤调查中，围绕矿区土壤质量的演变和土地复垦规划的要求进行调查。为便于调查，作如下分类。

根据采矿发展次序，分采矿前原土壤调查，采矿后土壤调查，即重塑地貌、重构土壤、重建植被后的土壤调查。

根据土壤资源破坏方式，分挖损地土壤调查（如露天矿坑、砖瓦窑取土场等），压占地土壤调查（露天矿排土场、煤矸石山、粉煤灰堆场、露天铝矿赤泥堆积场等），塌陷地土壤调查。

（1）采矿前原土壤调查：可参照当地的地形图、土壤图、土地利用现状图等为基础，综合加以实地调查，汇总而成，以满足规划、设计的要求。一般矿区土壤的调查指标与农业用地指标相同，不再重复。

由于露天矿对土壤的扰动较大，开采前对土壤和上覆岩层的分析是许多国家土地复垦有关法规中明确要求的，其目的是在开采与复垦前进行复垦的可行性研究，以便制定合适的开采与复垦计划。它往往有以下几个作用：①确定适宜植被生长的土壤材料的性质和数量（包括可作为表土替代材料的岩层）。②确定开采以后矿山剥离物的性质。③确定是否有不适宜的岩层（如含有毒、有害元素）存在。④确定复垦与开采工程规划；⑤确定复垦土壤的改良方案和重新植被规划。

因此，土壤调查除需一般的土壤调查指标外，应特别注意所有剥离岩土层的物理性质、化学性质和生物性质的分析。不同矿的剥离岩土层的厚度不同，有的矿厚度可达200m。

（2）采矿后的土壤调查：开采后的新造地或复垦土壤的调查研究，是为了确定植物生长的介质特性及土壤生产力，以便于制定有效的土壤改良和重新植被技术方案。

一般可先查阅矿山的有关资料，矿山废弃物是否污染环境（如有污染，应先作环境保护处理）。如露天矿需查阅排土场及排土进度图；井工矿需查阅井上井下对照图及有关塌陷资料等。根据资料的情况再针对性的进行调查。

土壤调查参考指标见表16-10。不同矿区可根据土壤破坏和土壤再造的具体情况，在此基础上做增减。

表16-10　矿区土壤调查参考指标（《工矿区土地复垦与生态重建》，白中科，2000）

指　　标	挖　损		压　占			塌　陷
	露天矿坑	砖瓦窑取土场	露天矿排土场	粉煤灰堆场	煤矸石山	井工矿塌陷地
岩（土）层厚度	Y	Y	Y	S	S	Y
岩性及风化状况	Y		Y		Y	
岩（土）污染状况	Y	S	Y	Y	Y	S
人造地形特征（坡度、坡向、坡型等）	Y	Y	Y	Y	Y	Y
地基的稳定性	N	N	Y	N	Y	Y

（续）

指标	挖损		压占			塌陷
	露天矿坑	砖瓦窑取土场	露天矿排土场	粉煤灰堆场	煤矸石山	井工矿塌陷地
非均匀沉降	N	N	Y	N	Y	Y
新造地面积	Y	Y	Y	Y	Y	Y
地表物质及颗粒组成	N	S	Y	Y	Y	Y
土层厚度	N	Y	Y	S	S	Y
有效土层厚度	N	Y	Y	S	S	Y
土壤侵蚀状况	Y	S	Y	Y	Y	Y
水文与排水条件	Y	S	Y	Y	Y	Y
土壤盐碱化	N	S	Y	Y	Y	Y
土壤酸化	S	S	Y	N	Y	Y
土体容重	N	Y	Y	Y	Y	Y
土壤有机质	N	Y	Y	Y	Y	Y
水分有效性	N	Y	Y	Y	Y	Y
地表温度	N	N	S	Y	Y	N
土壤养分指标	N	Y	Y	Y	Y	Y
土壤生物学指标	N	Y	Y	Y	Y	Y

[思考题]

1. 简述野外土壤剖面调查的主要内容？
2. 航片应用于土壤调查与地形图为底图的土壤调查有什么不同？
3. 卫片在土壤制图工作过程中可分为哪几个阶段？各阶段的主要内容是什么？
4. 林地土壤、草地土壤调查的内容包括哪些？方法如何？
5. 侵蚀土壤、沙化土壤调查的目的和任务有哪些？调查的内容和方法如何？
6. 简述城市绿地土壤调查和工矿区土壤调查的特殊性？

参考文献

[1] 罗汝英. 土壤学. 北京：中国林业出版社，1992.
[2] 朱克贵. 土壤调查与制图. 北京：中国农业出版社，1994.
[3] 彭光途等. 园林土壤肥料学. 北京：中国林业出版社，1988.
[4] 焦居仁. 开发建设项目水土保持. 北京：中国法制出版社，1998.
[5] 陈焕伟著. 土壤资源调查. 北京：中国农业大学出版社，1997.
[6] 陈焕伟等. 土地资源调查. 北京：中国农业大学出版社，1998.
[7] 李象榕等. 中国土壤普查技术. 北京：农业出版社，1992.
[8] 崔晓阳等. 城市绿地土壤及其管理. 北京：中国林业出版社，2000.
[9] 黄昌勇等. 土壤学. 北京：中国农业出版社，2000.
[10] 赵景逵等. 矿区土地复垦技术与管理. 北京：中国农业出版社，1993.
[11] 白中科等. 工矿区土地复垦与生态重建. 北京：中国农业科技出版社，2000.
[12] 林大仪. 土壤学. 北京：中国林业出版社，2002.
[13] 中华人民共和国水利行业标准《土壤侵蚀分类分级标准》(SL190—2007). 中国水利水电出版社，2008－07－01.

第十七章
土壤质量、土壤退化与土壤资源利用改良

【重点提示】本章在介绍有关土壤质量与土壤退化基本知识的基础上，针对我国土壤资源的特点、利用中存在的主要问题，原则性地讨论土壤资源合理利用及改良的途径。

第一节 土壤质量及评价

一、土壤质量的概念

土壤质量(soil quality)并非一个新名词，它的概念与内涵是随着时代的发展，科技水平的提高而不断发展深化的。不同利用方式的土壤适宜性可能是最早和最常提及的土壤质量概念，它主要是针对作物的产量和品质而提出的。

目前国际上比较通用的土壤质量概念，是 Dbran 和 Parkin(1994)从生产力、环境质量和动物健康三个角度对土壤质量的定义：土壤在生态系统中保持生物生产力、维持环境质量和促进植物和动物健康的能力。

曹志洪(2001)认为：土壤质量是土壤在一定的生态系统内提供生命必需养分和生产生物物质的能力；容纳、降解、净化污染物质和维护生态平衡的能力；影响和促进植物、动物和人类生命安全和健康的能力之综合量度。简言之，土壤质量是土壤肥力质量、土壤环境质量和土壤健康质量三个既相对独立又有机联系组分的综合集成。土壤质量是土壤支持生物生产能力、净化环境能力和促进动植物和人类健康能力的集中体现，是现代土壤学研究的核心。

从上面对"土壤质量"的定义中，至少可以认识到：土壤质量主要是依据土壤功能进行定义的，即目前和未来土壤功能正常运行的能力。土壤质量的定义已超越了土壤肥力的概念，也超越了通常土壤环境质量的概念，它不只是将食物安全作为土壤质量的最高标准，还关系到生态系统稳定性，地球表层生态系统的可持续性，是与土壤形成因素及其动态变化有关的一种固有的土壤属性。

二、土壤质量指标

作为一个复杂的功能实体，土壤质量不能够直接测定，但可以通过土壤质量指标来推测。土壤质量的好坏取决于土地利用方式、生态系统类型、地理位置、土壤类型以及土壤内部各种特征的相互作用，土壤质量评价应由土壤质量指标来确定。

土壤质量指标(soil quality indicator)是表示从土壤生产潜力和环境管理的角度监测和评价土壤健康状况的性状、功能或条件。也有人认为土壤质量指标是指能够反映土壤实现其功能的程度、可测量的土壤或植物属性。对土壤性质变化方向、变化幅度和持续时间的测定可用于监测土壤质量的指标。

对土壤质量的综合定量评价要选择土壤的各种属性的分析性指标，确定这些指标的阈值和最适值。土壤指标通常包括物理指标、化学指标和生物指标（表 17-1）。各项指标的不同取值组合决定了土壤质量的状况，在土壤质量评价中需要根据不同的土壤、不同的评价目的对这些指标进行取舍组合。

土壤性质具有复杂的时间和空间变异性，性质变异影响着对土壤质量的评价。不同的时间和空间尺度下，人们对土壤质量的关注方面也不一样。土壤质量评价必须确定合适的时间和空间尺度。从时间尺度看，土壤的各种性质都不是固定不变的，各种外部因子的变化都可能导致土壤性质发生变化，土壤内部各种因子的相互作用也增强了土壤性质的变化，根据土壤性质随时间变化的速率和频度可以区分为短期的、长期的以及动态的和静态的。从空间尺度看，土壤质量评价必须确定评价的空间范围，评价范围可以是单个土体、土壤制图单元、田块、景观以至整个流域。政策制定者还需要国家、国际范围内的土壤质量评价。在不同的时间和空间尺度下，要选取不同的土壤质量指标。

表 17-1　常用土壤质量分析指标（Singer, 1999）

土壤质量物理指标	土壤质量化学指标	土壤质量生物指标
通气性	盐基饱和度	有机碳
团聚稳定性	BS%	生物量
容重	阳离子交换量	C 和 N
黏土矿物学性质	CEC	总生物量
颜色	污染物有效性	细菌
湿度	污染物浓度	真菌
干润湿	污染物活动性	潜在可矿化 N
障碍层深度	污染物存在状态	土壤呼吸
导水率	交换性钠百分率	酶
氧扩散率	ESP	脱氢酶
粒径分布	养分循环速率	磷酸酶
渗透阻力	pH	硫酸酯酶
孔隙连通性	植物养分有效性	生物碳/总有机碳
孔径分布	植物养分含量	呼吸/生物量
土壤强度	钠交换比	微生物群落指纹
土壤耕性	SAR	培养基利用率
结构体类型		脂肪酸分析
温度		氨基酸分析
总孔隙度		
持水性		

土壤质量的评价可在多种尺度下进行，但是由于土地利用的多样性，评价指标应该是相对的而不是绝对的。在点尺度上，需要从机理水平理解土壤质量，强调土地利用决策对养分循环、淋溶、土壤结构、碳积累和其他相关过程的影响。在农田和小流域尺度上，尤其当土壤的初级功能为维持作物生产时，土壤质量的评价与生产力评价类似，但是它不仅强调产量，同时强调土壤资源的物理、化学和生物状况以及目前土地利用措施的长期经济变异性。在区尺度上，需要进行田间试验来理解土壤质量和作物生产之间的关系。

土壤质量指标的确定是一件很复杂的事情，而且在不同的土壤系统之间变化很大。Larson 和 Pierce 提出了最小数据集(minimum data set, MDS)的概念，可用于监测由土壤和作物管理措施引起的土壤质量的变化。他们将易用标准方法直接测定的物理化学指标结合起来，同时也建议使用土壤转换方程(pedotransfer functions)来估计不能实际测得的参数。

三、土壤质量评价方法

土壤质量的评价方法国际上尚没有统一的标准，也没有固定的方法。需要综合考虑生态系统的类型、土壤的功能、土地利用方式等，另外与评价目的和评价尺度也有关。

国际上已提出一些土壤质量评价的方法，如多变量指标克立格法，土壤质量动力学方法、土壤质量综合评分法以及土壤相对质量法等。

1. 多变量指标克立格法(multiple variable indicator kringing, MVIK) 是美国农业部和华盛顿州立大学的研究者提出的。该方法可以将多个土壤质量指标整合成一个综合的土壤质量指数，是根据特定的标准将测定值转换为土壤质量指数，这一过程称为多变量指标转换(multiple variable indicator transform, MVIT)。各个指标的标准代表土壤质量最优的范围或阈值。运用非参数型的统计学方法，通过 MVIT 的转换数据估计未采样地区的数值，然后测定不同地区土壤质量达到优良的概率，最后利用 GIS 技术绘出建立在景观基础上的土壤质量达标概率图。该法优于土壤质量评分法，它可以把管理措施、经济和环境限制因子引入分析过程，其评价范围可以从农场到地区水平，评价的空间尺度弹性大。

2. 土壤质量动力学法 土壤质量是一个动态变化的过程，其土壤属性都是随着时间和空间的变化而变化，易受人类行为、管理措施以及农业实践的影响。考虑这一原理，Larson (1994)提出土壤质量的动力学方法，从数量和动力学特征上对土壤质量进行定量。某一土壤的质量可看做是它相对于标准(最优)状态的当前状态，土壤质量(Q)可由土壤性质(q_i)的函数来表示：

$$Q = f(q_i, \cdots\cdots n)$$

要反映整个土壤质量的变化，可以选择一阶导数(dQ/dt)表示土壤质量的变化速率。

$$\frac{dQ}{dt} = f\left(\frac{\frac{(q_{it} - q_{it0})(q_{nt} - q_{m0})}{q_{it0}}}{dt}\right)$$

其中，q_{it}表示第 i 种土壤质量指标在 t 期的数值，q_{it0}表示第 i 种土壤质量指标在基期 t_0 期的数值。dQ/dt 反映土壤质量的变化速率，当 dQ/dt 为正值时，说明土壤质量变化是正向的，有利于可持续发展，反之就是土壤退化，此时就应该采取措施对土壤进行管理。

土壤质量动力学方法根据最小数据集(MDS)选取指标，构建动力学模型反映这种变化。例如要反映土壤侵蚀对土壤质量变化的影响可以使用生产力指数，而生产力指数又是土壤 pH 值、容重以及有效水容量对根系满足度的总和。除了这种方法，还可以采用统计质量控制程序，在整个过程重复测定 MDS，得出 MDS 随时间变化的规律，以描述土壤质量的变化。

3. 土壤质量综合评分法 Dom 等(1994)提出土壤质量的综合法，将土壤质量评价细分为对 6 个特定的土壤质量元素的评价，这 6 个土壤质量元素分别为作物产量、抗侵蚀能力、地下水质量、地表水质量、大气质量和食物质量。根据不同地区的特定农田系统、地理位置和气候条件，建立数学表达式，说明土壤功能与土壤性质的关系，通过对土壤性质的最小数据集评价土壤质量。这种方法从多方位的角度考虑了土壤质量，对于一个特定的生态系统可以根据由每个因素建立的具体标准评价相应的土壤功能。

土壤质量综合评分法在给定的生态系统内，可以通过建立每一种因素的评价标准，然后估计整个土壤质量函数。因此，土壤质量综合指数评分简单易行，但是在各个因素权重的确定上存在一定主观性，而且有的时候所搜集的信息不完全，不能完全反映不同土壤质量元素的最优函数关系，需要采用科学方法确定权重，并做很多验证、校验工作，才能更加真实地反映土壤指标和土壤功能的相对重要性。

4. 土壤相对质量法 通过引入相对土壤质量指数来评价土壤质量的变化，这种方法首先是假设研究区有一种理想土壤，其各项评价指标均能完全满足植物生长的需要，以这种土壤的质量指数为标准，其他土壤的质量指数与之相比，得出土壤的相对质量指数(RSQI)，从而定量地表示所评价土壤的质量与理想土壤质量之间的差距，这样，从一种土壤的 RSQI 值就可以表示土壤质量的升降程度，从而可以定量地评价土壤质量的变化。

RSQI 值可使区域土壤质量有一个统一的比较标准，其变化量 △RSQI 可以作为评价土壤质量变化的定量依据；研究土壤质量变化必须有时间和起点概念，否则就难以确切说明土壤质量的升高与降低、肥力的熟化与退化。同时，土壤相对质量法在对各分指数进行综合时，评价结果往往只是一个均值或简单的累加，这样会掩盖某些土壤属性的特征，从而使评价结果与实际出入很大。

以上土壤质量评价方法各有优点，实际工作中可以根据评价区域的时间和空间尺度、评价的土壤类型、评价的目的等，选择适宜的评价方法。

土壤质量是个非常综合的概念，土壤质量评价研究仍处于起步阶段，这项研究涉及土壤学的各个领域，并且关系到土地利用、农业种植措施和管理等众多方面，也与社会、经济和政策有关。在土壤质量评价的各个环节，都存在大量需要解决的问题。总结当前国际土壤质量研究的最新进展，结合我国的实际情形，有关土壤质量的研究应在以下几个方面有所加强：①土壤质量变化的发生条件、过程、影响因素及其作用机理；②土壤指标和土壤功能之间的关系；③土壤质量指标与评价方法；④土壤质量动态监测与预测预警；⑤土壤质量保持与提高的途径及其关键技术。

第二节 土壤退化与防治

一、土壤退化的概念

土壤退化(soil degradation)是指在各种自然因素，特别是人为因素影响下所发生的导致土壤的农业生产能力或土地利用和环境调控潜力，即土壤质量及其可持续性下降(包括暂时性的和永久性的)甚至完全丧失其物理的、化学的和生物学特征的过程，包括过去的、现在的和将来的退化过程，是土壤退化的核心部分(张桃林，2001)。

二、土壤退化的分类

土壤退化虽自古有之，但土壤退化的科学研究一直是比较薄弱的。直到目前国际上还没有统一的土壤退化分类体系，仅有一些研究结果。现列举有代表性的两种分述如下：

(一)联合国粮农组织采用的土壤退化分类体系

1971年联合国粮农组织在《土壤退化》一书中,将土壤退化分为十大类:即侵蚀、盐碱、有机废料、传染性生物、工业无机废料、农药、放射性、重金属、肥料和洗涤剂。此外,后来又补充了旱涝障碍、土壤养分亏缺和耕地非农业占用三类。

(二)我国对土壤退化的分类

中国科学院南京土壤研究所借鉴了国外的分类,结合我国的实际,采用了二级分类。一级将我国土壤退化分为土壤侵蚀、土壤沙化、土壤盐化、土壤污染、土壤性质恶化和耕地的非农业占用等六大类,在这6级基础上进一步进行了二级分类,见表17-2。表17-3 为当前我国土壤退化的类型、成因、结果与分布(张荣群等,2000)。

表17-2 土壤退化分类

I 级	II 级
A 土壤侵蚀	A_1 水蚀
	A_2 冻融侵蚀
	A_3 重力侵蚀
B 土壤沙化	B_1 悬移风蚀
	B_2 推移风蚀
C 土壤盐化	C_1 盐渍化和次生盐渍化
	C_2 碱化
D 土壤污染	D_1 无机物(包括重金属和盐碱类)污染
	D_2 农药污染
	D_3 有机废物(工业及生物废物中生物易降解有机毒物)污染
	D_4 化学肥料污染
	D_5 污泥、矿渣和粉煤灰污染
	D_6 放射性物质污染
	D_7 寄生虫、病原菌和病毒污染
E 土壤性质恶化	E_1 土壤板结
	E_2 土壤潜育化和次生潜育化
	E_3 土壤酸化
	E_4 土壤养分亏缺
F 耕地的非农业占地	

表17-3 我国土壤退化的类型、成因、结果和分布(张荣群等,2000)

类 型	成 因	结 果	分 布
土壤侵蚀退化	水蚀、风蚀、冰融。	破坏土壤资源、肥力损失、水库河床淤积、石化面积扩大、灾害频繁且加重。	水蚀:大兴安岭、阴山、贺兰山、青藏高原一线以东。风蚀:新疆、甘肃、河西走廊、柴达木盆地等。冰融:青藏高原、新疆、甘肃、云南等现代冰川高山区。
土壤盐渍化	不合理灌溉,地下水位升高。	土壤次生盐碱化、潜育化。	黄淮海平原,北方半干旱灌溉平原,河套平原,西北干旱、半干旱内陆区。
土壤沙化	过度放牧、砍伐、交通、工矿、城镇建设破坏,水资源利用不当,气候变化,自然风化。	土地沙漠化,风沙活动频繁,环境退化。	"三北"干旱、半干旱地区,东部半湿润、湿润地带的风蚀活动频繁地区。

(续)

类 型	成 因	结 果	分 布
土壤肥力下降	土壤利用不合理。	土壤生产力下降。	除上海、江苏、浙江和海河平原地区之外,其他地区土壤肥力均有下降。
土壤污染	工业污染,化学农业。	土壤酸化、板结、重金属含量高,危及粮食安全。	城镇、工矿企业周边及下游地区,乡镇企业发达地区。
土壤破坏退化	矿产开采,固体废物堆放,泥石流、山体崩塌、滑坡等自然灾害。	土壤遭到开挖、掩埋、流失。	矿产资源开采区,地质灾害频繁区。
耕作土壤面积减少	建设用地征用,乱占乱用,耕地保护不力等。	耕地面积减少。	城乡结合部,村镇周边地区。

三、土壤退化的驱动因素

造成土壤退化的原因有自然的因素,也有人为的因素。其中,来自自然界的驱动因素包括气候、生物、水文、地质、地貌等,如气候变化、大地构造和新构造运动等,它们是土壤退化的最基本因素,决定着区域土壤退化的方向(张凤荣,2006)。人为的原因主要是由于人类不合理的开发利用活动,随着经济发展和社会进步,特别是工业化、城市化进程加快,人类活动已成为土壤退化驱动力中最活跃的因子。

土壤退化是一个非常综合和复杂的过程,具有时间上的动态性和空间上的各异性以及高度非线性特征,它不仅涉及土壤学、农学、生态学及环境科学、社会科学和经济学及相关政策,而且也与人类文化有着密切的关系。人类文化既可以通过影响土地利用方式及利用行为而直接导致土壤退化,也可以通过影响社会经济及自然状况而间接形成土壤退化现象。自然和人为的种种因素错综复杂交织在一起,决定着土壤退化的方向和速率。图 17-1 为土壤退化因果关系图(王秋兵,2004)。

四、土壤退化的危害

土壤退化对生态环境和国民经济造成巨大影响。其直接后果有:①陆地生态系统的平衡和稳定遭到破坏,土壤生产力和肥力降低;②破坏自然景观及人类生存环境,诱发区域乃至全球的土被破坏、水系萎缩、森林衰亡和气候变化;③水土流失严重,自然灾害频繁,特大洪水危害加剧,对水库构成重大威胁;④化肥使用量不断增加,而化肥的报酬率和利用率递减,环境污染加剧,农业投入产出比增大,农业生产成本上升;⑤人地矛盾突出,生存环境恶化,食品安全和人类健康受到严重威胁。

五、土壤退化的防治

对土壤退化的治理必须坚持"预防为主、防治结合"的原则。在具体治理中要注意以下几点:

(一)全面规划,综合治理

退化土壤治理涉及自然科学、工程技术和社会科学等多个学科和领域。治理土壤退化时

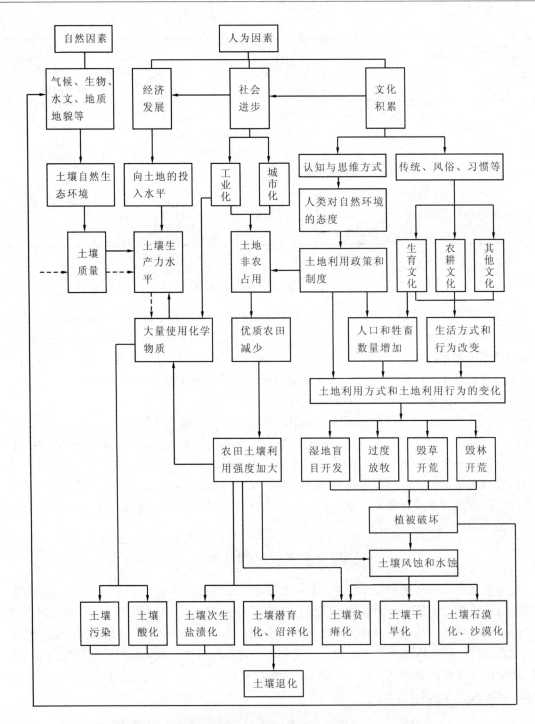

图 17-1 土壤质量变化(土壤退化)因果关系图(王秋兵,2004)

首先必须在尊重自然规律和经济规律的前提下,进行全面规划;统筹安排,综合治理。在治理时,必须将自然区域与行政区域有机地结合起来,进行区域的分区划片,实行分区治理,做到上下游统筹兼顾,区域间协调安排,山水林田路统一规划,从平面、空间和时间序列对各种措施科学统筹和合理配置，以便取得最佳的生态、经济和社会效益。

（二）从实际出发，因地制宜地进行退化土壤治理

退化土壤的治理具有较强的地域性。不同的治理区域有着不同的土壤退化类型，需要采取的治理措施各不相同。此外，不同区域的社会经济条件、生产技术条件、开发历史、土地利用方式等也不尽相同。因此，必须根据不同土壤退化类型的特点、危害规律以及社会、经济、技术条件因地制宜地确定治理方案和制定治理措施。

（三）综合措施与主导措施相结合

土壤退化是多种因素综合作用的结果，必须进行全面分析。但在众多因素中常存在一个或几个主导因素，制约着土壤特性的发展和演变。因此，在全面分析的同时，必须抓住主导因素，采取相应措施进行重点治理，具体措施包括工程措施、生物措施、农业措施、化学措施和管理措施等。总之，在进行退化土壤治理时，必须坚持综合措施与主导措施相结合、综合治理与重点治理相结合。

（四）改造生态环境，保持生态平衡

制定退化土壤治理方案时，必须将改善生态环境、保持生态平衡作为重要目标，把治理区域的土壤作为生态系统整体来对待，统一考虑治理措施的经济效益以及对自然环境产生的生态效益。

第三节　土壤资源利用与改良

一、我国土壤资源的特点

（一）土壤资源类型丰富，土壤适宜性广泛

我国地域广阔，各地自然环境的差异明显，农业历史悠久，人为活动对土壤影响深刻，使我国的土壤资源类型十分丰富多样。据全国第二次土壤普查结果，我国境内形成分布的土壤类型有12个土纲29个亚纲61个土类230个亚类。各土纲的土壤分布面积，见表17-4。多样化的土壤类型具有不同的适宜性，宜农、宜林、宜牧土壤均有一定比例，大多数土壤类型具有多宜性，这为大农业全面发展和综合开发利用提供了优越条件。

表 17-4　我国土壤资源面积（《中国土壤》，1998）

土纲	面积（万 hm^2）	占总面积（%）	土纲	面积（万 hm^2）	占总面积（%）
铁铝土	10185.29	11.62	初育土	16110.57	18.36
淋溶土	9911.26	11.30	半水成土	6114.89	6.97
半淋溶土	4247.41	4.84	水成土	1408.79	1.61
钙层土	5806.89	6.62	盐碱土	1619.76	1.83
干旱土	3186.93	3.63	人为土	3222.19	3.67
漠　土	5959.07	6.79	高山土	19883.34	22.66

（二）空间分异明显，地区差别大

中国是季风气候十分活跃的国家，水热状况与土壤性状区域差异较大，再加上农业开垦历史和开发程度不同，因而造成全国各地土壤性状和土壤类型空间分异明显，土壤资源开发利用潜力也有很大的差别。如东部湿润季风区面积不足全国土地总面积的一半，却集中了全国约72%的耕地、80%的人口。城市化及快速发展的经济已对土壤资源构成了巨大压力，土壤生态环境问题，特别是土壤污染较为突出；中部干润地区由于自然生态环境相对脆弱，再加人类农业开垦历史悠久，土壤退化如水土流失、土壤风蚀沙化明显；西部干旱地区虽然地域辽阔，但由于干旱或者寒冷，利用较难，农业仅限于河谷和滨湖的绿洲区域。

我国是一个多山的国家，山地和丘陵地占总面积的66%。山区地形高低起伏，山区的不同部位具有明显的小气候变化特征，特别是在高山区还形成明显的气候条件垂直变化带谱，加上山区土壤母质类型多样，所形成的土壤各有特色。即使在小区域范围内，由于山丘沟谷及岗、塝、冲相间的地形，土壤类型亦有分异。

（三）土壤资源自然条件优越，生产潜力较大

我国位于欧亚大陆东部，滨临太平洋，整个地势为西高东低，大体呈阶梯状分布。这一地理位置与地势条件，造成我国大部分地区夏季高温多雨、冬季寒冷干旱的季风气候，这种雨热同期的气候特点，很大程度上满足了主要农区中各类农作物生长期间对水分和热量的需求，这是保证大部分土壤资源得以开发利用的重要条件。

中国西北部广大干旱区，年降水量小，水分极端匮缺，在很大程度上限制了土壤资源的开发利用。然而，该区四周高山环抱，这些山脉的海拔高度在4000m以上，气温低，山区年降水量200~700mm，山顶冰雪覆盖。春夏季节山顶冰雪开始融化，融水顺流而下，灌溉着渠系两侧农田，形成干旱区内的绿洲。该地区光照条件优越，昼夜温差大，所生产的农产品品质好，成为我国小麦、长绒棉及哈密瓜、葡萄等特产的生产区。

我国西南部的青藏高原，大多数地区海拔在4000~4800m，享有"世界屋脊"之称，如此高海拔的区域，国际上通常列为无农业区。但我国青藏高原所处纬度较低（25°~35°），即使海拔高，仍可接受较高的热量辐射，在一些深切河谷地区7月份平均气温可达18~23℃，仍可发展种植业，特别是在雅鲁藏布江干、支流和藏东三江河中热量条件较好，为主要农业区，种植青稞、小麦、豌豆、油菜等。青藏高原的盆地、湖盆宽谷地及河谷地为良好的天然牧场，适应牦牛、绵羊、山羊等牲畜生长繁育。在高原南部，森林也占有一定面积，为我国第二大林区。

上述优越的自然条件，决定了我国土壤资源具有较大的生产潜力。从目前粮食作物实际产量与潜在产量之间的差距看，水稻、小麦、玉米、大豆等主要粮食作物实际单产仅为品种区域产量的58%~78%，为区域高产示范水平的48%~63%，粮食单产提高潜力很大。

（四）耕地面积小，总体质量不高，后备资源有限

中国土地面积居于世界第三位，但人均土地面积仅为0.714hm^2，相当于世界人均土地的1/3；据国土资源部《2008年国土资源公报》数据，中国现有耕地全国耕地面积1.21716亿hm^2，人均耕地面积远低于世界平均水平。

中国耕地土壤总体质量不高，存在的障碍因素类型多，限制程度大。据第二次全国土壤普查统计，在全国耕地中，一等和二等耕地（通称高产田）仅占全国耕地总面积的21.5%；有一种或两种低产障碍因素，生产水平中等的耕地（三等和四等耕地），约占耕地面积的37.2%；生产条件差，障碍因素多，土壤肥力低的低产耕地约占总耕地面积的41.3%。

我国耕地利用程度高，垦殖率已达13.7%，超过世界平均数3.5个百分点。我国由于人口众多、农业开发历史悠久，绝大部分平原、沿河阶地、盆地和山间盆地、坝地和平缓坡地等条件优越的土壤资源均早已被开垦利用,宜农后备资源匮乏,若依靠扩大耕地面积达到增产增收已很困难。

二、土壤资源利用中存在的主要问题

由于受自然因素作用和人为经济活动的综合影响,我国土壤资源在开发利用方面存在着严重问题:

(一)土壤资源盲目开发利用

长期以来,我国对土壤资源的开发利用,没有开展全局性的战略研究,缺乏以科学的土壤资源适宜性评价为依据的土壤资源合理利用规划。在巨大的人口压力下,土壤资源过度开发利用。主要表现为:陡坡开荒种植,森林乱砍滥伐,草原盲目开垦,过度放牧超载,盲目围湖围海造田。联合国粮农组织用卫星影像分析我国土地利用状况,认为我国已是过垦的国家之一。我国现有 25°以上严重水土流失的陡坡耕地约 666.7 万 hm^2。

(二)土壤生产潜力没有得到很好发挥

从全国及分区耕地的粮食增产潜力看,全国现实生产力还不及潜在粮食生产力的一半,因此,我国耕地还有较大的增产潜力。长期以来我国林业用地利用率低,有林地所占比重少。有林地只占林业用地的 50%,有的省份甚至不足于 30%,远远低于全世界 68% 的平均水平。南方丘陵山区的草地目前约有 1/3 基本未被利用,大量牧草自生自灭,资源浪费严重。我国各类草地的水、热、光、土、气等生态条件与国外同类型草地大体相似,具有较大的生产潜力。但我国草地质量与国外先进国家比较差距较大,草地的生产力十分低下,约为澳大利亚的 1/10,美国的 1/20。

(三)建设占用耕地使优质耕地减少过快

根据国土资源部全国土地利用变更调查数据,全国 31 个省、自治区、直辖市(不包括香港、澳门和台湾)1997~2008 年间平均每年有 $20.3 \times 10^4 hm^2$ 的耕地被建设占用。特别是我国耕地减少主要发生在耕地质量较好的东部和南方,而增加的耕地都是在自然条件较差的西北和东北地区,耕地资源结构变化的区域分异明显,由此引起的耕地质量损失和粮食生产能力损失非常惊人。因此,我国耕地保护的形势十分严峻。

(四)土壤退化严重,生态环境恶化

我国土壤资源本来就不足,加之多年来不合理的利用,土壤退化十分严重,表现出类型多、面积大、分布广、发展快、后果重等特点。据统计,因水土流失、盐渍化、沼泽化、土壤肥力衰减、土壤污染及酸化等造成的土壤退化总面积约 4.6 亿 hm^2,占全国土地总面积的 40%。不同类型土壤退化的区域空间分布特征是:①华北主要发生着盐碱化;②西北主要是沙漠化;③黄土高原和长江上、中游主要是水土流失;④西南主要是石质化;⑤华东主要表现为肥力退化和环境污染退化。尽管我国近年来在土壤退化防治方面采取了一系列措施,但土壤退化的趋势仍未得到遏制,发展速度仍十分惊人,在一些地区甚至还在加重。

三、我国土壤存在的主要障碍因素及其利用改良

(一)我国土壤存在的主要障碍因素

自然界的土壤,往往在土体中存在某种障碍层次,即不利于植物根系伸展的土壤层次。这些层次有的是土壤形成过程的产物,也有一些是母质中固有的层次(地质过程的产物)。

我国常见的土壤障碍层次有：白浆层、砾石层、钙磐层、黏磐层、铁磐层、脆磐层、潜育层等（表17-5）。由于障碍层次的存在，影响水分、养分、空气、热量在土体中的传导和移动，影响土壤水分和养分的有效性，也增大了植物根系在土壤中穿插阻力，从而严重地影响植物生长发育，如果这些层次距地表较近，还影响对土壤的耕作管理。

表17-5 常见的土壤障碍层次及其利用改良途径（《土地资源学》，王秋兵，2003）

主要土壤障碍层次类型	土层特点	利用改良途径
白浆层	土壤物质中以漂白物质占优势的土层。土壤季节性上层滞水，氧化还原交替进行，在黏粒和（或）游离氧化铁、氧化锰淋失后，使得原土层脱色成为灰白色土层。土壤有机质含量低，养分总贮量较少；土壤呈微酸性，pH 6.0~6.5 左右。	施用石灰，增施有机肥，培肥土壤。
砾石层	洪积、坡积、河流冲积等原因形成的以砾石或石块为主的层次。细土极少，容纳或保持水分养分的能力极差，巨大的孔隙存在截断了土壤水分、养分在土体中的上下移动，土壤漏水、漏肥。	种植适宜的浅根作物；客土加厚土层；清除砾石。
钙磐层	由碳酸钙胶结或硬结，形成连续或不连续的磐层。	种植耐旱喜钙作物；深耕，加厚耕作层。
黏磐层	黏粒含量很高的坚实磐层。	深耕，加厚耕作层；客土改良土壤质地（掺砂）。
铁磐层	由氧化铁硬结形成的厚度不等的磐层。	种植适宜的浅根作物
脆磐层	干时坚硬，湿时脆碎的土层。	种植适宜的浅根作物
积盐层	可溶性盐积聚形成的高含盐量土壤表层，或由易溶性盐胶结或硬结的磐层。	种植耐盐作物；灌溉洗盐
潜育层	在潜水长期浸渍下土壤发生潜育化作用，高价铁锰氧化物还原成低价铁锰化合物，颜色呈蓝绿色或青灰的土层。土壤分散无结构，土壤质地不一，常为粉砂质壤土，有的偏黏。	种植水生、湿生植物；开发水田，种植水稻；修台田、条田，挖排水沟，排出过多的水分。

农业部1996年12月作为农业行业标准发布了中低产田类型划分《全国中低产田类型划分与改良技术规范》。在此《规范》中，将全国中低产田划分为干旱灌溉型、渍涝潜育型、盐碱耕地型、坡地梯改型、渍涝排水型、沙化耕地型、障碍层次型、瘠薄培肥型等8种类型。参考上述《规程》，并结合土壤改良要求的技术特点，这里将我国土壤存在的主要限制因素划分为以下8种类型：水土流失型、盐碱型、风蚀沙化型、渍涝潜育型、干旱型土壤、障碍层次型、瘠薄缺素型、污染型。

1. 水土流失型 一般认为，水土流失是地表土壤或岩石在人为因素和自然因素的共同作用下，以雨滴和地表径流为营力而发生的剥离、搬运和堆积。从这一定义可以看出，水土流失包括以下三个含义：①侵蚀动力或外营力，即水土流失是一种加速侵蚀过程，水是直接动力，属于土壤侵蚀中的水蚀范畴，水营力之所以能直接导致加速侵蚀的形成，是因为有自然因素和人为因素的共同作用，特别是人类活动破坏、减弱和限制水营力作用的生态环境稳定功能；②侵蚀对象，即水蚀对象为地表物质（土壤和岩石），地表物质的理化性质也决定了外营力性质，如灰岩地质侵蚀外营力形式为溶式；③侵蚀过程，即包括侵蚀物质的剥离、搬运和堆积这一完整过程。受水土流失型限制的土壤包括全国山地、丘陵区各类土壤，其主导障碍因素为土壤侵蚀，以及与其相关的地形、地面坡度、土体厚度、土体构型与物质组成、耕作熟化层厚度等。

2. 盐碱型　盐碱型土壤是受盐渍化影响的土壤。土壤盐渍化包括土壤盐化和碱化过程，主要发生在干旱、半干旱和半湿润地区，它是指易溶性盐分在土壤表层积累的现象或过程。土壤的盐化和碱化过程有密切联系，又有质的差别，盐化是指可溶盐类在土壤表层及土体中的积累；碱化通常是指土壤胶体表面吸附一定数量的钠离子，随着钠离子水解而导致土壤理化性质的恶化。受盐碱影响的土壤主要是由于土壤可溶性盐含量和碱化度超过限量，影响作物正常生长的多种盐碱化土壤，包括盐土、碱土以及各种盐化、碱化土壤，其主导障碍因素为土壤盐渍化，以及与其相关的地形条件、地下水临界深度、含盐量、碱化度、pH 值等。

3. 风蚀沙化型　土壤风蚀沙化是由于植被破坏，或草地过度放牧，或开垦为农田，土壤中水分状况变得干燥，土壤颗粒分散缺乏凝聚，被风吹蚀，细颗粒含量逐步降低。而在风力过后或减弱的地段，风沙颗粒逐渐堆积于土壤表层而使土壤沙化。因此，土壤沙化包括土壤的风蚀过程及在较远地段的风沙堆积过程。我国风蚀沙化土壤主要分布在西北部内陆沙漠、北方长城沿线干旱和半干旱地区、黄淮海平原黄河故道和老黄泛区。其主导障碍因素为风蚀沙化，以及与其相关的地形起伏、水资源开发潜力、植被覆盖率、土体构型、引水放淤与引水灌溉条件等。

4. 渍涝潜育型　渍涝潜育型包括河湖水库沿岸、堤坝水渠外侧、天然汇水盆地等，因局部地势低洼，排水不畅，造成常年或季节性渍涝的土壤或由于季节性洪水泛滥及局部地形低洼，排水不良，以及土质黏重，耕作制度不当引起滞水潜育现象的土壤。主要包括全国各地的沼泽土、泥炭土、白浆土以及各种沼泽化、白浆化土壤。其主导障碍因素为土壤渍涝、土壤潜育化，与其相关的地形条件、地面积水、地下水深度、土体构型、质地、排水系统的宣泄能力等。

5. 干旱型　由于降水量不足或季节分配不合理，缺少必要的调蓄工程，以及由于地形、土壤原因造成的保水蓄水能力差等原因，在作物生长季节不能满足正常水分需要的土壤。据统计，全国缺水型旱地面积为 5040.0 万 hm^2，主要集中分布在长城沿线、内蒙古东部、华北平原、黄土高原以及江南红土丘陵，尤以黄土高原区和西北干旱区最多，分别为 1066.7 万 hm^2 和 980.0 万 hm^2；东北、华北、西南三大区也在 666.7 万 hm^2 以上；长江中下游区为 520.0 万 hm^2。

6. 障碍层次型　障碍层次型土壤主要是指在剖面构型方面有严重缺陷的土壤，如土体过薄、剖面 1 m 左右内有沙漏、砾石、黏盘、铁子、铁盘、砂姜、白浆层、钙积层等障碍层次。障碍程度包括障碍层物质组成、厚度、出现部位等。

7. 瘠薄缺素型　受气候、地形等难以改变的大环境（干旱、无水源、高寒）影响，以及距离居民点远，施肥不足，土壤结构不良，养分含量低，产量低于当地高产农田，当前又无见效快、大幅度提高产量的治本性措施，只能通过长期培肥加以逐步改良的耕地。如山地丘陵雨养型梯田、坡耕地和黄土高原很多产量中等黄土型旱耕地。

8. 污染型　在自然或人为因素影响下，将有毒有害物质输入到土壤当中，使土壤正常的生态功能收到破坏或干扰，对人类和动物健康产生巨大风险。这种现象的出现与工业化程度和化学物质的使用量有直接关系。

(二) 土壤改良时应遵循的原则

不同地区不同土壤类型存在的限制种类不同，不同限制对土壤质量影响的机理、对植物根系生长影响的程度以及要求的改良措施相差极大。因此，必须针对限制类型以及土壤利用特点，因地制宜地进行土壤利用改良。其中，要以因地制宜地土壤利用为主，即选择适宜的土地利用方式或适宜的植物（作物）品种，将土壤利用与土壤改良结合起来，把用地与养地结合起来，这样适应自然成本低，收效大。在此基础上，如有可能或有特殊需要，采取适当的方式对土壤进行改良，消除或削弱土壤障碍因素的影响。在土壤改良时，要把改良土壤与改造土壤自然环境相结合，消除土壤环境条件中的不利因素；某些土壤存在的障碍因子不止一种，往往复合存在多种障碍因素，在具体土壤改良时，必须抓住主要矛盾，采取多种措施综合治理。例如，对盐渍土的改良，必须与提高土壤肥力结合起来，采取水利、农业、生物相结合的综合措施，以某一措施为主，其他措施配合，才能收到改良土壤，提高产量的效果。又如，对干旱地区风沙土的改造，除开发水利，增施肥料，掺土改沙以改善土壤水分、养分和质地状况外，还必须平整土地，种植绿肥牧草，营造护田林网，把生物措施与工程措施结合起来，造林种草与保护现有植被结合起来，以便增强土壤保蓄水分和抗风蚀的能力，这样才能见效快，收效大。

（三）土壤改良的主要技术对策

我国土壤存在着多种障碍因素。不同土壤存在的主要障碍因子各不相同。这里仅对在我国分布面积较大、对农业生产影响巨大的几种土壤障碍因素的改良问题作一简要介绍。

1. 水土流失型土壤的改良

（1）水土流失型土壤的改良原理。从水土流失产生的规律可以看出，要保持水土，就要消除侵蚀营力，切断侵蚀营力与地表物质之间的联系，从而实现地表物质的相对稳定，其原理就是要把保水与保土结合起来。保水是指尽量减轻雨滴击溅作用，截留或减少地表径流，只有使水的作用减少到最低限度，保土才有可能，保住了水也就保住了土；保土是流失治理的目的所在，只有保住了土，保水措施才可顺利实施。为了避免边治理边破坏的现象，还必须把消除继续加剧流失的人为因素放在首要位置。

（2）水土保持的技术措施。水土保持的技术措施可以分为工程措施、植物措施和农艺措施等。

水土保持工程措施是指通过修筑人工建筑物、改造立地条件的方法来防治水土流失的措施。其原理是对原地表径流进行再分配，即尽量拦蓄地表径流，以尽量减少对地表的冲刷作用为原则尽快排走超过拦蓄能力的地表径流，以达到阻止土体分离和移动的目的。工程措施的种类按其所在地貌部位和规模分为治坡工程、治沟工程和小型水利工程。治坡工程是工程措施的主体部分，主要有鱼鳞坑、水平节、水平沟、反坡台地、梯田等，治沟工程主要有谷坊坝、拦沙坝等，小型水利工程主要有滚水坝、山塘、小水库等。

水土保持植物措施是指用保护和营造植被的方法，通过植被冠层和根系对地表的屏障来削溅、蓄水、减流和保土、改土、围土的措施。主要包括种树、种草以及通过封育使植被自然修复等。

水土保持农艺措施是指通过改进耕作方法和技术来防治坡耕地水土流失的措施。具体措施主要有调整种植作物的类型与结构、等高耕作、推广免耕或保护性耕作方法、改良培肥土壤等。

(3) 以小流域为单位，实施水土保持综合治理。经过多年实践检验，以小流域为单位进行水土流失综合治理是切实有效的水土保持途径，已取得明显的效益。其综合治理的内容主要包括以下几方面：

① 建立小流域综合防治体系。小流域综合治理必须因害设防并建立完整的防护体系。上游地区的水土保持重点应放在防护方面，主要包括封山育林、大力营造水源涵养林和用材林；中游地区的水土保持重点应放在治理方面，包括坡耕地和荒坡的水土流失治理，农田建设和园地建设；下游地区的水土保持重点应放在管护方面，主要是加强农田和水利设施的管护及土壤肥料建设。

② 综合开发利用土地资源。小流域综合治理中土地资源的综合开发利用工作包括开展详细的土地利用调查和规划，根据山、丘、平地和水面特征，对山、水、田、林、草、路进行翔实规划，分层配置山丘顶部、中部、下部及谷地和水体，按照市场经济特点和生态考虑合理安排短、中、长期受益项目，确定产业结构。就总体而言，应在稳定粮食生产的基础上，大力发展林牧业，扩大园艺业，搞好多种经营。

③ 拦蓄降水，开发水利。小流域综合治理中，水资源常常成为关键所在，许多小流域的治理实践表明水是突破口，通过兴建坡面工程（如鱼鳞坑、水平沟等）、沟谷工程（如谷坊坝、拦水堰、水塘、水库），层层拦蓄降水，逐级开发、利用。这样既减少降水对地表的冲刷，又解决灌溉与人畜用水。

2. 盐碱型土壤的改良 盐碱化土壤包括盐土、碱土以及各类盐化、碱化土壤。从形成和改良条件划分，大致可区分为干旱半干旱地区盐碱化土壤、半干旱半湿润地区盐碱化土壤、滨海盐碱化土壤。干旱半干旱地区的盐碱化土壤所处地区气候干旱少雨，蒸发强烈，土壤含盐量高，盐分组成以硫酸盐—氯化物、氯化物—硫酸盐为主。半干旱半湿润地区的盐碱化土壤所处地区有季节性的干湿交替，土壤中的盐分积聚表现出明显的季节性，表聚性强，普遍含有苏打。滨海地区的盐碱化土壤由于土壤受海水浸渍倒灌，含盐量普遍较高，盐分组分以氯化物为主。

(1) 盐碱土改良的原理：盐碱土的共同特点是，所处的环境地下水位浅、地下水含盐量高（矿化度大）或母质含盐、气候干旱（全年蒸发量大于降水量）等。在干旱的气候条件下（或在旱季），高矿化度的地下水随土壤水分蒸发到大气，将盐分残留在地表，造成表土积盐，即"盐随水来、水随气散、气散盐存"，这是盐碱土形成机制。一般情况下，气候和地下水的矿化度难以人为控制，改良盐碱土的主要措施是通过降低地下水位，加强土壤排水、洗盐。盐碱土综合治理的关键是通过区域水盐运动的调节和控制，建立一个良好的土壤生态系统。综合治理的中心是调控水的运动，要坚持以排水为基础，统筹处理好排、灌、蓄、补的关系，要通过全面的治理规划达到调节、控制及改善区域的水分状况的目的，做到旱能灌，涝能排，返盐期能降低地下水位等。

(2) 盐碱土改良的措施与方法：为达到盐碱土的综合治理目的，其措施一般可分为以下几个方面：

① 水利改良措施。水利改良措施又称为工程措施，它是通过一定的农田水利工程，排除地表积水和降低地下水位或引淡排盐排碱，达到治理盐碱的目的。常见的水利改良措施主要有：沟渠排水，井灌井排，沟排井排相结合，健全灌排系统，实行灌排分开，井渠结合，深浅井结合，咸淡混用，排咸补淡与咸水利用，改水浇盐，引淤压碱，暗管排水，渠道防

渗等。

②农业与生物改良措施。农业与生物改良措施，是在水利改良措施基础上，通过一定的农业和生物措施，改善土壤理化性状，提高土壤保水透水性能，加速土壤淋盐和防止返盐的作用，使原有的盐碱地，在合理的利用过程中得到进一步治理和改良。常见的农业与生物改良措施主要有：稻改，增施有机肥料，培肥能力；深耕深翻，植树造林，调整农业用地结构等。

③化学改良措施。对于一些重碱地，除采用工程、农业和生物措施外，还应配合施用化学改良物质，如石膏、磷石膏、亚硫酸钙、风化煤、糖醛渣等。因为这些物质富含钙，作为土壤改良剂施入土壤后，可以改善土壤胶体中钙镁、钙钠离子的比例关系，同时，这些改良物质含有游离酸，游离酸与土壤中的碳酸钙作用使钙活化，增加了钙的有效性，游离酸还能中和土壤的碱性，降低 pH 值，从而消除碱害，达到治碱的目的。

（3）次生盐碱化土壤的发生与防治：土壤次生盐碱化，是指原非盐碱的土壤，由于灌溉不当，排水不畅或土地利用不合理，造成地下水位升高，导致土壤积盐，造成土壤返盐的过程。造成土壤次生盐碱化，一般发生在以下几种情况：灌溉不配套、排水受阻、大水漫灌、渠道渗漏、平原蓄水不当等。要防治土壤次生盐碱化的发生，必须采取以下措施：健全灌排系统，控制地下水位；合理灌溉，控制地下水位上升；井渠结合，井灌井排；防止渠道渗漏；抑制土壤返盐。

（4）不同类型地区盐碱化土壤的整治：包括半干旱半湿润地区的盐碱化土壤、干旱半干旱地区的盐碱化土壤、滨海地区的盐碱化土壤。

①半干旱半湿润地区的盐碱化土壤。由于旱涝交替，土壤表现为明显的季节性积盐过程与脱盐过程的更替，以及盐分在土体和潜水中的频繁交换，从而导致土壤的盐化和地下水的矿质化。所以，春旱、秋涝与地碱、水咸是在季风气候和一定地质、地貌条件下相伴而生的，在治理中应当统筹考虑，综合治理。首先是要合理开发浅层地下水（包括矿化度低于 7g/L 的微咸水和咸水），这样既可以增加灌溉水源，又可降低地下水位而提高防涝和蓄存降雨和河水的能力，发挥调蓄水量的作用，同时还有利于抑制旱季的土壤积盐过程，加速雨季的土壤脱盐过程。在有咸水的地区，随时抽出咸水和补入淡水，能使地下咸水逐步淡化，所以通过运用浅层地下水这一环节就可调节水量与水位，改善区域的水盐状况，应作为综合治理工作的中心。此外还要搞好骨干河道治理和田间工程的配套，以排为基础，正确处理排、灌、蓄、补的关系，采取以河补源的井灌为主，井灌与渠灌结合，并抓好林网建设、土地平整、土壤培肥和合理种植等措施，建立良好的农田生态系统。

②干旱半干旱地区的盐碱化土壤。由于所在的区域大多深处封闭和半封闭的内陆盆地，地上径流和盐分缺少排泄外流出路，加以降水少，蒸发强的干旱气候，加剧了土壤表层的积盐过程，由于降水少，土壤盐分除了人为灌溉及局部地方通过径流冲洗外，自然脱盐过程十分微弱。同时由于不合理灌溉，用水过量，渠系渗漏，又会使地下水位上升，造成了相当普遍的次生盐渍化。由此可见，这一区域类型综合治理的关键是防止地下水位升高和降低地下水位，严格把地下水位控制在土壤不致盐化，作物不遭盐害的临界深度以下。为此，首先要改变目前不少地方采用的大水漫灌方式，这种方式既浪费水源、又抬升地下水位，加重排水负担，所以应加强灌水管理，改进灌水方法，发展节水灌溉技术，做好渠道防渗工作，建立科学用水制度。其次要建立和完善排水系统，降低地下水位。以控制土壤盐化过程，并排出

洗盐后的高矿化水，保证土壤稳定脱盐。在建立排水系统时必须规划好排水出路及各级排水沟的合理间距与深度，并统筹解决上下游关系，保持出路畅通。在自流排水困难、出路不畅的地方，应建立扬排站，实行自排与扬排结合；在地下水资源丰富、矿化度小的地区，可发展井灌，实行渠井结合，排灌结合；在地形封闭，排水不畅或排水无出路的地方，可采用竖井排水。此外，应重视建设林网，采取生物排水，既可防风，保护农田，调节田间小气候，又可降低地下水位，应作为综合治理的重要措施。

③滨海地区的盐碱化土壤。由于所处地区受海潮浸渍，且因海水倒灌顶托的影响，排水困难。地下水位一般在 0.5~2m，矿化度高，土体盐分分布较均一。滨海盐碱地的治理，首先必须筑堤建闸，防止海潮浸渍，完善排水河道和田间排灌工程，做到洪涝分排，排灌分开。采取深沟排盐，对不能自流排水入海的河沟，需设置堤排设施；土质黏重的地区可采取浅密排沟，辅以改土和种植绿肥，抑制返盐。同时要利用的一切可能条件，引水蓄水，扩大灌溉面积，进行人工洗盐或种植水稻。由于沿海地区降水量较多，可利用夏季自然降雨，蓄淡淋盐，加速土壤脱盐。

3. 风蚀沙化土壤的改良

(1) 风蚀沙化土壤的改良原理：为了防止风蚀沙化的蔓延与整治风蚀沙化土壤，必须减轻沙漠化土壤的压力，根据沙漠化土壤生态系统的功能，协调与人类的关系。坚持治理、开发、利用并重的方针，在治沙、防沙的同时，合理开发利用沙地资源，实行沙、田、林、草、水、路综合治理。沙漠化土壤治理的依据是不合理的人为因素消除后，沙漠化土壤本身具有自我恢复和逆转功能。但由于这些地区自然条件较差，如果没有人为帮助，这种恢复和逆转的速度就相当慢。沙漠化过程实际上是风与沙相互作用的过程，从大范围来看，风本身是难以控制的，只能通过一定措施在局部范围内来减少风力，因此沙漠化土壤治理的重点是护土围沙。沙漠化治理必须在保护自然环境的前提下，与合理利用和开发本地区资源结合起来，必须首先停止过垦过牧等继续加剧沙漠化过程的人为不合理干扰活动。

(2) 风蚀沙化土壤的改良措施：可分为工程措施、植物措施、农牧生产措施。

①工程措施。主要是在干旱地区沙漠化土壤上设置工程沙障，以固定流动沙丘。由于生态条件较差，在沙漠化治理中，工程措施必须与其他措施相配套。

②植物措施。植物措施是沙漠化土壤治理的关键措施，主要包括封沙育草育灌、种灌种草、飞播、建造防护林带（网）、建设人工草场等。

③农牧生产措施。包括控制载畜量、控制农垦面积、合理配置作物牧草、扩大农牧比重、合理开发地下水等。

(3) 不同地区风蚀沙化土壤的防治：由于沙漠化土壤跨干旱、半干旱和部分半潮湿地带，加上各地社会经济条件不一样，因而上述技术措施在实际操作中无疑会出现不同的组合或侧重，必须因地制宜、因时制宜、突出重点。

①半干旱地区风蚀沙化土壤的防治。在半干旱地带内，农牧交错区沙漠化土壤的防治要从合理划分农牧用地着手，调整土地利用结构，加大退耕还草的力度，集约经营水土条件较好的耕地，压缩质量差的耕地，扩大林草比重，促进农牧结合。对已沙漠化的土壤要采取乔灌草结合，封育等综合治理措施。草原牧区沙漠化土壤防治首先应从合理确定载畜量，以草定畜入手；其次要建立轮牧制度，轮牧轮封。对已沙漠化的土壤要减轻放牧强度或天然封育，使草地得以休养生息，促进天然植被恢复。有条件的地区可进行人工补播牧草和灌木。

②干旱荒漠地区风蚀沙化土壤的防治。在干旱荒漠地区，沙漠化土壤防治要与水资源利用结合，以绿洲为中心建立绿洲内部护田林网，绿洲乔灌结合的防沙林带和绿洲外围沙丘固定设施（机械沙障与障内栽植固沙植物）相结合的完整的防沙体系。

③半湿润地区风蚀沙化土壤的防治。在半湿润地区，沙漠化土壤的治理主要应采取平整沙地，培肥土壤，营造护田林网和建设水利设施等措施。

4. 渍涝潜育型土壤的改良

（1）渍涝潜育型土壤的改良原理：渍涝潜育型土壤所处地形部位低洼，地表水和地下水汇集，土体常呈渍潜状态，并易受洪涝威胁。由于土体长期处于水分饱和状态，通气不良，还原作用较为强烈，还原性物质明显积累。由于这些土壤土体常被水分饱和，水的热容量大，水土温度不易升高，加上部分冷浸田有冷泉溢出，致使土温变低。另外，渍涝潜育型土壤潜在肥力通常不低，但有效养分贫乏。由此可见，渍涝潜育型土壤的改良必须从排洪除涝入手，控制外来水，改善内排水，通过水旱轮作等多种农艺方式，改善土壤性状，提高土壤温度，促进养分释放，降低土壤还原性物质含量，创造有利于作物根系生长的土壤环境。

（2）渍涝潜育型土壤的综合改良：主要措施如下：

①排洪除涝，控制外来水。渍涝潜育型土壤不论平原洼地还是山垄谷地，都因地处低洼地形部位而易受洪涝威胁，建设排洪除涝水利工程，是堵截洪涝外来水、改造渍涝潜育型土壤先行措施。平原洼地的渍涝潜育型土壤改良，主要是建立圩田的大包围工程，配置机电排灌和联圩建闸，控制外来水入侵，并控制圩区外河水位，确保不同圩区实行分片治理。山垄谷地的渍涝潜育型土壤改良，因其比较分散，一般都以山垄单元分别治理。其经验是通过开沟截洪，引流除涝，有效控制外来水超量入侵农田，主要措施是沿坡麓山田交界处开挖截洪沟、排泉沟和排水沟。排洪沟的大小视集水面积及当地最大暴雨量而定，一般沟宽1m、沟深0.4~0.8m；排泉沟的功能是在冷泉溢出带开挖深沟（明沟或暗沟），定向引排冷泉。排泉沟的大小和形式，应视涌泉量及泉眼密度而定，一般明沟宽0.3~0.5m，深1m，以石块垒砌。暗沟可选用石料、松木捆、瓦管等，一般埋深为0.8~1.0m。排水沟的功能是排除田面积水和降低地下水位，山垄的排水沟，一般主干沟宽0.8~1.5m，深1~1.5m，垄顶浅窄些，垄口深宽些；主干沟的间距通常为40~50m，并以支沟相配套，做到沟沟相通。这样的排洪除涝工程措施，可以确保洪水不进田，冷泉引出田，毒水排出田，实现洪涝保收。

②降潜治渍，改善土壤内排水。渍涝潜育型土壤的主要矛盾是"水害"，全层土体潜育化；或虽经初步水利改良，尚处于上渍下潜的多水状态。降低农田地下水，改善土体内排水性能，克服土壤水气矛盾障碍，是改良冷浸田的关键措施。

渍涝潜育型土壤改善内排水，主要在两方面：一是提高农田排水能力。加速土壤脱潜，使土体由地表水与地下水"相联"的全潜型沿着脱潜方向发展，逐步形成地表水与地下水"分离"，原先潜育层（G）下移，潴育层（W）不断加厚，水气矛盾改善，还原性铁、锰和一些有毒害物质也随之减少。二是提高农田排水能力，改善土壤内渍状况。采取明沟、暗沟、鼠道等排渍措施，对改善土壤渍滞性能，均有显著效果。

开沟排水后，随着地下水位下降，潜育土层下降，土温及氧化还原电位升高，微生物数量明显增加，浮泥层凝聚，小于0.01mm微团聚体增加，促进了有机质分解和养分释放。

③水旱轮作，改善土壤通透性。渍涝潜育型土壤初步改良后，应尽量实行水旱交替种植，安排旱作茬口，使土壤脱水，促进土壤颗粒团聚化，增加通气孔隙数量。水旱轮作能促

进养分释放，降低土壤还原性物质含量，有利于作物根系生长。

④垄畦栽培、半旱式耕作管理。渍涝潜育型土壤水、肥、气、热矛盾大，采取适应性的半旱式垄畦栽培管理，增产效果显著。垄畦栽培是在免耕基础上，把田面起垄成畦形，抬高原有田面，形成宽行垄或高畦的半旱式稻田生态环境。

5. 干旱型土壤的改良

（1）干旱型土壤的改良原理：干旱型土壤的重要障碍因子是土壤缺水。北方的缺水型旱地，降水量仅250~600mm，属干旱、半干旱地区，加之水土流失，土体浅薄，极易缺水受旱。南方的缺水型旱地，主要由于降水集中，常出现季节性干旱，由于地表覆盖差，黏质土壤有效蓄水量低，如遇伏旱，缺水更加严重，造成欠产或失收。

干旱型土壤的改良要以调节"土壤水库"的蓄水保水能力为重点，配合其他综合措施，其作用不仅是以"库"的形式贮存植物生长所需的水分和养分，更重要的目的是通过土壤基质的能量转换，获得较多的生物潜能，保证农业持续增产。但是，土壤肥力的培育总是与农田生态以及区域生态环境和生产条件相联系的，因而，旱地肥力的培育，不论高产旱地的培育或是低产旱地的改良，都应采取山、水、田、林、路综合治理的技术配套措施。

（2）干旱型土壤的改良措施：包括工程措施、农艺措施。

①工程措施。包括拦蓄降水、平整土地等。a. 具备水源条件的地方，建立灌排配套渠系，是增培高产稳产旱地的重要保障。在不具备水源的地方，也要做好在雨养农田条件下，拦蓄降水、蓄纳雪墒的耕作管理与田间工程设施。b. 平整土地，既有利于稳定水土，也便于耕作管理，是培育高产稳产农田的基础条件。山丘、坡地修建梯田，防止冲刷，保持水土；不少平原旱地，也存在大平小不平的状况，也应在平整的同时建成为方田、畦田。

②农艺措施。包括调整种植结构、增加活土层厚度、培肥土壤等。第一，发展节水旱作农业是干旱型土壤区农业发展的主要方向。因此必须根据当地自然条件调整种植结构，选育栽培抗旱品种；利用瘠薄旱地、田头地边和林间隙地等等，采取混、间、套的办法，种植适合当地生长的牧草或绿肥，甚至耐瘠草类，以利护土养土。种植牧草绿肥，既可直接翻压培肥，也可通过农牧结合、牲畜过腹还田培肥土壤。第二，加厚活土层的办法，主要是加深耕翻或客土增厚。土壤耕翻应采取深耕与浅耕相结合，耕翻与免耕相结合，避免过去年复一年在同一深度范围内耕翻，形成坚实的亚耕层。采取深、浅、免耕相结合，既可加深耕层厚度，又可使耕层虚实并存，更有利于蓄水保肥的供水供肥。第三，古今中外经验都可证实：砂掺黏、黏掺砂是暄活土体的有效措施。我国有些地方引洪淤灌，更可大面积改良土壤。还有僵板的土壤，采取深翻暴晒、秋耕冻融和耙、耢、压等措施都可使土体酥散暄活。第四，随着单产提高，年复一年要从土壤中携走大量养分，因此，为了均衡满足植物生长需求，必须通过施肥补充养分。有机肥与化肥配合施用是提高土壤供肥的后劲的有效途径。

6. 污染土壤的改良

土壤污染是指在自然或人为因素影响下，将有毒有害物质输入到土壤当中，使土壤正常的生态功能遭到破坏或干扰，具体表现为土壤物理、化学及生物进程被破坏，土壤肥力下降，最终导致土壤环境质量恶化的现象。土壤污染具有隐蔽性、潜伏性、不可逆性和长期性等特点，不但危害作物生长，而且有毒物质还会通过食物链进行传递，严重危害人畜健康。根据污染物进入土壤的方式将土壤污染分为水体污染型、大气污染型、工业固体废弃物污染型、农业污染型和生物污染型等几种类型。土壤污染物质笼统地分为有机污染物和无机污染物两大类。无机污染物主要有重金属（Hg、Pb、Cd、Cr、Cu、Zn、Ni 以及类金属 As、Se 等）、放射性元素（铯^{137}、锶^{90}等）、氟、酸、碱、盐等。其中尤以重金属和放射性物质的污染危害最为严重。有机污染物主要有人工合成的有机农药、酚类物质、氰化物、石油、稠环芳烃、洗涤剂，以及有害微生物、高浓度耗氧有机物等。

(1) 污染土壤的改良原理和改良途径：造成土壤污染的原因很多，土壤污染物千差万别。这些污染物质在土壤中的形态、迁移规律以及它们对植物的有效性相差悬殊，因此污染土壤的改良原理和途径各不相同。实践中要针对污染物的特点，探索污染土壤的改良原理，采取相应的切实可行的措施。就重金属污染土壤的改良而言，主要有以下几个途径：一是利用生物或工程技术方法从土壤中去除重金属；二是改变重金属在土壤中的存在状态，降低其在环境中的迁移性和生物可利用性；三是改变种植制度，避免重金属通过食物链影响生物和人体健康。

(2) 污染土壤的改良措施：包括工程修复措施、生物修复措施、农艺措施。

① 工程修复措施。常见的方法有：客土法、换土法、水洗法、隔离法。客土法是向污染土壤加入大量的非污染土壤覆盖在表层或混匀，以降低污染物质的浓度。只有当污染物的浓度低于临界危害浓度以下时，才能真正起到治理的作用。客入的土壤一般选择质地黏重、有机质含量高的土壤。换土法是部分或全部把污染土壤取走，换入新的土壤。这是对小面积严重污染土壤进行治理的有效方法。但是对换出的土壤应妥善处理，以防二次污染。水洗法是用清水或加有某种化学物质的水把污染物从土壤中洗去的方法，采用此法应注意次生污染，要将洗出液集中处理。水洗法适合于轻质土壤。隔离法就是用各种防渗材料，如水泥、黏土塑料板等把污染土壤就地与未污染土壤或水体分开，以减少或阻止污染物质扩散到其他土壤或水体中。该法适用于污染物质易扩散、易分解，污染严重的情况。

② 生物修复措施。生物修复是应用生物技术和方法将环境污染物质转化为无毒或低毒的成分，使受污染的环境，部分地或完全地恢复到原始状态的过程。它具有成本低、效果好、不破坏土壤环境、无二次污染等特点。生物修复可利用连续种植超积累植物方法以降低土壤重金属含量。超积累植物对重金属元素的吸收量超过一般植物的 100 倍以上，其积累的 Cr、Co、Ni、Cu、Pb 的含量在 1000mg/kg 以上，积累的 Mn、Zn 含量一般在 10mg/kg 以上。目前已发现有 400 多种超积累植物。土壤中某些动物对污染土壤也有一定的修复作用。如蚯蚓能吸收土壤重金属，降解农药。但蚯蚓吸收重金属后可能再释放到土壤中造成二次污染。鼠类也能吸收重金属，但对庄稼有危害。因而，利用土壤动物修复污染土壤有待进一步研究。在实际中多利用微生物的修复作用，即根据土壤污染状况，人工分离、培养、接种对污染物有较高降解能力或缓解污染物毒性的微生物，以达到治理的目的。如无色杆菌、假单胞菌能使亚砷酸盐氧化为砷酸盐，从而降低其毒性；在厌氧的条件下，H_2S 细菌产生的 H_2S 与 Cd、Pb 等结合生产硫化物沉淀。微生物对农药、矿物油等的降解是修复污染土壤最有效、最彻底的方法。据报道，一般情况下，降解烃类的微生物只有微生物群落总数的 1%，而当有石油污染物质存在时，降解者的比例可增加到 10%，因此，可以利用微生物对该物质的适应能力和降解功能治理石油污染。

③ 农艺措施。针对污染物的种类、土壤受污染的程度以及土壤本身的性状等因素，可采用改变耕作制度、选育抗污染作物品种、加强土壤水肥管理等农艺措施进行土壤污染治理。例如，在污染较严重的农田，可改种植非食用作物（花卉、苗木、棉花等）或改种耐污染作

物和食用部分污染物积累少的作物。研究表明，不同作物种类，同一种类的不同品种对污染物质的积累不同。如大麦、生菜、玉米、大豆、烟草的不同品种对重金属的吸收有明显的差异。因此，筛选食用部分积累污染物质少的品种，进行选育抗污染作物品种以减少农产品中污染物质的浓度。土壤的氧化还原状况影响污染物质的存在形态、生物活性和迁移转化规律，特别是对重金属元素的影响更明显。因而可以通过调节土壤水分来控制污染物的行为。例如对受镉、汞、铅等元素中、轻度污染的土壤，可以通过淹水种植使重金属在还原条件下形成硫化物沉淀，降低其毒性；相反，在砷污染的土壤中适宜旱作，因为砷酸根（AsO_4^{3-}）在氧化条件下是稳定的，在还原条件下会转化为对植物毒性更强的亚砷酸根（AsO_3^{3-}）。施用堆肥、厩肥、腐质酸类物质等有机肥，提高土壤有机质的含量，增加土壤胶体对重金属和农药的吸持能力，提高土壤的缓冲性和净化能力。在有机质的矿化分解过程中，消耗土壤中的氧气，使土壤处于还原状态，有利于重金属元素如镉、汞、铅、铜等活性的降低。在非石灰性土壤中增施石灰、炉渣、矿渣、粉煤灰等碱性物质，提高土壤pH值，降低重金属的溶解度，减少重金属在植物体内的含量。

[思考题]

1. 什么是土壤质量？土壤质量评价的一般有哪些？各有什么特点？
2. 什么是土壤退化？引起土壤土壤退化的因素有哪些？
3. 土壤退化有哪些危害？
4. 为防治土壤退化，应注意哪些问题？
5. 我国土壤资源有哪些主要特点？
6. 我国土壤资源在利用中存在哪些主要问题？
7. 对土壤进行改良一般应遵循哪些原则？
8. 为促进我国土壤资源合理利用，您认为应采取哪些主要措施？

参考文献

[1] 曹志洪. 解译土壤质量演变规律，确保土壤资源持续利用. 世界科技研究与发展，2001，23(3)：28~32.
[2] 刘占锋，傅伯杰，刘国华，等. 土壤质量与土壤质量指标及其评价. 生态学报. 2006，26(3)：901~913.
[3] 全国土壤普查办公室. 中国土壤. 北京：中国农业出版社，1998.
[4] 王秋兵，土地资源学. 北京：中国农业出版社，2003.
[5] 王秋兵，董秀茹. 土壤退化的文化根源探析. 见周建民，石元亮等，面向农业与环境的土壤科学. 北京：科学出版社，2004，7，427~433.
[6] 熊东红，贺秀斌，周红艺. 土壤质量评价研究进展. 世界科技研究与发展. 2005，27(1)：71~75.
[7] 张凤荣. 土地保护学. 北京：科学出版社，2006.
[8] 张桃林，王兴祥. 土壤退化研究的进展与趋向. 自然资源学报. 2000，15(3)：280~284.
[9] 张贞，魏朝富，高明，等. 土壤质量评价方法进展. 土壤通报. 2006，37(5)：999~1006.
[10] 张荣群，刘黎明，张凤荣. 我国土壤退化的机理与持续利用管理研究. 地域研究与开发，2000，19(3)：52~54.
[11] Michael J. Singer Stephanie Ewing. Soil quality. In：Interdisciplinary aspects of soil science 1999.